GUIDE DES CARNIVORES DU MONDE

Luke Hunter et Priscilla Barrett

PANTHERA
LEADERS IN WILD CAT CONSERVATION

delachaux et niestlé

Pour Sophie

Édition anglaise
Titre original : *A Field Guide to the Carnivores of the World*
Première publication en 2011 par New Holland Publishers (UK) Ltd

Planches en couleur (p. 17-187) et schémas (p. 7 et 10) de Priscilla Barrett.
Illustrations crânes et empreintes (p. 188-233) de Sally McClarty

Reproduction par Modern Age Repro Co. Ltd, Hong Kong
Imprimé en Chine par Toppan Leefung Printing Ltd, Dong Guang

Édition française
Traduction :
Anne Saint-Girons
Préparation, mise en pages, correction :
Nord Compo, Villeneuve-d'Ascq
Relecture scientifique :
François Moutou

Dépôt légal : septembre 2012
ISBN : 978-2-603-01856-9

Cet ouvrage qui couvre les 245 espèces de carnivores réparties dans le monde s'appuie sur un grand nombre de personnes qui ont communiqué commentaires, données, publications et références. Nombreux sont ceux qui ont fourni les illustrations ou permis de les trouver pour la préparation des planches, dans certains cas, afin d'illustrer des espèces ou formes qui n'avaient jamais été exactement décrites. Je remercie pour cela plus particulièrement : Francesco Angelici, Sixto Angulo, Rosario Arispe, Jane Ashley-Edmonds, Christos Astaras, Guy Balme, Eyal Bartov, Jerry Belant, Abelardo Rodriguez Bolaños, Jeffrey P. Bonner, Adam Britt, Milo Burcham, Duncan Butchart, Marcelo Carrera, Erika Cuellar, Rogerio Cunha de Paula, Daniela DeLuca, James Eaton, Mohammad Farhadinia, Charles Foley, Nick Garbutt, Oscar E. Murillo García, Arash Ghoddousi, Varad B. Giri, Helle Goldman et Jon Winther-Hansen, Lon Grassman, Andy Hearn et Jo Ross, Philipp Henschel, Bob et Kris Inman, Andy Jennings, Jaime Jimenez, Arlyne Johnson, Calvin Jones, Roland Kays, Marcella Kelly, Barney Long, Leo Maffei, Sean Matthews, Divya Mudappa, Andy Noss, Andres Novaro, Stephane Ostrowski, Antonio Rossano Mendes Pontes, Ingrid Porton, Shankar Raman, Justina Ray, Scott Roberton, SOMASPA (Panamá), Chris Roche, Brian Rode, Carlos A. Saavedra Rodríguez, Fabio Rohe, Steve Ross, Ricardo Sampaio, Jim Sanderson, Kevin Schafer, Alex Sliwa, Rob Steinmetz, Simon Stobbs, Chris et Tilde Stuart, Narong Suannarong, Tim Tetzlaff, Sara Tromp et Joe Walston.

Je remercie Darrin Lunde et Eileen Westwig (American Museum of Natural History, New York), ainsi que Bill Stanley (Field Museum, Chicago) pour m'avoir prêté leurs crânes de carnivores et Sarah Arnoff, Joanna Cagan et Graeme Patterson qui les ont photographiés. Sarah a également rassemblé la littérature concernant les crânes et les empreintes. Mes remerciements à Sally McClarty qui a réalisé les magnifiques illustrations de ces parties. J'adresse également tous mes remerciements à mes collègues qui ont révisé le texte et commenté les illustrations : Arturo Caso, Andrew Derocher, Philippe Gaubert, John Goodrich, Andy Hearn et Jo Ross, Kris Helgen, Marna Herbst, Jan Kamler, David McDonald, Tom McCarthy, Dale Miquelle, Divya Mudappa, Tadeu de Oliveira, Alan Rabinowitz, Alan Root et Howard Quigley. Je remercie Nick Brickle, Vincent Burke, Sasha Carvaja, Armando X. Castellanos, Jerry Dragoo, Colin Groves, Frank Hawkins, Erin McCloskey, Kate McFadden, Javier Pereira, Miguel Pinto, Pamela Racobs et Steve Ross pour avoir répondu à mes questions et trouvé des publications ou des données non publiées et pour leurs commentaires.

Je remercie tout particulièrement Philippe Gaubert qui a fourni les photographies, publications et données non publiées sur les genettes peu connues, ainsi que Geraldine Veron qui a fait de même pour les viverridés et herpestidés. Kris Helgen m'a aimablement transmis avant publication les données obtenues par son équipe sur les balisaurs ; Roland Kays a fait de même au sujet des tentatives de révision de la taxinomie des olingos. Will Duckworth a fourni ses commentaires sur la nomenclature et la taxinomie de toutes les espèces. Mike Hoffmann a communiqué un flot incessant de nouvelles informations et publications, ainsi que les contacts de son vaste réseau.Chez Panthera, je remercie David Katz, qui a rassemblé les données des mensurations et le glossaire, et Erin Archuleta, qui a vérifié un grand nombre de détails au cours de la préparation de l'ouvrage.

Enfin, je remercie tout particulièrement Thomas Kaplan et Daphne Recanati Kaplan sans lesquels cet ouvrage n'aurait pu être publié et pour leur extraordinaire engagement dans la conservation des carnivores du monde.

SOMMAIRE

Introduction
Les familles de carnivores : traits caractéristiques 7
La conservation des carnivores 12
Panthera 14
Organisation des fiches espèces 14

FICHES ESPÈCES

FELIDAE
Félins 16

HYAENIDAE
Hyènes 50

HERPESTIDAE
Mangoustes 54

EUPLERIDAE
Fossa et alliés 72

PRIONODONTIDAE
Linsangs 76

VIVERRIDAE
Genettes, Poyanes et Civettes 76

NANDINIIDAE
Nandinie 94

CANIDAE
Canidés 96

URSIDAE
Ours 122

PROCYONIDAE
Ratons, Coatis et alliés 134

AILURIDAE
Panda roux 140

MEPHITIDAE
Mouffettes 142

MUSTELIDAE
Belettes, Martres, Blaireaux et Loutres 150

CRÂNES 188

EMPREINTES 218

Glossaire 234
Bibliographie 236
Index 237

INTRODUCTION

Sont décrites ici toutes les espèces de carnivores terrestres vivant dans le monde, soit 245 espèces issues d'un ancêtre commun qui se nourrissait essentiellement de viande. De nombreuses autres espèces, dont l'espèce humaine, mangent également de la viande, mais cela n'en fait pas des carnivores selon la nomenclature scientifique. Bien qu'ils soient de gabarits et d'aspects très différents, seuls les membres de l'ordre des Carnivora sont ainsi désignés, car ils descendent tous d'un petit carnivore ayant l'aspect d'une civette qui vivait voici plus de 60 millions d'années. Certains carnivores modernes mangent peu de viande, voire pas du tout, comme le grand panda, mais tous les Carnivora sont issus d'un même prédateur. Ils ont d'ailleurs conservé nombre d'adaptations physiques, comportementales et écologiques présentes chez leurs cousins véritablement carnivores.

L'ordre des Carnivora figure par le nombre de ses membres au cinquième rang des mammifères (sur les 29 ordres actuels). Il est présent sur tous les continents, y compris l'Antarctique, et dans tous les milieux terrestres, de l'intérieur très aride du Sahara, à la banquise arctique. Le plus petit des carnivores, la belette (p. 182) peut se glisser par l'anneau d'une alliance et son poids est dix mille fois inférieur à celui du plus grand

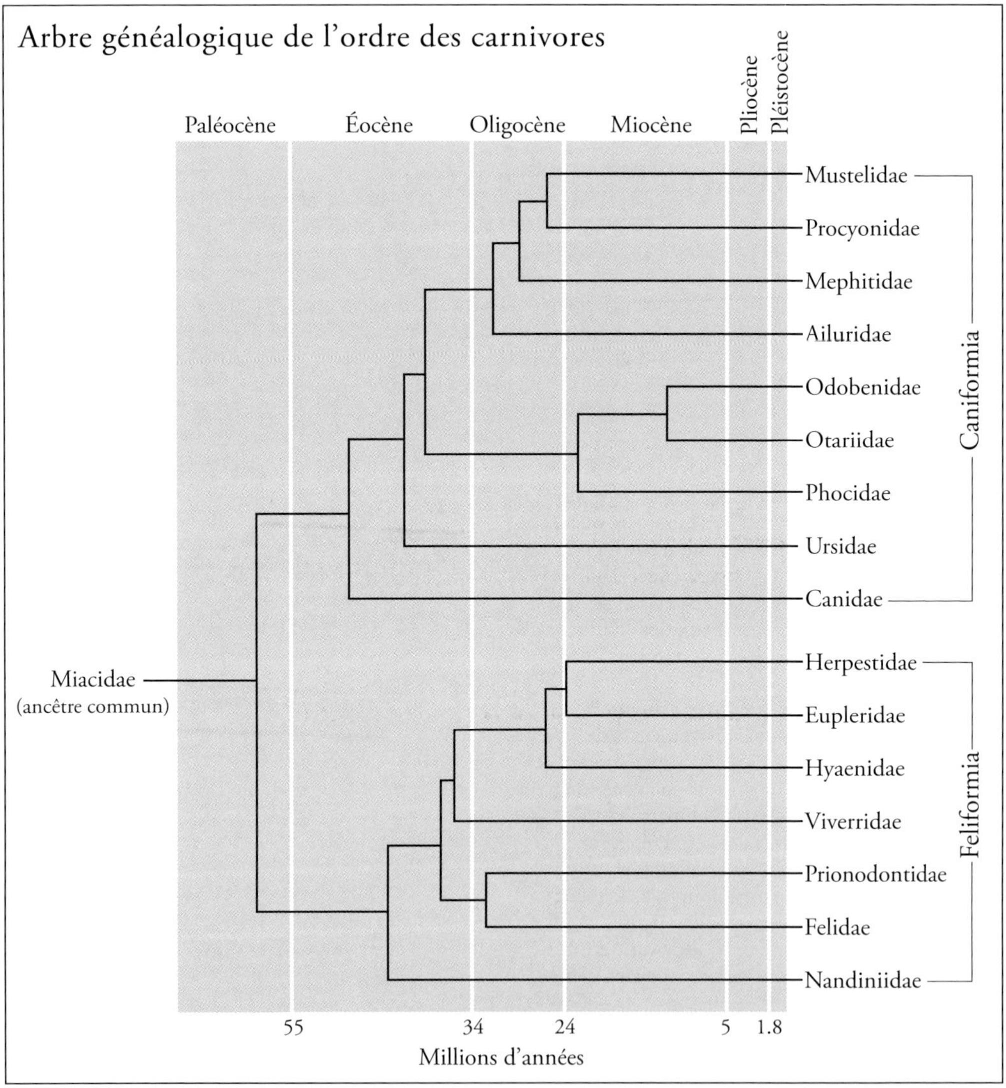

Arbre généalogique de l'ordre des carnivores

Tableau phylogénétique des Carnivora permettant de visualiser les découpages au niveau des familles et la date approximative à laquelle vivait l'ancêtre commun des familles proches. Tous les carnivores actuels descendent des miacidés, petits carnivores à l'aspect de civette, qui vivaient il y a environ 60 millions d'années.

des carnivores terrestres, l'ours polaire (p. 132). Cet ordre comprend quelques-unes des espèces les plus emblématiques, les plus belles et les plus admirées au monde mais aussi, malheureusement, les plus menacées.

Ce guide traite des 13 familles de carnivores terrestres. Il ignore les 3 familles de carnivores marins que sont les otaries (Otariidae, 16 espèces), les phoques (Phocidae, 19 espèces) et le morse (Odobenidae). Ces familles ont un temps été classées dans un ordre distinct, les Pinnipedia, mais il est aujourd'hui généralement admis qu'elles doivent figurer parmi les Carnivora. Si elles ne sont pas répertoriées ici, elles figurent dans d'excellents guides de terrain dédiés aux mammifères marins.

Les carnivores sont divisés en 2 grands sous-ordres qui reflètent une divergence apparue au début de leur évolution, il y a 45 à 50 millions d'années (mais peut-être beaucoup plus tôt, les fossiles étant trop peu nombreux pour que l'on puisse l'affirmer). Le sous-ordre des Feliformia rassemble les familles proches des félins : Felidae, Hyaenidae, Herpestidae, Eupleridae, Prionodontidae, Viverridae et Nandiniidae, tandis que celui des Caniformia rassemble les familles plus proches des chiens : Canidae, Ursidae, Procyonidae, Ailuridae, Mephitidae et Mustelidae, ainsi que les 3 familles de pinnipèdes.

LES FAMILLES DE CARNIVORES : TRAITS CARACTÉRISTIQUES

Sous-ordre FELIFORMIA, 7 familles, 120 espèces

FAMILLE DES FELIDAE FÉLINS, 37 espèces

Fourchette des tailles Du chat rougeâtre ou du chat à pieds noirs (1-2,5 kg) au tigre (75-325 kg)

La famille des félins est apparue voici environ 30 millions d'années dans ce qui est aujourd'hui l'Eurasie. Elle est actuellement présente dans le monde entier, à l'exception de l'Arctique, l'Antarctique et l'Australasie. Les félins sont divisés en 2 grandes sous-familles :

- Les grands félins, sous-famille des Pantherinae (7 espèces), comprenant les genres *Panthera* et *Neofelis.*
- Les petits félins, sous-famille des Felinae (30 espèces), comprenant aussi le guépard et le puma malgré leur grande taille, ces deux espèces représentant des petits félins qui ont grandi pour remplir des niches de grands félins.

Trente-sept espèces de félins sont actuellement admises, mais il est possible que les analyses génétiques entraînent de nouvelles révisions. Certaines données génétiques préliminaires semblent indiquer que le chat du désert de Chine (p. 16) pourrait n'être qu'une sous-espèce du chat sauvage, tandis que d'autres ont récemment révélé que les panthères longibandes de Bornéo et de Sumatra sont suffisamment différentes de celles du continent pour être classées dans une espèce distincte (p. 40).

Les félins sont des supercarnivores qui se nourrissent presque exclusivement de proies animales, lesquelles sont étouffées par morsure à la gorge pour les plus grosses, ou par écrasement du crâne pour les plus petites. La plupart des félins sont solitaires, territoriaux et nocturno-crépusculaires. Le lion (p. 44) est le seul félin vivant au sein d'un groupe social nombreux et complexe. Les guépards mâles (p. 38) forment aussi des petites coalitions durables et les chats domestiques vivant en colonies peuvent former de petits groupes sociaux stables.

Chat domestique
Le chat domestique descend du chat sauvage (p. 16) avec lequel la reproduction reste possible. Tous deux appartiennent à la même espèce. La population mondiale de chats domestiques, chats harets et populations semi-sauvages compris, excède peut-être le milliard d'animaux.

FAMILLE DES HYAENIDAE HYÈNES, 4 espèces
Fourchette des tailles Du protèle (7,7-14 kg) à la hyène tachetée (49-86 kg)

La famille des hyènes est apparue en Eurasie voici au moins 23 millions d'années et a atteint son apogée il y a 6 à 12 millions d'années, avec 24 espèces. Malgré leur aspect canin, les hyènes sont des féliformes. Il en existe aujourd'hui 4 espèces qui ont toutes évolué en Afrique, dont une espèce, la hyène rayée (p. 50), est présente également au Moyen-Orient et jusqu'en Inde. La famille est divisée en 2 grandes sous-familles :

- Protelinae, clade de hyènes relativement graciles, caniformes, qui compte un seul membre, le protèle, séparé du reste de la famille voici environ 10,6 millions d'années.
- Hyaeninae, les hyènes broyeuses d'os, clade qui rassemble les 3 autres espèces actuelles.

Les hyènes sont des supercarnivores dotés d'un système digestif remarquable apparu probablement dès les débuts de leur évolution. Chez le protèle (p. 50), cette faculté s'est développée pour le protéger des terpènes toxiques secrétés par les termites qui sont leurs principales proies. Les hyènes broyeuses d'os peuvent digérer tous les morceaux d'un animal, à l'exception des sabots, des poils et des étuis de kératine des cornes des ongulés. Elles tolèrent les concentrations bactériennes très élevées présentes dans les charognes en décomposition.

Toutes les espèces vivent en groupes stables, l'organisation sociale la plus simple étant celle du protèle qui forme des couples monogames, chacun coopérant à l'élevage des jeunes. Les hyènes rayées forment également des couples monogames, mais on a récemment découvert des groupes comprenant une femelle et plusieurs mâles, et leurs mœurs sociales restent mal connues. Les hyènes brunes (p. 52) forment de petits groupes familiaux vivant sur un même territoire, mais les individus passent la majeure partie de leur temps en solitaires. L'organisation sociale de la hyène tachetée (p. 52) est la plus complexe de toutes, au sein de clans matriarcaux formés de nombreux individus. Les femelles sont plus grosses que les mâles qu'elles dominent et passent toute leur vie dans le même clan ; les petites femelles héritent du statut social de leur mère et dominent les mâles immigrants, même les adultes. Aucun autre carnivore ne présente ce type d'organisation sociale qui rappelle plutôt celle des primates, comme les babouins.

FAMILLE DES HERPESTIDAE MANGOUSTES, 34 espèces
Fourchette des tailles De la mangouste naine du Sud (210-340 g) à la mangouste à queue blanche (1,8-5,2 kg)

Les mangoustes figuraient autrefois parmi les Viverridae, mais il est aujourd'hui admis qu'elles appartiennent à la famille des Herpestidae. Au sein du groupe des Feliformia, elles sont plus proches des Eupleridae (ramification des Herpestidae) et des Hyaenidae. La famille des mangoustes se subdivise en 2 grandes sous-familles :

- Herpestinae (mangoustes solitaires, 23 espèces).
- Mungotinae (mangoustes sociales, 11 espèces).

Cette segmentation correspondrait à une division apparue au début de l'évolution des mangoustes, lorsque l'ouverture des milieux forestiers qu'elles fréquentaient a favorisé la sociabilité au sein d'un groupe ancestral grégaire, pour finir par aboutir aux espèces sociales actuelles.

Les mangoustes vivent en Afrique, au Moyen-Orient et en Asie du Sud, mais une espèce, la mangouste d'Égypte (p. 58), est également présente au Portugal et en Espagne. Les membres de cette famille sont essentiellement carnivores et se nourrissent principalement de petits vertébrés et d'invertébrés ; certaines espèces mangent également quelques fruits et autres matières végétales. Comme l'indique la division en sous-familles, les mangoustes sont essentiellement solitaires (même si certains Herpestinae ont des tendances à une semi-socialisation, par exemple en utilisant des dortoirs communs), ou grégaires, vivant en groupes sociaux. Les modèles sociaux ont été particulièrement étudiés chez les mangoustes naines (p. 66), la mangue rayée (p. 68) et le suricate (p. 64) ; on pense que les autres Mungotinae sont également sociaux, mais ils n'ont pas fait l'objet de travaux aussi poussés.

FAMILLE DES EUPLERIDAE EUPLÉRIDÉS, 9 espèces
Fourchette des tailles De la mangouste à dix raies (450-740 g) au fossa (6,2-8,6 kg)

Les Eupleridae ont tour à tour été classés avec les félins, les mangoustes ou les civettes. Il est aujourd'hui admis que la famille descend d'un ancêtre ressemblant à une mangouste qui a colonisé Madagascar à partir du continent africain voici environ 16,5 à 24 millions d'années. La rapide différenciation par radiation adaptative a abouti sur Madagascar à l'apparition des 9 espèces actuelles aujourd'hui regroupées en 2 sous-familles :

- Euplerinae (espèces « civettiformes » : la fossane, le fossa et l'euplère).
- Galidiinae (espèces « mangoustiformes » : les galidies et la mangouste à dix raies).

Il est possible que des espèces n'aient pas encore été découvertes. *Salanoia durrelli* n'a été définitivement décrite que fin 2010, alors que cet ouvrage était sous presse. Les analyses génétiques montrent qu'elle est très proche de la galidie unicolore (p. 74), mais s'en distingue par son crâne plus robuste et sa denture plus puissante, sa fourrure brun rouge clair et ses larges coussinets des pieds bien développés, frangés sur les marges externes de poils raides (peut-être pour lui faciliter la vie sur les tapis de végétation flottante des marais, le seul habitat qu'on lui connaisse à ce jour). C'est également en 2010 que l'euplère (p. 72) a été provisoirement divisé en 2 espèces en raison des différences morphologiques externes et craniodentaires : l'euplère de Goudot, *Eupleres goudotii,* et le falanouc de l'Ouest, ou falanouc géant, *E. major.* Étant donné qu'il n'existe que 5 spécimens connus de cette dernière espèce et que les analyses génétiques n'ont pas été réalisées, cette classification n'est pas définitive.

Les eupléridés se nourrissent essentiellement de proies animales ; certains sont presque exclusivement insectivores, comme l'euplère, tandis que les proies du fossa (p. 72) sont essentiellement des mammifères. La plupart des espèces sont principalement solitaires, mais une certaine forme de sociabilité temporaire ou durable a été observée chez 5 espèces. Pour la plupart, les eupléridés restent peu étudiés.

FAMILLE DES PRIONODONTIDAE LINSANGS, 2 espèces
Fourchette des tailles Du linsang rayé (590-800 g) au linsang tacheté (550 g-1,2 kg)

Les Prionodontidae sont une ancienne famille de carnivores qui figurait à l'origine parmi les Viverridae et on a aussi pensé qu'ils étaient très proches des poyanes africaines (p. 94 ; anciennement appelées linsangs) qui leur ressemblent beaucoup, du point de vue morphologique comme du point de vue écologique. De récentes analyses moléculaires révèlent que les linsangs représentent un ancien groupe jumeau des Felidae, leur ancêtre commun remontant à 42 millions d'années. Les linsangs ne sont apparentés que de loin aux poyanes (Viverridae) et sont un remarquable exemple de convergence évolutive.

Les linsangs sont présents exclusivement en Asie du Sud-Est où ils fréquentent des forêts sempervirentes humides. Ce sont des supercarnivores nocturnes, fortement arboricoles, qui chassent de petites proies. Ils sont solitaires, mais on sait peu de chose sur leur organisation sociale et spatiale.

FAMILLE DES VIVERRIDAE GENETTES, POYANES ET CIVETTES, 33 espèces
Fourchette des tailles De la poyane d'Afrique occidentale (500-700 g) au binturong (9-20 kg)

Les Viverridae représentent une ancienne lignée des Feliformia qui serait apparue voici au moins 34 millions d'années en Eurasie, avant de coloniser l'Afrique. La famille est subdivisée en 4 sous-familles :

- Viverinnae (grandes civettes terrestres, 6 espèces).
- Genettinae (genettes et poyanes, 16 espèces).
- Paradoxurinae (civettes palmistes et binturong, 7 espèces).
- Hemigalinae (civettes-loutres et alliées, 4 espèces).

Les espèces sont bien délimitées au sein des Viverridae, mais il est possible que la civette de Malabar (p. 84), gravement menacée d'extinction, appartienne à la même espèce que la civette à grandes taches (p. 84), tandis que la classification des genettes fait toujours débat car il est proposé d'inscrire 17 espèces dans le genre *Genetta* (14 espèces sont décrites ici).

Les Viverridae sont présents en Afrique et en Asie du Sud, bien qu'une espèce soit également présente en Europe, conséquence possible d'une introduction par l'homme. Ce sont des animaux essentiellement solitaires et nocturnes. De nombreuses espèces sont semi-arboricoles à exclusivement arboricoles et portent des griffes protractiles, comme les félidés. Ils sont principalement carnivores et leur régime alimentaire se compose de petits vertébrés et d'invertébrés, mais les Paradoxurinae sont essentiellement frugivores.

FAMILLE DES NANDINIIDAE NANDINIE, 1 espèce
Taille Nandinie (1,2-3 kg)

La nandinie (p. 94) est une espèce primitive qui a conservé quelques caractères ancestraux (essentiellement dans la structure du crâne et des carnassières) ayant disparu chez les autres carnivores actuels. Elle avait d'abord été classée parmi les Viverridae, dans la sous-famille des Paradoxurinae. Les analyses génétiques confirment qu'elle est le représentant d'une ancienne lignée sœur de tous les autres carnivores féliformes ; l'ancêtre commun à la nandinie et à tous les Feliformia vivait voici 36 à 54 millions d'années.

Du point de vue morphologique comme du point de vue écologique, la nandinie ressemble probablement beaucoup aux anciens carnivores féliformes. Elle est endémique à l'Afrique équatoriale où elle vit dans la forêt et la savane arborée. Elle est essentiellement frugivore mais se nourrit également de vertébrés et d'invertébrés. Arboricole, nocturne et principalement solitaire, elle défend activement un territoire bien délimité.

Sous ordre des CANIFORMIA, 9 familles, 161 espèces (y compris les pinnipèdes, 36 espèces)

FAMILLE DES CANIDAE CANIDÉS, 35 espèces
Fourchette des tailles Du fennec ou du renard de Blanford (0,8-1,9 kg) au loup (18-79,4 kg)

Apparus en Amérique du Nord voici plus de 40 millions d'années, les Canidae seraient la plus ancienne des familles de caniformes. Le continent resta le foyer de l'évolution des canidés jusque voici environ 6 millions d'années, lorsque la formation du pont terrestre de Béring a relié l'Asie à l'Amérique du Nord, ce qui a permis aux canidés de passer en masse en Eurasie. Ils ont également colonisé l'Amérique du Sud lors de l'apparition de l'isthme de Panamá, voici 3 millions d'années. Tous les canidés actuels appartiennent à la sous-famille des Caninae (2 sous-familles sont éteintes) qui est subdivisée en 2 lignées distinctes ayant divergé voici 5 à 9 millions d'années :

- Les grands canidés rappelant le loup (loups, chacals, coyote, dhole et lycaon, 9 espèces).
- Les petits canidés ressemblant aux renards (toutes les autres espèces).

Les espèces sont assez bien délimitées mais reste le problème de savoir si le dingo (p. 98) est une sous-espèce de loup (p. 100) ou s'il s'agit d'une espèce distincte ; certains auteurs estiment que les populations de loup de l'est de l'Amérique du Nord représentent une espèce distincte, *Canis lycaon.* Début 2011, les analyses génétiques ont montré que certaines populations de chacal doré (p. 104) d'Égypte et d'Éthiopie représenteraient une ancienne sous-espèce de loup qu'il faudrait décrire sous le nom de loup africain. À l'autre extrémité de la famille, le renard nain et le renard véloce (p. 108) sont parfois considérés comme appartenant à la même espèce.

Les Canidae sont la famille de Carnivora la plus largement répartie. Tous les continents accueillent au moins une espèce, à l'exception de l'Antarctique (la colonisation de l'Australie par le dingo a été facilitée par l'homme voici 3 500 à 4 000 ans). C'est également la famille la plus sociale. Tous les canidés forment des liens sociaux durables autour d'un couple monogame où chacun participe à l'élevage des jeunes ; dans certains cas, les juvéniles restent avec leurs parents pour les aider à élever les portées suivantes. Chez la plupart des renards et des chacals, le couple reproducteur reste le pilier de l'unité sociale, alors que chez de nombreux autres canidés il forme le noyau d'un groupe social plus complexe, comme chez le loup, le lycaon (p. 96) ou le dhole (p. 102). Entre les deux, la sociabilité des canidés est très flexible ; certaines espèces se situant quelque part entre le couple monogame et la meute ont une sociabilité variable, selon l'abondance des ressources. Les canidés sont des carnivores contraints qui se nourrissent essentiellement des proies animales, mais certaines espèces consomment également des fruits et autres végétaux.

Le chien domestique
Le chien domestique descend du loup avec lequel les accouplements restent féconds et il est décrit sous le nom de Canis lupus familiaris, *sous-espèce du loup. Le nombre de chiens domestiques de par le monde, y compris les chiens errants et les populations férales, serait de quelque 500 millions, dont 115 millions aux États-Unis, au Brésil et en Chine réunis.*

FAMILLE DES URSIDAE OURS, 8 espèces
Fourchettes des tailles De l'ours des cocotiers (25-80 kg) à l'ours polaire (150-800 kg)

La famille des ours est apparue au début de l'évolution des carnivores et, avec les Canidae, il semble que ce soit l'une des plus anciennes familles de Caniformia. Les espèces présumées les plus anciennes remontent à environ 33 à 37 millions d'années, bien que leur ressemblance avec les premiers canidés (qui partagent avec les ours un très ancien ancêtre commun) empêche la datation exacte des origines de la famille. Les 8 espèces actuelles sont distribuées en 3 sous-familles :

- Ailuropodinae (grand panda).
- Tremarctinae (ours à lunettes).
- Ursinae (« ours typiques », 6 espèces).

Le grand panda (p. 122) et l'ours à lunettes (p. 124) sont les espèces les plus anciennes et les plus caractéristiques. Les liens de parenté entre les 6 autres espèces sont mal connus, mais il semble que l'évolution de l'ours polaire soit récente, à partir d'une population d'ours bruns qui s'est trouvée isolée au cours du Pléistocène moyen, voici peut-être 200 000 ans.

Les ours vivent en Eurasie et en Amérique du Nord, et une seule espèce, l'ours à lunettes, habite dans le nord de l'Amérique latine. La plupart sont des omnivores qui changent de régime alimentaire au fil des saisons, suivant les disponibilités, afin de privilégier un régime riche en calories ; les deux extrêmes sont le grand panda, exclusivement herbivore, et l'ours polaire qui se nourrit essentiellement de phoques.

Les ours se distinguent des autres carnivores en ce qu'ils hibernent en hiver, ce qui leur permet de survivre à la mauvaise saison. Pendant l'hibernation, les ours ne boivent ni ne mangent, ils n'urinent ni ne défèquent, mais consomment jusqu'à 4 000 calories par jour en brûlant leurs réserves de graisse. L'ours noir (p. 128) réduit de moitié sa consommation d'oxygène et son métabolisme ; il ne respire que toutes les 45 secondes et diminue les battements de son cœur à 8 par minute.

Parallèlement à l'hibernation, les femelles diffèrent l'implantation de l'embryon ; c'est le processus de la « diapause embryonnaire » qui intervient peu après la conception, laquelle a normalement lieu au printemps ou en été dans les régions septentrionales. Cela permet aux femelles récemment fécondées d'accumuler assez de graisse pour l'hibernation, sans avoir à nourrir des embryons. C'est aussi sans doute le moyen de réduire la période pendant laquelle les femelles hibernantes doivent les nourrir, bien que les naissances aient lieu dans la tanière à mi-parcours de la période de jeûne. Ces deux caractéristiques sont sans doute apparues assez tôt au cours de l'évolution des ursidés. Tous les ours actuels connaissent à des degrés divers le processus d'implantation différée, mais seules les espèces (ou populations) soumises aux rigueurs de l'hiver hibernent. Ces populations passent par une période d'hyperphagie avant de se retirer dans leur tanière, période au cours de laquelle les individus passent 20 heures par jour à avaler des nourritures très caloriques (surtout des akènes) pour faire des réserves de graisse.

Les ours ont un mode de vie cathéméral et sont solitaires. Ils occupent généralement un domaine vital stable mais ne sont pas territoriaux au sens strict. L'ours polaire est celui qui, de tous les carnivores, parcourt le plus vaste domaine vital, et celui-ci figure parmi les plus étendus des territoires des mammifères.

FAMILLE DES PROCYONIDAE RATONS, COATIS ET ALLIÉS, 13 espèces
Fourchette des tailles Du bassaris rusé (0,8-1,1 kg) au raton laveur (1,7-28 kg)

Les Procyonidae sont apparus voici environ 27 à 30 millions d'années, à partir de la lignée qui donnera les Mustelidae, raison pour laquelle ces deux familles sont considérées comme les plus proches au sein des Caniformia. Les premiers Procyonidae sont apparus en Europe et c'est à partir de là qu'ils ont colonisé l'Asie et l'Amérique du Nord ; la famille s'est éteinte en Eurasie et n'habite plus aujourd'hui que les Amériques. Au sein de la famille, les subdivisions, dont le nombre exact d'espèces, font débat. Le genre *Bassaricyon* (p. 138) était en cours de révision au moment où cet ouvrage a été mis sous presse (la classification qui en sortira probablement, avec 4 espèces, est celle qui figure ici), et le coati des montagnes (p. 136) pourrait bien représenter 2 espèces distinctes.

Les Procyonidae sont parmi les moins carnivores des carnivores car ils sont pour la plupart omnivores. Le raton laveur (p. 134) est l'une des espèces de mammifères les plus résolument omnivores, tandis que le kinkajou (p. 140) se nourrit presque exclusivement de fruits. Les Procyonidae sont essentiellement nocturnes. Ils peuvent être solitaires ou très sociaux, comme ils peuvent être terrestres ou presque exclusivement arboricoles.

FAMILLE DES AILURIDAE PANDA ROUX, 1 espèce
Taille Panda roux (3-3,6 kg)

Le panda roux (p. 140) est l'unique membre d'une famille remarquable, les Ailuridae, et sa situation phylogénique n'est pas fixée. Il appartient aux Caniformia et c'est des procyonidés qu'il serait le plus proche, bien que certains éléments militent en faveur d'un rapprochement avec les mustélidés, les méphitidés ou les ursidés. Il était autrefois classé avec le grand panda dans une famille à part en raison essentiellement de leur régime alimentaire commun de bambous et des adaptations qui en résultaient (le panda roux a été le premier découvert et donc le premier nommé, ce qui a abouti à donner au grand panda un nom inapproprié). Cette classification n'est plus en vigueur, et le grand panda est sans équivoque un ours, tandis que les liens de parenté du panda roux restent incertains.

Le panda roux vit uniquement dans les forêts du sud-est de la Chine et des pays voisins. Il se nourrit presque exclusivement de bambous et est de mœurs cathémérales et solitaires, sur un domaine vital stable.

FAMILLE DES MEPHITIDAE MOUFFETTES ET ALLIÉS, 12 espèces
Fourchette des tailles De la mouffette tachetée naine (130-230 g) à la mouffette rayée (0,6-5,5 kg)

Cette famille figurait anciennement parmi les mustélidés, mais il est aujourd'hui admis que ses représentants appartiennent à une famille à part car il s'agit d'une ramification ancienne sur l'arbre de l'évolution des carnivores, laquelle a également abouti à l'apparition des mustélidés, des procyonidés et du panda roux. Elle est subdivisée en 2 sous-familles :

- Mephitinae (10 espèces de mouffettes).
- Myadinae (2 espèces actuelles : blaireau de Java et blaireau de Palawan).

De nombreuses espèces ont une définition incertaine et les analyses génétiques vont sans doute révéler l'existence d'espèces « cachées » ou fusionner plusieurs espèces en une seule, notamment s'agissant des genres *Spilogale* et *Conepatus.*

Les mouffettes vivent exclusivement en Amérique du Nord et du Sud, tandis que les Myadinae sont endémiques aux îles d'Asie du Sud-Est. Tous sont dotés de grosses glandes anales musculeuses et odorantes qui éjectent un liquide puant servant à l'autodéfense, et tous arborent la coloration aposématique noir et blanc associée. Les méphitidés sont omnivores, mais leur régime alimentaire comprend essentiellement des invertébrés et petits vertébrés. Ils sont principalement solitaires et ne semblent pas être territoriaux : beaucoup d'espèces peuvent atteindre de fortes densités et se regrouper sur les aires d'alimentation ; les domaines vitaux se recoupent largement.

FAMILLE DES MUSTELIDAE BELETTES, MARTRES, BLAIREAUX ET LOUTRES, 56 espèces
Fourchette des tailles De la belette (25-300 g) à la loutre de mer (14,5-45 kg)

Apparus en Eurasie voici au moins 24 millions d'années, les Mustelidae forment la plus grande des familles au sein des Carnivora. Les subdivisions sont complexes et la famille est constamment en révision à mesure des nouvelles découvertes issues des analyses moléculaires et de la mise au jour de nouveaux fossiles. La subdivision la plus évidente est celle qui sépare les loutres (sous-famille des lutrinés) du reste de la famille qui est encore subdivisée en 7 sous-familles. Même le nombre d'espèce est fluctuant. Après avoir été longtemps représentés par une seule espèce, les blaireaux asiatiques à nez de cochon ou balisaurs (p. 162) ont été divisés en 3 espèces distinctes en 2008. Les techniques actuelles d'analyse moléculaire utilisées sur les autres branches de la famille pourraient bien aboutir à la description de nouvelles espèces, par exemple parmi les grisons (p. 168).

Originaires d'Eurasie, les mustélidés ont opéré des colonisations successives vers les Amériques et vers l'Afrique. La famille est aujourd'hui mondialement répartie, à l'exception de l'Antarctique et de l'Australasie (mais la belette et l'hermine, p. 182, ont été introduites en Nouvelle-Zélande). La majorité des espèces actuelles sont des variations à partir de la forme la plus ancienne : un animal terrestre au corps allongé, solitaire, prédateur de petits mammifères. Comme on peut s'y attendre dans une famille aussi nombreuse et aussi diversifiée, les mustélidés ont évolué pour adopter des modes de vie variés, par exemple aquatiques et sociales chez les loutres ou semi-arboricoles chez les martres.

Comme leurs proches parents, les Mephitidae, la plupart des mustélidés sont dotés de glandes anales produisant des sécrétions très odorantes. Ces glandes sont particulièrement développées chez les zorilles (p. 170), ainsi que chez le putois marbré (p. 172), et ils peuvent projeter ces sécrétions pour se défendre.

Les mustélidés se distinguent particulièrement par la prévalence de l'implantation différée permettant de retarder le développement de l'embryon pour une période pouvant atteindre 11 mois. Cette adaptation permet aux accouplements et aux naissances d'avoir lieu à la meilleure période, été et printemps, lorsqu'il est plus facile de trouver des partenaires et d'élever des jeunes. C'est ainsi qu'une femelle de blaireau américain s'accouple normalement en été et met bas au printemps suivant. On pense qu'environ un tiers des mustélidés utilisent ainsi l'implantation différée, chiffre à comparer à celui de moins de 0,05 % pour l'ensemble des mammifères (la prévalence est également élevée chez les ours).

LA CONSERVATION DES CARNIVORES

Les carnivores sont rares. Leur position au sommet de la chaîne alimentaire signifie qu'ils sont beaucoup moins nombreux que les espèces sur lesquelles ils exercent leur prédation. Un tigre (p. 42) doit tuer chaque année environ 50 ongulés, grands ou moyens. Dans un écosystème fonctionnant normalement, ce chiffre représente environ 10 % des proies disponibles, c'est-à-dire qu'il faut 500 ongulés pour faire vivre un seul tigre pendant un an. Une petite population de 10 tigres a donc besoin pour subsister d'une population de 5 000 ongulés (et cela sans compter les besoins des autres carnivores locaux) et, à leur tour, ces proies ont besoin de vastes espaces. Ces calculs ont permis de définir le « problème des grands carnivores » : les prédateurs doivent disposer de vastes étendues d'un milieu adapté, peuplé d'une abondante population de proies potentielles. Le problème est particulièrement alarmant pour les carnivores de grande ou de moyenne taille, comme les grands félins, hyènes, loups, lycaon, ours, fossa et glouton (p. 166), mais l'ordre tout entier est *naturellement* vulnérable au risque d'extinction.

La plupart des carnivores sont menacés par la disparition de leur habitat et de leurs proies. Plus des deux tiers des terres émergées sont occupées par l'homme, et les milieux naturels disparaissent au rythme de 1 % par an. Là où les hommes remplacent les forêts, bois et pelouses, par des villes, des terres de cultures ou d'élevage, la majorité des carnivores régressent ou disparaissent. Il est inutile de conserver des habitats si les carnivores n'y trouvent pas leur nourriture. Des forêts « vides » subsistent en Asie, en Amérique latine et en Afrique centrale, mais elles ne leur sont d'aucune utilité dans la mesure où les hommes en ont éliminé les proies.

Outre la diminution des ressources dont dépendent les carnivores, les hommes tuent aussi directement les carnivores. Ils les chassent pour des raisons très diverses. Les deux motifs actuels sont les menaces réelles ou perçues comme telles sur le bétail, et parce que certaines parties de leur anatomie sont très recherchées. Le premier motif touche les grands carnivores, là où ils entrent en contact avec les hommes et leurs troupeaux : les petits éleveurs de yaks d'Asie centrale piègent les panthères des neiges (p. 40) pour les mêmes raisons qui poussent les grands éleveurs de bétail de l'ouest des États-Unis à pourchasser les loups réintroduits.

La chasse aux carnivores pour s'approprier certaines parties de leur anatomie est pratiquée partout, mais c'est en Asie qu'elle pose le plus de problèmes en raison de l'utilisation de ces produits par la « médecine traditionnelle ». La plus grande menace pesant sur le tigre tient à la forte pression du braconnage qui sert à alimenter ce commerce, lequel connaît une croissance exponentielle à mesure que la nouvelle classe moyenne chinoise aspire à cette consommation. Il n'est pas étonnant de constater que ces deux motifs peuvent se combiner : les éleveurs mongols se font un peu d'argent en vendant les peaux des loups abattus parce qu'ils ont tué (ou non) des moutons, et les griffes, la graisse et autres portions des lions empoisonnés par les pasteurs africains sont souvent vendues ou troquées.

Bien qu'elles soient beaucoup moins répandues, les menaces anthropiques accessoires peuvent être très préjudiciables aux populations. La chasse, qu'elle soit pratiquée par des chasseurs de trophées ou des trappeurs de fourrures, peut provoquer des régressions de populations là où elle est mal régulée, ou bien lorsqu'elle s'ajoute à d'autres facteurs, comme les fluctuations naturelles des effectifs des proies.

Les maladies infectieuses apparaissent naturellement dans les populations sauvages mais elles sont particulièrement inquiétantes lorsqu'elles sont introduites par l'homme ou ses animaux domestiques. Les canidés sauvages sont particulièrement vulnérables à la rage et à la maladie de Carré transmises par les chiens domestiques, et des épizooties ont dévasté les populations de loups d'Abyssinie (p. 98) et de lycaons. Enfin, quelques espèces sont menacées par les croisements avec les carnivores domestiques. Le chat sauvage et le dingo ont peu de chance de conserver leur pureté génétique suite aux hybridations avec, respectivement, les chats harets et les chiens errants.
Quatre espèces de carnivores modernes sont aujourd'hui éteintes, à cause de l'activité de l'homme, essentiellement la chasse (la date de la dernière observation figure entre parenthèses) :

- Loup des Falkland *Dusicyon australis* (1876).
- Vison de mer *Neovison macrodon* (1894).
- Otarie du Japon *Zalophus japonicus* (1951).
- Phoque moine tropical *Monachus tropicalis* (1952).

Huit carnivores (dont 2 pinnipèdes) sont en danger critique d'extinction et le risque de les voir disparaître dans la nature est très élevé. Vingt-quatre (dont 4 pinnipèdes) sont en danger avec un risque d'extinction élevé.

Pour qu'ils puissent porter leurs fruits, les efforts de protection des carnivores doivent s'attacher à la mise en réserve de vastes étendues protégées et s'assurer que cette protection est efficace ; cela ne signifie pas obligatoirement l'exclusion de toute présence humaine, mais il faut en limiter activement le déboisement, la chasse et l'introduction de maladies. Des centaines de grands parcs ont été ainsi mis en réserve à travers le monde pour protéger les carnivores, mais les populations humaines ne cessent de croître, et la pression foncière s'intensifie en même temps que la concurrence pour les ressources, alors que diminue la possibilité de créer de nouvelles zones protégées ou d'étendre celles qui existent. En conséquence, les parcs ne suffiront pas à eux seuls à assurer la survie de beaucoup d'espèces de carnivores.

Malgré des besoins écologiques particuliers, beaucoup de carnivores peuvent survivre dans des habitats modifiés : le milieu n'a pas besoin d'être intact. Même les carnivores les plus exigeants, comme les loups, les ours ou les grands félins, peuvent habiter des paysages dominés par l'homme et ses troupeaux, pourvu qu'ils y soient tolérés. La solution est de créer des mécanismes de coexistence, normalement en réduisant les nuisances créées par les carnivores (par exemple en améliorant les techniques d'élevage et en réduisant la vulnérabilité du bétail face aux prédateurs), ou en attribuant une valeur monétaire aux carnivores par le tourisme ou la chasse aux trophées.

PANTHERA

Le programme Panthera a été créé en 2006 pour axer les efforts sur la conservation des grands félins. C'est à ce jour la plus grande organisation vouée à la conservation des félins (parmi beaucoup d'autres qui travaillent aussi dans ce sens).

Au lieu de s'intéresser à des sites particuliers, l'approche de Panthera consiste à produire des données rigoureusement scientifiques permettant de comprendre comment il faut aborder les défis de la conservation globale des félins. Les biologistes de Panthera mettent au point des stratégies destinées à conserver les félins « sur l'ensemble de leur aire de répartition » en protégeant des noyaux de populations et en maintenant les corridors biologiques et génétiques qui les relient. Pour mettre en œuvre les plans ainsi conçus, ils doivent développer des partenariats avec les gouvernements, les universités, les organisations non gouvernementales et les particuliers afin de protéger les habitats critiques, atténuer les conflits entre hommes et félins, et réduire les abattages illégaux ou non durables des félins et de leurs proies.

Panthera axe ses efforts sur les grands félins qui sont des « espèces parapluies ». Le succès de la conservation d'importantes populations de grands félins passe par la protection de tout l'écosystème qui leur permet de vivre, ainsi qu'à des centaines de milliers ou de millions d'autres espèces. À ce jour, Panthera a conçu de grands projets de conservation pour le tigre, le lion, le jaguar et la panthère des neiges. L'organisation prévoit de développer des stratégies similaires pour le léopard, le guépard, la panthère longibande et le puma.

Pour tous renseignements, voir www.panthera.org

ORGANISATION DES FICHES ESPÈCES

Toutes les fiches espèces ci-dessous ont été rédigées suivant le même format, en commençant par le nom vernaculaire le plus utilisé, le nom scientifique et les autres noms d'usage. Les normes utilisées pour les mensurations sont expliquées ci-dessous et figurent sous les noms.

Une courte introduction fournit la description des caractères les plus marquants utiles pour la détermination, y compris les variations régionales ou saisonnières. Les planches illustrent chaque espèce, ainsi que diverses formes pour les espèces les plus variables. Les variantes sont illustrées lorsqu'elles représentent des types régionaux ou morphologiques distincts, par exemple la forme mélanique du jaguar (p. 48) ou les diverses formes de renard polaire (p. 106). Les formes qui ne correspondent qu'à un aspect de la variation normale au sein d'une espèce, quelles que soient la zone géographique, la saison ou la population, ne sont pas illustrées, comme chez le lynx roux (p. 34), le lycaon (p. 96) ou l'ours des cocotiers (p. 126).

Par manque de place et en raison de l'immensité des zones géographiques couvertes ici, il n'a pas été ajouté de cartes. Pour chaque espèce décrite, vous trouverez une carte de répartition sur le site : www.panthera.org/carnivoreguide.

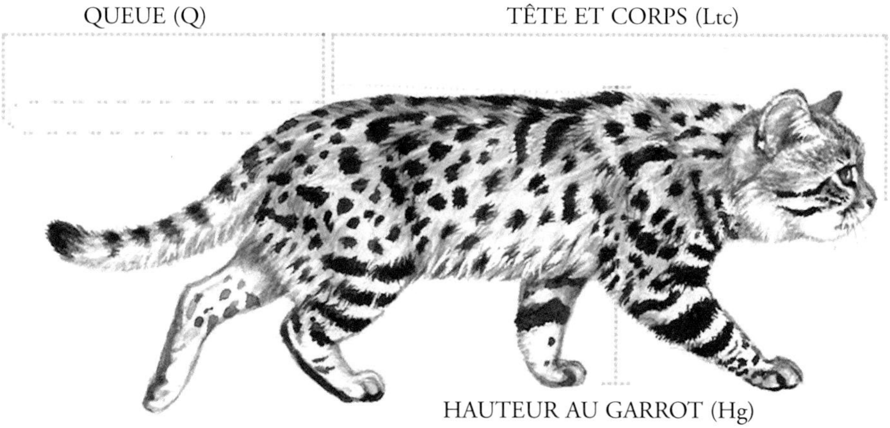

Mensurations

Les animaux sont généralement mesurés couchés sur le flanc, queue tendue dans le prolongement du corps. Les chiffres indiquent la longueur de la tête et du corps (Ltc), et de la queue (Q), la hauteur au garrot (Hg) et le poids (P). Autant que possible, les mensurations des deux sexes sont indiquées, surtout en présence d'un dimorphisme sexuel prononcé.

Les fiches espèces résument les connaissances actuelles dans les quatre domaines décrits ci-dessous. Nombre de ces informations manquent pour beaucoup de carnivores, ce qui souligne les inégalités de traitement entre quelques espèces bien connues et le plus grand nombre de celles qui sont peu étudiées ou presque inconnues. Les observations ou caractères spécifiques à une région ou à une population sont indiqués entre parenthèses en même temps que le site ; lorsqu'il existe plusieurs chiffres (par exemple pour la taille du territoire), une fourchette est indiquée qui concerne un habitat normal dans des conditions normales pour l'espèce. Certains noms de sites sont abrégés, par exemple pour les zones protégées : PN (parc national), mais il existe d'autres types de réserves de faune et de flore. Les quatre grandes catégories d'informations traitées ici sont :

ÉCOLOGIE ALIMENTAIRE

Régime alimentaire, notamment les principaux types de proies et autres nourritures, y compris humains, bétail ou plantes cultivées ; stratégies et comportement de chasse, notamment les horaires, et si celle-ci se pratique en groupe ou en solitaire ; autres caractéristiques notables, en particulier si l'espèce est un charognard, ou si elle pratique la cache de ses surplus.

COMPORTEMENT SOCIAL ET SPATIAL

Degré de sociabilité, de monogamie et de territorialité ; schéma de dispersion ; estimations de la superficie du domaine vital et des densités.

REPRODUCTION ET DÉMOGRAPHIE

Saisonnalité ; durée de la gestation ; taille des portées ; schémas de reproduction ; intervalle entre les portées ; développement des jeunes, y compris l'âge au sevrage et à la dispersion ; âge à la maturité sexuelle ou à la première reproduction ; taux de mortalité (pour les jeunes et les adultes lorsque l'information est connue) et premières causes naturelles de la mort ; longévité dans la nature (lorsque l'information est connue) et/ou en captivité.

STATUT ET MENACES

Résumé du statut de conservation de l'espèce et des principales menaces. S'il y a lieu, catégorie CITES et Liste rouge UICN.

La **CITES** (Convention sur le commerce international des espèces de faune et de flore sauvages menacées d'extinction) est un accord entre des États (actuellement au nombre de 176) visant à contrôler le commerce international des espèces sauvages, ce qui englobe aussi les importations et exportations des produits dérivés, notamment fourrure, trophées de chasse et souvenirs touristiques. Les espèces protégées pas la CITES figurent dans trois annexes selon le degré de protection dont elles doivent bénéficier. Beaucoup de carnivores sont répertoriés aux Annexes I et II. Les autres ne sont pas considérés comme menacés, ou bien le commerce international n'est pas considéré comme une menace potentielle. Les évaluations de la CITES concernent généralement l'ensemble de l'aire de répartition, mais les populations ou sous-espèces localement menacées figurent souvent séparément dans les annexes.

- L'Annexe I concerne les espèces menacées d'extinction. Le commerce de ces espèces n'est autorisé que dans des circonstances exceptionnelles.
- L'Annexe II comprend des espèces qui ne sont pas nécessairement menacées d'extinction, mais dont le commerce doit être contrôlé afin d'empêcher des utilisations qui pourraient mettre leur survie en danger.
- L'Annexe III rassemble des espèces protégées dans au moins un pays, lequel a demandé aux parties à la CITES de les aider à en maîtriser le commerce. Pour plus d'informations, voir le site : www.cites.org/fra/index.php

La **Liste rouge de l'UICN** (Union internationale pour la conservation de la nature) est la plus grande organisation professionnelle mondiale de conservation. Elle publie une Liste rouge des espèces menacées, résultat de travaux exhaustifs réalisés par des experts. Elle évalue le statut de conservation des espèces sauvages et les classe suivant le degré des menaces qui pèsent sur elles et les probabilités de leur extinction. Ces évaluations sont le résultat d'un processus complexe fondé sur plusieurs critères comme la taille de la population, le nombre de sous-populations, le nombre de reproducteurs, le degré des diverses menaces et ainsi de suite.
Chacune des catégories de la Liste rouge est précisément définie par plusieurs critères (pour les détails, voir www.uicn.fr/La-Liste-Rouge-des-especes.html). Partant des plus menacées, les catégories sont : Éteinte (EX), Éteinte à l'état sauvage (EW), En danger critique d'extinction (CR), En danger (EN), Vulnérable (VU), Quasi menacée (NT), Préoccupation mineure (LC), Données insuffisantes (DD). Lorsque les espèces n'ont pas encore été évaluées, elles figurent sur la liste dans la catégorie Non évaluée (NE). Les évaluations de la Liste rouge sont généralement effectuées au niveau de l'espèce mais les populations ou sous-espèces les plus menacées sont souvent évaluées séparément.

LE CHAT DU DÉSERT DE CHINE *Felis bieti* — Planche 1

Chat des montagnes chinoises, chat de Mongolie
Ltc 68,5-84 cm ; Q 32-35 cm ; P 6,5-9 kg
Gris jaune clair en hiver, virant en été au fauve ou gris-brun, marquage léger ou absent sur le corps, à l'exception d'une ligne dorsale sombre. Queue touffue, nettement barrée, terminée de sombre. Pinceaux aux oreilles. Des analyses génétiques récentes indiquent qu'il s'agirait d'une sous-espèce du chat sauvage, mais la classification reste contestée. **Distribution et habitat** Observé uniquement dans les provinces du Qinghai, Sichuan et Gansu, en Chine centrale. Signalé dans d'autres parties de la Chine et au Tibet mais ce n'est pas confirmé. Vit à 2 500-5 000 m sur les alpages, pelouses, brousses et lisières de forêts. Pourrait habiter également les véritables forêts de montagne, semi-déserts et déserts froids, sans confirmation. **Écologie alimentaire** Quasiment pas d'études de terrain. Une seule a montré que les petits rongeurs comme les campagnols ou les rats taupes ainsi que les pikas forment jusqu'à 90 % de son régime alimentaire ; également des oiseaux (un faisan signalé). **Comportement social et spatial** Inconnu. Probablement solitaire, la tanière est installée dans les affleurements rocheux, sous des racines ou d'épais fourrés. **Reproduction et démographie** Quelques observations semblent indiquer une reproduction saisonnière, ce qui serait logique étant donné la rigueur des hivers. Des couples ont été observés entre janvier et mars, sans doute la saison des accouplements, les chatons naissant vers le mois de mai. MORTALITÉ et LONGÉVITÉ Inconnues. **Statut et menaces** Son aire de répartition est très restreinte et il serait naturellement rare. Chassé pour sa fourrure utilisée localement, mais des peaux apparaissent souvent sur les marchés aux fourrures. En Chine centrale, de vastes campagnes officielles d'empoisonnement des rongeurs et lagomorphes représentent probablement une menace sérieuse en réduisant les populations de ses proies et par empoisonnements indirects. CITES Annexe II, Liste rouge VU.

LE CHAT SAUVAGE *Felis silvestris*

Ltc ♀ 40,6-64 cm, ♂ 44-75 cm ; Q 21,5-37,5 cm ; P ♀ 2-5,8 kg, ♂ 2-7,7 kg
C'est la même espèce que le chat domestique, lequel aurait été domestiqué dans le Croissant fertile voici plus de 9 000 ans. Ils se ressemblent beaucoup, mais le chat sauvage est génétiquement distinct et généralement plus grand : plus haut sur pattes, il est aussi plus corpulent. Formes intermédiaires entre les populations sauvages, mais trois grands groupes forment des sous-espèces (parfois considérées comme des espèces à part entière) : *F. s. ornata,* en Asie, nettement tacheté sur fond isabelle ; *F. s. lybica,* en Afrique, couleur gris sable, pattes barrées et dos des oreilles roux ; et *F. s. silvestris,* en Europe, comme un gros chat tigré à queue épaisse, gorge et menton blancs. Des tests génétiques récents semblent indiquer qu'il faudrait subdiviser le chat sauvage d'Afrique en 2 sous-espèces : Afrique subsaharienne et Afrique du Nord/Asie occidentale. Les variantes pie, orange ou noires sont généralement le résultat de croisements avec des chats domestiques. **Distribution et habitat** Europe occidentale, y compris Écosse, Afrique (sauf Afrique centrale), Moyen-Orient et une grande partie de l'Asie occidentale et méridionale, jusqu'en Chine centrale. S'accommode de nombreux habitats différents et, à l'exception des forêts épaisses et de l'intérieur des déserts, il fréquente presque tous les milieux couverts jusqu'à 3 000 m. Évite les milieux très ouverts ou de haute altitude, ainsi que la neige épaisse. Occupe volontiers terres agricoles, champs et plantations, mais évite les zones d'agriculture intensive offrant peu de couvert. **Écologie alimentaire** Sur presque l'ensemble de son aire de répartition, les petits rongeurs (mulots, campagnols, mériones, gerbilles et gerboises) forment l'essentiel de son régime alimentaire, mais en Écosse les lièvres et lapins représentent jusqu'à 70 % de son alimentation. Tue également des petits oiseaux, surtout ceux qui picorent au sol comme les tourterelles, pigeons, perdrix, gangas, pintades, cailles et tisserins, ainsi que des reptiles, dont certains gros serpents venimeux comme la vipère heurtante ou les cobras, des amphibiens et des arthropodes. Tue volontiers la volaille et, plus rarement, agneaux et chevreaux nouveau-nés. Boit tous les jours en présence d'eau libre, mais il vit souvent dans des milieux sans eau, comme le Kalahari, le Namib ou le Sahara, ce qui signifie qu'il n'est pas inféodé à l'eau. Nocturno-crépusculaire, il chasse principalement au sol ; là où il est protégé, il peut être actif pendant le jour, particulièrement lors des hivers froids. Charognard, il cache parfois les carcasses en les recouvrant de débris, de terre ou de feuilles. **Comportement social et spatial** Solitaire et territorial. Affiche les comportements territoriaux typiques des félins comme le marquage à l'urine et aux fèces, mais l'importance de ce comportement varie probablement beaucoup selon le milieu. La superficie du domaine vital est également très variable et celui du mâle recoupe normalement (mais pas toujours) ceux, plus petits, de plusieurs femelles. Les estimations vont de 1,7-2,75 km² (♀) à 13,7 km² (1 ♂) au Portugal ; 1,75 km² (moyenne pour les deux sexes) en Écosse orientale riche en lagomorphes ; 3,5 km² (♀, moyenne) à 7,7 km² (♂, moyenne) dans le sud du Kalahari ; 8-10 km² (les deux sexes) en Écosse occidentale où les proies sont rares ; 11,7 km² (moyenne pour les deux sexes) en Arabie Saoudite et 51,2 km² (1 ♀) dans les Émirats arabes unis. Les densités varient de 0,7 à 10 chats/km². **Reproduction et démographie** Dans les régions où les saisons sont très marquées, comme au Sahara et dans la plus grande partie de l'Europe, les accouplements ont lieu en hiver-début du printemps, et les mises bas au printemps-début de l'été. Ailleurs, les chatons naissent tout au long de l'année, avec un pic des naissances coïncidant souvent avec les pullulations des proies, pendant ou après la saison des pluies, par exemple en Afrique orientale et australe. Gestation de 56-68 jours. Portées de 2-4, rarement 8. Sevrés à 3-4 mois, les chatons sont indépendants à 5-10 mois. Maturité sexuelle à 9-12 mois, mais dans la nature la première reproduction a probablement lieu vers 18-22 mois. MORTALITÉ Les taux sont mal connus ; chez les populations étudiées, les facteurs anthropiques expliquent la plupart des pertes. On sait que les gros félins, les aigles royaux et les ratels tuent les chatons, et que les chiens domestiques tuent les adultes. La faim contribue à la réduction des taux de survie des chatons et des subadultes pendant les hivers froids. LONGÉVITÉ 11 ans dans la nature, 15 en captivité. **Statut et menaces** Largement réparti, adaptable et tolérant la présence de l'homme, comme dans les zones agricoles ou d'exploitation forestière qui favorisent souvent les populations de rongeurs, il n'est pas en danger au sens habituel, mais en raison des croisements avec les chats domestiques (qui produisent des hybrides féconds) sur l'ensemble de son aire de répartition, surtout en Europe occidentale ; en Écosse, 88 % des chats sauvages actuels pourraient être des hybrides. Seules les populations les plus reculées pourraient ne pas contenir d'hybrides, et l'espèce pourrait cesser d'exister en tant que forme génétiquement distincte. Les autres menaces sont les maladies des chats domestiques, les persécutions [pour sa prédation sur les volailles ou le gibier (Europe) ou le petit bétail], la chasse pour sa fourrure (essentiellement en Asie centrale), ou les collisions routières. CITES Annexe II, Liste rouge LC (*F. s. silvestris* VU).

Pour les cartes de répartition des espèces, veuillez consulter le site : www.panthera.org/carnivoreguide

LE CHAT À PIEDS NOIRS *Felis nigripes*

Ltc ♀ 35,3-41,5 cm ♂ 36,7-52 cm ; Q 12-20 cm ; P ♀ 1-1,6 kg, ♂ 1,5-2,45 kg

C'est l'un des plus petits félins. Fauve clair à gris chamois, taches brun-roux à noires. Dans le nord, les animaux tendent à être plus clairs ; les animaux les plus sombres et aux taches les plus marquées vivent dans l'est de la province du Cap, en Afrique du Sud, mais les variations sont grandes au sein des populations. **Distribution et habitat** Endémique à l'Afrique australe et inféodé aux habitats ouverts à herbe rase, savane aride, semi-désert et brousse du Karoo. Non inféodé à l'eau, mais il est absent dans l'intérieur le plus aride des déserts. **Écologie alimentaire** Spécialisé dans les rongeurs < 100 g et les oiseaux nichant au sol, du gabarit de l'outarde noire au plus. La plus grosse de ses proies est le lièvre du Cap ; il s'attaque sans succès aux springboks nouveau-nés. Se nourrit à l'occasion de reptiles, amphibiens, œufs et invertébrés. Nocturno-crépusculaire, 70 % de la nuit est consacrée à la chasse. Il utilise trois techniques : il bondit dans les buissons pour débusquer les oiseaux, se glisse dans le couvert en espérant tomber sur une proie, ou se met à l'affût près des terriers de rongeurs ; 60 % des chasses sont couronnées de succès (Benfontein, Afrique du Sud) et il attrape entre 10 et 14 rongeurs ou oiseaux par nuit, soit en moyenne une proie tuée toutes les 50 minutes. Cache ses surplus dans des trous peu profonds ou des termitières ; également charognard. **Comportement social et spatial** Solitaire et territorial, avec marquages urinaires très fréquents et vocalisations. Les territoires des mâles englobent jusqu'à 4 territoires de femelles. Les mâles surveillent les femelles en œstrus et combattent les intrus. Les territoires mesurent en moyenne 8,6 km² (♀) et 16,1 km² (♂). **Reproduction et démographie** Saisonnier (Afrique du Sud). Le pic des naissances coïncide avec les pluies de printemps ou d'été et la pullulation des proies. Œstrus de 36 heures ; gestation de 63-68 jours. Portées de 1-4 chatons (jusqu'à 6 en captivité) sevrés à 2 mois et indépendants à 3-4 mois. Maturité sexuelle à 7 (♀) et 9 mois (♂). MORTALITÉ Mal connue ; ses prédateurs sont le chacal à chabraque, le caracal, le chien domestique et les grands rapaces nocturnes. LONGÉVITÉ 6 ans dans la nature, 16 en captivité. **Statut et menaces** Probablement naturellement rare, menacé par la progression de l'agriculture dans les zones semi-arides (surpâturage, brûlis et insecticides) qui limitent les populations de rongeurs et d'insectes. Tous les ans, des centaines de chats à pieds noirs sont tués en Afrique du Sud au cours des campagnes d'éradication des chacals. CITES Annexe I, Liste rouge VU.

LE CHAT DES SABLES *Felis margarita*

Ltc ♀ 39-52 cm, ♂ 42-57 cm ; Q 23,2-31 cm ; P ♀ 1,35-3,1 kg, ♂ 2-3,4 kg

Très petit, étonnamment clair, les marques du corps sont peu distinctes et seules sont bien visibles les bandes noires des pattes et de la queue. Tête large, aplatie, surmontée de très grandes oreilles. Pieds recouverts de fourrure, probablement pour faciliter la prise au sol et l'isoler sur le sable brûlant du désert. **Distribution et habitat** Afrique du Nord, Moyen-Orient et Asie centrale. Spécialiste du désert, il peut occuper de vrais déserts qui ne reçoivent que 20 mm de précipitations par an. Occupe divers habitats désertiques sableux ou pierreux offrant du couvert, et les steppes arbustives arides. Absent dans les vallées à végétation dense. **Écologie alimentaire** Se nourrit essentiellement de petits rongeurs, notamment gerbilles, souris épineuses, mériones et gerboises, mais aussi de jeunes lièvres, petits oiseaux, reptiles (dont des serpents venimeux) et invertébrés. Non inféodé à l'eau. Essentiellement nocturne. Peut creuser assez vite pour rattraper des proies qui s'enfouissent, et cache parfois sa nourriture sous du sable. **Comportement social et spatial** Solitaire. On ne sait pas s'il est territorial. Quelques observations indiquent qu'en Israël les domaines vitaux des mâles se recoupent (un mâle utilisait 16 km²). Il parcourt en moyenne 5,4 km par nuit. **Reproduction et démographie** La reproduction serait saisonnière au Sahara. Accouplements en novembre-février ; naissances en janvier-avril. Œstrus de 5-6 jours ; gestation de 59-67 jours. Portées de 2-8, normalement 3-4. Sevrage vers 5 semaines ; indépendants à 4 mois. Maturité sexuelle à 9-14 mois. LONGÉVITÉ 14 ans en captivité. MORTALITÉ Inconnue. **Statut et menaces** Probablement naturellement rare, mais il vit dans des habitats si reculés qu'il est quelque peu protégé des activités anthropiques (au moins en Afrique). Menacé par l'extension de l'agriculture et par les chats harets et chiens errants (prédation, concurrence et maladies). Capturé autour des villages dans les pièges destinés aux chacals et aux renards. CITES Annexe II, Liste rouge NT.

LE CHAT DES MARAIS *Felis chaus*

Ltc ♀ 56-85 cm, ♂ 65-94 cm ; Q 20-31 cm ; P ♀ 2,6-9 kg, ♂ 5-12,2 kg

Haut sur pattes, unicolore, rayures peu visibles qui deviennent plus marquées sur les membres et la courte queue. Dans les zones tempérées, les animaux sont souvent plus foncés et les dessins plus marqués que dans les zones tropicales. Mélanisme signalé en Inde et au Pakistan. **Distribution et habitat** Asie du Sud tempérée et tropicale, jusqu'en Égypte, dans la vallée du Nil. Préfère les roselières, l'herbe haute et les brousses humides, marécageuses ou côtières, mais il occupe également les forêts sempervirentes et sèches. Tolère les paysages marécageux cultivés, notamment les champs de canne à sucre et rizières. **Écologie alimentaire** Les petits mammifères (< 1 kg) sont les principales proies, essentiellement des petits rongeurs, rats musqués et écureuils, mais aussi lièvres, ragondins (5-9 kg) et gazelles et cerfs axis nouveau-nés. Il tue des oiseaux, surtout du gibier d'eau (francolins, faisans, paons et coq bankiva). Se nourrit également de petits reptiles et d'amphibiens, et il a été observé pêchant en eau peu profonde. Au Tadjikistan, plusieurs ont été observés en hiver en train de dévorer de grandes quantités de fruits de l'olivier de Bohême. Attaque volontiers la volaille, et parfois charognard sur les proies des grands carnivores. **Comportement social et spatial** Mal connu. Solitaire. Le marquage à l'urine et les vocalisations caractéristiques des félins indiquent qu'il doit se réserver l'exclusivité d'un noyau central, et le domaine vital des mâles recoupe en Israël ceux, plus restreints, de plusieurs femelles. Il n'existe pas d'estimations des densités, mais c'est souvent le félidé le plus abondant là où il est présent. **Reproduction et démographie** Serait faiblement saisonnier. La majorité des accouplements a lieu en novembre-février. Les chatons naissent en décembre-juin. Gestation de 63-66 jours. Portées moyenne de 2-3, exceptionnellement 6. Indépendants à 8-9 mois. Maturité sexuelle à 11 mois (♀) et 12-18 mois (♂). LONGÉVITÉ 20 ans en captivité. MORTALITÉ Inconnue. **Statut et menaces** Abondant dans beaucoup de régions, il tolère les paysages agricoles offrant du couvert. La destruction et l'aménagement des zones humides sont la principale menace dans les zones arides, par exemple en Égypte. Persécuté parce qu'il s'attaque à la volaille, il est aussi souvent piégé aux abords des fermes d'élevage de ragondins (dans les anciennes républiques soviétiques) et chassé pour sa fourrure dans le nord de son aire de répartition. CITES Annexe II, Liste rouge LC.

CHAT À PIEDS NOIRS

Forme sombre

Forme claire

CHAT DES SABLES

Forme sombre

CHAT DES MARAIS

Forme claire

Pour les cartes de répartition des espèces, veuillez consulter le site : www.panthera.org/carnivoreguide

Ltc ♀ 38,8-65,5 cm, ♂ 43-75 cm ; Q 17,2-31,5 cm ; P ♀ 0,55-4,5 kg, ♂ 0,74-7,1 kg
Gabarits et aspects très variables. En Asie tropicale, il est nettement moucheté et peut peser trois fois moins qu'en Russie tempérée ou au nord-est de la Chine, où il est gris-fauve-roux clair à taches peu visibles (chat de l'Amour). Petit et plus foncé, le chat d'Iriomote vit sur l'île du même nom, au large des côtes japonaises ; celui de l'île de Tsushima au large des côtes coréennes est très semblable. Pas de mélanisme signalé. Les populations de l'Amour, d'Iriomote, de Tsushima et de quelques autres îles sont parfois considérées comme appartenant à des espèces distinctes, mais les tests moléculaires indiquent qu'il s'agit d'une seule espèce. **Distribution et habitat** C'est le plus largement réparti des petits félins asiatiques : Asie tropicale et tempérée, de l'extrême orient russe au sud de l'Inde, Indonésie, Bornéo et Philippines. Occupe tous les types de forêts, du niveau de la mer à 3 000 m, des forêts pluviales de plaines aux forêts froides tempérées, enneigées en hiver (Russie), ainsi que dans les marais et brousses épaisses ou côtières. Présent dans les habitats modifiés par l'homme offrant du couvert, par exemple les palmeraies, forêts secondaires et terres agricoles. Évite les pelouses et steppes ouvertes. **Écologie alimentaire** Chasse des petites proies très diverses, essentiellement petits rongeurs (surtout souris, rats et écureuils), oiseaux, serpents et lézards. Pêche souvent en eau peu profonde : crabes d'eau douce, amphibiens et invertébrés. Sans danger pour le bétail, mais s'attaque à la volaille et se laisse facilement appâter avec un poulet. Comportements de chasse très variables : il est exclusivement nocturne sur certains sites, alors qu'ailleurs il peut être cathéméral. **Comportement social et spatial** Solitaire et faiblement territorial. Les domaines vitaux des mâles recoupent généralement ceux, plus restreints, de plusieurs femelles (mais, chez certaines populations, les différences sont faibles, comme dans la réserve de Phu Khieo, Thaïlande). Sur les lisières des domaines vitaux des adultes de même sexe, les chevauchements sont importants, et minimes dans les noyaux centraux (mais importants à Phu Khieo). Ils mesurent entre 1,4-37,1 km² (♀) et 2,8-28,9 km² (♂). Les estimations des densités vont de 34 chats/100 km² (Iriomote) à 37,5/100 km² (réserve de Tabin, Sabah). **Reproduction et démographie** Variable : très saisonnier en Russie à non saisonnier sous les tropiques. En captivité, il peut y avoir 2 portées par an, mais probablement une seule dans la nature. Gestation de 60-70 jours. Portées de 1-4. Maturité sexuelle à 8-12 mois (en captivité). **MORTALITÉ** Pour les adultes, les estimations varient de 8 % (sanctuaire isolé de Phu Khieo) à 47 % (zone protégée accessible, PN de Khai Yai, Thaïlande). Le léopard est l'un des prédateurs identifiés ; il est également chassé par l'homme et victime de collisions routières dans les zones accessibles. **LONGÉVITÉ** 13 ans en captivité. **Statut et menaces** Commun, adaptable, il vit à proximité de l'homme lorsqu'il y est toléré. Les densités peuvent être élevées dans les milieux favorables et c'est le félin le plus abondant sur la majeure partie de son aire de répartition. Dans les zones tempérées, la pression de chasse peut être très forte, là où les densités sont naturellement plus faibles que sous les tropiques. Au moins 150 000 chats du Bengale sont tués chaque année en Chine pour le commerce de la fourrure. L'impact de ces prélèvements démesurés n'a pas été étudié. CITES Annexe I (Bangladesh, Inde et Thaïlande), Annexe II ailleurs, Liste rouge LC.

LE MANUL *Otocolobus manul*

Chat de Pallas, chat des steppes
Ltc ♀ 46-53 cm, ♂ 54-57 cm ; Q 23-29 cm ; P ♀ 2,5-5 kg, ♂ 3,3-5,3 kg
Petit chat trapu, sous une épaisse fourrure gris argenté à rousse, ou gris-roux, légèrement rayée sur le corps. La longue fourrure hivernale paraît givrée ; plus sombre en été, les rayures sont plus visibles et souvent nuancées de rouge. Rayures sombres sur les joues ; calotte nettement mouchetée. Queue touffue marquée d'étroites rayures et terminée de sombre. Cette coloration lui fournit un excellent camouflage dans son habitat rocheux : le manul n'est pas adapté à la course et, lorsqu'il est menacé, il s'aplatit au sol où il devient presque invisible. **Distribution et habitat** Asie centrale, de la mer Caspienne, nord de l'Iran, Afghanistan, Pakistan et nord de l'Inde, jusqu'en Chine centrale, Mongolie et Russie méridionale. Il vit jusqu'à 4 800 m dans les habitats froids et arides bien pourvus en couvert, particulièrement les steppes herbeuses arides avec affleurements rocheux et les semi-déserts pierreux. Préfère les vallées et zones rocheuses, et évite les habitats entièrement découverts. Bien qu'il soit parfaitement adapté aux grands froids, il évite la neige épaisse. **Écologie alimentaire** Chasse principalement les petits rongeurs et les lagomorphes. Les pikas forment jusqu'à 50 % de son régime alimentaire, suivis par les campagnols, souris, hamsters, gerbilles et écureuils terrestres. À l'occasion, il chasse les lièvres, hérissons, petits oiseaux, lézards et invertébrés. Il utilise trois techniques de chasse : à l'approche, en rampant sous le couvert ; en courant en tous sens pour lever le gibier, surtout dans les hautes herbes en été ; ou à l'affût auprès des terriers de rongeurs. Jamais accusé de prédation sur le bétail ou la volaille. Charognard. **Comportement social et spatial** Solitaire. Les deux sexes occupent des domaines vitaux stables, et ceux des mâles recoupent largement ceux, plus restreints de plusieurs femelles, lesquels se chevauchent aussi quelque peu. Probablement territorial, au moins pendant la saison de reproduction ; les mâles portent souvent des cicatrices. Territoires des femelles : 7,4-125,2 km², moyenne de 23,1 km², et territoires des mâles 21-207 km², moyenne 98,8 km² (PN de Hustain Nuruu, Mongolie). Densités estimées à 4-8 chats/100 km². **Reproduction et démographie** Très saisonnier. Accouplements en décembre-mars ; naissances fin mars-mai. Œstrus très court, de 24-48 h ; gestation de 66-75 jours. Portées de 3-4 en moyenne, exceptionnellement 8 (en captivité). Chatons indépendants à 4-5 mois. Maturité sexuelle à 9-10 mois chez les deux sexes. **MORTALITÉ** 68 % des chatons ne survivent pas jusqu'à la dispersion (PN de Hustain Nuruu). La mortalité des adultes est estimée à 50 %. Le pic de mortalité se situe en hiver, entre octobre et avril. Ses prédateurs sont les grands aigles, le renard roux et le chien domestique. **LONGÉVITÉ** 11,5 ans en captivité. **Statut et menaces** Vit dans des régions reculées, mais les densités sont faibles. Il est mal adapté pour échapper aux prédateurs et il est inféodé à des habitats spécifiques, ce qui fait qu'il est naturellement vulnérable. Sur une grande partie de son aire de répartition, il est chassé pour sa fourrure et les chiens sont souvent le principal prédateur ; les facteurs anthropiques (y compris les chiens) expliquent 56 % des pertes en Mongolie centrale. Les campagnes officielles d'éradication des rongeurs en Chine, en Mongolie centrale et en Russie représentent une sérieuse menace pour ses proies. CITES Annexe II, Liste rouge NT.

Pour les cartes de répartition des espèces, veuillez consulter le site : www.panthera.org/carnivoreguide

LE CHAT À TÊTE PLATE *Prionailurus planiceps*

Ltc ♀ 44,6-52,1 cm, ♂ 41-61 cm ; Q 12,8-16,9 cm ; P ♀ 1,5-1,9 kg, ♂ 1,5-2,2 kg
Très petit chat à l'aspect particulier : corps tubulaire raccourci, queue tronquée, face compacte raccourcie et front aplati ; grands yeux rapprochés et petites oreilles. Les pieds sont partiellement palmés et les griffes sortent en partie de leur étui. Brun sombre, virant au brun rouille sur la tête, rayures de la face bien marquées. Corps presque uni à l'exception de faibles mouchetures et rayures sur le dessous. **Distribution et habitat** Péninsule malaise (débordant peut-être à peine sur le sud de la Thaïlande), Bornéo et Sumatra. Habite dans les forêts humides et a toujours été observé non loin de cours d'eau ou de points d'eau dans les forêts primaires et secondaires, forêts marécageuses, mangroves et brousses côtières. Parfois observé dans les plantations d'hévéas et de palmiers, signe qu'il tolère les habitats modifiés. **Écologie alimentaire** Peu connue, mais sa morphologie particulière, son comportement et ses choix d'habitats suggèrent des adaptations aux proies aquatiques. En captivité, les chats sont attirés par l'eau et vont facilement dans l'eau pour en tâter le fond de leurs doigts écartés, comme le font les ratons laveurs. L'estomac de spécimens sauvages contenait des poissons et crustacés, mais il est probable qu'il capture aussi des petits mammifères, et il est parfois pris dans les pièges protégeant les poulaillers. **Comportement social et spatial** Inconnu. **Reproduction et démographie** Mal connues. Gestation de 56 jours (en captivité). Portées de 1-2 (sur la foi de seulement 3 mises bas en captivité). MORTALITÉ Inconnue. LONGÉVITÉ 14 ans en captivité. **Statut et menaces** Les traces et observations directes sont très peu nombreuses, et on ne sait pas s'il est rare ou simplement très discret. Son aire de répartition relativement restreinte et le fait qu'il soit inféodé aux forêts humides sont des signes alarmants en raison des fortes pressions qui s'exercent sur ces milieux drainés et aménagés en Asie du Sud-Est. CITES Annexe I, Liste rouge EN.

LE CHAT ROUGEÂTRE *Prionailurus rubiginosus*

Ltc 35-48 cm ; Q 15-29,8 cm ; P ♀ 1-1,1 kg, ♂ 1,5-1,6 kg
C'est l'un des plus petits félins, pas plus grand qu'un chat domestique très menu. Brun rouille ou gris-brun, des rangées de taches rougeâtres forment parfois des rayures sur la nuque, les épaules et le haut des flancs. Queue unie, brun rouille, parfois légèrement annelée. **Distribution et habitat** Endémique à l'Inde et au Sri Lanka. Il était considéré comme inféodé à la forêt humide, mais il a récemment été observé dans des forêts sèches, bambouseraies, pelouses arborées, zones arbustives arides, brousses et coteaux rocheux. Présent non loin des villages, dans les habitats modifiés, notamment terres cultivées, plantations de thé et maisons abandonnées. **Écologie alimentaire** Mal connue. Il est réputé particulièrement féroce et capable de tuer de grosses proies, mais il est probable que son régime alimentaire se compose essentiellement de petits rongeurs, oiseaux, reptiles, grenouilles et invertébrés. Beaucoup sont tués lors des attaques sur les poulaillers. La plupart ont été observés chassant au sol, mais c'est un grimpeur agile et il est possible qu'il chasse aussi dans les arbres. Principalement nocturne. **Comportement social et spatial** Inconnu. **Reproduction et démographie** Inconnues dans la nature. Non saisonnier en captivité ; deux portées ont été observées en février, l'une en Inde, l'autre au Sri Lanka. Gestation de 66-79 jours. Portées de 1-2. MORTALITÉ Inconnue. LONGÉVITÉ 12 ans en captivité. **Statut et menaces** Considéré comme rare, mais des observations récentes semblent indiquer qu'il est plus répandu et plus abondant qu'on ne le croyait. Il est souvent associé aux villages et comme il est petit et potentiellement utile pour chasser les rongeurs, il peut y prospérer s'il y est toléré par les habitants. Cela dit, il est souvent chassé pour sa peau et sa viande, ou tué par les chiens, ou parce qu'il s'attaque à la volaille. Persécuté par erreur au Sri Lanka lorsqu'il est confondu avec un bébé léopard. CITES Annexe I (Inde), Annexe II (Sri Lanka), Liste rouge VU.

LE CHAT PÊCHEUR *Prionailurus viverrinus*

Ltc ♀ 57-74,3 cm, ♂ 66-115 cm ; Q 24-40 cm ; P ♀ 5,1-6,8 kg, ♂ 8,5-16 kg
Chat trapu à tête épaisse et courte queue épaisse. Fourrure gris olive couverte de taches sombres qui se fondent souvent en rayures sur la nuque, les épaules et le dos. Pieds partiellement palmés dotés de grandes griffes en partie sorties de leur étui. **Distribution et habitat** Asie du Sud-Est, entre le nord-est du Bangladesh et le nord-est de l'Inde jusqu'au sud de la Thaïlande ; populations isolées au Népal, extrême sud-est du Pakistan (peut-être éteint), sud-ouest de l'Inde, Sri Lanka et Java ; sa présence à Sumatra reste douteuse. Inféodé aux habitats humides, notamment les marais, forêts riveraines, pelouses hautes et denses du Terai (Népal) et mangroves. Parfois observé dans les habitats dégradés, autour des étangs d'aquaculture et des rizières, mais tolère généralement mal les zones humides modifiées. **Écologie alimentaire** Les pieds et les griffes sont adaptés à la pêche et le poisson domine dans son régime alimentaire. C'est un bon nageur qui plonge à la poursuite de ses proies et chasse sur les rives des cours d'eau ou dans les eaux peu profondes d'où il sort les poissons d'un coup de patte. Malgré ses adaptations aux mœurs aquatiques, sa dentition est généraliste, signe d'une alimentation variée. Il tue aussi des petits mammifères, oiseaux (notamment canards et poules d'eau tués sur l'eau), reptiles, amphibiens et invertébrés. Il tue parfois des proies de la taille d'un faon de cerf axis. Il lui arrive d'attaquer et de tuer des animaux domestiques, chevreaux et poulets, et il a été confirmé qu'il tue aussi de très jeunes veaux. Les signalements d'enfants tués par des chats pêcheurs ne sont étayés par rien. Charognard. **Comportement social et spatial** Mal connu. Solitaire. Les seules superficies connues de domaines vitaux concernent les pelouses du Terai, dans le PN de Chitwan, Népal : 4 et 6 km² (2 ♀) et 22 km² (1 ♂). **Reproduction et démographie** Inconnues dans la nature. En captivité, gestation de 63-70 jours ; portées de 1-4. Maturité sexuelle à 15 mois chez une femelle captive. MORTALITÉ Inconnue. LONGÉVITÉ 12 ans en captivité. **Statut et menaces** Considéré jusqu'à il y a peu comme largement répandu et relativement abondant, mais l'aménagement accéléré des zones humides et plaines inondables dans l'ensemble de l'Asie, ainsi que le braconnage, ont entraîné une régression rapide. Aujourd'hui rare à Java, au Laos et au Vietnam, et son aire de répartition s'est beaucoup réduite en Inde et en Thaïlande. Peut-être éteint au Pakistan. Ses principaux bastions sont aujourd'hui le sud de la Thaïlande, le Sri Lanka et des zones isolées au Bangladesh, en Inde nord-orientale et au Népal. CITES Annexe II, Liste rouge EN.

CHAT À TÊTE PLATE

CHAT ROUGEÂTRE

À la pêche

CHAT PÊCHEUR

Pour les cartes de répartition des espèces, veuillez consulter le site : www.panthera.org/carnivoreguide

LE CHAT MARBRÉ *Pardofelis marmorata*

Ltc 45-62 cm ; Q 35,6-53,5 cm ; P 2,5-5 kg
Ressemble à une petite panthère longibande avec son épaisse fourrure gris-fauve à brun-rouge, marquée de grandes taches bordées de sombre qui deviennent plus petites sur les membres. Queue tubulaire touffue, proportionnellement très allongée, parfois plus longue que la tête et le corps ; il se reconnaît au fait qu'il tient sa queue à l'horizontale, dans le prolongement de la ligne du dos. **Distribution et habitat** Asie du Sud-Est, versant sud de l'Himalaya : Népal et Bhoutan, jusqu'en Chine sud-occidentale, Indochine, Bornéo et Sumatra. Inféodé aux habitats forestiers, surtout les forêts intactes, sempervirentes, décidues ou tropicales. Peut occuper des forêts secondaires ou exploitées, mais on ignore si l'habitat modifié est suboptimal. **Écologie alimentaire** L'espèce n'a été étudiée dans la nature qu'une seule fois, en Thaïlande, lorsqu'une femelle équipée d'un collier émetteur a été suivie. Les petits vertébrés sont les plus nombreux dans son régime alimentaire. Bon grimpeur, il a été observé chassant dans les arbres, sans doute pour attaquer les mammifères arboricoles comme les écureuils, ainsi que les oiseaux. Les quelques pièges photographiques disposés dans les zones protégées indiquent qu'il est principalement diurne. **Comportement social et spatial** Presque inconnu. De rares observations de couples adultes semblent indiquer qu'ils pourraient former des couples stables, mais il est plus probable qu'il est solitaire. En Thaïlande, la femelle a parcouru en 1 mois un domaine vital de 5,3 km². Rare dans les pièges photographiques et sur les marchés asiatiques, ce qui peut être un signe de densités faibles. **Reproduction et démographie** Très mal connues. Gestation de 66-82 jours (en captivité). Portées de 2 chatons en moyenne (sur la foi de 2 naissances en captivité). Femelles sexuellement matures à 21-22 mois (en captivité). **MORTALITÉ** Inconnue. **LONGÉVITÉ** 12 ans en captivité. **Statut et menaces** Il semble qu'il soit naturellement rare et inféodé à la forêt et serait donc particulièrement vulnérable à la disparition de son habitat et à la chasse qui prévaut sur l'ensemble de son aire de répartition. CITES Annexe I, Liste rouge VU.

LE CHAT DORÉ DE BORNÉO *Pardofelis badia*

Ltc 53,3-67 cm ; Q 32-39,1 cm ; P (♀ décharnée) 2 kg
Ressemble à un petit chat doré d'Asie dont la tête serait proportionnellement plus courte, plus arrondie ; oreilles arrondies et tronquées. Deux morphes : coloration chaude, rouge rouille, et forme grise, assortie de nuances rouges, surtout le long de la ligne de démarcation entre le dessus et le dessous plus clair. Pas de dessins à l'exception des rayures du front et des joues, et de mouchetures peu marquées le long de la ligne de partage entre le dessus et le dessous plus clair. Dessous blanc pur jusque sur la queue, tache sombre bien visible au dos de l'extrémité de la queue. **Distribution et habitat** Endémique à Bornéo. Étroitement associé aux milieux forestiers denses, la plupart des observations venant de forêts primaires, ripariennes, marécageuses ou de palétuviers. Tolère les plantations humides au sous-bois épais, et il a été pris dans les pièges photographiques dans une forêt secondaire récemment exploitée, ce qui semble indiquer qu'il tolère les habitats modifiés. **Écologie alimentaire** Inconnue, mais les petits invertébrés forment sans doute l'essentiel de son alimentation. Deux individus ont été piégés en 2003 en pénétrant dans la volière d'un marchand de faisans, preuve qu'il s'en prend peut-être à la volaille. **Comportement social et spatial** Inconnu. Rarement photographié lors des inventaires, signe de faibles densités : des chats dorés de Bornéo ont été photographiés 25 fois sur 4 sites du Sabah oriental en 4 ans, contre 259 images de panthères longibandes et plus de 1 000 de chats du Bengale. **Reproduction et démographie** Inconnues. **Statut et menaces** Son extrême rareté apparente et son inféodation à la forêt soulèvent des inquiétudes. La transformation de la forêt, notamment en plantations de palmiers à huile, est considérée comme une menace grave. La rareté fait la valeur : les marchands d'animaux ne l'ignorent pas, ce qui augmente les pressions de braconnage. CITES Annexe II, Liste rouge EN.

LE CHAT DORÉ D'ASIE *Pardofelis temminckii*

Chat de Temminck
Ltc ♀ 66-94 cm, ♂ 75-105 cm ; Q 42,5-58 cm ; P ♀ 8,5 kg, ♂ 12-15,8 kg
Normalement brun-roux brillant, mais variable, entre fauve clair et brun-gris sombre. Presque entièrement uni, à l'exception de la face et de légères marques sur la poitrine et le ventre. Un morphe nettement tacheté, en « ocelot », a été observé au Bhoutan, en Chine et au Myanmar. Le mélanisme a été observé. Sauf chez les individus noirs, le dessous de la queue est toujours nettement blanc pur ; extrémité noire sur le dessus. **Distribution et habitat** Népal subhimalayen, Inde nord-orientale, Bhoutan, jusqu'au sud de la Chine, Asie du Sud-Est et Sumatra. Occupe divers types de forêts humides ou sèches, généralement à moins de 3 000 m, mais jusqu'à 3 738 m dans la mosaïque ouverte de brousse/pelouse au Bhoutan. A été observé ou tué à proximité de villages, notamment dans des zones agricoles ouvertes, et il semble mieux accepter les milieux ouverts que la panthère longibande, le chat doré de Bornéo ou le chat marbré ; il ne s'éloigne pourtant jamais beaucoup du couvert. **Écologie alimentaire** Mal connue. Les proies confirmées sont les souris, rats, écureuils des palmiers, chevrotains, semnopithèques obscurs, serpents, lézards et oiseaux. Il est bien charpenté et réputé tueur d'ongulés de taille moyenne, dont le muntjac, et de bétail de la taille de jeunes buffles au plus. Les observations confirmées de ces tueries ont été faites par des chasseurs ayant tué les chats se nourrissant sur des carcasses et il est possible qu'ils n'aient été que charognards. Attaque parfois les poulaillers. Nocturno-crépusculaire, mais des activités diurnes ont été relevées dans les zones protégées. **Comportement social et spatial** Mal connu. Solitaire. Les seules estimations des superficies des domaines vitaux étaient de 32,6 km² (1 ♀) et 47,7 km² (1 ♂) dans la réserve de Phu Khieo en Thaïlande. **Reproduction et démographie** Inconnues dans la nature. En captivité, la reproduction n'est pas saisonnière : gestation de 78-80 jours et portées de 1-3 (normalement 1). Maturité sexuelle en captivité : 18-24 mois. **MORTALITÉ** Inconnue. **LONGÉVITÉ** 17 ans en captivité. **Statut et menaces** Menacé par la déforestation et le braconnage très répandus sur l'ensemble de son aire de répartition, mais son statut de conservation et les menaces qui pèsent sur lui sont mal connus. Les peaux font l'objet d'un commerce florissant en Chine et au Myanmar où la pression de chasse est considérée comme élevée. CITÉS Annexe I, Liste rouge NT.

Pour les cartes de répartition des espèces, veuillez consulter le site : www.panthera.org/carnivoreguide

LE SERVAL *Leptailurus serval*

Ltc ♀ 63-82 cm, ♂ 59-92 cm ; Q 20-38 cm ; P 6-12,5 kg, ♂ 7,9-18 kg
Normalement moucheté de taches bien nettes qui se fondent pour former des marbrures sur les extrémités et sur la nuque. Un morphe fauve, dit « servaline », comme couvert de taches de rousseur, vit en Afrique occidentale et centrale. Le mélanisme a été observé sur les hauts plateaux d'Afrique orientale. **Distribution et habitat** Afrique. Vit essentiellement dans la savane arborée, pelouses, forêts et landes de montagne jusqu'à 3 850 m, généralement associé aux cours d'eau, marais et plaines inondables. Absent de la forêt pluviale et du désert. Tolère les zones agricoles dotées d'un couvert. **Écologie alimentaire** Spécialisé dans la chasse aux petits mammifères dans les hautes herbes ou habitats arbustifs, les rongeurs et musaraignes comptant pour 80-93,5 % de son régime alimentaire. Viennent ensuite les petits oiseaux des savanes et il lui arrive de chasser de plus gros oiseaux comme les flamants et cigognes. Tue à l'occasion des genettes, mangoustes, lièvres, jeunes antilopes, petits reptiles et arthropodes. S'attaque rarement au bétail, mais tue les poules et les chevreaux laissés sans surveillance. Normalement crépusculaire, il devient nocturne à proximité de l'homme. Rarement charognard. **Comportement social et spatial** Solitaire et territorial, mais les adultes de même sexe paraissent se tolérer. Les domaines vitaux se recoupent largement et les confrontations agressives sont rares. La superficie des domaines vitaux est de 15,8-19,8 km² (♀) et 31,5 km² (1 ♂) à KwaZulu-Natal, en Afrique du Sud. Densités estimées à 41 servals/100 km² dans un milieu particulièrement favorable (cratère du Ngorongoro, Tanzanie). **Reproduction et démographie** La reproduction paraît faiblement saisonnière, le pic des naissances ayant lieu entre novembre et mars (Afrique australe) et entre août et novembre (cratère du Ngorongoro). Gestation de 65-75 jours. Portées de 2-3 en moyenne, exceptionnellement 6. Les jeunes sont indépendants à 6-8 mois. **MORTALITÉ** Ses prédateurs connus sont le lion, le léopard, le crocodile du Nil et le chien domestique. Prédation par l'aigle martial signalée sur les jeunes. **LONGÉVITÉ** 11 ans dans la nature (♀), 20 en captivité. **Statut et menaces** Tolère les zones agricoles offrant eau et couvert s'ils sont bien gérés, mais le drainage des zones humides et des pelouses, les brûlis et le surpâturage par le bétail représentent de sérieuses menaces. Sa fourrure est très prisée sur les marchés de l'Afrique nord-orientale et dans la ceinture sahélienne de l'Afrique occidentale, et sert de fétiche en Afrique du Sud. La chasse sportive est réglementée en Tanzanie et en Afrique australe. CITES Annexe I, Liste rouge LC.

LE CARACAL *Caracal caracal*

Ltc ♀ 61-103 cm, ♂ 62,1-108 cm ; Q 18-34 cm ; P ♀ 6,2-15,9 kg ♂ 7,2-26 kg
De coloration unie, brun sable clair à rouge brique, légères mouchetures sur le dessous. Dotées de longs pinceaux noirs, les oreilles sont noir argenté au dos. Les individus mélaniques sont plus brun chocolat que noirs. Anciennement classé avec le lynx, il n'en est pourtant pas un proche parent. **Distribution et habitat** Majeure partie de l'Afrique (à l'exception des déserts et de la forêt pluviale), Moyen-Orient et Asie sud-occidentale. Préfère les savanes arborées arides, forêts sèches, pelouses, brousses côtières, semi-déserts et milieux montagnards arides. Vit parfois dans les forêts sempervirentes et montagnardes, exceptionnellement jusqu'à 3 300 m. Tolère les paysages pastoraux et agricoles offrant du couvert. **Écologie alimentaire** Chasseur exceptionnel qui a été vu tuant guibs harnachés adultes, springboks et impalas femelles, mais la majorité de ses proies pèsent < 5 kg : essentiellement petits rongeurs, damans, lièvres, lièvres sauteurs et oiseaux. Les reptiles représentent 12-17 % de son alimentation (PN de West Coast, Afrique du Sud) ; consomme à l'occasion amphibiens, poissons et invertébrés. Tue volontiers le bétail laissé sans surveillance qui peut représenter jusqu'à 55 % de son alimentation dans les zones rurales d'Afrique australe. Hisse parfois sa proie dans un arbre. Charognard. **Comportement social et spatial** Solitaire. Les adultes vivent sur un domaine vital stable avec des chevauchements aux frontières, mais en se réservant l'exclusivité d'un noyau central. Territoires des femelles : 3,9-26,7 km² (Afrique du Sud) jusqu'à une moyenne de 57 km² (Israël), alors que ceux des mâles sont de 5,1-65 km² jusqu'à une moyenne de 220 km² (Israël). Dans le Kalahari, un mâle adulte utilisait 308 km² avec une zone exclusive de 93 km². **Reproduction et géographie** Faiblement saisonnier, mais les naissances connaissent un pic entre octobre et février (Afrique du Sud) et de novembre à mai (Afrique orientale). Gestation de 68-81 jours. Portées de 2-3 en moyenne, exceptionnellement 6. Jeunes indépendants à 9-10 mois. **MORTALITÉ** Les causes sont le plus souvent anthropiques ; parfois victime des grands carnivores, notamment les chiens en zones rurales. **LONGÉVITÉ** 19 ans en captivité. **Statut et menaces** Dégradation des milieux, déclin des effectifs des proies et chasse sont des menaces sérieuses en Afrique centrale, occidentale et septentrionale, comme en Asie où les caracals sont rares. Il est fortement persécuté sur les terres d'élevage en Afrique orientale et australe, mais il est résilient et il est difficile de l'en extirper. Chasse sportive réglementée en Afrique orientale et australe. CITES Annexe I (Asie), Annexe II (Afrique). Liste rouge LC.

LE CHAT DORÉ D'AFRIQUE *Profelis aurata*

Ltc 61,6-101 cm ; Q 16,3-37 cm ; P ♀ 5,3-8,2 kg, ♂ 8-16 kg
Deux formes distinctes : pelage brun-rouge ou gris, fortement tacheté à uni pour chacune. Gammes intermédiaires entre les deux morphes, avec des formes mélaniques. Contrairement à la légende, il ne change pas de coloration. **Distribution et habitat** Endémique à l'Afrique équatoriale. Fortement associé à la forêt humide intacte jusqu'à 3 600 m, notamment bambouseraies alpines, forêts côtières épaisses et biotopes ripariens boisés dans la savane arborée. Fréquente les plantations de bananes en forêt et dans les zones d'exploitation forestière abandonnées, avec sous-bois secondaire. Évite les milieux ouverts et arides. **Écologie alimentaire** Grande diversité de petites proies, normalement de moins de 1,5-3,6 kg : oiseaux, musaraignes, rongeurs et petits céphalophes. Attaque les singes de la forêt, mais la chasse reste essentiellement terrestre. Il se nourrit des carcasses de singes enlevés par les aigles et tombées au sol, ce qui peut expliquer une grande part de leur présence dans son alimentation. Accusé d'attaquer les poulaillers et de dévorer les animaux pris dans les lacets. **Comportement social et spatial** Non étudié et très mal connu. Solitaire. Dépose urine et fèces en évidence sur les coulées, ce qui semble indiquer un comportement territorial. **Reproduction et démographie** Gestation de 75 jours. Portées de 1-2. Chatons sevrés vers 6 semaines (en captivité). Maturité sexuelle à 11 (♀) et 18 mois (♂) (en captivité). **MORTALITÉ** Mal connue ; le léopard est un de ses prédateurs. **LONGÉVITÉ** 12 ans en captivité. **Statut et menaces** On pense qu'il est naturellement rare. Inféodé à la forêt, il est surtout menacé par la déforestation ; beaucoup de forêts humides d'Afrique occidentale et orientale sont aujourd'hui très dégradées et devenues des savanes. La chasse pour la viande de brousse en Afrique occidentale et centrale a un fort impact sur les effectifs de ses proies et le chat doré africain est souvent chassé dans certaines régions pour les marchés de viande de brousse et de fétiches. CITES Annexe II, Liste rouge NT.

Pour les cartes de répartition des espèces, veuillez consulter le site : www.panthera.org/carnivoreguide

LE CHAT DE GEOFFROY *Leopardus geoffroyi*

Ltc ♀ 43-74 cm, ♂ 44-88 cm ; Q 23-40 cm ; P ♀ 2,6-4,9 kg, ♂ 3,2-7,8 kg
Brun-jaune à gris argenté, petites taches unies ; les animaux des régions méridionales tempérées sont plus clairs et plus gros. Le mélanisme est fréquent en Uruguay, au sud-est du Brésil et dans l'est de l'Argentine, rare ailleurs. Croisements avec l'oncille dans le sud du Brésil. **Distribution et habitat** Bolivie centrale à Uruguay, sud du Brésil et majeure partie de l'Argentine. Occupe les forêts, brousses semi-arides, pampas, pelouses et marais subtropicaux ou tempérés, du niveau de la mer à 3 300 m. **Écologie alimentaire** Petits rongeurs, oiseaux et herptiles ; à l'occasion tatous à six bandes, porcs-épics arboricoles et petits opossums. En Patagonie, essentiellement lièvres d'Europe introduits. Principalement nocturno-crépusculaire et terrestre, il peut se jeter à l'eau pour capturer ragondins, rats des marais, grenouilles et poissons, non loin de la berge. S'attaque à la volaille ; les observations de chats dévorant des carcasses de moutons ne signifient pas qu'ils les ont tués. **Comportement social et spatial** Solitaire. Dépose ses déjections dans les arbres. La superficie des domaines vitaux est en moyenne de 1,5-5,1 km² (♀) et 2,2-9,2 km² (♂). Densités : de 0,4 chat/10 km² (pampa argentine en période de pénurie de proies) et 13,9/10 km² (brousse protégée en Argentine). **Reproduction et démographie** Saisonnier au sud (peut-être aussi ailleurs), pic des naissances en été. Gestation de 62-78 jours. Portées de 1-3. MORTALITÉ Taux plus élevé en période de sécheresse par famine et surcharge de parasites. Prédation par le puma. LONGÉVITÉ 14 ans en captivité. **Statut et menaces** Largement réparti et abondant dans les milieux favorables, mais souvent victime des collisions routières, des chiens domestiques ou des persécutions pour sa prédation sur la volaille. CITES Annexe I, Liste rouge NT.

L'ONCILLE *Leopardus tigrinus*

Chat tigre
Ltc ♀ 43-51,4 cm, ♂ 38-59,1 cm ; Q 20,4-42 cm ; P ♀ 1,5-3,2 kg, ♂ 1,8-3,5 kg
Très petit félin élancé, à fourrure épaisse marquée de petites taches parfois en rosettes. Mélanisme signalé. Au Brésil, il se croise avec le chat de Geoffroy et le chat des pampas. **Distribution et habitat** Nord du Venezuela au nord de l'Argentine ; une population isolée dans la cordillère centrale du Costa Rica/nord du Panamá. Vit dans les savanes arborées, la brousse épaisse et les forêts, jusqu'à 3 200 m (exceptionnellement 4 800 m en Colombie). Tolère les habitats modifiés non loin des habitations, à condition d'y trouver du couvert. **Écologie alimentaire** Proies < 1 kg : rongeurs, musaraignes, petits opossums, oiseaux, œufs, reptiles et invertébrés. Nocturno-crépusculaire, mais il peut modifier son comportement de chasse selon les périodes d'activité de ses proies. **Comportement social et spatial** Solitaire. Domaines vitaux de 0,9-25 km² (♀) et 4,8-17,1 km² (♂). Estimation des densités : 0,01 oncille/100 km² (forêts des plaines d'Amazonie) à 1-5/100 km². **Reproduction et démographie** Inconnues dans la nature. Gestation de 62-76 jours. Portées de 1-2. **Longévité** 17 ans en captivité. **Statut et menaces** Semble être naturellement rare, ce qui signifie que de vulnérable il devient menacé, mais son statut de conservation est mal connu. Autrefois beaucoup chassé pour le marché de la fourrure. CITES Annexe I, Liste rouge VU.

LE MARGAY *Leopardus wiedii*

Ltc ♀ 47,7-62 cm, ♂ 49-79,2 cm ; Q 30-52 cm ; P ♀ 2,3-3,5 kg, ♂ 2,3-4,9 kg
Peu corpulent, il ressemble à un petit ocelot élancé, mais la queue est de longueur disproportionnée, la tête est arrondie et les grands yeux sont caractéristiques. **Distribution et habitat** Nord du Mexique à Uruguay. Un spécimen pris au Texas vers 1850 est la seule observation aux États-Unis. Étroitement associé aux milieux forestiers denses de plaines, normalement jusqu'à 1 500 m. Évite les paysages modifiés, à l'exception des plantations denses de café, de cacao, d'eucalyptus et de pins. **Écologie alimentaire** Se nourrit essentiellement de souris, rats, écureuils, cobayes, opossums, agoutis, pacas et lapins du Brésil, ainsi que d'oiseaux, herptiles et invertébrés, et mange aussi quelques fruits. Terrestre ou arboricole : c'est un excellent grimpeur qui peut chasser dans les arbres les proies les plus agiles, notamment les petits primates. S'attaque occasionnellement à la volaille. **Comportement social et spatial** Solitaire. La superficie du domaine vital est en moyenne de 0,9-20 km² (♀) et 4-15,9 km² (♂). Selon les études par piégeages photographiques, les densités sont inférieures à celles de l'ocelot. **Reproduction et démographie** Non saisonnier (en captivité). Gestation de 76-84 jours. Portées de 1 en moyenne, rarement 2. MORTALITÉ Mal connue. LONGÉVITÉ 20 ans en captivité. **Statut et menaces** Inféodé à la forêt, il s'adapte mal à la modification de celle-ci, ce qui représente la principale menace. Braconnage localisé, et persécuté pour sa prédation sur la volaille. CITES Annexe I, Liste rouge NT.

L'OCELOT *Leopardus pardalis*

Ltc ♀ 69-90,9 cm, ♂ 67,5-101,5 cm ; Q 25,5-44,5 cm ; P ♀ 6,6-11,3 kg, ♂ 7-18,6 kg
Troisième plus grand félin d'Amérique latine, solidement charpenté et à queue assez courte. Fortement marqué de taches, rayures et rosettes ouvertes, brun-roux en leur centre. **Distribution et habitat** Nord du Mexique à nord de l'Argentine, deux populations reliques dans l'extrême sud du Texas, (60-100 individus). Vit dans la brousse aride et les forêts pluviales de plaines, du niveau de la mer à 1 200 m, mais préfère l'épais couvert. **Écologie alimentaire** Singes hurleurs, coatis, paresseux, fourmiliers, jeunes pécaris et faons. La plupart des proies pèsent entre 1,5 et 8 kg : agoutis, pacas, opossums et tatous. Se nourrit aussi d'oiseaux, reptiles, grenouilles, poissons, crabes terrestres et insectes. Opère parfois des razzias sur les poulaillers. Chasseur essentiellement nocturne et terrestre. Charognard, il peut aussi cacher les grosses carcasses en les couvrant de débris. **Comportement social et spatial** Solitaire et territorial. Les territoires des mâles (4-90,5 km² en moyenne) chevauchent ceux de plusieurs femelles (1,3-75 km² en moyenne). C'est au Pantanal brésilien que les territoires sont les plus restreints, et dans la savane de cerrado (PN d'Emas, Brésil) qu'ils sont les plus vastes. Les estimations des densités vont de 2,3-3,8 ocelots/100 km² (forêt de pins, Belize) à 11-12/100 km² (forêt pluviale, Belize) **Reproduction et démographie** Non saisonnier. Gestation de 79-82 jours. Portées de 1-2, exceptionnellement 3. Jeunes indépendants à 17-22 mois. MORTALITÉ Taux annuels de 8 (adultes sédentaires) à 7 % (lors de la dispersion) au Texas. Ses prédateurs sont les grands félins, les coyotes et les chiens domestiques. LONGÉVITÉ 20 ans en captivité. **Statut et menaces** Largement répandu, mais inféodé aux milieux à couvert épais, et son potentiel reproducteur est faible. Vulnérable à la perte d'habitat, au braconnage et à la lutte contre ses déprédations. Au Texas, les facteurs anthropiques sont les plus marquants, surtout les collisions routières. CITES Annexe I, Liste rouge LC.

CHAT DE GEOFFROY

ONCILLE

MARGAY

OCELOT

Pour les cartes de répartition des espèces, veuillez consulter le site : www.panthera.org/carnivoreguide

LE KODKOD *Leopardus guigna*

Ltc ♀ 37,4-51 cm, ♂ 41,8-49 cm ; Q 19,5-25 cm ; P ♀ 1,3-2,1 kg, ♂ 1,7-3 kg
Très petit chat gris-brun à brun-roux moucheté de petites taches sombres qui peuvent former des lignes irrégulières sur le dos et la nuque. Face nettement marquée de rayures sombres sous les yeux, autour du museau, le faisant ressembler à un bébé puma. Mélanisme fréquent ; parfois les extrémités sont marron (et non pas noires), et les taches sont nettement visibles. **Distribution et habitat** Centre et sud du Chili, y compris les îles Chiloé, et à cheval sur la frontière argentine. Fortement associé aux milieux tempérés à couvert épais, surtout dans les forêts sempervirentes ou de montagne, fourrés et brousse. Évite les terrains découverts et plantations sans sous-bois, mais fréquente les forêts secondaires, ravins forestiers et tronçons de forêts côtières dans les zones défrichées. **Écologie alimentaire** Chasse petits rongeurs et marsupiaux, comme le chat des pampas, et les oiseaux picorant au sol (huets-huets, parulines, grives, vanneaux), ainsi que petits reptiles et insectes. S'attaque régulièrement à la volaille dans les zones habitées fragmentées, par exemple sur les îles Chiloé où il est considéré comme nuisible. Signalé comme tueur de chèvres et chassant en meute, ce qui n'est pas crédible. Cathéméral. **Comportement social et spatial** Solitaire. Les domaines vitaux se chevauchent largement, même en leur centre, ce qui indique qu'il serait peu territorial. Domaine vital de 0,6-2,5 km² (♀) à 1,6-4,4 km² (♂). Des données obtenues par radiotélémétrie indiquent des densités de 1-3,3 kodkods/km² (adultes et subadultes). **Reproduction et démographie** Inconnues dans la nature ; la reproduction est peut-être saisonnière là où les hivers sont froids. Gestation de 72-78 jours. Portées de 1-3. MORTALITÉ Peu connue, les premiers facteurs de mortalité sont anthropiques. LONGÉVITÉ 11 ans en captivité. **Statut et menaces** Son aire de répartition est très restreinte et il est inféodé aux milieux à couvert épais. La déforestation (pour l'agriculture et plantations de pins) a fragmenté son aire de répartition ; également victime du braconnage, surtout pour sa prédation sur la volaille. CITES Annexe I, Liste rouge VU.

LE CHAT DES PAMPAS *Leopardus colocolo*

Ltc 42,3-79 cm ; Q 23-33 cm ; P 1,7-3,7 kg
Très variable, de gris fumé à brun-roux sombre, peu ou pas tacheté à moucheté de roux sur le corps. Trois grands groupes morphologiques ont été décrits : le « colocolo » au Chili, à l'ouest des Andes ; le « chat des pampas » en Colombie jusqu'au sud du Chili, à l'est des Andes ; et le « chat du Pantanal » au Brésil, Paraguay et Uruguay. Parfois considérés comme des espèces distinctes, mais il existe des populations intermédiaires et les tests génétiques indiquent que les différences sont faibles. Mélanisme signalé au Brésil. **Distribution et habitat** Du sud de la Colombie au sud du Chili, jusqu'au centre du Brésil, Paraguay et Uruguay. Fréquente un plus grand nombre d'habitats divers que tout autre félin sud-américain : pampas, pelouses du cerrado, savane arborée, marais, forêt claire, forêt nuageuse, désert semi-aride et steppe andine jusqu'à 5 000 m. Absent de la forêt pluviale. Tolère plantations et cultures offrant du couvert, comme les champs de maïs. **Écologie alimentaire** Essentiellement tucos-tucos, viscaches des montagnes, rats-chinchillas, graomys, rats et lièvres d'Europe introduits, mais aussi flamants (sans doute des jeunes), tinamous, poussins de manchot de Magellan, petits reptiles, œufs et coléoptères. Attaque la volaille. Chasse généralement au sol et de nuit, mais variable selon les régions, et il est presque entièrement diurne dans le cerrado brésilien, sans doute en raison de la présence de grands félins nocturnes. Charognard, y compris sur les carcasses de bétail, vigognes et guanacos. **Comportement social et spatial** Non étudié dans la nature. Solitaire. Des études de radiotélémétrie sont en cours dans le cerrado brésilien et les Andes boliviennes. **Reproduction et démographie** Inconnues dans la nature. Gestation de 80-85 jours. Portées de 1-3. MORTALITÉ Mal connue. Apparemment souvent tué par les chiens dans certaines régions, comme au nord-ouest de l'Argentine. LONGÉVITÉ 16,5 ans en captivité. **Statut et menaces** Largement réparti, il fréquente des habitats très divers et c'est souvent le félin le plus fréquent (études par pièges photographiques). Chassé pour protéger les poulaillers, il est aussi victime des chiens de berger, surtout dans les milieux ouverts des Andes. Dans les zones rurales, il est tué au cours de cérémonies religieuses : une peau ou l'animal empaillé favoriseraient la fécondité et la productivité du bétail et des cultures. CITES Annexe I, Liste rouge NT.

LE CHAT DES ANDES *Leopardus jacobita*

Ltc 57,7-85 cm ; Q 41-48 cm ; P (un seul ♂) 4 kg
Gris argenté, moucheté de taches rousses sur le corps qui deviennent gris-brun sur la face, les membres et la queue ; celle-ci est très épaisse et touffue, des bandes fusionnent pour former vers l'extrémité des anneaux doubles, bruns ou roux, souvent brun moyen au centre. **Distribution et habitat** Sud du Pérou au nord-ouest de l'Argentine ; inféodé aux habitats andins, entre 3 000 et 5 100 m pour la plupart. Signalé dans les steppes de Patagonie à 1 800 m (Mendoza, Argentine), et à 600-700 m (Neuquén, Argentine). Uniquement dans des habitats non boisés : versants rocheux et falaises semi-arides à arides, à végétation arbustive et pelouses associées. **Écologie alimentaire** Les rongeurs sont ses principales proies, surtout la viscache de montagne dans laquelle il semble être spécialisé. Également souris, rats-chinchillas, cobayes, lièvres d'Europe et tinamous. Essentiellement nocturne, l'activité crépusculaire connaît un pic en haute altitude, pour s'adapter au rythme des viscaches. Se nourrit parfois sur les carcasses d'ongulés. **Comportement social et spatial** Solitaire. Un seul animal, une femelle de l'altiplano bolivien, a été équipé d'un collier radio-émetteur ; l'étude sur 4 mois a estimé son domaine vital à 47,1 km². **Reproduction et démographie** Peu connues. Des chatons ont été observés en octobre-avril, ce qui semble indiquer une reproduction saisonnière, les naissances ayant lieu au printemps et en été. Portées de 1-2. MORTALITÉ et LONGÉVITÉ Inconnues. **Statut et menaces** Statut presque inconnu. Les études de terrain ont montré que le chat des Andes est beaucoup moins fréquent que le chat des pampas et les autres carnivores, et il serait donc naturellement rare. Sa distribution est très restreinte et il est inféodé à un nombre limité d'habitats qui sont détruits par le pâturage du bétail et l'agriculture. Les effectifs des proies peuvent aussi régresser, surtout lorsque celles-ci sont chassées (principalement les viscaches), ce qui représente une menace sérieuse. Tué pour les cérémonies religieuses (voir le chat des pampas) et pour sa prédation supposée sur la volaille et le bétail ; tué par les chevriers et leurs chiens dans la province de Neuquén, en Argentine, bien qu'il ne s'attaque pas au bétail. CITES Annexe I, Liste rouge EN.

Pour les cartes de répartition des espèces, veuillez consulter le site : www.panthera.org/carnivoreguide

LE LYNX D'EURASIE *Lynx lynx*

Ltc ♀ 85-130 cm, ♂ 76-148 cm ; Q 12-24 cm ; P ♀ 13-21 kg, ♂ 11,7-29 kg

C'est le plus grand des lynx. La coloration varie, du gris argenté et fauve à brun-rouge. Les taches sont très variables : absentes, petites, larges ou en rosettes brunes allongées. La robe varie beaucoup d'une population à l'autre ou au sein des populations. **Distribution et habitat** Fenno-Scandinavie, Russie (75 % de son aire de répartition), Chine et Asie centrale tempérée ; populations isolées en Europe orientale et occidentale. Vit essentiellement en forêt, dans les zones montagneuses avec couvert, semi-déserts froids, toundras, zones boisées claires et broussailles. Jusqu'à 4 700 m dans l'Himalaya, exceptionnellement jusqu'à 5 500 m. **Écologie alimentaire** Contrairement aux autres lynx, il chasse surtout les ongulés, petits ou moyens. Sur la majeure partie de son aire de répartition, la première proie est le chevreuil, puis le chamois, le porte-musc et les jeunes cerfs élaphes, cerfs sika, élans et bouquetins, ainsi que les marcassins. Les ongulés représentent la majeure partie de son alimentation en hiver, lorsque la neige les rend plus vulnérables à la prédation ; lorsque, exceptionnellement, il tue un cerf élaphe, c'est toujours dans la neige épaisse. Au printemps et en été, les proies sont essentiellement des lièvres, petits rongeurs, écureuils, marmottes et oiseaux. Dans les forêts boréales, là où les ongulés sont plus rares, les lièvres variables et lièvres d'Europe sont les proies les plus fréquentes tout au long de l'année. S'attaque au bétail et à la volaille, notamment souvent aux rennes semi-domestiques en Finlande, Norvège et Suède. Principalement nocturno-crépusculaire, mais peut être cathéméral, surtout en hiver et pendant la saison de reproduction. Charognard, il cache parfois de grosses carcasses sous des débris. **Comportement social et spatial** Solitaire. Les territoires des mâles sont plus vastes que ceux des femelles et se chevauchent plus largement. Les deux sexes marquent les frontières de leur territoire d'urine, de sécrétions odorantes et de fèces, mais ces territoires sont généralement trop vastes pour permettre l'exclusivité, sauf pour les femelles suitées. La superficie des territoires augmente en remontant vers le nord car les effectifs de proies diminuent : 98-1 850 km² (♀) et 180-3 000 km² (♂). Dans l'ouest et dans le centre de l'Europe, les chiffres sont (pour les deux sexes) de 106 à 264 km², mais de 307 à 1 515 km² en Scandinavie. Les plus vastes ont été enregistrés en Norvège. Densités : de 0,25 lynx/100 km² (sud de la Norvège) à 1,9-3,2/100 km² (Pologne). **Reproduction et démographie** Saisonnier. Accouplements février-mi-avril ; naissances en mai-juin. Œstrus de 3-5 jours ; gestation de 67-74 jours. Portées de 1-5, normalement 2-3. Indépendants à 9-11 mois, la dispersion s'opérant avant la portée suivante. Les femelles se reproduisent à partir de 22-24 mois, les mâles à 3 ans. **MORTALITÉ** Généralement de 50 % au moins pour les jeunes ; en Suisse, 59-60 % des petits meurent avant d'être indépendants. Le taux de mortalité naturelle est faible pour les adultes, de seulement 2 % en Scandinavie, mais les facteurs anthropiques multiplient ce chiffre par 8, et en Suisse 44-66 % des subadultes meurent pendant la dispersion. Ses prédateurs occasionnels sont le loup, le tigre et le glouton (qui tue les jeunes). **LONGÉVITÉ** 17 ans dans la nature, 25 en captivité. **Statut et menaces** Il est considéré comme non menacé parce que de vastes zones de son immense aire de répartition sont encore intactes, surtout en Russie (population estimée à 30 000-35 000), Mongolie et Chine. Éradiqué dans la majeure partie de l'Europe occidentale et centrale où les populations qui ont survécu sont faibles et isolées. La chasse pour sa fourrure est désormais interdite, mais le commerce illégal n'a pas cessé en Russie et en Asie. La chasse sportive est légale sur une grande partie de l'Europe et de la Russie. CITES Annexe II, Liste rouge LC.

LE LYNX PARDELLE *Lynx pardinus*

Lynx d'Espagne

Ltc ♀ 68,2-75,4 cm, ♂ 68,2-82 cm ; Q 12,5-16 cm ; P ♀ 8,7-10 kg, ♂ 7-15,9 kg

Gris-fauve à brun rougeâtre, grandes taches qui parfois se fragmentent en mouchetures. Les deux sexes portent des favoris blancs striés de noir et les oreilles sont surmontées de longs pinceaux noirs. Queue terminée de noir. **Distribution et habitat** Deux populations seulement, à Doñana et dans la Sierra Morena, dans le sud de l'Espagne. Vit dans des mosaïques de forêts, fourrés, broussailles et maquis méditerranéen, entrecoupés de pâturages et lisières favorables à la chasse. Évite les terres agricoles et plantations d'essences exotiques, mais utilise les pinèdes pour la dispersion. **Écologie alimentaire** Fortement dépendant des populations de lapins de garenne qui constituent 75-93 % de son régime alimentaire, selon le lieu et la saison. Ne peut subsister dans les zones sans lapins : une femelle non suitée en capture environ 277 par an et un mâle 379. Ses autres proies sont : petits rongeurs, lièvres et oiseaux, notamment canards, oies, perdrix, pies et pigeons ; parfois de jeunes cerfs ou jeunes daims en automne et en hiver. Tue aussi d'autres carnivores : renards, mangoustes d'Égypte, genettes et chats harets, mais il les mange rarement et ne les tue probablement que parce qu'ils représentent une concurrence pour les lapins. Ceux-ci sont tués d'un coup de dents au crâne, les proies plus grosses sont étouffées. Ne tue ni le bétail ni la volaille, en grande partie parce qu'il n'en a pas l'occasion sur son aire de répartition restreinte. Les grosses carcasses sont recouvertes de feuilles et débris divers pour le nourrir pendant plusieurs jours. **Comportement social et spatial** Solitaire et territorial. Le territoire du mâle recoupe ceux d'une ou deux femelles ; les territoires d'animaux de même sexe se chevauchent aux lisières, mais pas sur le noyau central. Les combats sont parfois létaux. Les territoires mesurent 8,5-24,6 km², pour une moyenne de 12,6 km² (♀), et 8,5-25 km², pour une moyenne de 16,9 km² (♂). Densités de 0,1 à 0,2 lynx/km² dans les habitats peu favorables, et 0,72-0,88 lynx/km² dans les habitats optimums. **Reproduction et démographie** Saisonnier. S'accouple généralement en janvier-février ; pic des naissances en mars, occasionnellement en avril-juin. Portées de 2-4, avec une moyenne de 3. Les jeunes sont indépendants à 7-8 mois et restent sur le territoire de leur mère jusqu'à la dispersion à 18-20 mois. Les femelles peuvent se reproduire à 2 ans, mais dans la nature la première naissance intervient à 3 ans, et elles se reproduisent jusqu'à l'âge de 9 ans. **MORTALITÉ** Taux d'environ 33 % pour les jeunes : 2 survivent sur une portée de 3. La mortalité des adultes est d'environ 10 % pour les animaux protégés des activités anthropiques, mais celles-ci représentent aujourd'hui la première cause de mortalité. **LONGÉVITÉ** 10 ans dans la nature, 14 en captivité. **Statut et menaces** C'est le félin le plus menacé au monde et les effectifs sont estimés à 84-143 adultes vivant dans deux populations isolées en Espagne. Il n'a pas été signalé avec certitude au Portugal depuis les années 1990. La régression est due à la conversion massive de la forêt en plantations d'essences exotiques, à laquelle se sont ajoutées les épizooties chez les lapins et les prélèvements opérés par l'homme qui restent une menace sérieuse et sont responsables de 75 % des pertes, essentiellement par braconnage et collisions routières. CITES Annexe I, Liste rouge CE.

LYNX D'EURASIE

LYNX
PARDELLE

Pour les cartes de répartition des espèces, veuillez consulter le site : www.panthera.org/carnivoreguide

LE LYNX ROUX *Lynx rufus*

Bobcat

Ltc ♀ 50,8-95,2 cm, ♂ 60,3-105 cm ; Q 9-19,8 cm ; P ♀ 3,6-15,7 kg, ♂ 4,5-18,3 kg

Tons de gris à brun rouille, de légèrement tacheté à fortement marqué de grandes taches rappelant celles de l'ocelot. Demi-rayures sombres (3 à 6) sur la queue tronquée, dessous et extrémité blanc pur, ce qui le distingue de *L. canadensis.* Le mélanisme est parfois observé, essentiellement dans le sud-est des États-Unis. **Distribution et habitat** Sud du Canada, États-Unis et nord du Mexique. Habitats variés : forêts, brousses, pelouses, semi-déserts et terrains montagneux. Tolère les zones agricoles et paysages périurbains offrant du couvert. **Écologie alimentaire** Cerfs adultes jusqu'à 68 kg, mais ses proies sont normalement de la taille du lièvre ou plus petites. Lièvres et lapins américains représentent l'essentiel de son régime alimentaire sur l'ensemble de son aire de répartition. Il tue essentiellement les faons des cerfs ou des antilopes pronghorns, mais dans les régions septentrionales, tue un plus grand nombre d'adultes, surtout en hiver. Également rongeurs (jusqu'au gabarit du porc-épic), petits carnivores, opossums, oiseaux, herptiles, poissons, arthropodes et œufs. Moutons, chèvres et volailles, mais cette prédation est généralement localisée. Tue aussi parfois de petits animaux de compagnie dans les zones périurbaines. Chasse essentiellement au sol. Généralement nocturne, pic d'activité au crépuscule. Cache parfois des carcasses en les couvrant de terre ou de neige pour les dévorer plus tard, jusqu'à 14 jours pour un cerf adulte. Charognard : les cerfs tués sur les routes ou morts de froid sont source de nourriture, surtout en hiver, dans le nord de son aire. **Comportement social et spatial** Solitaire et territorial. La taille des territoires et les chevauchements diminuent en période d'abondance des lièvres. Les combats territoriaux peuvent être létaux. Le territoire moyen est de 1-2 km² (Alabama, Californie, Louisiane, Oregon) à 86 km² (Adirondacks, NY) pour les femelles, et 2-11 km² (Alabama, Californie, Louisiane, Oregon) à 325 km² (Adirondacks, NY) pour les mâles. Moins lors des pullulations de proies, surtout de lièvres et de lapins. Il peut parcourir jusqu'à 20 km par nuit. Les densités sont estimées entre 4-6 lynx/100 km² (Minnesota), 20-28/100 km² (Arizona, Nevada), exceptionnellement jusqu'à > 100/100 km² (par exemple sur la côte californienne, là où la chasse est interdite). **Reproduction et démographie** Faiblement saisonnier. Naissances toute l'année, avec un pic au printemps et en été, surtout dans le nord de son aire. Gestation de 62-70 jours. Portées de 2-3 en moyenne, exceptionnellement 6. Sevrés à 2-3 mois, les petits sont indépendants à 8-10 mois. Les femelles peuvent se reproduire à 9-12 mois, mais la première naissance a généralement lieu après 24 mois. MORTALITÉ Taux des jeunes varie en fonction des effectifs des proies, par exemple de 29 à 82 % dans le Wyoming, selon les années. Pour les adultes, les taux sont de 20 à 33 % chez les populations non prélevées et de 33 à 81 % là où la chasse est autorisée. La plupart sont tués par les hommes, mais aussi par la famine, la prédation des pumas, coyotes et chiens domestiques, ainsi que par des épizooties dans les populations à forte densité. LONGÉVITÉ 16 ans dans la nature ; 32,2 en captivité. **Statut et menaces** Largement réparti, il résiste aux pressions anthropiques et n'est pas menacé dans la majeure partie de son aire. Certaines populations sont victimes d'une forte pression de chasse et vulnérables face à ces prélèvements excessifs. 40 000 à 50 000 sont tués légalement chaque année aux États-Unis et au Canada. Persécutés car sont accusés de tuer le bétail, et 2 000 à 2 500 sont abattus tous les ans aux États-Unis dans le cadre de plans de régulation des populations. CITES Annexe II, Liste rouge LC.

LE LYNX DU CANADA *Lynx canadensis*

Ltc ♀ 76,2-96,5 cm, ♂ 73,7-107 cm ; Q 5-12,7 cm ; P ♀ 5-11,8 kg, ♂ 6,3-17,3 kg

Coloration uniforme, normalement gris-fauve, givrée en hiver de teintes argentées ou bleuâtres, et brunâtres en été ; non tacheté sauf parfois légèrement sur les membres. La queue est plus courte que celle du lynx roux, et noire à l'extrémité. Des croisements entre les deux espèces ont été observés dans le Maine, le Minnesota et le Nouveau-Brunswick. **Distribution et habitat** Majeure partie du Canada, au sud de la limite des arbres, et quelques États américains frontaliers, jusqu'en Utah. Réintroduit avec succès dans le sud du Colorado, mais sans succès dans l'État de New York. Associé aux épaisses forêts boréales et de conifères ; utilise rarement les milieux ouverts. **Écologie alimentaire** Fortement associé au lièvre à raquette qui constitue dans certains lieux et à certaines saisons jusqu'à 97 % de son régime alimentaire. Les populations de lièvres ont des cycles de 8 à 11 ans, qui peuvent être spectaculaires, passant d'une densité de 2 300 lièvres/km² à 12/km². Les effectifs de lynx suivent avec un retard de 1 à 2 ans. Les lynx se tournent vers d'autres proies lors des périodes de pénurie et en été. Les populations méridionales ont un régime alimentaire plus diversifié tout au long de l'année, mais le lièvre à raquette reste la proie favorite. Également l'écureuil rouge, d'autres rongeurs, petits oiseaux et gibier à plume, comme tétras et lagopèdes. Il tue parfois de jeunes ongulés, surtout des caribous, mais il se nourrit plus souvent sur les carcasses des animaux morts. Attaque rarement le bétail ou la volaille. Principalement crépusculaire et nocturne. Cache parfois ses proies en les couvrant de neige ou de feuilles. **Comportement social et spatial** Solitaire et probablement territorial, mais son comportement spatial varie beaucoup, selon les effectifs des populations de lièvres. Au sud, où les densités de lièvres sont stables mais faibles, les lynx tendent à utiliser de vastes domaines vitaux qui chevauchent largement ceux de leurs voisins. Au nord, les territoires sont plus petits et peut-être plus exclusifs lors des pullulations de lièvres, mais s'accroissent en période de pénurie, parfois jusqu'au nomadisme. La taille moyenne de ces territoires varie : 39-133 km² (♀) et 69-277 km² (♂) au sud de son aire ; 13-18 km² (♀) et 14-44 km² (♂) au nord, là où les lièvres sont nombreux, mais 63-506 km² (♀) et 44-266 km² (♂), là où les lièvres sont rares. Les densités sont estimées à 2-4 lynx/100 km² quand les densités de lièvres sont faibles, et 10-45/100 km² pendant les périodes de pullulations. **Reproduction et démographie** Saisonnier. Accouplements en mars-mai, naissances en mai-début juillet. Gestation de 63-70 jours. Portées de 1-8 ; plus de femelles reproductrices et portées plus nombreuses quand pullulent les lièvres. Jeunes indépendants à 10-17 mois. Les femelles se reproduisent dès 10 mois les bonnes années, mais normalement à 22-23 mois seulement. MORTALITÉ La survie des jeunes est étroitement liée aux effectifs de lièvres et la mortalité peut atteindre 60 à 95 %. Le taux de mortalité des adultes est estimé entre 11 et 27 %, 45 à 88 % au sein des populations prélevées. La famine et le piégeage sont les deux premières causes de mortalité. LONGÉVITÉ 16 ans dans la nature, 26,9 en captivité. **Statut et menaces** Globalement largement répandu et non menacé, mais éradiqué dans la majeure partie de son aire de répartition aux États-Unis, et sa distribution semble reculer vers le nord, suite à l'exploitation forestière et peut-être au réchauffement climatique. En moyenne, au moins 11 000 lynx sont légalement prélevés chaque année, la plupart au Canada et en Alaska ; ils deviennent vulnérables à l'excès des prélèvements lorsque les effectifs de lièvres régressent. CITES Annexe II, Liste rouge LC.

LYNX ROUX

LYNX DU CANADA

Pour les cartes de répartition des espèces, veuillez consulter le site : www.panthera.org/carnivoreguide

LE JAGUARONDI *Puma yagouaroundi*

Ltc ♀ 53-73,5 cm, ♂ 48,8-83,2 cm ; Q 27,5-59 cm ; P ♀ 3,5-7 kg, ♂ 3-7,6 kg
Coloration uniforme, deux phases distinctes, brun-rouge (museau et menton souvent blanc pur) et gris sombre. Les deux colorations peuvent apparaître dans une même portée. Tête et corps allongés et minces, longue queue fine, ce qui dans la nature fait penser à un mustélidé. **Distribution et habitat** Centre de l'Argentine à nord du Mexique ; jadis présent dans le Rio Grande au Texas, États-Unis, mais la dernière observation confirmée date de 1986. Du niveau de la mer à 2 000 m (rarement jusqu'à 3 200 m) dans tous les types de forêts, brousses, chaparrals et pelouses et pâturages épais. S'adapte bien aux milieux modifiés ou en voie de régénération, pourvu qu'il y trouve du couvert et de fortes densités de rongeurs : pâturages, friches et forêts secondaires. **Écologie alimentaire** Il peut tuer des proies du gabarit du tatou, mais la plupart pèsent moins de 1 kg. Ses principales proies sont des rats, mulots, et des oiseaux, surtout terrestres : tinamous et cailles. Se nourrit aussi de petits primates (rarement), de cobayes, lapins, opossums, reptiles, poissons et arthropodes. Des restes de daguets gris ont été retrouvés dans les déjections, mais sans doute parce qu'il est également charognard. Attaque parfois les poulaillers. Semble principalement crépusculaire/diurne ; c'est un bon grimpeur, mais il chasse essentiellement au sol. **Comportement social et spatial** Solitaire. Comportement de marquage typique des félins et il est peut-être territorial, mais les études par radiotélémétrie indiquent que les territoires se chevauchent largement. De même superficie ou presque pour les deux sexes au Mexique : 8,9 km² (♀) et 9,3 km² (♂) ; différentes au Brésil : 1,4-18 km² (♀) et 8,5-25,3 km² (♂) ; et étonnamment vastes à Belize : 20 km² (1 ♀) et 88-100 km² (2 ♂). **Reproduction et démographie** Mal connues ; peut-être faiblement saisonnier, mais les données sont contradictoires. En captivité, la gestation dure 72-75 jours et les portées sont de 1-4 (moyenne 1,8-2,3). Le sevrage commence vers 5-6 semaines. Maturité sexuelle à 17-26 mois. MORTALITÉ Mal connue. Ses prédateurs sont le puma et le chien à proximité des villages. LONGÉVITÉ 10,5 ans en captivité. **Statut et menaces** Tolère les activités anthropiques et sa fourrure unie intéresse peu les trappeurs. Persécutés parce qu'ils s'attaquent à la volaille et fréquemment écrasés sur les routes dans certaines zones, mais la plupart des populations ne sont pas menacées. Largement répandu et relativement abondant en Amérique du Sud. Menacé en Amérique centrale, considéré comme en danger aux États-Unis où il est peut-être déjà éteint. CITES Annexe I (Amérique du nord et centrale), Annexe II ailleurs, Liste rouge LC.

LE PUMA *Puma concolor*

Cougar, Lion des montagnes, Panthère de Floride
Ltc ♀ 95-141 cm, ♂ 107-168 cm ; Q 57-92 cm ; P ♀ 22,7-57 kg, ♂ 39-80 kg (exceptionnellement 120 kg)
Coloration unie, variable : gris clair, brun-fauve à rouge brique ; dessous crème. Plus gros et plus pâle dans les zones tempérées et tirant plus sur le gris, tandis que sous les tropiques les animaux sont plus petits et plus rouges. L'extrémité de la queue et le dos des oreilles sont brun sombre à noirs, et le museau blanc est bordé de noir. Longue queue tubulaire caractéristique. Les petits portent des taches brun sombre qui disparaissent normalement avant 1 an. **Distribution et habitat** Assez largement réparti dans le sud-ouest du Canada, l'ouest des États-Unis et l'Amérique du Sud ; moins au Mexique et en Amérique centrale, éradiqué dans l'est des États-Unis, à l'exception de 100 à 120 individus au sud de la Floride (« panthère de Floride »). S'adapte parfaitement à tous les habitats fournissant un couvert végétal ou des terrains rocheux : forêts tempérées ou tropicales, brousses côtières ou désertiques, et déserts rocheux, du niveau de la mer à plus de 4 000 m. Évite les terrains découverts, mais traverse volontiers les habitats marginaux. Vit à proximité des hommes s'il y trouve couvert et proies. **Écologie alimentaire** Très diversifiée, de l'arthropode au wapiti mâle adulte. Les grosses proies sont plus fréquentes dans les zones tempérées : cerfs, élans, wapitis et mouflons ; au Chili, la proie principale est le guanaco. Dans les régions tropicales, les pumas tuent plus de proies plus petites : daguets gris, poudous, pécaris, capybaras, pacas, agoutis et tatous. Dans certaines zones, il s'attaque aux populations férales d'animaux domestiques, par exemple cochons féraux (Floride) ou chevaux marrons (Nevada). Tue des reptiles, jusqu'aux caïmans et alligators adultes, et des oiseaux comme les dindons sauvages, oies ou nandous. Attaque volontiers le bétail et parfois les animaux de compagnie dans les zones périurbaines. S'attaque rarement à l'homme : 20 personnes tuées en Amérique du Nord entre 1890 et 2004. Nocturno-crépusculaire. Il éviscère les grosses proies avant de les cacher sous de la terre ou des feuilles pour les dévorer plus tard, pendant 3 jours à 4 semaines (en hiver). Il dévore aussi des carcasses d'animaux qu'il n'a pas tués lui-même, mais elles ne représentent qu'une faible partie de son régime alimentaire. **Comportement social et spatial** Solitaire et territorial, mais les territoires se chevauchent parfois largement et les combats peuvent être létaux. Leur superficie varie de 25 à 1 500 km², avec des moyennes de 33 km² (Venezuela) à 685 km² (Utah) pour les femelles, et 60 km² (Venezuela) à 826 km² (Utah) pour les mâles. La dispersion de la panthère de Floride lui fait parcourir 6 à 32 km (♀) et 24 à 208 km (♂) mais, au Wyoming, un mâle a parcouru 1 037 km avant d'être tué par un train en Oklahoma. Les densités varient de 0,3 puma/100 km² (Utah, Texas) à 1-3/100 km² (Alberta, Californie, Utah, Wyoming), exceptionnellement jusqu'à 7/100 km² (île de Vancouver). **Reproduction et démographie** Faiblement saisonnier. Les naissances ont lieu toute l'année, mais connaissent un pic en été (PN de Yellowstone et Canada) ou au printemps (Floride). Œstrus de 1-16 jours ; gestation de 82-98 jours, moyenne 92. Portées de 2-3 en moyenne, exceptionnellement 6. Sevrage vers 4-5 mois. Jeunes indépendants vers 18 mois (entre 10 et 24 mois). Première reproduction des femelles à 18 mois (normalement > 24 mois) et des mâles vers 3 ans. MORTALITÉ 36 à 58 % des petits meurent dans leur première année. Pour les adultes, les estimations vont de 9 (♂) à 18 % (♀) au Nouveau-Mexique et 3 (♀) à 61 % (♂) dans le nord-ouest du Montana. La plupart meurent du fait de l'homme (chasse légale, collisions routières, braconnage) ; les principaux facteurs naturels sont les autres pumas et, dans une moindre mesure, les maladies et accidents de chasse. LONGÉVITÉ 16 ans dans la nature, 20 en captivité. **Statut et menaces** Tolère les activités anthropiques, mais a été éradiqué sur environ 40 % de son aire de répartition en Amérique latine et sur la majeure partie de l'est de l'Amérique du Nord. La disparition de son habitat et les persécutions dans les zones d'élevage sont les principales menaces, surtout en Amérique latine. La chasse sportive tue chaque année environ 2 500 à 3 500 pumas aux États-Unis et l'espèce régresse dans certains États. Les collisions routières sont la principale menace pour la panthère de Floride (17 tuées en 2009). CITES Annexe I (Floride, Nicaragua à Panamá), Annexe II ailleurs ; chasse légale en Argentine, Canada, Mexique, Pérou et États-Unis. Liste rouge LC.

Pour les cartes de répartition des espèces, veuillez consulter le site : www.panthera.org/carnivoreguide

Ltc ♀ 105-140 cm, ♂ 108-152 cm ; Q 60-89 cm ; Hg ♀ 67-89 cm ; P ♀ 21-51 kg, ♂ 29-64 kg
Blond jaune, dessous blanc, taches noires arrondies et « larme » noire caractéristique. Pelage ras et très pâle au Sahara, beige tacheté de brun à presque blanc tacheté cannelle. Le guépard royal est une forme récessive qui peut naître de parents normalement tachetés. Les petits portent un manteau gris fumé duveteux qui se réduit vers 4-5 mois à une courte crinière peu visible chez la plupart des adultes, mais souvent évidente chez les guépards asiatiques. Elle favorise sans doute le camouflage et la thermorégulation ; on a souvent invoqué le mimétisme avec le ratel afin de dissuader les prédateurs. Les griffes sont dépourvues des étuis charnus des autres félins, mais partiellement protractiles. Elles sont visibles sur les empreintes, sauf l'ergot très acéré et très recourbé.

Distribution et habitat
Assez largement réparti en Afrique australe et orientale, rare en Afrique occidentale, éteint en Afrique du Nord, sauf sud de l'Algérie et peut-être Égypte. Éteint en Asie, sauf 70 à 110 individus en Iran. Préfère les mosaïques de forêt/savane et les pelouses ouvertes ; rare dans les forêts humides denses ; absent de la forêt pluviale. Tolère les habitats arides, y compris les déserts du centre de l'Iran (où il neige en hiver), du Namib et du Sahara, mais ne fait que traverser les zones les plus arides. Jusqu'à 3 500 m sur le mont Kenya.

Écologie alimentaire
Chasse les ongulés pesant de 20-60 kg : gazelles et impalas, parfois jusqu'au nyala (62-108 kg) et les jeunes de plus gros ongulés, dont gnous, zèbres et (rarement) buffles et girafes. Les coalitions de mâles tuent de grosses proies, bubales, oryx ou gnous adultes. En Iran, urials et bouquetins, depuis que les gazelles ont été exterminées. Les lièvres sont importants pour les jeunes récemment indépendants ou dans les habitats marginaux. Tue le petit bétail laissé sans surveillance mais est effrayé par les hommes et les chiens. Pas d'exemple de prédation sur l'homme. Chasseur diurne pour une meilleure visibilité et éviter la concurrence des prédateurs nocturnes. Après une courte approche prudente, il poursuit sa proie sur 500 m au plus, à une vitesse maximale de 105 km/h. Il la fait trébucher grâce à son ergot et la tue généralement en l'étouffant. Environ 30 % des poursuites sont couronnées de succès, plus pour les petites proies : 87-93 % pour les lièvres, 86-100 % pour les jeunes gazelles (PN du Serengeti, Tanzanie). Défend rarement la carcasse et se fait voler jusqu'à 13 % de ses proies (PN du Serengeti) par les hyènes tachetées et les lions. Très rarement charognard, il revient rarement vers ses carcasses.

Comportement social et spatial
Mœurs sociales peu communes : les femelles sont solitaires et non territoriales, tandis que la sociabilité et la territorialité des mâles sont très variables. Les femelles occupent de vastes domaines vitaux qu'elles ne défendent pas. Lorsque les proies sont rares ou migratrices, le domaine vital peut atteindre de 1 500 km² (moyenne 833 km², PN du Serengeti) à 6 353,7 km² (moyenne 1 400-1 836 km², Namibie). Lorsque les proies sont sédentaires ou abondantes, les superficies sont plus réduites (par ex. 185-246 km², PN Kruger), mais les femelles restent non territoriales. Lors de la dispersion, les femelles s'installent normalement non loin de leur mère de sorte que les voisines sont souvent parentes. La dispersion des mâles les mène plus loin, ce qui évite la reproduction avec des femelles apparentées, et ils vivent en coalitions stables de 2-4 normalement issus d'une même portée ; mais, dans le Serengeti, environ un tiers des coalitions comptent en leur sein un individu qui n'est pas apparenté aux autres. Ces coalitions défendent des territoires favorables dans des combats qui peuvent être à mort. Les coalitions du Serengeti choisissent des zones plus petites d'environ 37 km² recoupant les domaines vitaux de plusieurs femelles. Dans les milieux boisés abritant des femelles sédentaires, les mâles défendent des territoires de superficie moyenne, par exemple 126 km² dans le PN Kruger (3 coalitions ♂) à 195 km² (1 ♂). Les coalitions défendent un territoire mieux que les solitaires, et ces derniers sont plus souvent nomades, sur des parcours de 777 km² en moyenne (Serengeti) à 1 829 km² (Namibie). Deux guépards iraniens mâles (probablement nomades) suivis par radiotélémétrie pendant 5 mois ont utilisé un territoire de 1 737 km². Les densités sont naturellement faibles : 0,16/100 km² (Iran), 0,25-2/100 km² (terres agricoles en Namibie), 0,5-2,30/100 km² (PN Kruger) à 9/100 km² (PN du Serengeti). Des densités saisonnières exceptionnelles peuvent atteindre 40/100 km² (PN du Serengeti).

Reproduction et démographie
Les guépards se reproduisent difficilement en captivité, mais sont prolifiques dans la nature. Non saisonniers ; mais, en Iran, ils s'accouplent en hiver (janvier-février) et mettent bas au printemps (avril-mai). Gestation de 90-98 jours. Portées de 3-6, rarement 8 ; au Kenya, une portée de 9 comptait peut-être un adopté. L'intervalle entre les portées est de 20,1 mois en moyenne (Serengeti). Le sevrage commence à 6-8 semaines et est achevé à 4-5 mois. Les jeunes sont indépendants à 12-20 mois (moyenne 17-18 mois) et se dispersent ensemble ; les femelles quittent le groupe avant leur maturité sexuelle et les mâles restent ensemble. Les femelles peuvent être pleines à 21-24 mois, mettre bas pour la première fois vers 29 mois (Serengeti) et se reproduire jusqu'à l'âge de 12 ans. Les mâles sont sexuellement matures à 12 mois, mais se reproduisent rarement avant 3 ans. **MORTALITÉ** 95 % des jeunes du Serengeti meurent avant d'être indépendants, la plupart tués par les lions. Les pertes sont les plus élevées quand ils sont encore dans la tanière et 20 % seulement de ceux qui en sortent à > 8 semaines survivent. Les taux régressent dans les milieux denses et/ou accueillant un moins grand nombre de lions. Après la sortie de la tanière, les taux sont de 38 % (Phinda, Afrique du Sud), 43 % (PN de Nairobi, Kenya) ou 50 % (PN Kruger). Les adultes sont tués par les lions, léopards, hyènes tachetées ; des mâles sont tués dans les combats territoriaux et quelques adultes dans des accidents de chasse. Malgré leur forte homogénéité génétique, les guépards sauvages souffrent peu de maladies. **LONGÉVITÉ** Maximum 13,5 ans (moyenne 6,2) pour les femelles du Serengeti et 9,3 ans (moyenne 5,3) pour les mâles ; 21 en captivité.

Statut et menaces
N'occupe plus qu'environ 23 % de son aire de répartition d'origine en Afrique et il ne reste qu'une seule population en Asie. Il est persécuté par les éleveurs, bien que sa prédation soit faible, et est victime de la réduction du nombre de proies dans les zones pastorales. Là où il est naturellement très rare (Sahel, Afrique du Nord et Iran), les hommes chassent ses proies, et lui-même est parfois chassé pour sa peau, par exemple au Sahel et en Afrique nord-orientale, sans compter le commerce des petits et adultes vivants vendus dans la péninsule Arabique. La forte homogénéité génétique a eu un faible impact sur les populations sauvages. CITES Annexe I autorisant le prélèvement d'environ 200 trophées de chasse (Botswana, Namibie et Zimbabwe) et animaux vivants ; Liste rouge VU (globalement), CE (Asie).

GUÉPARD

Pour les cartes de répartition des espèces, veuillez consulter le site : www.panthera.org/carnivoreguide

LA PANTHÈRE DES NEIGES *Panthera uncia*

Once

Ltc ♀ 86-117 cm, ♂ 104-125 cm ; Q 78-105 cm ; Hg jusqu'à 60 cm ; P ♀ 21-53 kg, ♂ 25-55 kg

Coloration crème sombre à gris fumé, grands ocelles ouverts, gris ou noirs, et taches plus petites sur la tête et les membres. Queue musculeuse, proportionnellement la plus longue de tous les félins, servant de balancier pendant la chasse et d'isolant contre le froid au repos, quand elle est enroulée autour du corps. L'espèce est tout à fait caractéristique, mais elle peut être confondue avec le léopard d'Asie centrale *(Panthera pardus)* en long et clair pelage d'hiver (surtout sur les marchés de la fourrure). **Distribution et habitat** Présente dans 12 pays d'Asie centrale, dans les plus hautes montagnes du monde : Altaï, Himalaya, Karakoram, Hindu Kush, Pamir et Tien Shan. Parfaitement adaptée aux terrains accidentés d'altitude, elle supporte bien la neige épaisse. Utilise aussi les alpages, steppes, vallées ouvertes et déserts d'altitude, mais essentiellement pour les traverser en passant d'un habitat rocheux à l'autre. Vit entre 900-1 500 m (par ex. dans le Gobi mongol), jusqu'à 5 500 m. **Écologie alimentaire** Se nourrit d'ongulés de montagne, surtout bouquetins asiatiques et bharals, mais aussi argalis, markhors, urials, tahrs, chevrotains porte-musc et parfois gazelles, marcassins, jeunes yaks sauvages et jeunes onagres. Aux grosses proies, elle ajoute de plus petites, surtout en été lorsque les herbivores se dispersent vers de plus hautes altitudes. Les marmottes sont les plus notables, mais aussi à l'occasion lapins, lièvres, pikas et gibier à plume comme le tétraogalle du Tibet ou les perdrix. Elle tue des animaux domestiques, surtout ovins et caprins, mais aussi du gros bétail comme les vaches, yaks, chameaux, chevaux et chiens, et la prédation peut être importante dans certaines zones ou en certaines saisons, lorsque les proies sauvages sont rares. Pas d'exemple de prédation sur l'homme. Chasse à l'approche comme tous les félins, avant de se précipiter sur sa proie ; extraordinairement agile sur les terrains escarpés et accidentés. Les grandes proies sont normalement étouffées d'une morsure à la gorge. Charognard, elle a été observée mettant en fuite des dholes pour s'approprier leur proie. **Comportement social et spatial** Solitaire. Utilise un domaine vital stable qu'elle marque régulièrement, mais on ignore jusqu'où va la défense de ce territoire. Les parcours sont vastes en raison de la rareté des proies, et les chiffres publiés à la suite d'études par radiotélémétrie au sol sont probablement très sous-estimés ; par exemple, en Mongolie, la zone de parcours d'une femelle est passée de 58 km² à au moins 1 590 km² (et peut-être > 4 500 km²) lorsqu'on lui a mis un collier à liaison satellite. Les mâles utilisent des parcours de 181 à 1 628 km² (moyenne 540 km², Gobi, Mongolie). Peut parcourir 28 km en une journée. Les effectifs sont particulièrement difficiles à estimer, mais les pièges photographiques donnent des chiffres entre 0,15 panthère/100 km² (Sary-Chat, Kirghizstan) à 4,5/100 km² dans un milieu riche en proies (PN Hemis, Inde). **Reproduction et démographie** Mal connue dans la nature, elle est probablement saisonnière vu la rigueur extrême des hivers. Les vocalisations et marquages connaissent un pic en janvier-mars, ce qui correspond à des mises bas au printemps ; en captivité, la plupart des naissances ont lieu en mai. Gestation de 90-105 jours. Portées de 2-3 en moyenne, exceptionnellement 5. Sevrage à 2-3 mois. On ignore l'âge de l'indépendance mais sans doute vers 18 mois. MORTALITÉ Inconnue dans la nature. LONGÉVITÉ 20 ans en captivité. **Statut et menaces** Quelque peu protégée étant donné qu'elle vit dans des zones inhospitalières ; mais elle est naturellement rare, hommes et bétail sont de plus en plus nombreux dans son environnement. Les principales menaces tiennent à la limitation du nombre des proies ; elle est souvent tuée pour s'être attaquée au bétail et il faut ajouter le fait que l'homme chasse ses proies qui sont aussi confrontées à la concurrence du bétail sur les pâturages. Sa fourrure et certaines parties de son anatomie ont une valeur commerciale, surtout en Chine ; le grand nombre de saisies indique que la chasse est très répandue. CITES Annexe I, Liste rouge EN.

LA PANTHÈRE LONGIBANDE *Neofelis nebulosa*
LA PANTHÈRE DE DIARD *Neofelis diardi*

Ltc ♀ 68,6-94 cm, ♂ 81,3-108 cm ; Q 60-92 cm ; P ♀ 10-11,5 kg, ♂ 17,7-25 kg

De récentes analyses génétiques et morphologiques ont montré que les panthères insulaires (Sumatra et Bornéo) représentent une espèce distincte *(N. diardi)* de celle du continent *(N. nebulosa)*. L'espèce insulaire est généralement plus sombre, les grandes taches nébuleuses renfermant souvent de petites taches. L'ouverture de la mâchoire est exceptionnelle et les canines sont très allongées, rappelant celles du tigre à dents de sabre (éteint, non apparenté), mais on en ignore la raison. **Distribution et habitat** Indochine *(N. nebulosa)* et les îles de Bornéo et Sumatra *(N. diardi)*. Étroitement associées aux forêts tropicales sempervirentes denses, mais également dans les forêts secondaires et forêts exploitées, forêts marécageuses, forêts sèches et mangroves. Des individus portant des colliers radio émetteurs chassaient dans les zones herbeuses des mosaïques de forêts claires. **Écologie alimentaire** Mal connue, mais les proies sont : primates (du loris paresseux au nasique mâle adulte), cerfs cochons, muntjacs, sangliers à moustache, pangolins, porcs-épics, petits rongeurs, civettes et oiseaux. Des rumeurs de prédation sur l'orang-outan n'ont pas été confirmées. Des traces de profondes morsures sur la nuque de victimes des panthères (sangliers et cerfs) démontrent une technique inhabituelle, peut-être grâce à sa denture très particulière. Prédation occasionnelle confirmée sur le petit bétail et la volaille. Chasse probablement surtout au sol, mais très agile et les récits de quatre attaques de nasiques dans les arbres ont été publiés. **Comportement social et spatial** Solitaires. Seuls 8 animaux ont été munis de colliers émetteurs, à Bornéo, au Népal et en Thaïlande. Il est probable que, comme tous les félins, elles utilisent des territoires qui se chevauchent à la périphérie. Les maigres données indiquent que les deux sexes parcourent des territoires de superficies à peu près semblables : 34-40 km² (♀) et 35,5-43,5 km² (♂). **Reproduction et démographie** Probablement non saisonniers. Gestation de 85-95 jours (rarement jusqu'à 109). Portées de 2-3 (fourchette de 1-5). Le sevrage commence vers 7-10 semaines. Maturité sexuelle à 20-30 mois. MORTALITÉ Dans les zones étudiées, l'homme est responsable de la plupart des pertes ; inconnue ailleurs. LONGÉVITÉ 17 ans en captivité. **Statut et menaces** Plus résilients que les grands félins, mais leur statut reste incertain. Menacés par la destruction à grande échelle de leur habitat pour faire place aux plantations d'hévéas ou de palmiers à huile, ou à des terres agricoles. La peau, les os et la viande ont une valeur commerciale et le braconnage sévit sur la majeure partie de leur aire de répartition, notamment dans les zones protégées, par exemple au moins 7 individus tués dans le PN de Kerinci Seblat (Sumatra) en 2000-2001. CITES Annexe I, Liste rouge VU.

PANTHÈRE
DES NEIGES

PANTHÈRE
LONGIBANDE

PANTHÈRE DE DIARD

Pour les cartes de répartition des espèces, veuillez consulter le site : www.panthera.org/carnivoreguide

Ltc ♀ 146-177 cm, ♂ 189-300 cm ; Q 72-109 cm ; Hg 80-110 cm ; P ♀ 75-177 kg, ♂ 100-261 kg (exceptionnellement 325 kg) La couleur du fond varie du jaune clair au rouge vif ; dessous blanc ou crème. Plus sombre et plus fortement rayé en Asie méridionale tropicale, et plus clair, moins rayé, dans les zones tempérées. Les tigres blancs ne sont pas des albinos mais représentent une mutation récessive aux yeux bleus et rayures chocolat sur fond blanc. Un seul tigre blanc a été observé dans la nature (Madhya Pradesh, Inde) depuis 1951, un mâle dont descendent tous les tigres blancs captifs (lesquels présentent donc une consanguinité élevée). Le tigre doré apparaît uniquement en captivité. Le mélanisme est inconnu, mais certains individus ont les rayures fondues les unes dans les autres, ce qui les fait paraître presque entièrement noirs. La taille est très variable : les tigres de Sumatra sont les plus petits (♂ de 140 kg au plus), tandis que les tigres du sous-continent indien et de Russie sont les plus gros. Le plus gros mâle jamais signalé dans la nature vivait au Népal et pesait 261 kg (mais jusqu'à 325 kg en captivité). L'espèce est classiquement subdivisée en 9 sous-espèces, dont 3 éteintes, mais seul le tigre de Sumatra semble suffisamment isolé génétiquement pour se voir accorder le statut de sous-espèce.

Distribution et habitat

Confiné sur seulement 7 % de son aire de répartition d'origine : de l'ouest de l'Inde à l'Himalaya, Indochine, Malaisie, Sumatra, extrême orient russe et extrême nord de la Chine. Éteint à Bali (années 1940), en Asie centrale (1968) et à Java (années 1980), probablement éteint dans le sud et le centre de la Chine. Occupe essentiellement divers types de forêts tempérées et tropicales, mosaïques de forêts/pelouses associées à un couvert épais comme dans le Teraï (pelouses marécageuses à végétation haute), fourrés, brousse, marais, mangroves et roselières. C'est dans le subcontinent indien que les densités sont les plus fortes, dans les forêts sèches et mésiques, et dans le Teraï. Évite les milieux modifiés par l'homme : terres agricoles, palmeraies et monocultures. Exceptionnellement présent jusqu'à 4 110 m (Himalaya, Bhoutan), mais normalement à moins de 2 000 m.

Écologie alimentaire

Les adultes peuvent tuer quasiment tout animal rencontré, à l'exception des rhinocéros et éléphants adultes, mais il capture principalement diverses espèces de cervidés et sangliers. Chasse normalement ≤ 5 espèces de proies localement abondantes comme le cerf sambar, cerf élaphe, cerf axis, cerf cochon, cerf sika, muntjac ou sanglier. Il peut tuer un gaur ou un buffle d'Asie de 1 tonne, mais cette prédation concerne essentiellement les subadultes et les jeunes. Capture aussi souvent de plus petites proies : primates, porcs-épics, petits carnivores et lièvres. Tue les autres prédateurs qui ne sont pas toujours dévorés : léopards, dholes, ours bruns ou ours noirs d'Asie. S'attaque au bétail, surtout aux animaux laissés sans surveillance en forêt. Les tigres de l'Amour tuent régulièrement les chiens, surtout lorsqu'ils accompagnent les chasseurs en forêt ou lorsque les hivers rudes poussent les tigres vers les villages. Le tigre tue probablement plus d'hommes que tout autre carnivore (la plupart en Inde), en partie parce que les densités de populations sont très fortes en Asie et que l'habitat du tigre est fortement exploité ; les véritables « mangeurs d'hommes » qui se spécialisent dans la chasse à l'homme sont rares. Principalement nocturno-crépusculaire. Charognard, il s'approprie les proies des autres carnivores.

Comportement social et spatial

Solitaire et territorial. Les adultes vivent sur un territoire là où c'est possible, mais l'exclusivité absolue est rare. Les chevauchements sont moins importants dans les zones à forte densité, lorsque les proies sont abondantes et les territoires restreints, par exemple au Népal ou en Inde. Les combats sont rares, mais parfois létaux, plus fréquents entre mâles qu'entre femelles. La superficie des territoires est variable : 10 km² (♀, PN de Chitwan, Népal) à 2 058 km² (♂, Russie). Dans le Teraï et les riches forêts du Népal ou de l'Inde : 10-51 km² (♀) et 24-243 km² (♂), comparé aux 181-761 km² (♀) et 434-2 058 km² (♂) en Russie. Les femelles s'installent non loin du territoire de leur mère, mais les mâles se dispersent beaucoup plus loin. À Chitwan, les distances de dispersion sont de 9,7 km pour les femelles (33 km au plus) et 33 km pour les mâles (65 km au plus) ; mais, en Russie, elles sont de 14 km pour les femelles (72 km au plus) et 103 km pour les mâles (195 km au plus). Même dans les meilleurs habitats, les densités sont souvent faibles en raison de la pression de chasse sur les proies (même là où les tigres ne sont pas chassés). Densités : de 0,2-2,6 tigres/100 km² dans les forêts tropicales de plaines à forte pression de braconnage (Laos, Malaisie, Myanmar, Sumatra), et 0,5-1,4/100 km² (forêts tempérées, Russie) à 11,5-19/100 km² dans les forêts bien protégées du Teraï (Inde).

Reproduction et démographie

Généralement non saisonnier, mais plus de 50 % des tigres de l'Amour naissent à la fin de l'été, entre août et octobre, et les naissances hivernales sont rares. Œstrus de 2-5 jours. Gestation de 95-107 jours, en moyenne 103-105. Portées de 2-5, en moyenne 2-3. Sevrage vers 3-5 mois. Intervalle de 20-24 mois entre les portées, 21 mois en moyenne. Jeunes indépendants à 17-24 mois. Maturité sexuelle à 2,5-3 ans (♀ et ♂) : au plus tôt, les femelles se reproduisent à 3 ans (moyenne 3,4 ans à Chitwan) et les mâles à 3,4 ans (moyenne 4,8 ans à Chitwan). Les femelles peuvent se reproduire jusqu'à 15,5 ans (♀). MORTALITÉ 34 % (Chitwan) à 41-47 % (Russie) des petits meurent dans leur première année, pour la plupart par infanticides et de causes anthropiques. La mortalité des adultes serait de 23 % (♀ et ♂) à Nagarahole, en Inde, et de 19 (♀) à 37 % (♂) en Russie. L'homme est la première cause de mortalité au sein de la plupart des populations et les adultes meurent aussi dans les combats territoriaux. Les accidents (par exemple, en Russie, un mâle est passé à travers la glace sur une rivière) comme les maladies sont possibles, mais peu fréquents. LONGÉVITÉ Jusqu'à 16 ans pour les femelles et 12 pour les mâles dans la nature ; 26 ans en captivité.

Statut et menaces

C'est le plus menacé des grands félins. Catastrophique au XXe siècle, la régression se poursuit aujourd'hui. Environ 70 % des populations mondiales de tigres vivent aujourd'hui sur 0,5 % de leur aire de répartition d'origine. Outre la perte d'habitat due à la déforestation pour la création de plantations de palmiers à huile ou de terres agricoles, les tigres sont particulièrement menacés par le braconnage qui alimente le marché de la médecine traditionnelle en Asie. Il faut ajouter à cela la très forte pression de chasse sur leurs proies pour satisfaire l'énorme demande en viande de brousse, principalement en Asie du Sud-Est. Lorsque la pression du braconnage s'allège, les populations de tigres récupèrent vite ; malheureusement, cela n'arrive que dans très peu de régions. CITES Annexe I, Liste rouge EN (au niveau mondial), CE (Chine, Russie, Sumatra).

TIGRE

Forme
blanche

Sous-espèce
du Bengale

Sous-espèce
de Sumatra

Sous-espèce
de l'Amour

Pour les cartes de répartition des espèces, veuillez consulter le site : www.panthera.org/carnivoreguide

Ltc ♀ 158-192 cm, ♂ 172-250 cm ; Q 60-100 cm ; Hg 100-128 cm ; P ♀ 110-168 kg, ♂ 150-272 kg
Couleur fauve ou sable à dessous clair, mais variable : gris fumé, crème, orange, ou brun. Le dos des oreilles et l'extrémité de la queue sont noirs ou brun sombre. Les lions blancs d'Afrique du Sud ne sont pas albinos mais leuciques, suite à une mutation récessive ; les yeux, le nez et les coussinets sont pigmentés ; leurs parents peuvent être de coloration normale. La crinière peut être platine à noire et de longueur très variable. Des mâles sans crinière sont nombreux dans les zones très chaudes et chez la plupart des populations sahéliennes. Les lionceaux naissent avec des rosettes brun sombre, certains adultes en conservent les vestiges. La crinière commence à pousser à l'âge de 6-8 mois. Les lions d'Asie sont plus petits que les lions d'Afrique (– 10 à – 20 %), ils présentent généralement un pli distinctif au ventre et leur crinière est moins abondante.

Distribution et habitat

Distribution morcelée au sud du Sahara, essentiellement dans les zones protégées ou aux alentours, l'Afrique orientale et australe accueillant les populations les plus importantes. Une seule population de 300-350 lions vit en dehors de l'Afrique, dans le Gujarat, en Inde. Il est naturellement absent du désert et de la forêt équatoriale. Son habitat optimum est la forêt mésique claire et la savane herbeuse. En Inde, il vit dans la forêt décidue sèche de teks. Signalé à 4 200-4 300 m (monts Bale, Éthiopie ; Kilimandjaro, Tanzanie).

Écologie alimentaire

Opportuniste, mais préfère les grands herbivores pesant de 60 à 550 kg et ne peut survivre sans grandes proies. Chaque population se cantonne à 3 à 5 espèces d'ongulés comme les gnous, zèbres, buffles, girafes, oryx, impalas, nyalas, cobs, gazelle de Thomson, cerfs axis, sambars ou phacochères. Le springbok (27-48 kg) est la plus petite de ses proies habituelles dans le PN d'Etosha (Namibie). Les petites proies, comme le phacochère, prennent une plus grande part dans son régime pendant la saison sèche, période de disette, lorsque les grandes proies ont migré. Seuls les éléphants adultes et en bonne santé sont à l'abri, mais les troupes nombreuses tuent les jeunes ou les adultes malades, ainsi que les rhinocéros et hippopotames adultes. Tue le bétail laissé sans surveillance et parfois des hommes ; il subsiste des poches isolées de mangeurs d'hommes obstinés, par exemple en Tanzanie sud-orientale et au nord du Mozambique. Principalement nocturno-crépusculaire. Ce sont les lionnes qui tuent la majorité des proies, mais les mâles permettent la capture de très grosses proies comme le buffle ou la girafe. Les chasses sont couronnées de succès dans 15 % des cas (PN d'Etosha), 23 (PN du Serengeti) à 38,5 % (Kalahari). Charognard pour 5,5 % de son alimentation dans le PN d'Etosha, jusqu'à 40 % dans le PN du Serengeti. Vole souvent les proies des autres carnivores.

Comportement social et spatial

C'est le seul félin grégaire. Les troupes comptent de 1 à 20 (généralement 4 à 11) lionnes apparentées et leurs petits, et 1 à 9 (généralement 2 à 4) mâles immigrants qui ne leur sont pas apparentés. La taille de la troupe est corrélée à la biomasse des proies : jusqu'à 45-50 individus en conditions optimales. La place d'une femelle dans la troupe est stable, mais celle-ci est rarement au complet : de petits sous-groupes vont et viennent au sein du territoire en un processus continu de « fission-fusion ». Les lionnes défendent ce territoire contre les autres troupes et les mâles étrangers. Les mâles d'une coalition sont généralement apparentés, mais les coalitions les moins nombreuses (2-3) pas toujours. Les lionnes passent normalement toute leur vie dans la même troupe, mais il leur arrive de se disperser à la faveur d'un changement de domination mâle, ou pour éviter de s'accoupler avec des mâles apparentés. Les jeunes mâles sont expulsés de la troupe ou la quittent volontairement vers 25-48 mois pour devenir nomades pendant 2-3 ans avant d'essayer de s'approprier une troupe. Les membres de la coalition coopèrent et restent ensemble toute leur vie pour défendre leur territoire et les femelles contre les mâles intrus. Lorsqu'ils ont pris le pouvoir, les nouveaux mâles tuent ou chassent tous les lionceaux de moins de 12-18 mois pour accélérer le retour de l'œstrus des femelles. La domination d'une coalition dure 2-4 ans. Dans le Serengeti, les territoires mesurent de 65 km² (forêt) à 184 km² (savane herbeuse), jusqu'à 500 km². Ils sont beaucoup plus vastes dans les zones arides : jusqu'à 2 800 km² (Kalahari), 1 055-1 745 km² (réserve de Kaudom, Namibie) et 2 721-6 542 km² (Kunene, nord-ouest de la Namibie). Les densités varient de 0,05-0,62 lion/100 km² (Kunene), 1,5-2/100 km² (Kalahari), 6-12/100 km² (PN Kruger), 12-14/100 km² (Gir) à 38/100 km² (PN du lac Manyara, Tanzanie).

Reproduction et démographie

Non saisonnier. Œstrus de 4-5 jours en moyenne ; gestation de 98-115 jours (moyenne 110). Portées de 2-4, jusqu'à 7. Les lionnes synchronisent souvent les naissances et s'occupent ensemble des lionceaux ; elles les allaitent tous, mais ne transportent que les leurs. Le sevrage commence vers 6-8 semaines, l'allaitement cesse à 8 mois. Les lionceaux peuvent chasser vers 18 mois, mais se dispersent rarement avant 2 ans. L'intervalle entre les portées est de 20-24 mois. La maturité sexuelle des lionnes se situe à 30-36 mois, mais les premières naissances ont rarement lieu avant 42-48 mois et la reproduction cesse après l'âge de 15 ans. Les mâles sont sexuellement matures à 26-28 mois, mais se reproduisent rarement avant 4 ans. **MORTALITÉ** 50 à 70 % des lionceaux meurent dans leur première année, pour la plupart à la suite d'infanticides, de prédation et de faim ; dans leur deuxième année, ce taux tombe en dessous de 20 %. En dehors des pertes dues aux activités anthropiques, les lions adultes se font tuer dans les combats, meurent des blessures infligées par les grosses proies, ou de faim lorsqu'ils sont vieux ou malades. Les maladies sont rares, mais des épizooties peuvent avoir des conséquences dramatiques : plus de 1 000 lions (40 % de la population) sont morts de la maladie de Carré en 1993-1994 dans le PN du Serengeti. **LONGÉVITÉ** 19 ans pour les femelles, 16 ans (mais rarement plus de 12) pour les mâles dans la nature ; 30 ans en captivité.

Statut et menaces

Survit aujourd'hui en Afrique sur environ 20 % de son aire de répartition d'origine, et au sein d'une très petite population en Asie. Les causes du déclin sont principalement l'éradication par l'homme, ajoutée à la disparition de son habitat et de ses proies. Persécuté par les éleveurs et victime de campagnes officielles d'éradication des animaux jugés nuisibles. En régression généralisée dans les zones non protégées, il pourrait à terme ne plus subsister que dans les réserves. L'appauvrissement génétique des petites populations isolées pourrait entraîner leur déclin et aggraver leur vulnérabilité aux maladies. La chasse sportive est légale dans 13 pays africains et fait environ 600-700 victimes par an (essentiellement des mâles). CITES Annexe II, Liste rouge VU (au niveau mondial), EN (Afrique occidentale), CE (Asie).

LION

Pour les cartes de répartition des espèces, veuillez consulter le site : www.panthera.org/carnivoreguide

Panthère

Ltc ♀ 95-123 cm, ♂ 91-191 cm ; Q 51-101 cm ; Hg 55-82 cm ; P ♀ 17-42 kg, ♂ 20-90 kg

Le fond de la robe varie du crème clair au brun-roux foncé, en passant par divers tons d'orange ; le dessous est blanc. La robe est couverte de rosettes formées de petites taches encerclant le centre uni plus sombre que le fond. Les léopards sont plus sombres en forêt, plus clairs dans les zones arides. Le mélanisme est très fréquent, associé aux forêts humides, particulièrement en Asie tropicale où les panthères noires peuvent être plus nombreuses que les léopards tachetés. Le gabarit est variable, lié aux conditions climatiques et au nombre de proies disponibles. Les léopards les plus petits vivent dans les régions montagneuses arides du Moyen-Orient et ils sont deux fois moins gros que ceux des savanes arborées africaines. Les individus d'une population isolée des montagnes côtières du Cap, en Afrique du Sud, sont également petits : 21 kg (♀) à 31 kg (♂). Les plus gros (90 kg) vivent en Afrique orientale ou australe et dans le nord de l'Iran.

Distribution et habitat

Large répartition en Afrique méridionale, orientale et centrale, plus restreinte en Afrique occidentale et la majeure partie de l'Asie, et relique en Afrique du Nord, Moyen-Orient et Russie. Il occupe des milieux très divers : de la forêt boréale russe, où la température descend jusqu'à – 30 °C en hiver, au désert, où celle-ci atteint 70 °C en été. Les densités sont les plus fortes dans les forêts mésiques, savanes herbeuses et arborées, et il est assez fréquent dans les montagnes, brousses et semi-déserts. Absent dans l'intérieur ouvert des déserts, mais occupe les massifs rocheux et cours d'eau des zones très arides. Tolère les paysages modifiés par l'homme à condition d'y trouver du couvert et des proies : plantations de café ou de canne à sucre. Exceptionnellement signalé à 5 638 m (Kilimandjaro, Tanzanie).

Écologie alimentaire

Très éclectique. Ses proies vont de l'arthropode à l'élan mâle adulte (900 kg au plus), mais il préfère les ongulés de taille moyenne pesant entre 15 et 80 kg. Ses proies habituelles sont les raphicères, céphalophes, impalas, gazelles, nyalas, muntjacs, cerfs axis, chevreuils, potamochères et phacochères, et les jeunes d'espèces plus grosses comme le gaur, le gnou, l'oryx, le bubale, le grand koudou, le cerf sambar ou le sanglier. Il tue aussi des primates, lièvres, rongeurs, petits carnivores et gros oiseaux. Il s'attaque au bétail, pénétrant parfois jusque dans les enclos et villages, et tue volontiers les chiens. Tue aussi parfois des hommes. Il chasse à l'approche ou à l'affût et bondit sur sa proie d'une distance de 4-5 m. Il est principalement nocturno-crépusculaire. Les chasses aboutissent à une capture dans 15,6 % des cas (Kalahari), 20,1 % (Phinda, Afrique du Sud) et 38,1 % (nord-est de la Namibie). Les léopards du Kalahari tuent chaque année 111 (♂) à 243 (♀) proies, celles des femelles étant plus petites. Les léopards hissent dans les arbres des carcasses pouvant peser jusqu'à 91 kg pour éviter le kleptoparasitisme ; il cache aussi des carcasses dans des grottes, terriers ou kopjes. Avant de dévorer sa proie, il en arrache les poils en commençant généralement par le ventre ou la patte postérieure. Volontiers charognard.

Comportement social et spatial

Solitaire et territorial. Les adultes défendent un noyau central contre leurs congénères de même sexe, mais tolèrent de vastes chevauchements aux frontières ; ils s'évitent et utilisent à tour de rôle les sites ombragés. Les combats territoriaux sont rares, mais peuvent être létaux, chez les mâles comme chez les femelles. Le mâle peut rejoindre une femelle suitée de sa connaissance pour 24 heures au plus, mais ils ne forment jamais de groupes familiaux. Les territoires mesurent de 5,6 km^2 (♀, PN de Tsavo, Kenya) à 2 750,1 km^2 (♂, Kalahari). La superficie moyenne dans les forêts mésiques, savanes et forêts pluviales est de 9-27 km^2 (♀) et 52-136 km^2 (♂). Les territoires sont beaucoup plus vastes dans les zones arides : en moyenne 188,4 km^2 (♀) et 451,2 km^2 (♂) (nord de la Namibie), 488,7 km^2 (♀) et 2 321,5 km^2 (♂) (Kalahari). Au centre de l'Iran, dans un environnement rocheux aride, un mâle équipé d'un collier émetteur a utilisé un parcours de 626 km^2 en 10 mois. Les densités varient entre 0,5 léopard/100 km^2 (PN d'Etosha, Namibie), 1-1,4/100 km^2 (Primorski Krai, Russie), 1,3/100 km^2 (Kalahari), 4,6-12/100 km^2 (forêt pluviale gabonaise), 11,1/100 km^2 (réserve de Phinda-Mkhuze, Afrique du Sud) et 16,4/100 km^2 (sud du PN Kruger). Dans les savanes arborées africaines, les densités moyennes sont 5 fois supérieures dans les zones protégées (10,5/100 km^2) à celles des zones non protégées (2,1/100 km^2).

Reproduction et démographie

Peu connues dans le nord de son aire de répartition (Chine, Corée du Nord, Russie) où il peut être saisonnier en raison de la rigueur des hivers, mais non saisonnier ailleurs. Œstrus de 7-14 jours ; gestation de 90-106 jours. Portées de 1-4, rarement 6 (en captivité). Le sevrage commence à 8-10 semaines et est achevé avant 4 mois. Intervalle de 16-25 mois entre les portées. Les jeunes sont indépendants à 12-18 mois ; ils pourraient survivre seuls à 7 mois au plus tôt. Les femelles héritent souvent d'une partie du territoire de leur mère, tandis que les mâles se dispersent beaucoup plus loin. Les deux sexes atteignent la maturité sexuelle à 24-28 mois ; les femelles mettent bas pour la première fois à 30-36 mois et peuvent se reproduire jusqu'à l'âge de 16 ans (19 en captivité). Les mâles se reproduisent vers 42-48 mois. MORTALITÉ 50 (PN Kruger) à 90 % (Kalahari) des jeunes meurent dans leur première année, pour la plupart sous la dent des lions. Les taux de mortalité des adultes seraient de 18,5 (PN Kruger) à 25,2 % (Phinda). Outre les causes anthropiques, la mortalité des adultes tient essentiellement aux combats territoriaux ou aux autres prédateurs, principalement les lions et parfois les tigres, hyènes tachetées, meutes de lycaons et de dholes, troupes de babouins (rarement) et grands crocodiles. Les accidents de chasse et les morts par maladie sont rares. LONGÉVITÉ Jusqu'à 19 (♀) et 14 ans (♂) dans la nature ; 23 ans en captivité.

Statut et menaces

Tolérant étonnamment les activités anthropiques, il se maintient là où les autres grands carnivores ne peuvent survivre. Il a pourtant été exterminé sur environ 37 % de son aire de répartition en Afrique, et ses effectifs ont été réduits ailleurs ; les populations d'Afrique du Nord, du Moyen-Orient et de Russie sont en danger critique d'extinction à cause de la disparition des habitats et proies, et des persécutions dans les zones d'élevage. En Asie du Sud, ils sont chassés pour leur peau et les parties de leur anatomie utilisées dans la médecine traditionnelle chinoise. En Afrique occidentale et centrale, ils sont tués pour leur peau, leurs dents et leurs griffes. Le commerce de viande de brousse leur fait concurrence et pourrait entraîner des extinctions, même dans des forêts intactes. CITES Annexe I autorisant 12 pays africains à exporter des trophées de chasse (quotas 2010 : 2 648 en tout) et un petit nombre d'animaux vivants, ainsi que de peaux vendues aux touristes. Liste rouge NT (mondialement), EN (Sri Lanka, Asie centrale), CE (Java, Moyen-Orient, Russie).

Forme de la savane africaine

LÉOPARD

Forme mélanique

Forme de la forêt africaine

Sous-espèce de la péninsule Arabique

Sous-espèce de l'Amour

Pour les cartes de répartition des espèces, veuillez consulter le site : www.panthera.org/carnivoreguide

Ltc ♀ 116-219 cm, ♂ 110,5-270 cm ; Q 44-80 cm ; Hg 68-75 cm ; P ♀ 36-100 kg, ♂ 36-158 kg
C'est le troisième grand félin par la taille. La coloration de fond varie du jaune clair à l'orange, en passant par le brun-jaune-roux ; le dessous est blanc ou crème. Les rosettes encerclent généralement d'autres petites taches (qui n'apparaissent pas chez le léopard). Sous lumière oblique, les formes mélaniques présentent les mêmes dessins ; les individus noirs sont plus fréquents dans la forêt tropicale humide de plaine. Le gabarit est très variable : les plus petits vivent en Amérique centrale et sont à peu près moitié moins gros que les plus grands individus des savanes humides arborées du Brésil et du Venezuela.

Distribution et habitat
Du nord du Mexique au nord de l'Argentine. Large distribution dans une grande partie du nord et du centre de l'Amérique du Sud ; plus fragmentée au Mexique, en Amérique centrale, est du Brésil, Argentine et sud de la Bolivie. Aucune population sédentaire aux États-Unis, mais il arrive que des individus soient observés par intermittence en Arizona ou au Nouveau Mexique. Très généraliste, il peut occuper des habitats de savane sèche ouverte ou désertique, mais il est plus communément associé à l'épais couvert de la forêt tropicale ou subtropicale, normalement à moins de 2 000 m (exceptionnellement jusqu'à 3 800 m). Étroitement associé à l'eau, il se plaît dans les habitats bien arrosés, y compris les savanes inondées (Pantanal et Llanos), marécages, biotopes ripariens broussailleux, ou mangroves. Excellent nageur, il traverse les fleuves et rivières à la nage.

Écologie alimentaire
Très diversifiée : au moins 85 types de proies ont été répertoriés. Comme tous les grands félins, il préfère les grosses proies, mais l'absence de troupeaux de grands ongulés sauvages en Amérique latine l'oblige à chasser plus souvent des proies plus petites. Les capybaras et deux espèces de pécaris sont les proies les plus fréquemment tuées là où vivent ces espèces. Les reptiles figurent plus souvent au menu que pour tout autre grand félin, surtout des caïmans, mais aussi iguanes, tortues aquatiques, terrestres ou marines, grands boas et anacondas. Pourvu qu'elles soient abondantes, il peut subsister en chassant les petites proies comme les tatous, pacas, cerfs daguets et/ou coatis. D'autres figurent relativement souvent dans son alimentation : cerf de Virginie, agoutis, marsupiaux et paresseux. Il lui arrive de tuer de très grosses proies comme les tapirs et cerfs des marais ; dans le Pantanal brésilien, des jaguars ont tué des dauphins d'eau douce en pêchant en eau peu profonde. Il tue volontiers le bétail et, dans les zones d'élevage comme le Pantanal et le Llanos, le bétail introduit forme la majeure partie de son alimentation. Enlève plus rarement les cochons et chiens dans les villages. Il ne chasse qu'exceptionnellement l'homme et la plupart des attaques font suite à de graves provocations, par exemple lors des battues ; les attaques non provoquées sont très inhabituelles. La morsure du jaguar est la plus puissante de tous les félins. Il tue en broyant la nuque de sa proie ou en lui serrant la gorge comme les autres grands félins. Essentiellement nocturno-crépusculaire et terrestre, il chasse cependant volontiers dans l'eau, par exemple les capybaras et les caïmans. Fréquemment charognard, il dévore les carcasses de bétail et la mort de ces derniers lui est souvent attribuée à tort.

Comportement social et spatial
Solitaire et territorial, mais il semble ne se réserver l'exclusivité que d'un petit noyau central ; les chevauchements de territoires sont importants dans certaines populations, peut-être à cause des variations saisonnières dans la distribution des eaux et donc des proies. Les femelles du Pantanal défendent des territoires exclusifs en saison humide, mais les parcours se chevauchent considérablement à la saison sèche, tandis que les territoires des mâles se recoupent largement en toutes saisons. De même, les territoires des mâles de Cockscomb (Belize) se chevauchent largement. Les adultes ont des comportements territoriaux typiques, comme les rugissements, griffages et marquages urinaires, peut-être plus pour faciliter l'évitement qu'en signe de démarcation exclusive. Les relations agressives entre adultes semblent rares, mais des combats à mort ont été signalés. La superficie des domaines vitaux est de 28-40 km^2 (♂) à Belize ; 38 (moyenne ♀) à 63 km^2 (moyenne ♂) dans le sud du Pantanal, au Brésil ; 47-83 (♀) à 93-108 km^2 (♂) au Venezuela ; et 31-98 (♀) à 73-268 km^2 (♂) au nord du Pantanal, au Brésil. En 2004-2007, en Arizona, un mâle utilisait dans un désert aride et une forêt de pins et de chênes un parcours d'au moins 1 359 km^2. Dans les milieux inondés, par exemple le Pantanal, la superficie rétrécit souvent à la saison humide, lorsque les inondations limitent l'espace que peuvent utiliser les proies. Les densités sont estimées à 1,1 jaguar/100 km^2 (PN d'Iguaçu, Brésil), 2,5/100 km^2 (forêt atlantique, Brésil), 3,5/100 km^2 (PN du Corcovado, Costa Rica), 8,8/100 km^2 (Cockscomb, Belize) à 6-11/100 km^2 (Pantanal, Brésil).

Reproduction et démographie
Non saisonnier. Œstrus de 6-17 jours ; gestation de 91-111 jours (moyenne 101-105 jours). Portées de 1-4, moyenne de 2 (en captivité). Le sevrage commence vers 10 semaines et est achevé à 4-5 mois. Les jeunes sont indépendants vers 16-24 mois. La dispersion est mal connue, mais semble typique des félins : les femelles s'installent non loin du territoire de leur mère, tandis que les mâles s'éloignent. Les deux sexes sont sexuellement matures à 24-30 mois ; les femelles se reproduisent à 3-3,5 ans et jusqu'à l'âge de 15 ans. On ignore l'âge de la première reproduction des mâles dans la nature. **MORTALITÉ** Les taux sont mal connus, mais les hommes en abattent un grand nombre dans certaines populations ; on estime par exemple que 185-240 grands félins (jaguars et pumas) ont été tués entre 2002 et 2004 sur une zone d'élevage de 34 200 km^2 d'Alta Floresta (Brésil). Les jaguars adultes n'ont pas de prédateurs et ce sont essentiellement les hommes qui les tuent, rarement d'autres jaguars. On ne sait pas bien quels sont les prédateurs des petits, mais des infanticides par des jaguars mâles ont été signalés. **LONGÉVITÉ** Mal connue dans la nature, mais probablement pas plus de 15-16 ans ; 22 en captivité.

Statut et menaces
Exterminé sur environ 45 % de son aire d'origine et éteint au Salvador, en Uruguay et aux États-Unis. Il semble que sa distribution reste continue car la plupart des vastes bassins forestiers de l'Amérique du Sud étaient inaccessibles jusqu'à il y a peu. La transformation des habitats pour l'exploitation forestière, l'élevage et l'agriculture est la principale menace, à laquelle s'ajoute la persécution des éleveurs dans les zones de parcours du bétail, malgré le fait qu'il n'est pas responsable de la plupart des pertes qui lui sont attribuées. La chasse faite à ses proies est sans doute un facteur de raréfaction, sans compter que des éléments récents semblent indiquer que l'espèce alimente le marché de la médecine chinoise, mais l'impact de ces deux facteurs est inconnu. La chasse sportive est interdite dans tous les pays. CITES Annexe I, Liste rouge NT.

JAGUAR

Forme
d'Amérique
centrale

Forme
mélanique

Forme
du Pantanal
brésilien

Pour les cartes de répartition des espèces, veuillez consulter le site : www.panthera.org/carnivoreguide

LE PROTÈLE *Proteles cristata*

Ltc 55-80 cm ; Q 19-30 cm ; Hg 43-50 cm ; P 7,7-14 kg
C'est le plus petit des hyénidés. Il ressemble à la hyène rayée, mais est deux fois plus petit et moins corpulent ; la tête est étroite à fin museau noir. De la taille du chacal, mais peut paraître beaucoup plus gros en hérissant sa crinière dorsale lorsqu'il est menacé. **Distribution et habitat** Deux populations disjointes dans le sud et l'est de l'Afrique nord-orientale. Préfère les milieux ouverts, semi-déserts, pelouses et savanes arborées ; non inféodé à l'eau car toute l'humidité dont il a besoin se trouve dans sa nourriture. Évite les vrais déserts et les forêts épaisses. **Écologie alimentaire** Se nourrit presque exclusivement de termites moissonneurs *(Trinervitermes trinervoides)* : il en avale jusqu'à 300 000 (1,2 kg) par nuit, qui sont prélevés sur les processions nombreuses fourrageant à la surface en quête de nourriture. Le froid de l'hiver ou les fortes précipitations obligent ces termites à se réfugier sous la surface et les protèles doivent alors se tourner vers les espèces moins sociales et donc dépenser plus d'énergie pour les trouver. Les adultes peuvent alors perdre jusqu'à 25 % de leur poids et les petits mourir de faim. Normalement nocturne, il peut aussi chasser de jour en hiver. La très longue langue spatulée couverte d'une abondante salive collante et les petites molaires pointues, presque non fonctionnelles, sont des adaptations à son régime alimentaire (les canines ont été conservées pour servir à la défense du territoire et contre les prédateurs). Ne consomme pas de viande et n'attaque donc pas le bétail ; pas non plus charognard. **Comportement social et spatial** Monogame (mais copulations en dehors fréquentes) et territorial. Les couples sont formés pour 2 à 5 ans. Tous deux coopèrent à la défense d'un territoire stable en marquant très fréquemment celui-ci et participent à l'élevage des petits, essentiellement en défendant la tanière contre les prédateurs. Les adultes et les jeunes indépendants chassent généralement seuls, mais les familles peuvent se rassembler autour des colonies de termites. Les territoires mesurent de 1 à 6 km², selon la densité des colonies de termites. **Reproduction et démographie** Saisonnier. Accouplements en juin-juillet. Naissances en octobre-décembre (est de la province du Cap). Œstrus de 3 jours ; gestation de 90 jours. Portées de 2-4, exceptionnellement 5 en captivité. Sevrage à 12-16 semaines et, dès lors, les petits commencent à chasser seuls. Totalement indépendants à 6-7 mois, la plupart se dispersent avant la naissance de la portée suivante. **MORTALITÉ** La survie dépend de l'abondance des termites ; la mortalité des petits est normalement d'environ 30 %, mais une étude a démontré qu'elle a atteint 55 % lors d'un épisode de sécheresse. La mortalité des adultes est mal connue. Tous les grands carnivores le tuent à l'occasion, mais le premier prédateur (des petits) est le chacal à chabraque. **LONGÉVITÉ** Inconnue dans la nature, 15 ans en captivité. **Statut et menaces**. Globalement largement réparti et non menacé. Les termites moissonneurs prospèrent dans les milieux herbeux perturbés, notamment les zones d'élevage, qui sont favorables au protèle si celles-ci sont bien gérées. Les campagnes d'empoisonnement (principalement destinées aux criquets) éliminent les termites et font régresser les protèles. Bien qu'il ne consomme jamais de viande, il est accusé de tuer le bétail. Des centaines de protèles sont chaque année victimes « collatérales » des campagnes d'éradication des chacals en Afrique australe. Liste rouge LC.

LA HYÈNE RAYÉE *Hyaena hyaena*

Ltc 98-119 cm ; Q 26-47 cm ; Hg 60-74 cm ; P ♀23-34 kg, ♂ 26-41 kg
C'est la seule hyène dont l'aire de répartition déborde sur l'Eurasie. Coloration cendre ou paille, rayures noires sur le corps et les membres, tache noire caractéristique sur la gorge. Queue non terminée de noir. La crinière dorsale est la plus longue de toutes les hyènes : hérissée en défense, elle s'allonge et devient très abondante en hiver chez les populations du nord. **Distribution et habitat** Ouest, nord et est de l'Afrique, Moyen-Orient et Asie centrale, jusqu'en Inde. Préfère les milieux semi-arides ouverts mais offrant du couvert, particulièrement les savanes arborées sèches, forêts arides, semi-déserts et terrains de montagne jusqu'à 3 300 m. Absente dans la forêt tropicale épaisse et l'intérieur des déserts vrais. **Écologie alimentaire** C'est avant tout un charognard d'ongulés sauvages ou domestiques. Elle se nourrit sur les carcasses des proies de grands carnivores et est souvent observée à proximité des troupeaux, à la recherche d'animaux morts. On connaît mal ses aptitudes à la chasse ; réputée tueuse de grandes proies et accusée de tuer le bétail, mais rien ne le prouve. Opportuniste, elle capture des petits mammifères et des oiseaux, et peut ouvrir les carapaces des tortues terrestres ou aquatiques. Consomme également une grande variété de matières végétales, des fruits et des invertébrés, lesquels peuvent prendre plus d'importance que les charognes selon la saison. Dans certaines régions, elle visite vergers et potagers, et est alors traitée en nuisible (comme en Israël). Normalement solitaire, elle peut toutefois rejoindre des congénères autour d'une aire d'alimentation, comme une décharge. Principalement nocturne, surtout à proximité de l'homme. Là où elle n'est pas persécutée, elle peut être plus crépusculaire en hiver ou par temps couvert et pluvieux. Apporte souvent des restes à la tanière qui est utilisée par maintes générations successives, ce qui crée des amoncellements d'ossements. **Comportement social et spatial** C'est la moins bien étudiée des hyènes et elle est mal connue. Habite un domaine vital permanent qu'elle marque régulièrement de son odeur, mais rien n'indique qu'elle le défende comme un territoire. En Asie centrale, elle formerait des couples monogames qui peuvent durer plusieurs saisons ; les jeunes des portées précédentes restent parfois avec le couple, ce qui semble indiquer qu'ils aident leurs parents (comme chez les canidés). Au centre du Kenya se forment des groupes « proto-sociaux » composés d'une femelle et de trois mâles adultes au plus, qui peuvent être apparentés ou pas. Tous occupent le même domaine vital et se rencontrent pour des activités d'interaction sociale et le repos. Leur superficie est au Kenya central de 36-101 km² (♀) et 52-115 km² (♂), et les chevauchements sont faibles pour les femelles, mais importants pour les mâles. Les seules estimations concernant les densités sont de 2-3 hyènes/100 km² (Afrique orientale). **Reproduction et démographie** Non saisonnière. L'œstrus ne durerait qu'une journée ; gestation de 90-91 jours. Portées normalement de 1-4, exceptionnellement 5 (en captivité). Les petits commencent à manger de la viande vers 1 mois, mais sont allaités pendant 6-12 mois. Maturité sexuelle des femelles à 1 an, elles peuvent mettre bas à 15-18 mois, mais la première reproduction a généralement lieu vers 24-27 mois. **MORTALITÉ** Peu connue ; 47 % des adultes du centre du Kenya vivaient 3 ans encore après avoir été identifiés. **LONGÉVITÉ** Inconnue dans la nature, 23-24 ans en captivité. **Statut et menaces** Malgré l'étendue de son aire de répartition, les densités naturelles sont faibles et une grande partie de cette aire est fragmentée en populations isolées. Elle est souvent persécutée parce qu'elle est perçue comme tueuse de gibier et est victime de sa réputation de pilleur de tombes (ce qui arrive effectivement), de certaines pratiques de sorcellerie et de la médecine traditionnelle. Au Moyen-Orient, elle est souvent tuée sur les routes où elle cherche des charognes. Liste rouge NT.

Marquage olfactif

PROTÈLE

Forme d'Asie centrale en hiver

Posture défensive

HYÈNE RAYÉE

Pour les cartes de répartition des espèces, veuillez consulter le site : www.panthera.org/carnivoreguide

LA HYÈNE BRUNE *Parahyaena brunnea*

Ltc 110-136 cm ; Q 18-27 cm ; Hg 71,5-82 cm ; P ♀ 28-47,5 kg, ♂ 35-49,5 kg
Hyène de taille moyenne couverte d'une fourrure sombre, rêche et ébouriffée, qui vire au blond sur le cou et les épaules. Des rayures sombres sur fond clair couvrent les membres. Mâles à peine plus grands que les femelles. **Distribution et habitat** Endémique à l'Afrique australe. Non inféodée à l'eau, elle vit dans divers milieux arides ou semi-arides, du désert ouvert à la savane arborée. Peut occuper des zones d'élevage ou les faubourgs de Johannesburg. **Écologie alimentaire** Charognard, elle se nourrit essentiellement sur les carcasses de mammifères. Opportuniste, elle tue de petits vertébrés jusqu'à la taille d'un faon d'antilope, mais les proies ne représentent que 6 à 16 % de son alimentation. Sur la côte de Namibie, elle se nourrit presque exclusivement de cadavres d'otaries à fourrure. Également des matières végétales, fruits, invertébrés, œufs et déchets anthropiques. La prédation sur le petit bétail est très occasionnelle. Elle chasse en solitaire, mais plusieurs individus peuvent se retrouver autour d'une grosse carcasse, près des colonies d'otaries ou des décharges. Principalement nocturne, elle peut devenir plus diurne par temps froid là où elle est protégée. Elle parcourt de très grandes distances en cherchant sa nourriture, par exemple 34-89 km/24 heures en Namibie. **Comportement social et spatial** Forme des clans de 4-14 individus autour de 1-5 femelles apparentées qui se partagent un territoire et élèvent ensemble les petits. Des mâles adultes non apparentés immigrent de façon permanente ou sont nomades et ne les rencontrent que pour s'accoupler. Les membres du clan chassent en solitaire, mais se retrouvent autour des carcasses et des tanières. Les territoires se chevauchent, mais les noyaux centraux sont défendus contre les intrus par des postures d'agression ritualisées et en déposant très fréquemment les sécrétions de leur glande anale. Un seul territoire peut compter jusqu'à 20 000 sites de dépôts qui sont marqués jusqu'à 29 000 fois par an par tous les adultes. Les individus identifient les membres du clan à ces dépôts. La superficie du territoire du clan est estimée à 170 km² (Kalahari central), 350 km² (côtes de la Namibie avec colonies d'otaries) à 1 900 km² (centre de la Namibie où les ressources sont imprévisibles). Les densités naturelles sont faibles : 1-2,9 hyènes/100 km². **Reproduction et démographie** Non saisonnière. Œstrus de 1 semaine ; gestation de 90 jours. Portées de 1-5, normalement de 2-3. Les petits commencent à manger de la viande à 4 mois, mais sont allaités pendant 12-16 mois. Les femelles mettent bas seules, mais les petits sont souvent élevés avec les autres femelles dans des tanières communes. Les femelles se reproduisent pour la première fois vers 35-36 mois et jusqu'à au moins l'âge de 10 ans. **MORTALITÉ** Semble modérée au sein des populations protégées : 89 % des petits sortis de la tanière dans le Kalahari ont atteint l'âge de l'indépendance, et la plupart des adultes sont morts de vieillesse. La faim (chez les plus vieux), les lions et les hyènes tachetées sont les causes les plus fréquentes de mortalité. **LONGÉVITÉ** Au moins 12 ans dans la nature, 13 en captivité. **Statut et menaces** Largement répartie, mais naturellement rare et obligée de trouver de vastes territoires contenant suffisamment de charognes. Persécutée bien qu'il soit rare qu'elle tue le bétail et elle est menacée par la transformation de son habitat en terres agricoles. Liste rouge NT.

LA HYÈNE TACHETÉE *Crocuta crocuta*

Ltc 115-160 cm ; Q 21-31,5 cm ; Hg ♀ 73,5-88,5 cm, ♂ 70-87 cm ; P ♀ 56-86 kg, ♂ 49-79 kg
C'est la plus grosse des hyènes ; elle est très corpulente, son avant-train est puissant, et elle est couverte de taches sombres qui s'affadissent avec l'âge. Les petits sont brun chocolat foncé et prennent la coloration de l'adulte vers 4-5 mois. Les femelles sont un peu plus grandes et plus corpulentes que les mâles. **Distribution et habitat** Endémique à l'Afrique subsaharienne, dans les savanes arborées. Normalement absente de la forêt vraie, mais elle vit dans les forêts de montagne jusqu'à 4 000 m (Abedares, Kenya) et pénètre dans les mosaïques de forêt pluviale/savane le long des routes d'Afrique centrale. Ne peut survivre dans l'intérieur très aride des déserts, mais y pénètre en profondeur par les cours d'eau et massifs montagneux. **Écologie alimentaire** Charognard très efficace et formidable prédateur, elle tue elle-même ses proies dans 60 à 95 % des cas. Une hyène isolée peut abattre un gnou adulte et, à plusieurs, elles peuvent tuer un oryx, un zèbre ou un buffle. Les ongulés forment l'essentiel de son alimentation, mais elle mange quasiment toutes les matières organiques : petits mammifères, oiseaux, reptiles, poissons, crabes, escargots, insectes, œufs, matières végétales, fruits et déchets anthropiques. Elle s'attaque volontiers au bétail et aux chiens, mais rarement à l'homme. Elle s'approprie les proies des léopards, guépards et lycaons, dont elle suit souvent les chasses. Si elles disposent de la supériorité numérique, et en l'absence de mâles adultes, elles peuvent s'approprier la proie des lionnes. Elles chassent seules ou en groupe : les clans coopèrent souvent à la chasse ou se rassemblent sur une grosse carcasse. Généralement nocturne, surtout à proximité de l'homme, elle chasse de jour, là où elle est protégée. Cache rarement sa nourriture ; rapporte parfois les restes à la tanière, mais pas pour nourrir les petits. **Comportement social et spatial** Clans de 10-80 individus formés de femelles apparentées, de leurs petits et de mâles adultes immigrants non apparentés. Les membres du clan occupent un territoire commun, mais sont rarement tous rassemblés ; les individus se déplacent en solitaire, ou en petits sous-groupes qui se rencontrent souvent et se livrent alors à des rituels de salutations. La superficie de ces territoires va de 20 km², là où les proies sédentaires sont abondantes, par exemple le cratère du Ngorongoro (Tanzanie), à plus de 1 500 km² dans le désert du Kalahari. Les densités varient de 0,6-0,8 hyène/100 km² (Kalahari et Namib), 7-20/100 km² (PN Kruger) et 60-80/100 km² (écosystème du Masai-Mara-Serengeti), à 170/100 km² (cratère du Ngorongoro). **Reproduction et démographie** Non saisonnière. Œstrus de 1-3 jours ; gestation de 110 jours. Portées de 1-3, généralement 2. La période d'allaitement des jeunes est très prolongée : 13-24 mois. Les femelles mettent bas seules et allaitent seulement leur propre progéniture, mais elles les transportent dans la tanière commune ; on a recensé jusqu'à 30 petits de 20 portées différentes dans une seule de ces tanières. Les femelles atteignent leur maturité sexuelle à 24 mois, mais se reproduisent pour la première fois à 3-6 ans. **MORTALITÉ** De 40 à 50 % chez les petits dans leur première année, principalement sous la dent des lions, ou de faim après la mort de leur mère ; parfois par infanticides ou meurtres fratricides (rarement). Le taux est de 13-15 % pour les adultes dans les zones protégées. Les causes en sont les lions, les hommes et, plus rarement, les épizooties (rage et maladie de Carré). **LONGÉVITÉ** Environ 12-16 ans, exceptionnellement 20 dans la nature ; 41 en captivité. **Statut et menaces** Assez résiliente et raisonnablement en sûreté en Afrique orientale et australe, mais les effectifs ont beaucoup régressé en dehors des zones protégées sous l'effet de la persécution par l'homme. Les hyènes tachetées sont tuées à la lance ou au fusil, prises dans les pièges ou empoisonnées, parce qu'elles tuent le bétail, et en raison de certaines superstitions généralement liées à la médecine traditionnelle. Elles sont très vulnérables en raison de leurs mœurs de charognards : les collets tuent 400 adultes par an dans l'écosystème du Serengeti. Liste rouge LC.

Jeune à la tanière

HYÈNE BRUNE

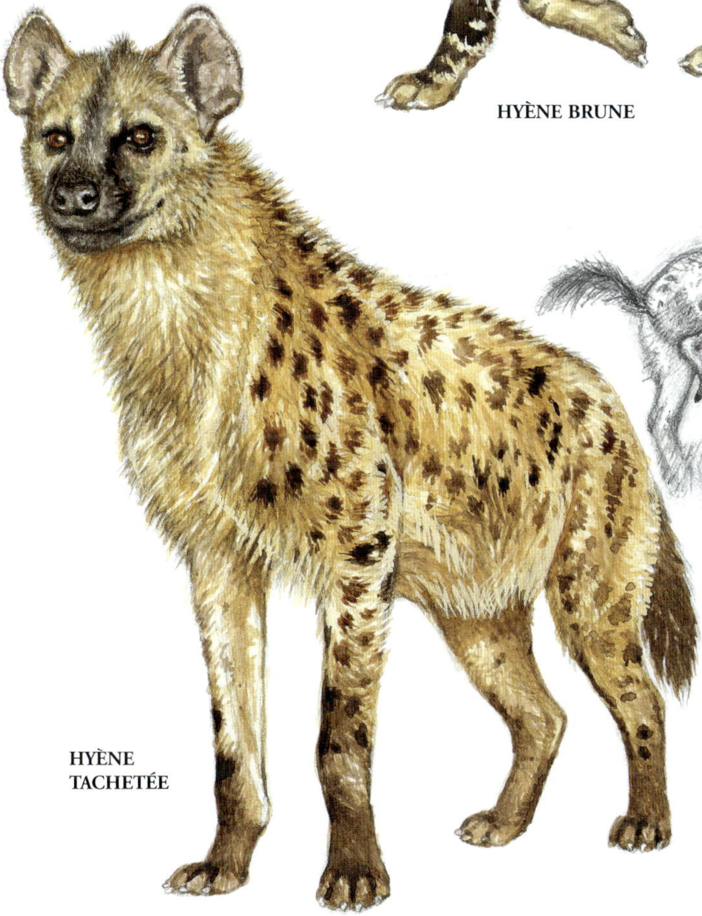

HYÈNE TACHETÉE

Rituel de salutations

Jeune

Pour les cartes de répartition des espèces, veuillez consulter le site : www.panthera.org/carnivoreguide

LA PETITE MANGOUSTE INDIENNE *Herpestes auropunctatus* Planche 20

Ltc 19,2-44,6 cm ; Q 19,2-29 cm ; P 305-662 g
C'est la plus petite des mangoustes asiatiques. Pelage chiné et coloration très variable : gris-jaune clair, chamois et brun-roux, zone chamois clair autour de la bouche, sur le menton et la gorge. **Distribution et habitat** Asie du Sud, entre Irak oriental, Myanmar et Chine méridionale ; remplacée par la mangouste de Java en Thaïlande et Indochine. Introduite dans de nombreuses régions, dont Bosnie-Herzégovine, Croatie, Fidji, Hawaii, Jamaïque, Japon, Maurice et de nombreuses îles des Caraïbes. Occupe presque tous les milieux offrant du couvert, y compris à proximité de l'homme. **Écologie alimentaire** Très opportuniste et omnivore, elle se nourrit de presque tous les petits vertébrés jusqu'au gabarit du rat, et de beaucoup d'invertébrés, essentiellement des insectes, araignées et crabes, mais aussi de fruits, notamment de baies. Attaque la volaille. Nuisible dans les régions où elle a été introduite, car elle est à l'origine de beaucoup d'extinctions d'espèces endémiques, comme à Hawaii. Elle chasse de jour en solitaire. Charognard, elle se nourrit aussi de déchets. **Comportement social et spatial** Solitaire. Les mâles forment apparemment des coalitions chez les populations introduites, comme à Hawaii, peut-être parce que la nourriture est surabondante et permet une plus grande sociabilité. Les domaines vitaux des mâles chevauchent ceux, plus restreints, de plusieurs femelles (0,014-1 km²). Les densités peuvent excéder 300 mangoustes/km² dans les populations introduites. **Reproduction et démographie** Se reproduit toute l'année, mais le pic des naissances varie au sein des populations. Gestation de 49 jours environ. Portées de 1-5, en moyenne 2, mais 3 par an au plus. **MORTALITÉ** et **LONGÉVITÉ** Inconnues. **Statut et menaces** Fréquente et adaptable. Sur son aire de répartition d'origine, elle est beaucoup chassée pour sa viande et sa peau dans certaines régions, mais elle résiste bien à cette exploitation. CITES Annexe III (Inde), Liste rouge NE.

LA MANGOUSTE DE JAVA *Herpestes javanicus*

Ltc 30,2-41,5 cm ; Q 21-31,5 cm ; P 0,45-1 kg
Très petite mangouste chinée, unie, brun-roux à brun sombre. Anciennement classée avec la petite mangouste indienne, mais les analyses moléculaires indiquent qu'il s'agit de deux espèces distinctes, la ligne de démarcation se situant le long du fleuve Salouen, au Myanmar. De nombreux signalements de cette espèce concernent en fait la petite mangouste indienne en dehors de son aire de répartition en Asie du Sud-Est où elle a été peu étudiée. **Distribution et habitat** Thaïlande, Indochine jusqu'à la péninsule malaise, Sumatra et Java ; peut-être à l'extrême est du Myanmar ; dans les forêts sèches ou humides, brousses et pelouses. Présente à proximité de l'homme, notamment dans les rizières et terres cultivées. **Écologie alimentaire** Mal connue ; présumée identique à celle de la petite mangouste indienne : principalement de petits vertébrés et invertébrés. Prédateur courageux et agressif, elle peut tuer gros rongeurs et gros serpents. S'attaque à la volaille. Solitaire et diurne. **Comportement social et spatial** Sans doute solitaire. **Reproduction et démographie** Serait non saisonnière. Gestation d'environ 7 semaines. Portées de 2-4. **MORTALITÉ** et **LONGÉVITÉ** Inconnues. **Statut et menaces** Largement répartie, fréquente, elle tolère les habitats anthropiques. Les densités sont fortes dans les habitats favorables ; piégée comme nuisible par les agents des organismes de conservation dans certaines zones. Liste rouge LC.

LA MANGOUSTE À QUEUE COURTE *Herpestes brachyurus*

Ltc 35-49 cm ; Q 19,3-24,5 cm ; P 2-3 kg
Mangouste de petite taille, brun olive uni, moucheté de fauve, particulièrement sur la tête, le cou et la queue, et fauve uni autour de la bouche et du menton. Courte queue conique tronquée de profil. Une autre espèce a été décrite à Bornéo *(H. hosei)*, qui est peut-être un spécimen de mangouste à queue courte aberrante et n'est pas considérée comme une espèce valide. **Distribution et habitat** Bornéo, Sumatra, Singapour, Philippines et péninsule malaise. Principalement dans la forêt pluviale intacte de plaine, généralement à proximité d'un cours d'eau. Tolère la forêt en régénération et les plantations proches d'une forêt avec sous-bois. **Écologie alimentaire** Se nourrirait de petits vertébrés, invertébrés, œufs et quelques fruits ; capturée dans les pièges appâtés de morceaux de poulet et de poisson salé. Exclusivement diurno-crépusculaire, elle chasse en solitaire. **Comportement social et spatial** Sur la foi d'une seule étude par colliers émetteurs (5 animaux, réserve de Krau, Malaisie), elle serait solitaire. Le territoire des mâles recoupe ceux de 2 femelles au plus, ceux des femelles se chevauchent très peu. Superficies : 1,15-1,5 km² (♀) et 2,24-2,5 km² (♂). **Reproduction et démographie** Inconnues. **Statut et menaces** Statut de conservation mal connu. Semble mal tolérer les modifications du milieu et une grande partie de son aire de répartition est menacée de déforestation et soumise à de fortes pressions de chasse. Sa viande est consommée dans certaines parties de Sarawak. Liste rouge LC.

LA MANGOUSTE INDIENNE GRISE *Herpestes edwardsii*

Ltc 35,5-46 cm ; Q 32-45 cm ; P 0,9-2 kg
Petite à moyenne, à pelage chiné gris-fauve à gris clair. Extrémité des membres généralement plus sombre, brun-roux à noir. L'extrémité de la queue n'est jamais sombre, mais peut être rousse chez certains individus. **Distribution et habitat** Sous-continent indien, y compris Bhoutan, Népal, Pakistan oriental et Sri Lanka ; populations isolées dans le sud de l'Iran, au Koweït, à Bahreïn et en Arabie Saoudite. Vit dans les forêts arides, brousses et pelouses. Fréquente sur les terres cultivées et à proximité des villages. **Écologie alimentaire** Principalement carnivore, elle se nourrit de petits mammifères, reptiles, oiseaux, œufs et invertébrés divers. Prédateur agressif de serpents, notamment les grosses espèces venimeuses. Comme elle est immunisée contre le venin hémorragique, elle est souvent élevée en Inde et au Pakistan pour les spectacles de combat avec des cobras. Semble aussi manger des fruits et légumes. Chasseur solitaire diurno-crépusculaire. Charognard, elle consomme aussi des déchets anthropiques. **Comportement social et spatial** Mal connu. Solitaire. Un mâle adulte a été suivi pendant 3 mois, il utilisait un domaine vital de 0,16 km² (Réserve de biosphère de Nilgiri, Inde). **Reproduction et démographie** Se reproduit toute l'année ; pic des naissance en mai-juin et octobre-décembre. Gestation de 56-68 jours. Portées de 2-4. Les femelles peuvent donner naissances à 3 portées par an au plus. **MORTALITÉ** et **LONGÉVITÉ** Inconnues. **Statut et menaces** Largement répartie et fréquente, elle peut vivre en association avec l'homme. Capturée pour servir dans les combats avec des cobras et pour sa viande et ses poils utilisés pour fabriquer pinceaux et blaireaux. CITES Annexe III (Inde), Liste rouge LC.

Pour les cartes de répartition des espèces, veuillez consulter le site : www.panthera.org/carnivoreguide

LA MANGOUSTE À COLLIER *Herpestes semitorquatus*

Ltc 40-46 cm ; Q 25,8-30,3 cm ; P 2-4 kg
Grande mangouste élancée à fourrure brun-roux sombre, membres brun sombre et queue crème. Gorge jaune-fauve, virant au crème sur la mâchoire inférieure. Anciennement classée avec la mangouste à queue courte, elle est aujourd'hui considérée comme une espèce distincte. **Distribution et habitat** Endémique à Bornéo ; deux observations non confirmées à Sumatra. Vit dans les forêts pluviales, forêts modifiées et plantations, jusqu'à 1 200 m. **Écologie alimentaire** Inconnue. Les images des pièges photographiques indiquent qu'elle chasse de jour. **Comportement social et spatial** Inconnu. Semble solitaire. **Reproduction et démographie** Inconnues. **Statut et menaces** Mal connus. Rare dans les pièges photographiques et observée uniquement dans les plaines soumises à de fortes pressions de chasse et d'exploitation ; mais elle tolère les dérangements, et sa présence dans les zones montagneuses mieux protégées n'est pas confirmée. Liste rouge DD.

LA MANGOUSTE BRUNE DE L'INDE *Herpestes fuscus*

Ltc 33-48 cm ; Q 20-33,6 cm ; P 1,1-2,7 kg
Grande mangouste trapue, uniformément chinée brun sombre, tête légèrement plus claire et menton et gorge fauves. Queue touffue, en cône effilé de profil. **Distribution et habitat** Endémique aux Ghâts occidentaux, sud-ouest de l'Inde et ouest du Sri Lanka. Vit essentiellement dans l'épaisse forêt pluviale et habitats adjacents, notamment les pelouses à herbe haute et les plantations de thé ou de café. **Écologie alimentaire** Inconnue. On pense qu'elle se nourrit de divers invertébrés et petits vertébrés. Observée sur les décharges proches des campements des chercheurs, elle mange les cacahuètes (mais ni bananes ni poulet cuit) déposées en appât au cours des inventaires des populations de rongeurs. Les pièges photographiques indiquent qu'elle chasse de nuit. **Comportement social et spatial** Inconnu. Les pièges photographiques n'ont capturé que des animaux solitaires. **Reproduction et démographie** Inconnues. **Statut et menaces** Considérée comme naturellement rare sur une aire de répartition très restreinte, soumise à de fortes pressions de déforestation pour l'agriculture et l'élevage. La perte d'habitat aurait abouti à une régression de > 30 % au cours des 15 dernières années. Liste rouge VU.

LA MANGOUSTE CRABIÈRE *Herpestes urva*

Ltc 44-55,8 cm ; Q 26-35 cm ; P 3-4 kg
Grande mangouste assez corpulente, chinée, gris clair à gris-brun sombre, membres sombres, queue claire variant du fauve au blanc. Bouche et menton blancs, finissant en rayure blanche caractéristique sur le cou. **Distribution et habitat** Sud de la Chine, Taiwan, Népal, Bhoutan, nord-est de l'Inde, est du Bangladesh et Indochine, jusque dans la péninsule malaise. Vit en forêt, dans les mosaïques forêts/marais, brousses et zones humides, jusqu'à 2 000 m. Présente dans des forêts dégradées, rizières et terres cultivées, et à proximité des habitations. **Écologie alimentaire** Se nourrit essentiellement d'invertébrés et vertébrés associés à l'eau : insectes, crustacés, rongeurs, vers de terre, reptiles et amphibiens ; également des oiseaux, poissons, arachnides, escargots et fruits en petites quantités. Tue parfois la volaille et capture les poissons des bassins urbains. Chasse de jour, généralement aux abords de l'eau, bonne nageuse, elle plonge aussi, au moins dans les bassins des jardins. Des poils de macaque de Formose retrouvés dans ses déjections indiquent un comportement de charognard. **Comportement social et spatial** Mal connu. Principalement solitaire mais des groupes de 2-4 ont été observés, signe d'un certain degré de sociabilité. **Reproduction et démographie** Mal connues. La gestation durerait 50-63 jours. Portées de 2-4. **MORTALITÉ** Inconnue. **LONGÉVITÉ** 13,3 ans en captivité. **Statut et menaces** Largement répartie, elle tolère certaines modifications de son habitat. Chassée au Cambodge, en Chine et au Laos, elle persiste pourtant dans les zones à forte pression de chasse si celle-ci ne s'ajoute pas à une importante transformation du milieu. CITES Annexe III (Inde), Liste rouge LC.

LA MANGOUSTE ROUSSÂTRE *Herpestes smithii*

Ltc 39-47 cm ; Q 35-41 cm ; P 1,75-2,7 kg
Grande mangouste à fourrure chinée gris-brun, nuancée de roux. Longue queue terminée de noir, contrairement à l'espèce sympatrique, la mangouste indienne grise. **Distribution et habitat** Centre et sud de l'Inde et Sri Lanka, dans les forêts sèches, brousses d'épineux et mosaïques de forêts/pelouses arides ; évite la forêt sempervirente. Vit dans la forêt perturbée, mais évite les milieux très modifiés à proximité de l'homme. **Écologie alimentaire** On sait qu'elle chasse les rongeurs, oiseaux et reptiles, mais probablement aussi diverses autres petites proies. Chasseur solitaire principalement diurno-crépusculaire. Essentiellement terrestre, mais peut grimper et chasser dans les arbres où elle transporte ses proies (comportement inhabituel pour une mangouste s'il est confirmé). Charognard, elle dévore les carcasses des animaux tués sur les routes. **Comportement social et spatial** Mal connu. Normalement solitaire, mais des groupes de 2 à 5 individus de taille adulte sont fréquents ; la composition du groupe n'est pas connue. **Reproduction et démographie** Inconnues. **Statut et menaces** Largement répartie, mais mal connue ; fréquente dans certaines régions (comme au centre de l'Inde). Les principales menaces sont la perte d'habitat et localement la chasse. CITES Annexe III (Inde), Liste rouge LC.

LA MANGOUSTE À COU RAYÉ *Herpestes vitticollis*

Ltc 43-53 cm ; Q 23-33,5 cm ; P ♀ 1,7-2,7 kg, ♂ 2,6-3,4 kg
Grande mangouste caractéristique : arrière-train chiné brun-roux, virant généralement au gris-brun chiné sur l'avant-train ; certains individus sont entièrement roux, à l'exception de la tête qui est toujours gris acier et de la rayure noire évidente sur le cou. Queue nettement terminée de noir. **Distribution et habitat** Sud-ouest de l'Inde et Sri Lanka, dans les forêts sempervirentes, ou décidues humides, souvent en association avec des zones marécageuses, cours d'eau et pelouses à herbe haute de clairières. Également dans les plantations de teck et rizières. **Écologie alimentaire** Se nourrit de petits mammifères, oiseaux, reptiles, œufs et sans doute une grande diversité d'invertébrés. Chasse des mammifères de la taille du lièvre à cou noir et poursuit les faons. Diurne et solitaire. Charognard, elle fréquente aussi les décharges. **Comportement social et spatial** Mal connu ; toujours observée seule ou en couple. **Reproduction et démographie** Inconnues. On pense que les portées sont de 2-3. **LONGÉVITÉ** Près de 13 ans en captivité. **Statut et menaces** Aire de répartition restreinte et peu fréquente. Les principales menaces seraient la disparition de son habitat et la chasse. CITES Annexe III (Inde), Liste rouge LC.

Pour les cartes de répartition des espèces, veuillez consulter le site : www.panthera.org/carnivoreguide

LA MANGOUSTE GRISE DU CAP *Herpestes pulverulentus*

Ltc 29-41,5 cm ; Q 20,5-34 cm ; P 0,49-1,25 kg
Petite, chinée gris clair à sombre, dessous plus clair et queue touffue. Museau et bas des membres gris sombre. **Distribution et habitat** Afrique du Sud, Lesotho et sud-est de la Namibie, dans la majorité des milieux couverts, du niveau de la mer à 1 900 m ; absente des zones arides très ouvertes. Se rencontre sur les terres agricoles et dans les parcs urbains. **Écologie alimentaire** Se nourrit de petits vertébrés et invertébrés, notamment petits rongeurs et insectes ; rarement des raphicères nouveau-nés et jeunes porcs-épics du Cap. Chasseur diurno-crépusculaire, terrestre et solitaire. Charognard (notamment des victimes de collisions routières) et fréquente les décharges. **Comportement social et spatial** Solitaire. Les mâles adultes s'associent parfois par deux. Principalement non territoriale ; les femelles reproductrices défendent l'exclusivité d'une petite zone. Domaines vitaux de 0,3 km² (1 ♀) et 0,55-0,92 km² (♂). **Reproduction et démographie** Saisonnière. Pic des naissances entre août et décembre. Gestation ~ 60 jours. Portées de 1-3. MORTALITÉ C'est une proie pour divers prédateurs plus gros comme les rapaces. LONGÉVITÉ 8,8 ans en captivité. **Statut et menaces** Généraliste en matière d'habitat, elle s'adapte bien à la présence de l'homme. Pas de menaces sérieuses. Liste rouge LC.

LA MANGOUSTE D'ABYSSINIE *Herpestes ochraceus*

Ltc 25-29 cm ; Q 22-27,3 cm ; P ~ 300-750 g
Uniformément gris chiné clair à gris-brun sombre. Queue non terminée de noir, ce qui la différencie de la mangouste svelte avec laquelle elle avait été classée. **Distribution et habitat** Somalie, est de l'Éthiopie et nord-est du Kenya dans les zones boisées semi-arides ouvertes et zones vallonnées, jusqu'à 600 m. **Écologie alimentaire** Inconnue. Présumée identique à celle des autres mangoustes. **Comportement social et spatial** Inconnu. Présumée solitaire. **Reproduction et démographie** Inconnues **Statut et menaces** Probablement fréquente et peu menacée, mais très peu étudiée. Liste rouge LC.

LA MANGOUSTE FLAVESCENTE *Herpestes flavescens*

Ltc 31-35,5 cm ; Q 31-37 cm ; P 550-900 g
Petite mangouste présentant deux phases : brun-roux uni très sombre à noir, ou rouge-fauve clair, avec la queue terminée de noir. Certains auteurs traitent la forme noire comme une espèce distincte *(H. nigrata)*. **Distribution et habitat** Endémique au sud-ouest de l'Angola et nord-ouest de la Namibie. Fréquente les habitats arides couverts, évite le vrai désert. La forme noire habite les kopjes de granite isolés et zones boisées associées. **Écologie alimentaire** Se nourrit de petits rongeurs, principalement *Petromus typicus*, et d'insectes ; également des oiseaux, reptiles, arachnides, œufs et graines charnues. Chasseur diurne et terrestre, mais pourrait aussi visiter les nids de pie-grièche à queue blanche. Chasseur principalement solitaire ; 5 individus au plus peuvent se rassembler autour d'une carcasse, mais ils s'alimentent séparément. Charognard (pour les mouches vertes et bleues), elle visite aussi les décharges des hôtels et accepte les offrandes des touristes. **Comportement social et spatial** Solitaire, mais les mâles peuvent à l'occasion s'associer par deux. Les domaines vitaux se chevauchent largement et les adultes utilisent les mêmes tanières, mais pas en même temps. Le domaine vital des mâles mesure 0,13-1,45 km² (monts Erongo, Namibie). **Reproduction et démographie** Inconnues. **Statut et menaces** Considérée comme relativement fréquente. Pas de graves menaces. Liste rouge LC.

LA MANGOUSTE SVELTE *Herpestes sanguineus*

Ltc 27,5-35 cm ; Q 19,4-33 cm ; P 370-790 g
Coloration très variable, mais normalement roux chiné ou brun-roux, queue terminée de noir. Le mélanisme existe. **Distribution et habitat** Omniprésente en Afrique subsaharienne, à l'exception de l'ouest du bassin du Congo, du littoral de la Namibie et des provinces est/ouest du Cap (Afrique du Sud). Fréquente presque tous les milieux (notamment anthropiques), à l'exception des vrais déserts et de la forêt pluviale. **Écologie alimentaire** Insectes, reptiles et petits rongeurs sont les principales proies, mais aussi oiseaux, amphibiens, œufs, arachnides et fruits sauvages. Chasseur diurne, terrestre et solitaire, les mâles se déplaçant parfois par deux. Charognard (pour les mouches à viande), visite les décharges et accepte les offrandes. **Comportement social et spatial** Solitaire, mais les mâles peuvent former des groupes de 2 à 4 qui défendent ensemble un territoire contre les autres mâles. Domaines vitaux de 0,25-1 km². Densités de 3-6 mangoustes/km² (PN du Serengeti, Tanzanie). **Reproduction et démographie** Saisonnière. Pic des naissances coïncidant quelque peu avec la saison des pluies : octobre-mars (Afrique australe), octobre-novembre à février-avril (Afrique orientale). Gestation de 60-70 jours. Portées de 1-4. MORTALITÉ Ses principaux prédateurs sont les grands rapaces. LONGÉVITÉ 8 ans dans la nature, 12,6 en captivité. **Statut et menaces** Très largement répartie et fréquente. Pas de menaces sérieuses. Liste rouge LC.

LA MANGOUSTE D'ÉGYPTE *Herpestes ichneumon*

Ltc 50-61 cm ; Q 43,5-58 cm ; P ♀ 2,2-4 kg, ♂ 2,6-4,1 kg
Grande mangouste uniformément gris chiné, face sombre, partie inférieure des membres sombre et queue terminée de noir. **Distribution et habitat** Afrique, à l'exception du Sahara, du bassin du Congo et des zones arides de l'Afrique australe et nord-orientale. Portugal, Espagne (peut-être introduite) et Moyen-Orient. Vit dans les zones boisées, pelouses, zones humides, semi-déserts, zones montagneuses et terres cultivées. **Écologie alimentaire** Vertébrés (du gabarit du lièvre au plus), invertébrés, fruits et champignons. Immunisé contre le venin des serpents. Tue à l'occasion des volailles. Chasseur nocturno-crépusculaire, terrestre et solitaire. Charognard. **Comportement social et spatial** Généralement solitaire ; forme en Israël des groupes composés d'un mâle et de 1 à 3 femelles suitées. Domaines vitaux mesurant environ (pour les deux sexes) 0,38 km² (Afrique du Sud) à 3,1 km² (Espagne). Densités de 0,1-2 mangoustes/km². **Reproduction et démographie** Saisonnière. Pics des naissances en octobre-décembre (Afrique australe), septembre-février (Afrique orientale) et mai-juillet (Espagne). Gestation de 63-70 jours. Portées de 1-4. En Israël, les femelles élèvent ensemble les petits. MORTALITÉ Ses prédateurs sont les grands rapaces et le Lynx pardelle (Espagne). LONGÉVITÉ 13 ans en captivité. **Statut et menaces** Largement répartie et commune. Localement vulnérable, victime de persécutions ou des campagnes d'empoisonnement des rongeurs. Liste rouge LC.

Pour les cartes de répartition des espèces, veuillez consulter le site : www.panthera.org/carnivoreguide

LA MANGOUSTE DES MARAIS *Atilax paludinosus* **Planche 23**

Ltc 44,2-62 cm ; Q 25-41 cm ; P 2,4-4,1 kg
Grande mangouste sombre à face aplatie, triangulaire de profil. Fourrure ébouriffée uniformément brun rougeâtre sombre à noire, à l'exception d'une zone fauve autour de la bouche et du menton. Longs doigts minces et libres très caractéristiques ; chez toutes les autres espèces, ils sont plus ou moins palmés. **Distribution et habitat** Afrique subsaharienne ; absente en Afrique du Nord aride, majeure partie de la Namibie, Botswana et centre de l'Afrique du Sud. Habite les milieux épais, humides, du niveau de la mer à 3 950 m, notamment cours d'eau, marais, forêts humides, mangroves, estuaires et zones côtières. Fréquente les cours d'eau modifiés par l'homme, canaux et barrages, lorsqu'elle y trouve du couvert et des proies. **Écologie alimentaire** Seule mangouste à se nourrir essentiellement de proies aquatiques : crabes, insectes aquatiques, mollusques et amphibiens, mais aussi de rongeurs ; mange aussi de petites quantités de poissons, oiseaux, œufs et fruits. Tue à l'occasion des mammifères terrestres plus gros, y compris d'autres carnivores, comme la mangouste grise du Cap et la mangouste fauve. S'en prend parfois à la volaille. Chasseur nocturno-crépusculaire et solitaire. Excellente nageuse, elle peut plonger à la poursuite de sa proie pendant 15 secondes au plus, mais pêche essentiellement dans les eaux peu profondes ou depuis les berges. La proie est repérée à la vue ou en fouillant la vase et les fissures de ses longs doigts très agiles. Charognard. **Comportement social et spatial** Solitaire. Occupe un domaine vital stable, le plus souvent le long d'un cours d'eau. Les deux sexes occupent des territoires de superficies à peu près identiques, marqués très régulièrement par des latrines situées bien en évidence, de 0,54-2,04 km². Le seul chiffre de densité est de 1,8 mangouste/km² (KwaZulu-Natal, Afrique du Sud). **Reproduction et démographie** Non saisonnière dans une grande partie de son aire de répartition ; faiblement saisonnière en Afrique australe où la reproduction a lieu en saison humide, entre août et février. Gestation de 69-80 jours. Portées de 1-3. MORTALITÉ Mal connue ; prédation rarement signalée, sinon par les chiens domestiques. LONGÉVITÉ 19 ans en captivité. **Statut et menaces** Largement répartie et relativement fréquente dans une grande partie de son aire de répartition. Vulnérable à la destruction des cours d'eau : déforestation, envasement et pollution, aboutissant localement à des régressions. En Afrique occidentale et centrale, elle est chassée pour le marché de la viande de brousse. Liste rouge LC.

LA MANGOUSTE À LONG NEZ *Herpestes naso*

Ltc 44-61 cm ; Q 32-43 cm ; P 1,9-4,5 kg
Grande mangouste sombre au museau allongé ; nez noir et proéminent. Pelage chiné brun sombre, sous-poil clair, mais apparaît dans la nature comme très foncée ou presque noire. Parfois classée dans le genre *Xenogale* en raison de sa denture caractéristique, mais de récentes analyses moléculaires indiquent que c'est de la mangouste des marais qu'elle est la plus proche. **Distribution et habitat** Endémique à l'Afrique centrale, entre sud-est du Nigeria et sud-est RD du Congo, à l'ouest de la vallée du Rift. Vit dans la forêt pluviale, généralement à proximité de cours d'eau ou de zones marécageuses, à sous-bois dense, enchevêtré. Évite la forêt claire, mais chasse parfois sur les pelouses de brûlis proches de la lisière de la forêt. **Écologie alimentaire** Omnivore, elle se nourrit essentiellement d'arthropodes (coléoptères, criquets, termites, fourmis et mille-pattes), rongeurs et musaraignes ; également escargots, grenouilles, reptiles, oiseaux, poissons et fruits. Tue rarement des proies de plus de 4-5 kg. La présence dans les déjections de restes de céphalophes bleus, primates, pangolins et athérures africains indique sans doute un comportement de charognard. Chasseur diurne, terrestre et solitaire. **Comportement social et spatial** Solitaire. Les deux sexes s'installent sur des domaines vitaux stables de superficies relativement semblables (sur la foi d'une étude effectuée sur 5 animaux munis de colliers émetteurs) de 0,1-1 km² (subadultes indépendants et adultes). **Reproduction et démographie** Très mal connues. Jeunes signalés entre mars et mai (Afrique occidentale) et une portée de 3 a été observée. MORTALITÉ Peu connue ; retrouvée dans les déjections de léopards et de mangoustes à pattes noires (peut-être pour cette dernière après avoir dévoré une carcasse). LONGÉVITÉ 11 ans en captivité. **Statut et menaces** Considérée comme rare, mais peu étudiée. Fréquente dans certaines zones, comme la forêt de Dzanga-Sangha au sud-ouest de la République centrafricaine. La déforestation et le commerce de la viande de brousse aboutissent localement à son déclin, comme dans le delta du Niger au Nigeria. Liste rouge LC.

LA MANGOUSTE À QUEUE BLANCHE *Ichneumia albicauda*

Ltc 47-71 cm ; Q 34,5-47 cm ; P 1,8-5,2 kg
C'est la plus grande des mangoustes. Grande, haute sur pattes et mince, généralement gris clair à gris chiné, le bas des membres est noirâtre et la queue touffue est blanc argenté. Un morphe sombre : queue noire et couverte de jarres noirs qui lui donnent un aspect général plus foncé. **Distribution et habitat** Largement répartie en Afrique subsaharienne, à l'exception du nord-est et de la partie aride du sud-ouest, et du bassin du Congo ; présente dans le sud de la péninsule Arabique. Habite les zones boisées, savanes, brousses et pelouses, humides ou arides ; évite le désert ouvert et la forêt épaisse. Tolère les habitats anthropiques, notamment terres agricoles, plantations et vergers. **Écologie alimentaire** Principalement insectivore, elle se nourrit d'arthropodes nocturnes grands à moyens, essentiellement des termites, fourmis, bousiers, criquets, sauterelles et leurs larves. Capture aussi des petits mammifères du gabarit d'un aulacode, des amphibiens, des oiseaux, et mange quelques fruits et matières végétales. S'attaque à l'occasion à la volaille. Chasseur nocturne, terrestre et principalement solitaire, mais des couples chassent parfois de concert, et jusqu'à 9 mangoustes peuvent se retrouver sur une aire d'alimentation, comme une termitière au moment de la sortie des termites. Charognard, elle mange aussi les déchets anthropiques. **Comportement social et spatial** Principalement solitaire. Forme parfois des couples, et des femelles apparentées (généralement mères et filles) partagent parfois un domaine vital, les femelles suitées formant de petits clans. Les adultes occupent des domaines vitaux stables qui peuvent en recouper d'autres, d'animaux du même sexe ou de sexes différents ; les comportements agressifs entre voisins semblent être rares. Les domaines vitaux des femelles sont un peu plus petits que ceux des mâles : 0,4-4,3 km², exceptionnellement 8 km². Densités dans les habitats très favorables (Serengeti, Tanzanie) : jusqu'à 4,3 mangoustes/km². **Reproduction et démographie** Saisonnière. Les naissances semblent coïncider avec les périodes humides : octobre-février (Afrique australe), mars-avril et octobre-décembre (Afrique orientale). Portées de 1-4. MORTALITÉ Parfois tuée par de plus gros prédateurs, mais une sécrétion anale nauséabonde ajoutée à son impressionnante posture d'intimidation dissuade probablement les prédateurs. LONGÉVITÉ 14 ans en captivité. **Statut et menaces** Largement répartie, fréquente et présente dans beaucoup de zones protégées. Tuée sur les routes, au cours des campagnes de contrôle des populations de prédateurs et par les chiens dans les zones rurales, mais pas menacée. Liste rouge LC.

MANGOUSTE DES MARAIS

MANGOUSTE À LONG NEZ

Forme sombre en posture défensive

MANGOUSTE À QUEUE BLANCHE

Pour les cartes de répartition des espèces, veuillez consulter le site : www.panthera.org/carnivoreguide

LA MANGOUSTE À QUEUE TOUFFUE *Bdeogale crassicauda* Planche 24

Ltc 40-50 cm ; Q 18-30 cm ; P 1,3-2,1 kg
Mangouste trapue, sombre, à queue nettement touffue. Coloration typique brun noirâtre, mais sous-poil marron ou brun-fauve sur la tête, la gorge et le corps ; queue et pattes toujours noirâtres. La mangouste à queue touffue de Sokoke (forêts côtières du nord de la Tanzanie et de l'est du Kenya) est parfois considérée comme une espèce distincte *(B. omnivora)* ; le corps est plus clair et le sous-poil fauve clair plus évident. **Distribution et habitat** Afrique orientale, entre sud du Kenya, nord du Zimbabwe et ouest à sud de la RD du Congo. Fréquente principalement les savanes arborées épaisses, forêts arides et humides, pelouses arborées et zones montagneuses semées de rocailles ou d'un couvert buissonnant. **Écologie alimentaire** Se nourrit essentiellement d'insectes, petits reptiles, grenouilles et crapauds, escargots terrestres, scorpions et autres arachnides ; de petits rongeurs parfois, mais elle semble relativement maladroite avec les vertébrés comme les rats ou les gros serpents. En captivité, elle refuse les fruits. Chasseur nocturne, terrestre et solitaire. **Comportement social et spatial** Mal connu. Solitaire. Pas d'estimations de la superficie des domaines vitaux ou des densités ; c'est le petit carnivore le plus fréquent dans les pièges photographiques posés dans les montagnes de l'Arc oriental tanzanien. **Reproduction et démographie** Mal connues. Portées signalées en novembre et décembre au Kenya (sur la foi d'un très petit nombre de signalements). Les femelles ont deux paires de tétines, ce qui semble indiquer que les portées sont de 2-4. **MORTALITÉ** Inconnue. Ses prédateurs confirmés sont l'aigle couronné, la vipère du Gabon et la hyène tachetée. **LONGÉVITÉ** Inconnue. **Statut et menaces** Rarement observée et distribution morcelée, mais son aire de répartition est vaste et elle semble fréquente dans certaines régions. Pas de menaces sérieuses au niveau de l'espèce, mais les coupes forestières sauvages ajoutées à la chasse sont une menace pour les populations forestières, par exemple celles d'Arabuko-Sokoke et de l'île de Zanzibar. Liste rouge LC.

LA MANGOUSTE DE JACKSON *Bdeogale jacksoni*

Ltc 50,8-57,1 cm ; Q 28,3-32,4 cm ; P 2-3 kg
Grande mangouste gris argent chiné à queue blanche touffue ; la partie inférieure des membres est noire ou brun sombre. Nuance jaune aux joues, à la gorge et sur les côtés du cou. Certains considèrent qu'il s'agit de la même espèce que *B. nigripes* ; celle-ci est plus grande, son crâne est plus épais et les aires de répartition ne se recoupent pas. **Distribution et habitat** Endémique au sud-est de l'Ouganda et centre et sud du Kenya, avec une population isolée dans les monts Udzungwa en Tanzanie (à 900 km au sud) ; peut-être aussi ailleurs, dans les montagnes de l'Arc oriental tanzanien. Signalée uniquement dans la forêt de plaine épaisse, la forêt de bambous et la forêt de montagne, jusqu'à 3 300 m. **Écologie alimentaire** Se nourrit principalement de petits rongeurs forestiers, comme les rats du Veld, rats des marais, grandes souris sylvestres et rats hérissés, et d'insectes vivant sur le sol de la forêt, principalement des fourmis légionnaires, termites et coléoptères. Également mille-pattes, escargots, lézards et œufs. Chasseur nocturne, terrestre et solitaire. Charognard. **Comportement social et spatial** Mal connu. Probablement solitaire ; les observations de groupes de 2-4 étaient sans doute des couples ou des femelles accompagnées de grands juvéniles. **Reproduction et démographie** Inconnues. **Statut et menaces** Inféodée aux habitats forestiers et limitée à quelques populations isolées sur une aire de répartition très restreinte. La déforestation et la dégradation de la forêt sont les principales menaces. Probablement aussi tuée comme viande de brousse, même si les carnivores (à l'exception des loutres) semblent ne pas être très recherchés sur son aire de répartition. Liste rouge NT.

LA MANGOUSTE À PATTES NOIRES *Bdeogale nigripes*

Ltc 46-65 cm ; Q 29-40 cm ; P 2-4,8 kg
Grande mangouste à poil ras, pelage gris argenté ou gris jaunâtre, membres noirs. Queue peu touffue, entre blanc pur et crème. Érythrisme possible : la coloration gris argenté devient brun-roux. Crâne très épais, oreilles petites et arrondies, grand nez donnant à la tête un aspect canin. **Distribution et habitat** Centre Afrique, de la vallée du Rift et est de la RD du Congo, au sud-est du Nigeria et sud du Congo. Signalée au nord de l'Angola, mais ces observations sont aujourd'hui réfutées. Inféodée à la forêt pluviale, jusqu'à 1 000 m, principalement dans les épais sous-bois associés à la forêt intacte. Rarement observée dans une forêt modifiée. **Écologie alimentaire** Se nourrit principalement d'arthropodes terrestres (fourmis, termites, coléoptères et sauterelles) et de petits mammifères, principalement des musaraignes et rongeurs forestiers. Athérures et mangoustes à long nez figurent également au menu (peut-être en dévorant les cadavres). Mange aussi des serpents, lézards, grenouilles, crapauds et quelques fruits. Les autochtones signalent qu'elle mange des fruits sauvages ou cultivés, comme les bananes et les fruits du palmier à huile. Chasseur nocturne et solitaire. Chasse au sol, mais elle a été vue qui poursuivait un jeune potto dans un arbre, à 15 m du sol. **Comportement social et spatial** Solitaire. A été observée en groupes, mais il s'agissait probablement de couples ou d'une mère accompagnée de grands juvéniles. **Reproduction et démographie** Mal connues. Des portées ont été observées entre novembre et janvier, ce qui semble indiquer que la reproduction a lieu au début de la saison sèche, mais les données sont trop peu nombreuses. Les autochtones ont signalé des portées de 1-2. **MORTALITÉ** Peu connue ; la plupart des décès observés sont d'origine anthropique. **LONGÉVITÉ** 15,5 ans en captivité. **Statut et menaces** Considérée comme rare, mais cela tient en partie au fait qu'elle vit dans l'épaisse forêt équatoriale où elle est mal connue. Largement répartie dans des habitats qui sont encore relativement intacts, mais on pense que le déclin est général suite à la déforestation et à la fragmentation du milieu. Chassée pour sa viande, c'est l'un des carnivores le plus souvent tués par les chasseurs accompagnés de chiens. Par exemple, elle figure au tableau de 52 % des chasses et représente environ 25 % des carnivores capturés par les Pygmées Mbutis dans les forêts de l'Ituri (RD du Congo). Liste rouge LC.

MANGOUSTE
À QUEUE TOUFFUE

MANGOUSTE
DE JACKSON

MANGOUSTE À PATTES NOIRES

Pour les cartes de répartition des espèces, veuillez consulter le site : www.panthera.org/carnivoreguide

LE SURICATE *Suricata suricatta*

Ltc 24,5-29 cm ; Q 17,5-24 cm ; P 620-970 g
Petite mangouste au pelage rêche, brun-jaune à roux grisâtre clair, et taches oculaires sombres. Dos marqué de courtes stries brunes, ce qui lui donne un aspect bringé. **Distribution et habitat** Endémique à l'Afrique sud-occidentale aride : Botswana, Afrique du Sud, Namibie et extrême sud-ouest de l'Angola, dans le désert semi-aride, la savane sèche ouverte, la brousse et les pelouses sèches. **Écologie alimentaire** Chasse sur ou sous la surface, des arthropodes (coléoptères, mille-pattes, scolopendres, termites, scorpions, araignées), aussi œufs, larves et nymphes d'insectes. Immunisé contre le venin des serpents et les sécrétions toxiques des mille-pattes ; mange également des petits rongeurs, herptiles, oiseaux (principalement des oisillons) et œufs. Ne nuit pas à la volaille. Strictement diurne, il chasse en groupes nombreux. Les proies ne sont pas partagées, sauf avec les petits. **Comportement social et spatial** Extrêmement social. Vit en bandes de 3-20 individus (exceptionnellement 49 au plus) composés d'un couple reproducteur dominant, des jeunes des portées précédentes et de quelques adultes immigrants non apparentés. Tous coopèrent à l'élevage des petits, à l'évitement de la prédation et à la défense du territoire. Les combats territoriaux peuvent être létaux. La superficie du territoire de la bande est de 2-10 km². Les densités sont de 0,32-1,69 suricate/km², mais très fluctuantes selon les précipitations et la prédation. **Reproduction et démographie** Saisonnier. Se reproduit pendant l'été humide, entre septembre et mars. La plupart des petits sont ceux du couple dominant. Les femelles subordonnées donnent naissance à environ 25 % des petits, mais la plupart sont tués par la femelle dominante ou abandonnés. Gestation d'environ 70 jours. Portée de 3-7 ; jusqu'à 3 portées par an. Des nounous restent à la tanière pendant que le groupe part chasser, et tous les adultes nourrissent les jeunes. Contrairement à la mangouste rayée, il n'existe pas de système d'escorte et les jeunes peuvent quémander leur nourriture auprès de n'importe quel adulte. **MORTALITÉ** 80 % (petits) et 32 % (adultes) principalement par prédation et infanticides. **LONGÉVITÉ** 8 ans dans la nature, 12 en captivité. **Statut et menaces** Largement réparti, fréquent et en sécurité. Pas de menace sérieuse au niveau des populations. Liste rouge LC.

LA MANGOUSTE FAUVE *Cynictis penicillata*

Ltc 27-46 cm ; Q 25-29 cm ; P 440-900 g
Petite mangouste à pelage fauve orangé à jaune grisâtre. Dans le sud, elles sont plus grandes, plus rouges, et ont la queue terminée de blanc, celles du nord sont plus petites, grisâtres, et n'ont généralement pas la queue terminée de blanc. **Distribution et habitat** Endémique à l'Afrique australe, entre l'extrême sud de l'Angola et l'Afrique du Sud, Namibie et Botswana. Occupe les milieux ouverts, semi-arides, notamment les semi-déserts, pelouses, fynbos, maquis et brousse ouverte, ainsi que les parcours d'élevage. **Écologie alimentaire** Essentiellement insectivore, avec une préférence pour les termites, coléoptères, sauterelles et criquets, mais aussi nombre d'invertébrés et petits vertébrés, jusqu'au gabarit des gros rats, et de quelques fruits. Tue à l'occasion des volailles et en mange les œufs. Chasseur principalement diurne et solitaire ou en paires. Charognard, elle se nourrit aussi des déchets anthropiques. **Comportement social et spatial** Chasse en solitaire ou par deux, mais vit en petits groupes familiaux d'environ 3-4 adultes (exceptionnellement 13 au plus) qui coopèrent à la reproduction. Le groupe vit sur un domaine vital commun, ou bien chacun occupe sur un vaste domaine vital partagé des secteurs différents qui se chevauchent peu, sauf aux tanières. Superficie moyenne des domaines vitaux individuels : 0,1-0,49 (♀) à 1,02 km² (♂). **Reproduction et démographie** Saisonnière ; au cours de l'été humide, entre août et février ; 2 portées se succèdent rapidement. Toutes les femelles du groupe se reproduisent. Gestation de 60-62 jours. Portées de 1-5, en moyenne 2. Les femelles vivent ensemble dans les tanières et tous les adultes nourrissent et gardent les petits. **MORTALITÉ** Les grands rapaces sont les principaux prédateurs. En Afrique du Sud, touchée par la rage, mais l'impact sur les populations est inconnu. **LONGÉVITÉ** 15 ans en captivité. **Statut et menaces** Largement répartie et fréquente. Les vastes campagnes tendant à éradiquer la rage ont localement abouti à sa régression ; ces programmes sont aujourd'hui sélectivement appliqués aux secteurs les plus touchés, à proximité des habitations. Liste rouge LC.

LA MANGOUSTE DE SELOUS *Paracynictis selousi*

Ltc 39-47 cm ; Q 28-43,5 cm ; P 1,4-2,2 kg
Petite mangouste élancée au pelage chiné gris-fauve clair, s'assombrissant sur la queue terminée de gris-blanc. Bas des membres brun noirâtre. **Distribution et habitat** Endémique au centre-sud de l'Afrique, du sud de l'Angola au Malawi, nord et est du Botswana, à nord-est de l'Afrique du Sud et sud du Mozambique, dans les milieux arides ou humides : savanes arborées, brousses, pelouses et terres cultivées offrant un couvert. **Écologie alimentaire** Sur la foi de rares observations, elle se nourrirait d'invertébrés (surtout criquets, sauterelles, termites et coléoptères), de petits rongeurs, herptiles et oiseaux. Nocturne et solitaire. **Comportement social et spatial** Peu connu. Solitaire dans la plupart des observations ; parfois par deux sans que l'on connaisse les liens de parenté. **Reproduction et démographie** Apparemment saisonnière, les naissances coïncidant avec la saison des pluies, août-mars. Portées de 2-4. **MORTALITÉ** Inconnue, un signalement de prédation par l'aigle martial. **LONGÉVITÉ** Inconnue. **Statut et menaces** Largement répartie, dans de vastes zones intactes. Considérée comme rare comparée aux espèces sympatriques selon la plupart des études *ad hoc*. Liste rouge LC.

LA MANGOUSTE DE MELLER *Rhynchogale melleri*

Ltc 44-48,5 cm ; Q 28-41,2 cm ; P 1,7-3 kg
Grande mangouste au museau tronqué caractéristique, légèrement bulbeux, au pelage chiné gris brunâtre clair à sombre. Au sein d'une même population, la queue peut être noire, gris brunâtre ou blanc grisâtre clair. **Distribution et habitat** Centre de la Tanzanie, sud de la RD du Congo, Malawi, Mozambique, Zambie et nord-est de l'Afrique du Sud. Vit principalement dans les forêts claires, savanes et pelouses, mais sa tolérance pourrait être plus vaste ; elle a récemment été signalée dans une bambouseraie à 1 850 m (monts Udzungwa, Tanzanie). **Écologie alimentaire** Mal connue, mais essentiellement insectivore, apparemment principalement des termites ; presque toujours observée en association avec des termitières. Se nourrit également de petits vertébrés. Serait nocturne, terrestre et solitaire. **Comportement social et spatial** Inconnu. Serait solitaire. **Reproduction et démographie** Saisonnière selon les rares observations ; naissances en saison humide, novembre-janvier. Portées de 3 signalées. **MORTALITÉ** et **LONGÉVITÉ** Inconnues. **Statut et menaces** Statut de conservation mal connu ; jamais vraiment étudiée. Largement répartie, elle vit dans de nombreuses zones protégées. Liste rouge LC.

Comportement
de harcèlement

SURICATE

MANGOUSTE
FAUVE

MANGOUSTE
DE SELOUS

MANGOUSTE DE MELLER

Pour les cartes de répartition des espèces, veuillez consulter le site : www.panthera.org/carnivoreguide

LA MANGOUSTE DE DYBOWSKI *Dologale dybowskii* **Planche 26**

Ltc 25-33 cm ; Q 16-23 cm ; P 300-400 g
Très petite mangouste au pelage chiné brun sombre, dessous plus clair, partie inférieure des membres sombre. Tête et cou gris brunâtre sombre, chiné de poils grisâtres. Ressemble aux mangoustes naines et parfois classée dans le genre *Helogale* ; elle s'en distingue à des différences anatomiques, essentiellement le crâne et la denture. Pas de rainure à la lèvre supérieure, présente chez les deux espèces de mangoustes naines. **Distribution et habitat** Nord-ouest de l'Ouganda, nord-est de la RD du Congo, sud de la République centrafricaine, extrême sud du Soudan et peut-être république du Congo ; dans la savane, mosaïques savane/forêt et forêt montagnarde/pelouses. **Écologie alimentaire** Inconnue. Denture réduite et pieds antérieurs dotés de très robustes griffes : son alimentation est sans doute très semblable à celle des mangoustes naines spécialisées dans les invertébrés de surface. L'estomac d'un spécimen contenait des termites, mille-pattes et petites graines. **Comportement social et spatial** Inconnu. Les archives des muséums et les observations indiquent qu'elle est solitaire, mais elle possède beaucoup de caractéristiques des espèces sociales, comme les mangues et les mangoustes naines. **Reproduction et démographie** Inconnues. Une portée de 4 a été signalée en RD du Congo. **Statut et menaces** Statut inconnu. N'est connue que par 31 spécimens des collections et une poignée d'observations non confirmées ; n'est plus signalée depuis les années 1970. Liste rouge DD.

LA MANGOUSTE NAINE ORIENTALE *Helogale hirtula*

Ltc 20-27 cm ; Q 15-18 cm ; P 220-350 g
Très petite mangouste à pelage plus long et plus clair que la mangouste naine du Sud. Coloration chaude, fauve ou chinée gris-brun clair, contrastant avec les doigts brun sombre. Sur le terrain paraît ébouriffée et moins rougeâtre que la mangouste naine du Sud. **Distribution et habitat** Somalie, sud-est de l'Éthiopie et du Kenya, peut-être Djibouti et extrême nord-est de la Tanzanie (réserve de Mkomazi). Vit dans les forêts claires arides à semi-arides, brousse et pelouses, jusqu'à 600 m, et on pense qu'elle n'est pas inféodée à l'eau. **Écologie alimentaire** Inconnue. Serait analogue à celle de la mangouste naine du Sud. Ses dents jugales sont plus robustes, ce qui indiquerait que les petits vertébrés seraient plus nombreux dans son alimentation. **Comportement social et spatial** Forme des clans nombreux semblables à ceux de la mangouste naine du Sud, mais on ne connaît pas les détails. **Reproduction et démographie** Inconnues. **Statut et menaces** Inconnus. Serait fréquente dans certaines régions, mais son statut de conservation n'a jamais été correctement évalué nulle part, et son aire de répartition étant entièrement recouverte par celle de la mangouste naine du Sud, les erreurs de détermination sont possibles. Liste rouge LC.

LA MANGOUSTE NAINE DU SUD *Helogale parvula*

Ltc 16-23 cm ; Q 14,2-18,2 cm ; P 210-340 g
C'est la plus petite des mangoustes (les mensurations de la *Dologale* et de l'autre *Helogale* seraient comparables, mais les données sont trop rares). Pelage lisse de coloration unie, variable, normalement chinée brun-fauve, brun-rouge ou brun foncé, le dessous étant de couleur plus chaude. Mélanisme possible et, dans ce cas, toute la population, ou la plupart des individus, est noire, comme dans les monts Erongo (Namibie centrale). **Distribution et habitat** Corne de l'Afrique, Afrique orientale (à l'est de la vallée du Rift), sud de la RD du Congo, Mozambique, Zambie et Angola, nord de la Namibie, nord du Botswana et nord-est de l'Afrique du Sud. Fréquente des habitats très variés à fortes densités de termitières, notamment les savanes boisées, brousses et forêts claires, arides ou humides. Présente dans les zones d'élevage. **Écologie alimentaire** Presque exclusivement insectivore, son régime alimentaire comprend essentiellement des invertébrés de surface ou fouisseurs, principalement des termites, coléoptères, sauterelles, mille-pattes, scolopendres et scorpions. Se nourrit également de petits mammifères, reptiles, grenouilles, oiseaux et quelques fruits, dont des baies. Casse les œufs en les lançant en arrière, entre ses pieds postérieurs, sur le sol ou contre un rocher. Tue rarement la volaille, mais on sait qu'elle en vole les œufs. Exclusivement diurne, elle fourrage en groupe, mais chaque individu chasse seul et dévore seul la proie qu'il a capturée. Elles se mettent à plusieurs pour tuer les grands serpents (elles sont immunisées contre les neurotoxines du venin) et les adultes coopèrent parfois pour tuer de gros rats. **Comportement social et spatial** Très sociale. Vit en groupes élargis complexes de 2-32 individus, en moyenne 9-12 adultes et subadultes qui défendent un territoire stable. Chaque groupe est dirigé par le couple dominant formé pour la vie, généralement composé du plus vieux de chaque sexe. Les autres adultes sont leurs propres rejetons ou des immigrants non apparentés. Tous sont extrêmement grégaires, se livrent fréquemment à des rituels de contact et coopèrent, notamment à la défense et au marquage du territoire, au repérage des prédateurs, à l'élevage des jeunes et à l'épouillage, et ils dorment ensemble. Les adultes volent au secours des jeunes en danger et le groupe nourrit parfois les blessés ou handicapés. Territoires : 0,27-0,96 km². Densités 3,9-30,9 mangoustes/km². **Reproduction et démographie** Généralement non saisonnière, mais un pic des naissances apparaît en période humide dans les milieux fortement marqués par les saisons, comme au nord du Kenya. Les femelles du groupe synchronisent l'œstrus et tous les adultes s'accouplent ; le mâle alpha domine la femelle alpha et elle est souvent la seule à mener une gestation à terme. Bien qu'elles s'accouplent, les femelles subordonnées sont bloquées psychologiquement et par leur comportement pour se reproduire ; elles produisent peu de portées et très peu de ces petits survivent en raison des infanticides de la part de la femelle alpha ; mais si les conditions sont favorables, ils ont plus de chances d'être tolérés. Gestation de 49-53 jours. Portées de 2-6, en moyenne 2-3. La femelle dominante peut produire 4 portées par an dans des conditions favorables. Les subadultes restent dans le groupe, se dispersent volontairement pour aller chercher des partenaires, ou sont chassés à la suite d'un changement de pouvoir ; les femelles sont plus susceptibles de rester dans leur groupe de naissance que les mâles. MORTALITÉ 59 % (petits de l'année ayant émergé de la tanière et jusqu'à 1 an), 26 % (♀ adultes) et 32 % (♂ adultes). Les principaux prédateurs sont les grands rapaces, varans, vipères heurtantes, grandes mangoustes et ratels. LONGÉVITÉ ♂ 10 ans et ♀ 14 dans la nature, 18 en captivité. **Statut et menaces** Largement répartie, très adaptable, elle atteint de fortes densités dans certaines régions. Présente dans de nombreuses zones protégées, pas de menaces sérieuses au niveau des populations. Liste rouge LC.

MANGOUSTE DE DYBOWSKI

MANGOUSTE NAINE ORIENTALE

Marquage olfactif devant la tanière

MANGOUSTE NAINE DU SUD

Pour les cartes de répartition des espèces, veuillez consulter le site : www.panthera.org/carnivoreguide

LA MANGUE DE GAMBIE *Mungos gambianus*

Ltc 30-45 cm ; Q 23-29 cm ; P 1-2,2 kg
Robuste mangouste de taille moyenne au pelage rêche, chiné, gris-brun rougeâtre. Gorge et poitrine jaunâtres démarquées par une rayure caractéristique noire ou brun sombre de l'oreille au membre antérieur. Queue terminée de noir. Le comportement et l'écologie seraient analogues à ceux de l'espèce proche, la mangue rayée, mais n'ont fait l'objet d'aucune étude. **Distribution et habitat** Endémique à l'Afrique occidentale : Gambie, sud du Sénégal, jusqu'au fleuve Niger, au Nigeria. Vit dans des habitats arides à semi-humides : zones boisées, savanes ouvertes, pelouses et brousse côtière. **Écologie alimentaire** Mal connue, mais ressemble à celle de la mangue rayée : arthropodes de surface complémentés de petits vertébrés comme les rongeurs, serpents et lézards. Chasse en bandes, exclusivement de jour. **Comportement social et spatial** Fortement grégaire. Les bandes familiales comptent normalement 5-15 individus, mais parfois jusqu'à 30-40 (observés en Côte d'Ivoire, Gambie et Sénégal). **Reproduction et démographie** Peu connues. Des jeunes ont été observés en janvier-février et septembre (Ghana) ou juin (Sierra Leone). MORTALITÉ Inconnue ; les grands rapaces seraient ses principaux prédateurs. LONGÉVITÉ Inconnue. **Statut et menaces** Statut mal connu. Son aire de répartition est relativement vaste et elle est fréquente dans certaines zones protégées, comme le PN de Niokolo-Koba (Sénégal) et le PN du Haut Niger (Guinée). Figure sur les marchés de viande de brousse, mais les effets de cette chasse ne sont pas connus. Liste rouge LC.

LA MANGUE RAYÉE *Mungos mungo*

Ltc ♂ 30-45 cm ; Q 17,8-31 cm ; P 0,9-1,9 kg
Mangouste de taille moyenne au pelage ras, rêche. Coloration chinée gris-brun clair à brun foncé, 10-15 bandes transversales sombres, étroites, sur le dos et la croupe. Les bandes apparaissent sur les juvéniles à 8-10 semaines et ils sont avant cela souvent confondus avec des mangoustes naines. **Distribution et habitat** Largement répartie en Afrique subsaharienne ; absente des forêts d'Afrique occidentale et centrale et des zones arides de l'Afrique australe. Vit dans tous les types de zones boisées, savanes et pelouses ; absente dans les déserts, semi-déserts et habitats montagneux. Tolère les zones cultivées. **Écologie alimentaire** Principalement insectivore : arthropodes de surface ou fouisseurs, notamment mille-pattes, bousiers, termites, fourmis, sauterelles, criquets, ainsi que leurs larves et œufs ; mais aussi des rongeurs, musaraignes, lézards, petits serpents, amphibiens, oiseaux, oisillons, œufs et quelques fruits. Considérée comme non nuisible pour la volaille. Exclusivement diurnes, elles fourragent en bandes, mais les captures sont individuelles et elles ne collaborent pas à la chasse. Fouillent les excréments d'ongulés, notamment de rhinocéros et d'éléphants, à la recherche de bousiers. Elles débarrassent parfois les phacochères de leurs tiques et autres parasites externes. Fouillent les décharges des villages et campements touristiques. **Comportement social et spatial** Fortement grégaire. Vit au sein de grands groupes familiaux très unis de 12-20 individus qui coopèrent à l'élevage des jeunes, au repérage des prédateurs et à la défense du territoire commun. Des groupes de 70-75 ont parfois été observés, généralement là où la nourriture est surabondante, comme autour des décharges des hôtels de tourisme. Les adultes de la bande sont apparentés car mâles et femelles peuvent rester dans leur groupe de naissance ; généralement, les mâles sont plus proches des autres mâles, tandis que les femelles sont plus proches des autres femelles. Les bandes défendent leur territoire contre d'autres bandes dans des combats qui peuvent être létaux. La superficie de ces territoires est variable : 0,3-2 km² (PN Queen Elizabeth, Ouganda). Densités : 2,4-3 mangoustes/km² (KwaZulu-Natal, Afrique du Sud, et Serengeti, Tanzanie) à 18/km² (PN Queen Elizabeth). **Reproduction et démographie** Là où les saisons sont bien marquées, la reproduction a lieu dans les périodes humides ; ailleurs, elle n'est pas saisonnière. La plupart des adultes du groupe se reproduisent ; les femelles synchronisent l'œstrus et mettent bas à quelques jours d'intervalle, dans une tanière commune ; les portées non synchronisées ont beaucoup moins de chances de survivre. Gestation de 60-63 jours. Portées de 1-6, en moyenne 3. Les mâles entrent en compétition pour les femelles et les mâles dominants ont plus de descendants, mais la plupart s'accouplent. Tous les adultes coopèrent et participent à l'élevage des jeunes et 1-2 adultes restent à la tanière pendant que les autres vont chercher leur nourriture. Les adultes toilettent les petits, jouent avec eux et les approvisionnent en nourriture, et les femelles allaitent n'importe lequel d'entre eux. Lorsqu'il quitte la tanière, à 5 semaines, chacun des petits s'attache à un individu, son « escorte », qui le nourrit et le protège jusqu'à ce qu'il soit indépendant, vers 3 mois. MORTALITÉ 72 % (avant 3 mois) et 14-33 % (adultes), principalement par prédation et infanticides. LONGÉVITÉ 17 ans en captivité. **Statut et menaces** Largement répartie, fréquente et non menacée. Elle disparaît lorsque le milieu est trop fortement modifié, mais elle n'est pas menacée. Liste rouge LC.

LA MANGOUSTE DU LIBERIA *Liberiictis kuhni*

Ltc 42,3-46,8 cm ; Q 19,7-20,5 cm ; P (1 seul ♂) 2,3 kg
Assez grande mangouste à tête étroite et long museau mobile. Uniformément brun sombre, sous-poil fauve orange, gorge et poitrine pâles, rayure sombre caractéristique au cou. Sa classification fait débat, mais les deux *Mungos* seraient les espèces les plus proches. **Distribution et habitat** Endémique à la Côte d'Ivoire et au Liberia, dans les forêts pluviales primaires et secondaires, généralement en association avec des zones marécageuses et cours d'eau sur lits sableux où abondent les vers de terre. **Écologie alimentaire** Serait spécialisée dans la capture des vers de terre, mais elle consomme aussi des arthropodes, petits vertébrés et fruits. En captivité, elle mange du bœuf haché, des croquettes pour chiens, des poussins, poissons et insectes vivants. Chasse de jour, en petites bandes. Les griffes antérieures très développées lui permettent de gratter la litière de feuilles et l'humus, et son long museau flexible fouille le sol retourné pour y débusquer ses proies. **Comportement social et spatial** Grégaire. Les petits groupes comptent normalement 4-6 individus, mais des bandes plus nombreuses ont été observées. Les mâles adultes se déplacent parfois en solitaire et visitent de nombreux groupes différents pendant 1-3 jours, signe que leur système social pourrait être celui de coatis : groupes de femelles et mâles solitaires ; mais la composition des groupes n'est pas connue. On ignore l'étendue des domaines vitaux et des densités. **Reproduction et démographie** Mal connues. Quelques observations indiqueraient que la reproduction a lieu à la saison humide, de mai à septembre. MORTALITÉ Inconnue. L'aigle couronné est l'un de ses prédateurs confirmés. LONGÉVITÉ Inconnue. **Statut et menaces** Son aire de répartition est très restreinte et est inféodée à la forêt humide riche en vers de terre. La déforestation et la chasse pour la viande de brousse sont de graves menaces. Liste rouge VU.

MANGUE DE GAMBIE

MANGUE RAYÉE

Épouillage d'un phacochère

MANGOUSTE DU LIBERIA

Pour les cartes de répartition des espèces, veuillez consulter le site : www.panthera.org/carnivoreguide

LA MANGUE D'ANGOLA *Crossarchus ansorgei* **Planche 28**

Ltc 32-36 cm ; Q 20,8-22 cm ; P 0,6-1,5 kg
De taille moyenne, au pelage ébouriffé brun sombre, épais sous-poil brun rougeâtre. Bas de la face fauve clair et les joues et sourcils peuvent porter des traces de blanc. Jusqu'en 1984, 2 spécimens seulement avaient été recueillis, dont un reste le seul observé en Angola depuis 1908. On sait aujourd'hui qu'elle est plus largement répartie, mais elle est très peu étudiée. **Distribution et habitat** Endémique à l'ouest et centre de la RD du Congo et nord-ouest Angola en deux populations disjointes ; on ignore si elle est présente entre les deux. Toujours observée dans la forêt pluviale. **Écologie alimentaire** Mal connue, mais présumée analogue à celle des autres *Crossarchus* : invertébrés du sol de la forêt et petits vertébrés. En captivité, elle refuse les fruits, y compris les baies, et les champignons. Chasse probablement de jour, au sol et en bandes. **Comportement social et spatial** Très grégaire, les bandes peuvent compter 20 membres au plus, mais on ne connaît pas les détails. **Reproduction et démographie** Inconnues. **Statut et menaces** Rare, comparée à l'espèce sympatrique, la mangue du Congo, sur la base des inventaires de viande de brousse (10 % des carnivores, contre 42 % pour cette dernière). Contrairement à elle, la mangue d'Angola n'a jamais été observée hors de la forêt pluviale intacte et y est peut-être inféodée. Liste rouge DD.

LA MANGOUSTE À TÊTE PLATE *Crossarchus platycephalus*

Ltc 30-36 cm ; Q 15,6-21 cm ; P 0,5-1,5 kg
Petite, ressemble à *C. obscurus*, mais le crâne est plus aplati, plus large, et de coloration plus claire. Parfois classée avec *C. obscurus*, elles sont pourtant généralement considérées comme deux espèces distinctes, séparées par la coupure du Dahomey. **Distribution et habitat** Sud du Nigeria à sud du Cameroun, sud-ouest de la République centrafricaine à la Guinée équatoriale et nord-ouest du Congo ; probablement aussi dans le nord du Gabon, et quelques observations non confirmées au Bénin occidental. Vit dans l'épaisse forêt pluviale, jusqu'à 1 600 m, mais aussi dans les mosaïques forêt/savane et terres cultivées en forêt. **Écologie alimentaire** Mal connue mais comparable à celles des autres *Crossarchus* : invertébrés du sol de la forêt et petits vertébrés. Les crabes d'eau douce qui semblent être une de ses proies principales sont pêchés en eau peu profonde. Diurne, sociale et principalement terrestre ; deux adultes ont été observés poursuivant dans un arbre un cobra noir de 3 m (qui s'est échappé). **Comportement social et spatial** Très grégaire, mais mal connu. Groupes familiaux assez restreints pour une *Crossarchus*, entre 5 et 8, mais on a signalé des groupes de 25. **Reproduction et démographie** Mal connues. Serait non saisonnière. Portées de 2-5. **Statut et menaces** Statut de conservation mal connu. Relativement bien répartie, elle résiste à la dégradation de son habitat, comme dans le delta du Niger, preuve de sa résilience face à la déforestation. Chassée pour sa viande. Liste rouge LC.

LA MANGUE BRUNE *Crossarchus obscurus*

Mangouste brune
Ltc 30-37 cm ; Q 14,6-21 cm ; P 0,45-1 kg
Petite, trapue, au pelage chiné, ébouriffé, brun sombre à noir, sous-poil plus clair. Poils de la tête et de la face plus ras et plus clairs que sur le corps, normalement fauves ou brun rougeâtre. **Distribution et habitat** Endémique au littoral de l'Afrique occidentale, entre ouest de la Guinée, Sierra Leone et frontière Ghana-Togo. Vit dans le sous-bois de la forêt pluviale ou de la forêt riveraine, jusqu'à 1 500 m. Fréquente les forêts exploitées et plantations dotées d'un sous-bois. **Écologie alimentaire** Se nourrit principalement d'invertébrés du sol de la forêt, notamment les mille-pattes, fourmis, termites, vers de terre, coléoptères, sauterelles, larves d'insectes, araignées et escargots, mais également de rongeurs, petits oiseaux, herptiles et œufs ; en captivité, elle accepte des fruits, y compris des baies. Chasse de jour en bandes nombreuses, mais les captures se font individuellement. Les grosses proies, comme les cobras et rats géants, sont chassées en groupe : une ou plusieurs crossarques pénètrent dans les terriers de rats et les poursuivent jusqu'à la sortie où ils sont attendus par le reste de la bande. Terrestre, elle poursuit rarement sa proie dans les arbres, mais elle grimpe le long des lianes jusqu'à 25 m de hauteur pour y installer sa tanière. **Comportement social et spatial** Très grégaire. Petits groupes territoriaux de 20 membres au plus. La composition du groupe n'est pas claire, mais il peut s'agir d'un agrégat de 2-3 unités familiales (peut-être apparentées), chacune composée d'un couple reproducteur et des jeunes d'une ou plusieurs portées. La superficie du domaine vital est estimée entre 0,28-1,4 km². Densités dans les habitats favorables : 13,2-17 crossarques/km². **Reproduction et démographie** Non saisonnière en captivité, mais dans la nature, la plupart des naissances ont lieu en janvier-février et mai-juin. Gestation de 53-60 jours. Portées de 2-5. Les adultes reproducteurs fournissent la majorité des soins aux jeunes, mais les autres participent en gardant les petits, en les transportant d'une tanière à l'autre, et en leur rapportant des proies. **MORTALITÉ** Mal connue ; serait de 45,5 % chez les jeunes de moins de 6 mois (sur la foi d'un petit nombre d'observations). Les grands rapaces diurnes, surtout l'aigle couronné, sont ses principaux prédateurs. **LONGÉVITÉ** 13 ans en captivité. **Statut et menaces** Distribution relativement restreinte subissant de fortes pressions anthropiques, mais non inféodée aux forêts intactes et les densités sont élevées dans les milieux favorables. Vulnérable à la chasse pour la viande de brousse. Liste rouge LC.

LA MANGUE DU CONGO *Crossarchus alexandri*

Ltc 35-44 cm ; Q 20,8-32 cm ; P 1-2 kg
La plus grande des *Crossarchus* ; long pelage sombre, ébouriffé ; épis bien visibles sur le cou et longs poils sur le dos, lui faisant une crinière peu marquée. **Distribution et habitat** Endémique à la forêt de la RD du Congo et ouest de l'Ouganda ; une population isolée sur le mont Elgon, sur la frontière ougando-kenyanne. Vit dans les forêts pluviales de plaine et de montagne, plus souvent dans les zones marécageuses, et proche des villages et zones cultivées. **Écologie alimentaire** Mal connue, ressemble à celle des autres *Crossarchus* : invertébrés du sol de la forêt, petits vertébrés et quelques fruits. Chasseur diurne, terrestre et social. **Comportement social et spatial** Très grégaire, mal connu. Les groupes familiaux sont relativement peu nombreux : normalement 10 individus au plus. **Reproduction et démographie** Inconnues. Une femelle gestante capturée dans le PN de Virunga (RD du Congo) portait 6 embryons. **Statut et menaces** Serait assez largement répartie et relativement commune, à voir la fréquence avec laquelle elle apparaît sur les marchés de viande de brousse. Semble résister aux modifications de son habitat, mais la dégradation des milieux ajoutée à la chasse représente une menace. Liste rouge LC.

Bande à la recherche de nourriture

Pour les cartes de répartition des espèces, veuillez consulter le site : www.panthera.org/carnivoreguide

L'EUPLÈRE DE GOUDOT *Eupleres goudotii*

Falanouc

Ltc 45-65 cm ; Q 22-25 cm ; P 1,6-4,6 kg

Eupléridé microcéphale très caractéristique, au corps épais et à la longue queue bulbeuse. Certains auteurs décrivent 2 espèces, *E. goudotti*, à l'est, et *E. major*, plus grand, confiné au nord-ouest de Madagascar, mais la révision n'est pas faite. **Distribution et habitat** Madagascar, dans les forêts non perturbées, humides et décidues, et marécages associés, du niveau de la mer à 1 600 m. Parfois observé dans les parcelles herbeuses, mésiques, ouvertes, de ces milieux. **Écologie alimentaire** Presque exclusivement insectivore : museau très allongé et petites dents coniques spécialisées pour une alimentation composée de vers de terre, limaces, escargots et larves d'insectes. En captivité, il mange des grenouilles et petits morceaux de viande, mais refuse les vertébrés. Les longues griffes non protractiles permettent de déterrer les proies. Accumule jusqu'à 20 % de son poids en graisse stockée dans la queue pendant la saison sèche et froide, sans doute pour survivre à la diminution des proies. Cathéméral. **Comportement social et spatial** Pratiquement inconnu. Probablement solitaire ; toutes les observations dans la nature concernaient un animal solitaire ou une femelle suitée. Les deux sexes marquent les buissons et rochers des sécrétions de leurs glandes anogénitales, mais on ne sait pas s'il s'agit de marquer les frontières d'un territoire. **Reproduction et démographie** Pas de données dans la nature. En captivité, les accouplements ont lieu en juillet-septembre, les naissances en novembre-janvier. Toutes les naissances en captivité sont uniques, mais des jumeaux ont été signalés. Les petits sont étonnamment précoces et accompagnent leur mère à 2-3 jours seulement ; ils sont sevrés à 9 semaines. **Statut et menaces** Discret, solitaire et mal connu, mais on pense qu'il est naturellement rare. Sans doute vulnérable aux menaces auxquelles sont confrontés tous les carnivores de Madagascar. CITES Anexe II, Liste rouge NT.

LE FOSSA *Cryptoprocta ferox*

Ltc 70-80 cm ; Q 61-70 cm ; P ♀ 5,5-6,8 kg, ♂ 6,2-8,6 kg

C'est le plus grand carnivore de Madagascar. Normalement rougeâtre à chocolat ; des signalements de mélanisme n'ont pas été confirmés. Les jeunes naissent avec un pelage gris perle et prennent leur coloration d'adulte vers 5-6 mois. **Distribution et habitat** Madagascar, dans les forêts et zones boisées jusqu'à 2 600 m : de la savane boisée recevant < 400 mm de précipitations à la forêt tropicale qui en reçoit plus de 6 000 mm. Les plus fortes densités se rencontrent dans les forêts décidues arides de l'ouest. **Écologie alimentaire** Formidable prédateur qui chasse toutes les espèces indigènes, notamment les plus gros lémuriens (la prédation sur les indris adultes n'est pas confirmée). Les primates sont souvent les plus nombreux dans son alimentation, mais il change de proies selon les disponibilités : les rongeurs, tenrecs et autres carnivores, dont la mangouste à dix raies et la fossane, peuvent localement prendre une plus grande place dans son alimentation ; mange aussi des oiseaux, reptiles, amphibiens et invertébrés. Si les potamochères et le bétail y figurent, c'est presque certainement sous forme de charognes. S'attaque à la volaille. Chasseur cathéméral aussi bien terrestre qu'arboricole, car il est d'une agilité exceptionnelle. Chasse généralement en solitaire, mais des couples et des mères suitées ont été occasionnellement signalés chassant de concert, et 3 mâles adultes ont été observés forçant un sifaka de Verreaux à sauter au sol où ils se le sont partagés. **Comportement social et spatial** Solitaire et probablement territorial ; marque activement ses frontières de sécrétions anogénitales âcres, mais les territoires se chevauchent pour 30 % de leur superficie au plus, et les adultes se rassemblent sur les sites de reproduction. Les territoires mesurent 13 km² (♀) et 27 km² (♂) et c'est en saison sèche qu'ils sont les plus vastes, sans doute en raison de la plus grande dispersion des points d'eau et des proies. Les seules densités mesurées sont de 5,5 fossas/km² dans une forêt sèche (Kirindy) à fortes densités. **Reproduction et démographie** Probablement saisonnier. S'accouple en septembre-décembre, généralement dans les arbres, sur des sites traditionnels utilisés par de nombreuses femelles. Huit mâles au plus accompagnent une femelle en œstrus et se battent pour l'approcher ; celle-ci s'accouple avec plusieurs mâles. Gestation ~ 90 jours. Portées de 2-4, rarement 6 (en captivité). Le développement des jeunes est étonnamment lent : sevrés à 4-5 mois, ils sont indépendants vers 12 mois. MORTALITÉ Mal connue. Ses seuls prédateurs sont l'homme et le chien, et les pertes sont élevées dans certaines régions. LONGÉVITÉ 23 ans en captivité. **Statut et menaces** Confiné aux forêts périphériques de Madagascar, la population est estimée à moins de 2 500 individus, au mieux. La déforestation et la fragmentation de la forêt sont les principales menaces, ajoutées à la pression de chasse pour la viande de brousse (localement très forte, surtout pour un carnivore au sommet de la chaîne alimentaire) et pour sa prédation sur la volaille. Les chiens errants limitent les densités, et il est atteint par les maladies introduites par les chiens et les chats, mais leur impact n'a pas été mesuré. CITES Annexe II, Liste rouge VU.

LA FOSSANE *Fossa fossana*

Genette de Madagascar, civette malgache

Ltc 40-45 cm ; Q 21-26,4 cm ; P 1,3-1,9 kg

Rappelle une genette portant des rangées parallèles de taches sombres sur fond brun clair chiné. Queue touffue généralement rayée de brun, mais pas toujours. **Distribution et habitat** Nord et est de Madagascar, dans les forêts humides ou sèches jusqu'à 1 300 m. Plus fréquente dans les forêts pluviales bien arrosées de plaines, mais aussi dans les canyons de *tsingy* (karsts calcaires) sans eau d'Ankarana. **Écologie alimentaire** Chasse de petites proies, comme les rongeurs, tenrecs, petits oiseaux, reptiles, amphibiens et invertébrés. Dans la forêt pluviale, elle chasse les crustacés, anguilles et amphibiens dans les eaux peu profondes. Accumule dans sa queue jusqu'à 25 % de son poids en graisse, à servir pendant la saison hivernale sèche. Chasseur principalement nocturne et terrestre, bien qu'elle soit un agile grimpeur, elle chasse parfois dans les petits arbres. **Comportement social et spatial** Solitaire. Mœurs spatiales mal connues, mais une brève étude indique que les femelles et les mâles habitent des domaines vitaux discrets de 0,07-0,52 km². Les adultes marquent les territoires de leur odeur et les mâles montent la garde auprès des femelles en œstrus, ce qui semble indiquer qu'ils sont territoriaux. Dans la même étude, au moins 22 adultes ont été repérés sur 2 km², signe de fortes densités. **Reproduction et démographie** Saisonnière. Accouplements en août-septembre ; naissances en octobre-décembre. Gestation de 80-89 jours. Toutes les portées observées ne comptaient qu'un jeune, lequel est bien développé à la naissance ; il marche à 3 jours et est sevré à 8-10 semaines. MORTALITÉ Mal connue. Le fossa est l'un de ses prédateurs, et les chasseurs en prélèvent un nombre important dans certaines populations. LONGÉVITÉ Inconnue dans la nature, 11 ans en captivité. **Statut et menaces** Largement distribuée sur son aire de répartition restreinte, où les densités semblent parfois élevées. Mais ne colonise pas les milieux modifiés et est menacée par la chasse. Persécutée comme prédateur supposé de la volaille (possible mais non confirmé) et mangée par les hommes dans les zones rurales. CITES Annexe II, Liste rouge NT.

EUPLÈRE
DE GOUDOT

FOSSA

FOSSANE

Pour les cartes de répartition des espèces, veuillez consulter le site : www.panthera.org/carnivoreguide

LA GALIDIE À BANDES *Galidictis fasciata*

Galidie rayée, galidie à larges bandes
Ltc 30-34 cm ; Q 25-29,3 cm ; P 520-740 g
C'est la plus petite des 2 *Galidictis* ; les bandes sombres sont plus larges que les lignes claires. **Distribution et habitat** Est de Madagascar, dans la forêt humide de plaine, jusqu'à 700 m (une observation à 1 500 m) ; parfois signalée dans une forêt secondaire dégradée. **Écologie alimentaire** Inconnue. Crâne et denture puissants, signes d'un régime composé de petits vertébrés, presque certainement complété d'invertébrés. Visite souvent les réserves des campements des chercheurs et est réputée s'attaquer à la volaille. Principalement nocturne et terrestre. **Comportement social et spatial** Observations et pièges photographiques suggèrent qu'elle vit en couple, ce qui n'est pas confirmé. Rare dans les inventaires, signe de faibles densités. **Reproduction et démographie** Inconnues. Deux tétines seulement, ce qui semble indiquer des portées de 1-2 jeunes. **Statut et menaces** Inconnus. Liste rouge NT.

LA MANGOUSTE À DIX RAIES *Mungotictis decemlineata*

Ltc 26,4-29,4 cm ; Q 19,1-21,5 cm ; P 450-740 g
Pelage caractéristique chiné gris, dessous jaunâtre, et fines rayures brun orange. **Distribution et habitat** Sud-ouest de Madagascar. Inféodée aux forêts arides intactes décidues et à baobabs, jusqu'à 400 m. Disparaît des forêts dégradées. **Écologie alimentaire** Fouille le sol, la litière de feuilles et les bois en décomposition à la recherche d'insectes et de larves. À l'occasion, chasse les petits lémuriens, rongeurs, tenrecs et petits reptiles. Chasserait les lémuriens en bande. Les plus grosses proies, comme le rat sauteur malgache (1-1,2 kg), sont probablement consommées sous forme de charognes. Principalement diurne et terrestre, mais elle est un agile grimpeur. **Comportement social et spatial** Grégaire, l'organisation sociale est complexe : groupes de plusieurs femelles adultes suitées. Les mâles sont généralement solitaires, mais rejoignent les groupes par intermittence pendant la saison de reproduction. Les familles occupent des domaines vitaux stables qu'ils marquent activement ; peu ou pas d'agressions entre les groupes. Domaine vital de 0,13-0,25 km². **Reproduction et démographie** Faiblement saisonnière. Accouplements en juillet-décembre. Gestation de 90-105 jours. Les groupes de femelles peuvent synchroniser les naissances. **Statut et menaces** Son aire de répartition est très réduite et fragmentée, mais les densités peuvent être élevées. Liste rouge VU.

LA MANGOUSTE À QUEUE ANNELÉE *Galidia elegans*

Ltc 30-38 cm ; Q 26-39,1 cm ; P ♀ 660-890 g, ♂ 0,9-1,09 kg
C'est le plus voyant des euplérìdés. Pelage rouge orange, bandes chocolat sur la queue. Plus sombre et moins coloré dans l'est. **Distribution et habitat** Madagascar, dans presque tous les types de forêts jusqu'à 1 950 m, y compris les forêts secondaires et dans les clairières, à proximité du couvert. **Écologie alimentaire** Se nourrit principalement de petits rongeurs, tenrecs, reptiles, oisillons et œufs, mais aussi d'invertébrés ; peut tuer de plus grosses proies, comme le grand chirogale (600 g). Un avahi laineux de 1,2 kg n'était probablement qu'une charogne sur laquelle se nourrissait la mangouste. Elle chasse au sol ou jusqu'à 15 m dans les arbres, déterre les rongeurs de leurs terriers et pêche en eau peu profonde. Principalement diurne mais chasse parfois de nuit. **Comportement social et spatial** Vit en couple avec les jeunes dépendants. Les mâles sont parfois solitaires ; on ignore si les couples se forment uniquement pour la reproduction ou si les mâles solitaires sont en phase de dispersion. Les groupes familiaux occupent un domaine vital de 0,2-0,25 km² qu'ils marquent activement de leur odeur. **Reproduction et démographie** Faiblement saisonnière. Accouplements en juillet-novembre. Gestation de 75 jours ; 1 petit né en octobre-décembre ; les familles sont parfois composées de portées d'âge différent, ce qui indiquerait qu'il peut y avoir 2 portées par an. **Statut et menaces** C'est le plus fréquent et le plus largement réparti des euplérìdés. Liste rouge LC.

LA GALIDIE UNICOLORE *Salanoia concolor*

Ltc 35-38 cm ; Q 16-20 cm ; P ~ 780 g
Pelage uni, brun chocolat sombre ; dessous brun-rouge plus clair, uni. Une autre espèce, *S. durrelli*, a été décrite en 2010 (p. 9). **Distribution et habitat** Nord-est de Madagascar, jusqu'à 1 000 m. Plus de 90 % des observations viennent de la forêt tropicale intacte, mais parfois de la forêt secondaire et de terres cultivées. **Écologie alimentaire** On pense qu'elle est principalement insectivore ; la seule observation directe concerne des individus extrayant des larves de bois en décomposition ou de la litière de feuilles. Diurne et terrestre, elle est agile dans les arbres et chasse peut-être les arthropodes des arbres. Les villageois l'accusent de tuer la volaille, ce qui est improbable vu la faiblesse de sa denture. **Comportement social et spatial** Mal connu. Les groupes de 5 individus au plus seraient composés du couple accompagné des jeunes. Une observation d'un groupe composé d'un jeune et d'un très jeune petit, signe que les premières portées restent au sein de la famille. **Reproduction et démographie** Tous les jeunes ont été observés entre novembre et janvier, la reproduction serait donc saisonnière. Les portées étaient de 1 seul petit. **Statut et menaces** Inconnus. Localement fréquente dans la réserve de Betampona. Liste rouge VU

LA GALIDIE DE GRANDIDIER *Galidictis grandidieri*

Ltc 45-48 cm ; Q 30-32,6 cm ; P 1-1,7 kg
C'est la plus grande des *Galidictis*. Rayures longitudinales sombres, étroites, sur fond chiné gris-beige. **Distribution et habitat** Sud-ouest de Madagascar, sur seulement ~ 450 km² au bord du plateau chaud et aride de Mahafaly, dans la forêt aride à épineux. **Écologie alimentaire** Ses proies sont étonnamment petites pour sa taille : blattes malgaches, sauterelles, arachnides et petits vertébrés < 10 g. Se nourrit aussi de petits iguanes, geckos et serpents malgaches. Les plus grosses proies pesaient 140-200 g, comme le tenrec-hérisson ou la tourterelle peinte, ainsi qu'un serpent de 369 g. Chasse principalement au sol, dans la litière de feuilles ou dans les fissures de rochers, mais grimpe parfois dans les petits arbres à la poursuite d'une proie. Exclusivement nocturne. **Comportement social et spatial** Mal connu. Les adultes semblent être solitaires et occuper un domaine vital défini, mais des groupes dominés par les mâles semblent indiquer des schémas plus complexes. **Reproduction et démographie** Inconnues. Les portées seraient de 1-2. **Statut et menaces** C'est l'euplérìdé dont l'aire est la plus restreinte et elle est inféodée à un habitat précis ; toute menace sur son habitat aurait de graves répercussions. La population totale est estimée à 2 200 individus. Liste rouge EN.

Pour les cartes de répartition des espèces, veuillez consulter le site : www.panthera.org/carnivoreguide

LE LINSANG RAYÉ *Prionodon linsang*

Civette à bande

Ltc 37,9-45 cm ; Q 33-37,5 cm ; P 590-800 g

Les deux espèces de linsang sont classées dans une famille à part, les Prionodontidae. Le linsang rayé est très petit et élancé, la tête et le cou sont particulièrement allongés. Pelage crème à chamois, larges bandes sombres sur le dos et taches se rejoignant en bandes parallèles le long du corps. Pieds de genette, griffes entièrement protractiles. **Distribution et habitat** Java, Sumatra, péninsule malaise jusqu'au sud de la Thaïlande et du Myanmar. Essentiellement dans les forêts primaires et secondaires, jusqu'à 2 700 m ; quelques observations dans des habitats dégradés comme les plantations. **Écologie alimentaire** Principalement carnivore, il chasse de petits vertébrés terrestres ou arboricoles comme les rongeurs, oiseaux, reptiles et grenouilles ; également des invertébrés comme les grosses blattes. En captivité, il refuse les fruits. Extrêmement agile, il chasse aussi bien dans la canopée (au moins jusqu'à 8 m) qu'au sol ; dégringole les troncs tête en avant. Principalement nocturne. **Comportement social et spatial** Très mal connu. Considéré comme solitaire ; les groupes de 2-3 sont probablement une mère suitée. Les superficies des domaines vitaux et les densités n'ont jamais été étudiées. **Reproduction et démographie** Mal connues. Des portées ou des femelles gestantes ou allaitantes ont été observées entre avril et octobre, mais on ignore s'il s'agit d'une preuve de reproduction saisonnière. Portées de 1-3. Les juvéniles atteignent leur taille adulte à 4 mois. **MORTALITÉ** Inconnue **LONGÉVITÉ** 10,7 ans en captivité. **Statut et menaces** Difficile à étudier et son statut de conservation est mal connu. La déforestation serait la principale menace, mais on ignore sa capacité à s'adapter aux zones défrichées et il vit dans des zones mieux protégées d'altitude. Apparaît occasionnellement sur les marchés d'animaux sauvages, indice probable de sa rareté naturelle. CITES Annexe II, Liste rouge LC.

LE LINSANG TACHETÉ *Prionodon pardicolor*

Ltc 31-45 cm ; Q 30-40 cm ; P 0,55-1,2 kg

Ressemble au linsang rayé, mais moins fortement marqué : petites taches rondes discrètes, couvrant le corps en rangées plus ou moins parallèles. Les taches du dos peuvent se fondre le long de la colonne vertébrale, rappelant la bande médiane du linsang rayé. L'aire de répartition des deux espèces ne se recouperait pas, mais elles sont mal délimitées et des chevauchements sont possibles dans le sud de la Thaïlande et au sud du Myanmar. **Distribution et habitat** Népal, Bhoutan, nord-est de l'Inde, sud de la Chine et Asie du Sud-Est, jusqu'au Cambodge et sud du Vietnam. Occupe plaines, collines et montagnes jusqu'à 2 700 m (les observations à 4 000 m sont douteuses) dans les forêts de bambous, les mosaïques forêt/pelouses et brousses humides épaisses. Présent dans certains milieux perturbés, dont les forêts secondaires et mosaïques de plantations de pins et zones cultivées. **Écologie alimentaire** Semblable à celle du linsang rayé : petits vertébrés terrestres ou arboricoles, comme les rongeurs, oiseaux, reptiles et grenouilles. Une femelle captive dans un enclos semi-naturel chassait souris et campagnols terrestres en les observant de son perchoir et descendait rapidement tête la première pour les tuer au sol. Elle mangeait 4-6 petits rongeurs par jour. Principalement nocturne. Trois observations d'animaux se nourrissant d'une proie tuée par un tigre (PN de Chitwan, Népal). **Comportement social et spatial** Pratiquement inconnu. Généralement observé en solitaire. Une femelle captive marquait abondamment d'urine et de fèces les points saillants de son environnement. **Reproduction et démographie** Mal connues. Très rares observations de portées de 1-2 entre février et août. **MORTALITÉ** Pratiquement inconnue ; 2 adultes noyés dans un puits ouvert au Népal, mais il ne s'agit sans doute pas d'incidents fréquents. **LONGÉVITÉ** Inconnue. **Statut et menaces** Statut mal connu. Rarement signalé dans les études ou sur les marchés, ce qui n'est pas nécessairement un indice de rareté ; semi-arboricole, il est difficile à repérer et se prend peu dans les pièges. Les principales menaces seraient la perte de son habitat et la chasse, toutes deux très intenses sur l'ensemble de son aire de répartition. Présent dans de nombreuses zones protégées. CITES Annexe II, Liste rouge LC.

LA CIVETTE PALMISTE À TROIS BANDES *Arctogalidia trivirgata*

Ltc 43,2-53,2 cm ; Q 46,3-66 cm ; P 2-2,5 kg

Petite civette à queue tubulaire plus longue que la tête et le corps. Coloration très variable, jaune d'or (surtout à Java), divers tons de gris, ou brun-fauve à brun très sombre. Le dessous est toujours plus clair, la queue est sombre ; trois rayures, ou rangées de taches rattachées les unes aux autres, parallèles sur le dos (parfois peu distinctes). Intérieur des oreilles rose vif, bien visible sur le fond sombre, surtout dans les spots lumineux. Il semble que l'espèce devrait être scindée en deux espèces distinctes, l'une au nord, l'autre au sud de l'isthme de Kra (Thaïlande-Myanmar). **Distribution et habitat** Ouest de Java, Sumatra, Bornéo et sur le continent jusqu'au sud de la Chine, le nord-est de l'Inde et l'est du Bangladesh, principalement dans les forêts sempervirentes humides ou arides entre 150 et 1 500 m. Fréquente aussi des forêts dégradées au Laos tant que la canopée reste intacte ; on connaît mal sa tolérance aux milieux modifiés. **Écologie alimentaire** Omnivore. Les fruits, surtout les figues, sont ses principaux aliments, au moins pendant les pics de fructification. Chasse aussi les petits vertébrés, comme les écureuils arboricoles, et les invertébrés. En captivité, elle mange des bananes, pommes, oranges, raisins, tomates et viande. Chasseur nocturne et presque exclusivement arboricole dans la partie supérieure de la canopée, parfois à l'étage inférieur et rarement au sol. Généralement solitaire, mais les individus peuvent se regrouper autour des arbres portant des fruits. **Comportement social et spatial** Mal connu. On pense qu'elle est solitaire ; on observe ~ 82 % de solitaires et 18 % d'animaux circulant par deux, mais on ne connaît pas la composition de ces paires. **Reproduction et démographie** Mal connues. En captivité, la gestation dure 45 jours et les portées sont de 1-3 petits qui sont sevrés vers 2 mois. En captivité, il peut y avoir 2 portées par an. **MORTALITÉ** Inconnue. **LONGÉVITÉ** 15,8 ans en captivité. **Statut et menaces** Statut de conservation mal connu en raison essentiellement de ses mœurs arboricoles. N'apparaît presque jamais dans les pièges photographiques ou autres études réalisées au sol ; mais, dans certaines régions, elle apparaît fréquemment la nuit, dans la lumière des projecteurs. La déforestation et la chasse sont les principales menaces ; nocturne, elle est un peu protégée, sauf des tirs de nuit. Considérée en danger à Java. CITES Annexe II, Liste rouge LC.

Pour les cartes de répartition des espèces, veuillez consulter le site : www.panthera.org/carnivoreguide

LA CIVETTE PALMISTE DE CEYLAN *Paradoxurus zeylonensis* Planche 32

Ltc 50,2-58 cm ; Q 43,7-52,5 cm ; P ~ 3,6 kg
Civette de taille moyenne, queue aussi longue que la tête et le corps. Jaune-beige à brun-jaune uni, parfois nuancé de roux ; dessous plus clair. Certains individus portent trois faibles rayures dorsales. Une forme brun sombre à queue terminée de jaune ou blanc pourrait représenter une espèce distincte. **Distribution et habitat** Endémique au Sri Lanka, où sa distribution est fragmentée dans les habitats favorables : forêts arides ou humides de plaine ou de montagne. Semble tolérer certaines modifications du milieu, mais moins souvent observée sur les terres agricoles, dans les plantations et les villages que l'espèce sympatrique, la civette palmiste commune. **Écologie alimentaire** Peu connue, mais serait omnivore, se nourrissant essentiellement de fruits, et de petits vertébrés et invertébrés. Principalement nocturne et probablement principalement arboricole, mais elle a été photographiée au sol. **Comportement social et spatial** Très mal connu. La plupart des observations concernent des individus solitaires. La superficie des domaines vitaux et les densités n'ont jamais été étudiées. **Reproduction et démographie** Mal connues. Les portées seraient de 1-3, mais les observations vérifiables sont peu nombreuses. MORTALITÉ et LONGÉVITÉ Inconnues. **Statut et menaces** Son aire de répartition est restreinte et fragmentée, estimée à moins de 20 000 km², en 5 à 10 populations discontinues. Peut être localement abondante, surtout dans les zones humides et en montagne. La déforestation, essentiellement en montagne, est la principale menace. Liste rouge VU.

LA CIVETTE PALMISTE DE JERDON *Paradoxurus jerdoni*

Ltc 51-61,5 cm ; Q 44-50 cm ; P 2-4,3 kg
Civette de taille moyenne à longue queue, normalement brun très sombre, flancs et arrière-train légèrement plus clairs, dessous clair. Certains individus sont nettement plus clairs sur le torse, entre brun clair et gris-fauve pâle, rarement doré ; seules la tête, la partie antérieure du corps et la partie inférieure des membres postérieurs conservant la coloration brun sombre. La queue est parfois terminée de jaune ou blanc, généralement chez les individus les plus clairs. **Distribution et habitat** Endémique aux Ghâts occidentaux (sud de l'Inde), dans les forêts sempervirentes entre 500 et 1 300 m, plus abondante au-dessus de 1 000 m ; dans les forêts mosaïques aux habitats très modifiés, comme les plantations de café et de cardamome. **Écologie alimentaire** Essentiellement frugivore : fruits sauvages ou cultivés, graines et fleurs. Mange aussi des invertébrés, comme les insectes, scolopendres, escargots et crabes, et à l'occasion des petits mammifères, oiseaux et reptiles. C'est surtout pendant la saison sèche, lorsqu'il n'y a pas de fruits, qu'elle chasse. Essentiellement arboricole, elle peut se déplacer et fourrager au sol. Nocturne et solitaire, elle peut se nourrir aux côtés d'autres civettes sur un arbre fructifère. **Comportement social et spatial** Solitaire. Les domaines vitaux sont restreints et se chevauchent ; les conflits dans les zones communes sont réduits grâce à un système de partage du temps permettant aux animaux de s'éviter. Dort le jour dans un nid d'écureuil géant, un arbre creux, un fouillis de lianes, ou sur une branche. Les domaines vitaux des mâles sont plus vastes que ceux des femelles. Les rares estimations (suivi sur < 1 an) sont : 0,06-0,18 km² (♀) et 0,1-0,56 km² (♂). **Reproduction et démographie** Peu connues. Très peu d'observations signalent des portées de 1-2. MORTALITÉ Essentiellement causes anthropiques. LONGÉVITÉ Inconnue. **Statut et menaces** Distribution restreinte, mais relativement fréquente sur une grande partie de son aire de répartition. Tolère également les habitats modifiés à condition que la canopée soit intacte, comme c'est souvent le cas pour les plantations de café, et elle subsiste dans les poches fragmentées de forêt entourées d'un environnement modifié. La principale menace est la perte d'habitat converti en plantations : thé, eucalyptus ou teck. Victime du braconnage pour sa viande. CITES Annexe III, Liste rouge LC.

LA CIVETTE PALMISTE DES CÉLÈBES *Macrogalidia musschenbroekii*

Ltc 65-71,5 cm ; Q 44,5-54 cm ; P 3,9-6,1 kg
Grande civette à longue queue tubulaire. Marron clair à brun-fauve, dessous brun-jaune avec une très nette ligne de démarcation. Petites taches peu visibles sur la croupe et queue marquée de bandes sombres et claires alternées. **Distribution et habitat** Endémique à Sulawesi où elle est confirmée dans les péninsules nord, centre et sud-est. Vit dans la forêt de plaine, la forêt montagnarde jusqu'à 2 600 m et les mosaïques forêt/savane, ainsi que sur les terres cultivées cerclées de forêts. **Écologie alimentaire** Omnivore, essentiellement rongeurs et fruits, particulièrement de palmiers. Chasse aussi des petits couscous des Célèbes et des oiseaux comme le grand mégapode des Philippines et le maléo. Les autochtones racontent qu'elle tue de jeunes sangliers des Célèbes, mais ce n'est pas confirmé, et aussi que des poules seraient enlevées dans les villages. En captivité, elle mange des fruits (bananes et papayes). Très agile, on pense qu'elle chasse autant dans les arbres qu'au sol, principalement de nuit. **Comportement social et spatial** Peu connu. Tous les individus observés étaient solitaires. Pas d'estimations des domaines vitaux ni des densités. **Reproduction et démographie** Entièrement inconnues. Les femelles ont deux paires de tétines, ce qui semble indiquer que les portées sont peu nombreuses, comparables à celles des autres civettes palmistes. MORTALITÉ Les adultes n'ont d'autres prédateurs que l'homme et ses chiens. LONGÉVITÉ Inconnue. **Statut et menaces** Le statut de conservation est mal connu, mais son aire de répartition est très restreinte et la pression de déforestation forte, ce qui est préoccupant. Plus de 50 % de la forêt de Sulawesi a disparu entre 1985 et 1997, et l'espèce est aujourd'hui absente de beaucoup de régions de plaines qui fournissaient auparavant des habitats favorables. Elle est mieux protégée dans les montagnes dont l'exploitation est moins aisée. N'est apparemment pas recherchée pour sa viande, mais elle est pourchassée pour ses razzias dans les poulaillers. Liste rouge VU.

CIVETTE PALMISTE
DE CEYLAN

CIVETTE PALMISTE
DE JERDON

CIVETTE PALMISTE
DES CÉLÈBES

Pour les cartes de répartition des espèces, veuillez consulter le site : www.panthera.org/carnivoreguide

LA CIVETTE PALMISTE MASQUÉE *Paguma larvata*

Pagume, civette palmiste à masque

Ltc 50,8-87 cm ; Q 50,8-63,6 cm ; P 3-5 kg

Grande civette palmiste de coloration très variable, normalement brun grisâtre, mais de blond pâle à brun rougeâtre sombre. La plupart des formes portent un masque noir et blanc caractéristique, également très variable ; dans les îles de la Sonde, les animaux ont la face dorée ou gris clair chiné, sans masque, même discret. **Distribution et habitat** Sud et sud-est de la Chine, région himalayenne, nord du Pakistan, nord-est de l'Inde, îles Andaman, Indochine, Sumatra et Bornéo, ainsi que le Japon où elle aurait été introduite. Vit principalement dans les forêts décidues, sempervirentes et tourbeuses. Occupe les forêts dégradées, plantations et terres agricoles offrant du couvert. **Écologie alimentaire** Omnivore, elle se nourrit essentiellement de fruits, de petits mammifères et d'invertébrés. Le régime varie selon les saisons en fonction des périodes de fructification, comme de juin à octobre dans le centre de la Chine, tandis que les rongeurs et oiseaux sont consommés entre novembre et mai. Visite les plantations : bananes, figues, kiwis et mangues, et parfois les poulaillers. Arboricole ou terrestre, elle fourrage essentiellement de nuit et en solitaire, mais plusieurs individus peuvent se trouver sur les aires d'approvisionnement comme les décharges ou sur les sites d'offrandes. **Comportement social et spatial** Solitaire. Les adultes ne sont pas strictement territoriaux, mais évitent les chevauchements sur un petit noyau central. Les domaines vitaux mesurent 1,9-3,7 km² (♀) et 1,8-5,9 km² (♂). Aucune estimation des densités n'a été publiée, mais elle est très fréquente dans les habitats favorables. **Reproduction et démographie** Serait à la fois saisonnière et non saisonnière, avec 1-2 portées par an, mais les données fiables sont rares. Gestation de 51-56 jours. Portées de 1-4, en moyenne 2-3. MORTALITÉ Mal connue ; l'homme est la première cause de mortalité sur la majeure partie de son aire. LONGÉVITÉ 15 ans en captivité. **Statut et menaces** Largement répartie et fréquente, mais également exposée à de fortes pressions de chasse. Fréquente sur les marchés asiatiques d'animaux sauvages, essentiellement pour sa viande. Des élevages existent en Chine où les populations sauvages ont régressé en raison de prélèvements trop importants et son statut est NT. Porteuse occasionnelle du coronavirus du SRAS, mais on n'en connaît pas les effets sur les populations sauvages. Liste rouge LC.

LA CIVETTE PALMISTE COMMUNE *Paradoxurus hermaphroditus*

Luwak, civette palmiste hermaphrodite

Ltc 42-71 cm ; Q 33-66 cm ; P 2-5 kg

De taille moyenne à grande, son pelage varie du gris-fauve au gris très sombre, marqué de rangées longitudinales de petites taches sombres qui se fondent les unes aux autres pour former trois rayures dorsales étroites. La plupart des formes portent un masque sombre ; les membres et la queue sont sombres. La population des îles Mentawai (Indonésie) est parfois considérée comme une espèce distincte, *P. lignicolor.* **Distribution et habitat** Subcontinent indien, notamment Sri Lanka, sud de la Chine, Indochine, Sumatra, Java, Bornéo et les Philippines, dans la forêt de plaine, les zones boisées et la brousse arborée, jusqu'à 2 400 m, y compris à proximité de l'homme, dans les plantations et sur les terres agricoles, et jusque dans les villages. **Écologie alimentaire** Principalement frugivore, se nourrissant de fruits sauvages ou cultivés, de nectar et de sève. Consomme les cerises de café (celles qui sont retrouvées dans les déjections sont très recherchées et des fermes d'élevage existent, essentiellement en Indonésie). Se nourrit également d'arthropodes et de petits vertébrés, notamment en dehors des périodes de fructification. Visite les plantations et s'attaque (rarement) à la volaille. Solitaire, nocturno-crépusculaire et essentiellement arboricole. Exploite les décharges des villages et des rizières. **Comportement social et spatial** Solitaire. Marque les branches et, sur le sol, forme des tas de fèces ; les domaines vitaux se recoupent parfois largement et leur superficie est de 0,06-1,4 km² (♀) et 0,17-4,2 km² (♂). **Reproduction et démographie** Serait non saisonnière. Gestation de 61-63 jours (en captivité). Portées de 2-5. MORTALITÉ Ses prédateurs sont les grands félins et peut-être les grands rapaces et les pythons. LONGÉVITÉ 22,4 ans en captivité. **Statut et menaces** Largement répandue, fréquente, elle accepte aussi les habitats dégradés. Chassée (surtout en Chine) pour sa viande, piégée pour le commerce des animaux de compagnie ou comme chasseur de rongeurs, pourchassée pour ses ravages dans les vergers, elle peut localement régresser. C'est une espèce résiliente qui survit aux dégradations de son habitat et aux prélèvements importants. CITES Annexe III (Inde), Liste rouge LC (VU sur Mentawai).

LE BINTURONG *Arctictis binturong*

Ltc 61-97 cm ; Q 50-84 cm ; P 9-20 kg

C'est la plus grande des civettes. Très caractéristique, ses poils noirs ébouriffés sont souvent terminés de blanc argenté, ce qui lui donne un aspect grisonnant. La face est généralement claire, légèrement poivre et sel à entièrement gris argent. Oreilles ourlées de blanc et de très longs poils au dos. La longue queue ébouriffée est préhensile. Une sous-espèce de l'île de Palawan (Philippines) pourrait être une espèce distincte, *A. whitei.* **Distribution et habitat** Nord-est de l'Inde, Bhoutan, est du Bangladesh, extrême sud de la Chine, Indochine, Sumatra, Java, Bornéo et Palawan (Philippines). Sa présence à l'est du Népal n'est pas confirmée. Occupe principalement les forêts primaires et secondaires épaisses, et les mosaïques forêts/pelouses arides. Densités réduites dans les forêts exploitées. Il évite les milieux fortement modifiés. **Écologie alimentaire** Mal connue dans la nature. Omnivore. Les fruits seraient sa principale nourriture, surtout les figues : il est souvent observé dans les figuiers. Se nourrit également de petits vertébrés et d'arthropodes. En captivité, les animaux acceptent divers fruits, légumes, bœuf haché, œufs et lait. N'a pas la réputation de tuer la volaille. Solitaire et nocturno-crépusculaire, il fourrage dans les arbres, mais descend au sol pour passer d'arbre en arbre ou manger les fruits tombés. **Comportement social et spatial** Solitaire. Les domaines vitaux sont stables et se chevauchent largement, signe qu'il n'est pas territorial. Les seules estimations des superficies ont été réalisées en Thaïlande : 4 km² (1 ♀) et 4,7-20,5 km² (♂). **Reproduction et démographie** Non saisonnier (en captivité). Gestation de 84-99 jours. Portées de 1-6, en moyenne 2-2,5. En captivité, les femelles peuvent avoir 2 portées par an. MORTALITÉ La prédation serait rare, peut-être en raison de ses mœurs arboricoles, de sa grande taille et de son agressivité. LONGÉVITÉ 22,7 ans en captivité. **Statut et menaces** Semble s'adapter difficilement à la modification du milieu, comme dans les plantations, et on estime sa régression à plus de 30 % en 30 ans, suite à la déforestation et à la chasse pour les marchés d'animaux sauvages ; ces deux menaces prévalent sur l'ensemble de son aire de répartition, mais plus particulièrement en Asie du Sud-Est. En danger critique d'extinction en Chine. CITES Annexe III (Inde), Liste rouge VU.

Pour les cartes de répartition des espèces, veuillez consulter le site : www.panthera.org/carnivoreguide

LA CIVETTE PALMISTE D'OWSTON *Chrotogale owstoni*

Ltc 56-72 cm ; Q 35-47 cm ; P 2,5-4,2 kg
Civette élancée à longue queue, tête très étroite, museau pointu et grandes oreilles. Pelage blanc crème à chamois, dessous pêche clair. Quatre à six larges bandes sombres en travers du dos et mouchetures sur les flancs, le cou et les membres. **Distribution et habitat** Endémique au Vietnam, Laos et sud de la Chine ; non confirmée au Cambodge. Principalement dans les forêts de plaine et de montagne. Signalée dans la forêt dégradée, à proximité de terres cultivées. **Écologie alimentaire** Denture très réduite et quelques observations dans la nature laissent penser qu'elle se nourrit essentiellement de vers de terre (très appréciés en captivité) et autres invertébrés terrestres, dont scolopendres, sauterelles, mantes et escargots. En captivité, elle mange des fruits, légumes et petits vertébrés (geckos, grenouilles et têtards), mais refuse généralement les rongeurs. Accusée de tuer la volaille, ce qui est douteux. Principalement terrestre et nocturne. **Comportement social et spatial** Très mal connu. Toutes les photographies montrent des animaux solitaires ou des femelles suitées. **Reproduction et démographie** Saisonnière en captivité. Accouplements fin janvier-mi-février ; naissances en avril-mai. Gestation de 77-87 jours. Portées de 1-3. Sevrage à 12-18 semaines. Maturité sexuelle à 18 mois. En captivité, les mâles toilettent les petits, dorment et jouent avec eux. **MORTALITÉ** et **LONGÉVITÉ** Inconnues. **Statut et menaces** Distribution très restreinte, soumise à de fortes pressions de déforestation. Comme elle est terrestre, elle est vulnérable au piégeage sur l'ensemble de son aire de répartition. CITES Annexe II, Liste rouge VU.

LA CIVETTE PALMISTE À BANDES *Hemigalus derbyanus*

Ltc 41-56,5 cm ; Q 23,5-37,5 cm ; P 1-3 kg
Très semblable à la civette palmiste d'Owston, mais les oreilles sont plus petites ; pelage plus sombre, chamois à fauve-roux, 4-8 bandes et pas de mouchetures ; les aires des 2 espèces ne se recoupent pas. La coloration orange chamois caractéristique du dessous apparaît à l'âge adulte. **Distribution et habitat** Bornéo, Sumatra (et petites îles proches), péninsule malaise, Thaïlande et peut-être péninsule birmane. Vit en forêt, principalement en plaine, à moins de 800 m ; jusqu'à 1 200 m à Bornéo. Occupe des milieux modérément perturbés, dont les forêts secondaires et plantations d'acacias proches de parcelles de forêt intacte. **Écologie alimentaire** Mal connue, mais les observations indiquent qu'elle est surtout insectivore : vers de terre et insectes ; à l'occasion, crustacés et petits vertébrés dont grenouilles, lézards et rongeurs. Les fruits et autres végétaux n'ont pas été signalés dans son régime, mais elle mange des bananes en captivité. Nocturne. Son alimentation indique qu'elle chasserait au sol (bien qu'elle soit bon grimpeur), plus particulièrement dans les biotopes ripariens. **Comportement social et spatial** Pratiquement inconnu. Les observations directes ou par pièges photographiques concernent des animaux solitaires. **Reproduction et démographie** Mal connues. Portées de 1-2 (en captivité). Les jeunes atteignent leur taille adulte à 6 mois. **MORTALITÉ** Pratiquement inconnue ; une observation de prédation par un python malais (Sumatra). **LONGÉVITÉ** Inconnue. **Statut et menaces** Statut de conservation mal connu, mais son inféodation à la forêt de plaine et ses mœurs terrestres la rendent vulnérable aux pressions de déforestation et de chasse très fortes sur son aire de répartition. CITES Annexe II, Liste rouge VU.

LA CIVETTE DE HOSE *Diplogale hosei*

Ltc 47,2-54 cm ; Q 30-33,5 cm ; P (1 ♀) 1,3 kg
Silhouette et gabarit semblables à la civette palmiste à bandes, mais le dessus est brun sombre uni, sans dessins ; dessous, cou et bas de la face blanc pur. Tête étroite et allongée, museau légèrement bulbeux. C'est l'un des viverridés les moins bien connus. **Distribution et habitat** Endémique à Bornéo où elle n'est confirmée que dans le nord et nord-est de l'île. Vit dans la forêt pluviale intacte ou dans la forêt montagnarde, entre 450 et 1 700 m. **Écologie alimentaire** Pratiquement inconnue. Les très longues moustaches et les pieds partiellement palmés dotés de poils entre les coussinets indiquent un régime semi-aquatique, mais aucune observation directe dans la nature. Le seul animal captif, une femelle adulte, mangeait du poisson, des crevettes, du poulet et de la viande de conserve, mais refusait les fruits et le riz bouilli. Toutes les observations (y compris en captivité) indiquent qu'elle est nocturne et terrestre. **Comportement social et spatial** Inconnu. Tous les animaux observés étaient solitaires. **Reproduction et démographie** Inconnues. **Statut et menaces** Le statut de conservation est mal connu. Probablement en régression en raison de la déforestation pour l'extension des plantations et de l'agriculture. La chasse est sans doute une autre menace. CITES Annexe II, Liste rouge VU.

LA CIVETTE-LOUTRE *Cynogale bennettii*

Ltc 57,5-68 cm ; Q 12-20,5 cm ; P 3-5 kg
Civette semi-aquatique très caractéristique, brun sombre chiné, dessous brun crème clair. Oreilles petites, museau bulbeux, très longues moustaches. Petites taches blanches bien visibles au-dessus des yeux et sur les joues. Pieds dotés de longs doigts partiellement palmés. Une autre espèce, *C. lowei*, a été décrite à partir d'une peau trouvée dans le nord du Vietnam, mais il s'agirait en fait d'un spécimen commercialisé de *C. bennetti*. **Distribution et habitat** Sud de la Thaïlande, extrême sud du Myanmar (non confirmé), Malaisie, Sumatra et Bornéo. Principalement dans la forêt humide de plaine et forêt marécageuse. Observée récemment dans la forêt aride, forêt de bambous et forêt exploitée. **Écologie alimentaire** Semi-aquatique, elle chasserait principalement les petites proies aquatiques, mais pas d'observation directe dans la nature. Elle a été observée dans des eaux peu profondes chassant entre les pierres ou dans la litière de feuilles humide grâce à ses moustaches raides. Terrestre et principalement nocturne ; de récentes données des pièges photographiques posés à Sumatra indiquent une activité diurne occasionnelle. **Comportement social et spatial** Inconnu. Toutes les photographies montrent des animaux solitaires ou des femelles suitées. **Reproduction et démographie** Pratiquement inconnues. Portées de 1-3, sur un très petit nombre de données. **Statut et menaces** Le statut de conservation est mal connu, mais elle n'est nulle part abondante et elle est vulnérable à la déforestation et à la pollution des cours d'eau qui menacent l'ensemble de son aire de répartition. La conversion des forêts tourbeuses en plantations de palmiers à huile est une préoccupation sérieuse. La chasse serait une menace supplémentaire. CITES Annexe II, Liste rouge EN.

Pour les cartes de répartition des espèces, veuillez consulter le site : www.panthera.org/carnivoreguide

LA CIVETTE DE MALABAR *Viverra civettina*

Ltc 76-85 cm ; Q 30-40 cm ; P 6,6-8 kg
Grande civette terrestre au pelage gris chamois moucheté de petites taches plus marquées sur les flancs, plus claires et plus diffuses sur l'épaule et la poitrine. Porte les dessins typiques des *Viverra* : rayures noir et blanc très distinctes sur la gorge, partie inférieure des membres sombre et queue annelée ; l'unique espèce sympatrique lui ressemblant est la petite civette de l'Inde. Anciennement classée avec la civette à grandes taches (absente en Inde) ; on ne peut exclure qu'il s'agisse d'une population introduite de cette espèce. **Distribution et habitat** Endémique aux Ghâts occidentaux, en Inde. Quelques observations seulement dans la forêt de plaine et dans les mosaïques forêts/plantations. **Écologie alimentaire** Inconnue. Serait omnivore et son régime semblable à celui de la grande civette de l'Inde. **Comportement social et spatial** Inconnu. Serait solitaire comme les autres *Viverra*. **Reproduction et démographie** Inconnues. **Statut et menaces** Déclaré « peut-être éteinte » en 1978, avant d'être redécouverte en 1987 et une peau récente a été saisie en 1990. Pas d'observations récentes malgré les recherches. Sur son aire de répartition, la déforestation et la chasse sont de sérieuses menaces et elle pourrait être éteinte. Liste rouge CE.

LA CIVETTE À GRANDES TACHES *Viverra megaspila*

Ltc 72-85 cm ; Q 30-37 cm ; P 8-9 kg
Grande civette au pelage gris chamois clair marqué de grandes taches discrètes. Crête dorsale érectile de la nuque à la base de la queue, poursuivie en rayure jusqu'à l'extrémité de la queue (absente chez la grande civette de l'Inde). Tête épaisse et museau légèrement bulbeux. **Distribution et habitat** Sud de la Chine, Indochine à péninsule malaise, dans la forêt primaire de plaine, à moins de 300 m (une observation à 520 m, au Laos). Fréquente les forêts exploitées, mais disparaît des petits tronçons forestiers fragmentés. **Écologie alimentaire** Inconnue. Serait omnivore et son alimentation rappellerait celle de la grande civette de l'Inde. Les pièges photographiques ont montré qu'elle est nocturne et terrestre. **Comportement social et spatial** Inconnu. Toutes les photographies montrent des animaux solitaires. Densités inconnues, mais elle apparaît beaucoup moins souvent que les espèces *Viverra* sympatriques dans pièges photographiques (sauf au sud du Laos). **Reproduction et démographie** Inconnues. **Statut et menaces** La régression aurait été de 30 % en 15 ans. La forêt qu'elle habite est fortement dégradée et la pression de chasse y est importante : elle est particulièrement vulnérable aux piégeages parce qu'elle est terrestre. Liste rouge VU.

LA CIVETTE MALAISE *Viverra tangalunga*

Tangalunga
Ltc 54-77,3 cm ; Q 26-39,5 cm ; P 3-7 kg
C'est la plus petite des *Viverra* : élancée, crâne étroit, museau court et fin. Dix à quinze anneaux sombres étroits sur la queue (à comparer avec les 4 à 8 larges bandes des autres *Viverra*). **Distribution et habitat** Péninsule malaise, Sumatra, Bornéo, Sulawesi et Philippines. Deux observations à Java qui sont probablement d'origine anthropique. Vit dans les forêts primaires et secondaires, de plaine ou de montagne, jusqu'à 1 200 m. Tolère la forêt exploitée, les plantations et zones agricoles proches de la forêt. **Écologie alimentaire** Omnivore. Se nourrit de petits vertébrés, d'invertébrés (dont des animaux toxiques comme les scorpions, mille-pattes et scolopendres géants) et de fruits. Les civettes des forêts intactes mangent une plus forte proportion de fruits ; dans les forêts exploitées, elles mangent plus de rongeurs, insectivores, oiseaux et herptiles, sans doute parce qu'ils y sont plus nombreux. Accusée de tuer la volaille. Chasseur solitaire, nocturno-crépusculaire et terrestre. Fréquente les décharges des villages et campements touristiques. **Comportement social et spatial** Solitaire et apparemment non territoriale. Les domaines vitaux sont stables et se chevauchent souvent, parfois très largement. Les superficies sont de 0,28-1,28 km² (♀) et 0,39-2,83 km² (♂), légèrement plus vastes dans les forêts exploitées que dans les forêts intactes. Densités : de 0,9 civette/km² (forêt exploitée) à 2,2/km² (forêt non exploitée). **Reproduction et démographie** Mal connues, mais elle serait non saisonnière. Gestation inconnue. Portées de 1-2, rarement 3. **MORTALITÉ** Mal connue ; les collisions routières sont souvent la première cause de mortalité dans les zones d'exploitation forestière. **LONGÉVITÉ** 5 ans dans la nature, 12 en captivité. **Statut et menaces** Statut de conservation mal connu, mais elle est largement répartie et tolère les habitats modifiés. Moins abondante dans les zones habitées, mais elle subsiste même dans les zones où la pression de chasse est forte (pour sa viande et parce qu'elle s'attaque à la volaille). Liste rouge LC.

LA GRANDE CIVETTE DE L'INDE *Viverra zibetha*

Ltc 75-85 cm ; Q 38-49,5 cm ; P 8-9 kg
Grande civette typique des *Viverra*, mais les taches sont peu distinctes et interconnectées, lui donnant un aspect moucheté ou marbré. Très larges bandes sombres sur la queue, chacune pouvant comprendre un anneau interne brunâtre. Certains décrivent une espèce distincte au Vietnam, *V. tainguensis*, mais rien n'est confirmé. **Distribution et habitat** Sud et centre Chine, Népal, Bhoutan, nord-est de l'Inde, Indochine et péninsule malaise. Fréquente essentiellement les forêts sempervirentes ou décidues, primaires ou secondaires, jusqu'à 1 600 m. Ne tolère pas les milieux fortement modifiés, mais vit dans les plantations proches de la forêt. **Écologie alimentaire** Omnivore, son régime alimentaire est celui de tous les *Viverra*, mais sa denture plus robuste indique une alimentation plus carnivore : petits mammifères, oiseaux, herptiles, poissons, œufs, insectes, crabes et fruits. S'attaque à la volaille. Solitaire, nocturno-crépusculaire et terrestre. Charognard et visite les décharges. **Comportement social et spatial** Mal connu. Solitaire et apparemment non territoriale. Un seul domaine vital mesuré : 12 km² (1 ♂, Thaïlande). **Reproduction et démographie** Mal connues, mais elle serait non saisonnière. Deux portées par an. Gestation inconnue. Portées de 1-4. **MORTALITÉ** Inconnue. **LONGÉVITÉ** 20 ans en captivité. **Statut et menaces** Le statut de conservation est mal connu, mais l'espèce est largement répartie et elle est fréquente dans certaines régions. Toutefois, la disparition de son habitat ajoutée à une forte pression de chasse représente des menaces sérieuses, et elle a déjà été éradiquée dans de vastes zones, comme la majeure partie du sud-est de la Chine. Sa grande taille et ses mœurs terrestres la rendent particulièrement vulnérable à la pression de chasse. Liste rouge NT.

Pour les cartes de répartition des espèces, veuillez consulter le site : www.panthera.org/carnivoreguide

LA PETITE CIVETTE DE L'INDE *Viverricula indica*

Civette indienne, civette rasse

Ltc 45,5-68 cm ; Q 30-43 cm ; P 2-4 kg

Petite civette terrestre, gris chamois à brun-fauve, marquée de petites taches brunes ou noires alignées longitudinalement. Partie inférieure des membres noire ou brun sombre uni. Queue annelée de bandes claires et sombres alternées, terminée de clair, ce qui la distingue des autres civettes terrestres. C'est la civette asiatique la plus fréquente en captivité (surtout en Inde) pour les sécrétions de ses glandes périnéales servant à la fabrication des parfums et de produits utilisés en médecine traditionnelle. **Distribution et habitat** Asie du Sud : est du Pakistan, sous-continent indien, Sri Lanka, sud et centre de la Chine, Taiwan, Indochine, Sumatra, Java et Bali. Introduite à Madagascar, Zanzibar (Tanzanie), Socotra (Yémen) et Comores. Vit dans toutes sortes de forêts, brousses, pelouses et biotopes ripariens. Elle prospère dans les habitats perturbés et de lisière, et elle est plus fréquente dans les zones dégradées que dans la forêt intacte à canopée fermée. Occupe les milieux ruraux, agricoles et pastoraux. **Écologie alimentaire** Omnivore, elle se nourrit d'une grande variété de proies, principalement petits mammifères, insectes et vers de terre, mais aussi petits oiseaux, herptiles, œufs, crustacés, arachnides, escargots, fruits, dont des baies, et bourgeons. S'attaque à la volaille. Strictement nocturno-crépusculaire, le pic d'activité se situant bien après le coucher du soleil. Solitaire, essentiellement terrestre, mais grimpe dans l'étage inférieur de la canopée pour visiter les nids et manger des fruits. Charognard, elle visite aussi les décharges et villages. **Comportement social et spatial** Solitaire. Dépose ses fèces sur des sites bien en vue, mais on ignore si elle est fortement territoriale ; en captivité, elle marque énergiquement son environnement des sécrétions de sa glande périnéale : 6,3 à 8,2 fois/2 h (hors reproduction) à 11,5 à 19,5 fois/2 h (en période de reproduction). Domaine vital des mâles : 2,2-3,1 km² ; mal connu chez les femelles, mais probablement plus restreint. Pas d'estimations des densités, mais c'est souvent le petit carnivore le plus fréquent dans la forêt secondaire ou dégradée. **Reproduction et démographie** Mal connues dans la nature. En captivité (dans leur aire naturelle), elles ont deux périodes d'accouplements : février-mai et août-décembre. Naissances en novembre-février et mai-juillet. Gestation de 65-72 jours. Portées de 2-5. Sevrage à 2-3 mois. **MORTALITÉ** Mal connue ; les cas signalés sont pour la plupart d'origine anthropique. **LONGÉVITÉ** 9 ans en captivité. **Statut et menaces** Largement répartie, adaptable et fréquente dans les habitats modifiés. En Asie du Sud-Est et en Chine, elle est souvent tuée pour sa viande et ses glandes odorantes. En Inde, des élevages pour la parfumerie peuvent compter des milliers d'animaux ; les stocks sont renouvelés en prélevant des animaux dans la nature, mais l'espèce résiste à ces prélèvements et reste assez largement répartie dans ces zones. Fréquemment tuée sur les routes ou par les chiens domestiques, ce qui est probablement un indice de sa capacité à atteindre des densités élevées dans les milieux anthropiques. Liste rouge LC.

LA CIVETTE D'AFRIQUE *Civettictis civetta*

Ltc 67-84 cm ; Q 34-47 cm ; P 7-20 kg

C'est à la fois la seule civette vraie en Afrique et son plus gros viverridé. Très reconnaissable à ses taches noires sur fond chamois à brun-rouge, bas des membres sombre, masque noir et rayures noir et blanc alternées sur la gorge. Des individus noirs ont été observés, principalement dans la forêt équatoriale. Une crête dorsale sombre court du cou à la queue, laquelle est dressée en cas de danger. Élevée en Éthiopie, au Niger et au Sénégal pour les sécrétions de ses glandes périnéales (« musc ») utilisées en parfumerie. Avec plus de 3 000 civettes dans les élevages, l'Éthiopie fournit ~ 90 % de la production mondiale. **Distribution et habitat** Largement répartie dans la majeure partie de l'Afrique subsaharienne, à l'exception de la zone aride de l'ouest de l'Afrique australe. Fréquente la plupart des habitats fournissant du couvert : forêt, savane boisée aride ou humide, brousse, zones humides, mangroves et landes de montagne, jusqu'à 5 000 m. Absente des zones très arides, sauf le long des cours d'eau. Présente dans les milieux modifiés fournissant du couvert, comme les plantations et terres agricoles. **Écologie alimentaire** Omnivore. Régime très varié, mais ses principaux aliments sont les insectes terrestres (coléoptères, criquets, sauterelles, termites et mille-pattes), les fruits et les petits mammifères, leur importance relative étant saisonnière : par exemple, les insectes prennent une plus grande place pendant la saison humide. Elle se nourrit également d'oiseaux, œufs, herptiles, arachnides, escargots, crabes, mollusques et poissons des eaux peu profondes comme les périophtalmes. Peut parfois tuer de plus grosses proies : lagomorphes, lièvres sauteurs ou petites mangoustes (et un chat domestique signalé). Tolère les aliments toxiques comme les mille-pattes, les noix vomiques *(Strychnos)* pas mûres et les charognes très décomposées. S'attaque à la volaille, aux vergers et aux récoltes ; la prédation sur les agneaux n'est pas confirmée. Nocturno-crépusculaire et solitaire, c'est un chasseur terrestre ; elle grimpe à la recherche de fruits, mais elle est malhabile dans les arbres. Charognard, elle se nourrit sur les carcasses des proies des grands carnivores et mange les restes et offrandes des touristes dans les campements. **Comportement social** Solitaire. Elle dépose ses fèces dans des latrines, ce qui pourrait indiquer un comportement territorial. Elle marque également son environnement, naturel ou anthropique, des sécrétions de sa glande périnéale : troncs, brins d'herbe, rochers et poteaux (de signalisation ou de clôture). Cette odeur reste décelable pour l'homme pendant 4 mois au plus en saison sèche. Un seul domaine vital mesuré : 11,1 km² (♂ subadulte, terres cultivées, Éthiopie). **Reproduction et démographie** Serait non saisonnière, avec peut-être un faible pic des naissances en saison humide en Afrique orientale et australe. En captivité, 2-3 portées par an, et probablement aussi dans la nature. Gestation de 60-81 jours (en captivité). Portées de 1-4, en moyenne 2-3. Sevrage à 14-16 semaines. Première mise bas à 14-24 mois (en captivité). **MORTALITÉ** Ses prédateurs confirmés sont notamment les lions, léopards, hyènes tachetées, lycaons et chiens. La rage a été détectée, mais on en ignore l'impact. **LONGÉVITÉ** 15 ans en captivité. **Statut et menaces** Largement répartie, elle tolère relativement bien les modifications du milieu. Recherchée pour sa viande en Afrique occidentale et centrale, et utilisée dans les rites religieux et médicinaux sur une grande partie de son aire, ce qui peut localement décimer les populations, surtout lorsque s'y ajoute la disparition des habitats. Les élevages se fournissent dans la nature, ce qui peut localement avoir un impact, principalement en Éthiopie. Souvent victime collatérale des campagnes d'éradication des prédateurs sur les terres cultivées d'Afrique australe : 6 civettes tuées pour chaque chacal (la cible) en Afrique du Sud. Liste rouge LC.

PETITE CIVETTE DE L'INDE

Posture défensive

CIVETTE D'AFRIQUE

Forme mélanique

Pour les cartes de répartition des espèces, veuillez consulter le site : www.panthera.org/carnivoreguide

LA GENETTE D'ÉTHIOPIE *Genetta abyssinica* **Planche 37**

Ltc 40,8-43 cm ; Q 38-40,3 cm ; P 1,3-2 kg
Genette gris sable clair, taches sombres formant deux rayures continues sur la partie supérieure des flancs. La rayure dorsale sombre se scinde souvent en deux étroites rayures parallèles, centre plus clair. En montagne, les animaux sont plus sombres, les rayures et anneaux de la queue plus larges. **Distribution et habitat** Érythrée, Éthiopie, est du Soudan, Djibouti et extrême nord-ouest de la Somalie, sur les hauts plateaux : forêt, landes et épaisses pelouses, jusqu'à 3 750 m ; quelques observations dans la savane arborée semi-aride de plaine. **Écologie alimentaire** Essentiellement carnivore. Rongeurs (rats rayés et rats hérissés), petits oiseaux et insectes, selon les données fournies par quelques excréments en saison sèche. Mange aussi des fruits. Chasse de nuit ; en montagne, les animaux sont aussi actifs de jour, comme les rongeurs afro-alpins. **Comportement social et spatial** Inconnu. Toutes les observations concernent des adultes solitaires. **Reproduction et démographie** Inconnues. **Statut et menaces** Le statut de conservation est inconnu. Vingt spécimens seulement dans les collections et quelques observations directes, mais elle vit à différentes altitudes et dans des habitats très divers. Fortes pressions agricoles et pastorales dans les montagnes. Liste rouge LC.

LA GENETTE DE THIERRY *Genetta thierryi*

Ltc 44,3-45 cm ; Q 40-43 cm ; P 1,3-1,5 kg
Genette claire, élancée, portant de petites taches très espacées brun-roux sur fond jaune chamois. Rayure dorsale qui peut être indistincte jusqu'au milieu du dos. Le roux du pelage se diffuse sur les bandes sombres de la queue, surtout celles qui sont le plus près du corps. **Distribution et habitat** Afrique occidentale : du nord du Sénégal au Nigeria et au Cameroun, dans la forêt pluviale, la savane arborée aride ou humide et la steppe boisée aride. **Écologie alimentaire** Inconnue. Présumée carnivore et nocturne, comme les autres genettes. **Comportement social et spatial** Inconnu. Présumée solitaire. **Reproduction et démographie** Inconnues. Subadultes de 8-10 mois observés dans le sud du Mali en novembre : la reproduction coïnciderait donc avec la saison sèche et froide, mais les données sont trop peu nombreuses. Les femelles ont 2 paires de tétines. **Statut et menaces** Considérée comme rare au vu de la rareté des observations, mais il faudrait des études plus poussées. Une grande partie de son aire est soumise à de fortes pressions de déforestation et de chasse. Liste rouge LC.

LA GENETTE SERVALINE À CRÊTE *Genetta cristata*

Ltc 49,5-62,2 cm ; Q ~ 43 cm ; P ~ 2,5 kg
Genette sombre et élancée, au pelage grège marqué de nombreuses taches noires régulièrement espacées qui deviennent des rayures sur le cou et les épaules. Large rayure dorsale noire pouvant être dressée en crête. Tête allongée, étroite ; grands yeux globuleux. **Distribution et habitat** Endémique au sud-est du Nigeria et sud-ouest du Cameroun, quelques observations douteuses au Gabon et au Congo. Vit dans les épaisses forêts de plaine et de montagne, jusqu'à 1 000 m. Présente dans les forêts secondaires, mosaïques de forêts/plantations et brousses proches des zones cultivées, mais évite les villages. **Écologie alimentaire** Petits mammifères et insectes seraient ses proies favorites. Deux animaux apprivoisés mais laissés en liberté tuaient aussi des grenouilles et des lézards. Nocturno-crépusculaire. **Comportement social et spatial** Inconnu. Probablement solitaire. **Reproduction et démographie** Inconnues. Femelles gestantes et jeunes observés entre fin août et décembre. **Statut et menaces** Victime sur son aire très restreinte de la déforestation et de la chasse pour la viande de brousse, qui représentent sans doute de graves menaces. On ignore si elle est présente dans des zones protégées. Liste rouge VU.

LA GENETTE SERVALINE *Genetta servalina*

Ltc 44,5-51 cm ; Q 36,8-48,5 cm ; P ~ 2,3-3 kg
Genette sombre, marquée de petites taches très serrées, bas des membres sombre. Rangées régulières de taches plus ou moins attachées le long du dos qui ne font pas une rayure dorsale continue ; pas de crête dorsale. **Distribution et habitat** Afrique équatoriale : bassin du Congo à ouest du Kenya et quatre populations discontinues en Tanzanie (Udzungwa, Uluguru, sud des monts Nguru et île de Zanzibar), dans la forêt pluviale, la savane arborée épaisse, les taillis, la forêt de bambous et la forêt de montagne, jusqu'à 3 500 m. **Écologie alimentaire** Principalement carnivore : rongeurs, musaraignes et insectes (coléoptères, criquets, sauterelles et termites) sont les principales proies ; mange également des petits reptiles, oiseaux et quelques fruits. S'attaquerait à la volaille sur Zanzibar. Serait un chasseur nocturne et principalement terrestre. Charognard. **Comportement social et spatial** Inconnu. Serait solitaire si l'on en croit les observations directes et les images des pièges photographiques. **Reproduction et démographie** Inconnues. Des jeunes ont été signalés entre février et août en Ouganda (très peu de données). **Statut et menaces** Vaste aire de répartition englobant des forêts intactes. Sur la foi des images des pièges photographiques, elle serait fréquente sur certains sites comme les monts Udzungwa. La déforestation et la chasse pour la viande de brousse pourraient localement entraîner sa régression. Liste rouge LC.

LA GENETTE GÉANTE *Genetta victoriae*

Ltc 55-60 cm ; Q 41,3-49 cm ; P 2,5-3,5 kg
Genette sombre à petites taches serrées qui se mélangent sur le haut des flancs pour lui donner un aspect moucheté près de la colonne vertébrale. Rayure dorsale sombre, discontinue, qui peut être dressée en crête. Bandes sombres très larges sur la queue et bandes intermédiaires claires étroites. **Distribution et habitat** Endémique à la RD du Congo, peut-être jusqu'à l'ouest de l'Ouganda et au Rwanda, dans la forêt pluviale et la forêt décidue de plaines. **Écologie alimentaire** Inconnue. Présumée identique à celle des autres genettes. **Comportement social et spatial** Inconnu. Présumée solitaire. **Reproduction et démographie** Inconnues. Les femelles n'ont qu'une paire de tétines, les portées seraient donc de 1-2. **Statut et menaces** Très mal connus, mais son aire est vaste et englobe des forêts intactes. Signalée comme localement fréquente sur certains sites. Elle est chassée pour sa viande, et la déforestation serait aussi une menace. Liste rouge LC.

Pour les cartes de répartition des espèces, veuillez consulter le site : www.panthera.org/carnivoreguide

Genette commune

Ltc 46,5-52 cm ; Q 42-51,6 cm ; P ♀ 1,4-2,3 kg, ♂ 1,6-2,6 kg

Genette gris clair à gris chamois, dont les petits points noirs deviennent des taches sur le cou et les épaules. Crête dorsale noire érectile. Queue terminée de blanc, contrairement aux autres genettes sympatriques. La population de Namibie/Afrique du Sud est parfois considérée comme une espèce distincte, *G. felina.* **Distribution et habitat** Omniprésente en Afrique, à l'exception du Sahara, du bassin du Congo et d'une étroite bande sur le nord du Mozambique et Zambie ; présente au Portugal, Espagne, France (la population européenne est peut-être introduite), sud-ouest de l'Arabie Saoudite, côte du Yémen et d'Oman. Occupe des habitats divers : forêts, zones boisées, brousse, pelouses arborées et zones rocheuses. Tolère les milieux modifiés offrant du couvert, notamment plantations et terres agricoles. **Écologie alimentaire** Se nourrit principalement de petits rongeurs et d'insectivores, mais aussi d'oiseaux, herptiles, arthropodes, œufs et quelques fruits, dont des baies. Attaque parfois la volaille. Solitaire, principalement nocturne, à la fois terrestre et arboricole. Charognard, elle fréquente les décharges des villages et campements de touristes. **Comportement social et spatial** Solitaire. Les domaines vitaux des mâles recoupent ceux de nombreuses femelles, mais les chevauchements intrasexuels sont faibles ; les superficies seraient (en Europe) de 0,33-11,9 km². Densités estimées à 0,33-0,98 genette/km² (Espagne). **Reproduction et démographie** Apparemment faiblement saisonnière, 2 pics de naissances en Afrique nord-orientale et Europe (mars-juin et septembre-décembre) et 1 pic en Afrique australe (septembre-février). Gestation de 70-77 jours. Portées de 1-4, en moyenne 2. MORTALITÉ Tuée par les prédateurs plus grands qu'elle ; la prédation du lynx pardelle (Espagne) limite peut-être les densités. LONGÉVITÉ 21,6 ans en captivité. **Statut et menaces** Largement distribuée, commune, elle fréquente des habitats très divers. Chassée dans certaines régions pour sa viande ou pour fabriquer des fétiches, elle disparaît des régions où le milieu est fortement modifié. Liste rouge LC.

LA GENETTE D'ANGOLA *Genetta angolensis*

Ltc 44-48 cm ; Q 38-43 cm ; P ~ 1,5-2, 5 kg

Petite genette élancée, chinée ocre nuancé de brun ou de gris, et marquée de taches brunes à noires. Rayure dorsale noire et crête dorsale médiane, bas des membres foncés et queue terminée de sombre. Des animaux mélaniques ont été observés. **Distribution et habitat** Endémique à l'Afrique sud-centrale, entre sud de la Tanzanie et nord du Mozambique, en passant par le Malawi, la Zambie, sud de la RD du Congo et centre de l'Angola. Inféodée à la forêt ouverte et humide de miombos et pelouses arborées. **Écologie alimentaire** Mal connue. Un individu trouvé mort (Kafue, Zambie) avait mangé des insectes, des fruits et de l'herbe. Les petits vertébrés forment probablement une part importante des proies. Toutes les observations concernent des animaux nocturno-crépusculaires. **Comportement social et spatial** Inconnu. Probablement solitaire. **Reproduction et démographie** Inconnues. **Statut et menaces** Statut de conservation inconnu, mais elle est largement répandue sur toute la zone des forêts de miombos relativement intactes. Sans doute tuée pour sa viande et la fabrication de fétiches (comme toutes les genettes). Liste rouge LC.

LA GENETTE DE JOHNSTON *Genetta johnstoni*

Ltc 47-51,4 cm ; Q 46,2-49,5 cm ; P 2,2-2,6 kg

Petite genette élancée à face allongée, yeux légèrement globuleux. Pelage gris jaunâtre, taches serrées, brun sombre ou brun-roux. Les taches se fondent en 1-2 rayures brisées sur le haut des flancs, surmontées d'une rayure dorsale noire. Bas des membres noirâtre. L'extrémité de la queue est blanc sale avec une faible bande sombre. **Distribution et habitat** Endémique à la zone côtière d'Afrique occidentale : sud de la Guinée à extrême sud-ouest du Ghana, dans la forêt pluviale et habitats associés denses comme la forêt marécageuse ; une observation dans la savane arborée humide. **Écologie alimentaire** Peu connue, mais sa denture réduite indique un régime essentiellement composé d'arthropodes. Principalement nocturne. **Comportement social et spatial** Inconnu. Probablement solitaire. **Reproduction et démographie** Inconnues. Les femelles n'ont que 2 tétines, les portées seraient donc de 1-2. MORTALITÉ L'aigle couronné est un de ses prédateurs. LONGÉVITÉ Inconnue. **Statut et menaces** Son aire est très restreinte et elle serait inféodée à la forêt, laquelle subit de fortes pressions en Afrique occidentale (agriculture, bûcheronnage, exploitation minière et chasse). Fréquemment observée dans les parcs, comme le PN de Tai (Côte d'Ivoire), dont la protection devient indispensable à la survie de l'espèce. Liste rouge VU.

LA GENETTE AQUATIQUE *Genetta piscivora*

Ltc 44,5-49,5 cm ; Q 34-41,5 cm ; P ~ 1,5 kg

C'est la seule genette au pelage rouge terne à acajou, uni, sauf parfois pour une ligne dorsale sombre. Queue noire touffue et partie inférieure des membres noirâtre. Face nettement marquée de rayures blanches entre et sous les yeux ; joues, menton et gorge blancs. **Distribution et habitat** Endémique à l'est de la RD du Congo, entre le fleuve Congo et la vallée du Rift. Peut-être dans l'ouest de l'Ouganda et dans la forêt de Nyungwe, au Rwanda, mais les signalements ne sont pas confirmés. Une trentaine d'observations certaines seulement, toutes dans la forêt pluviale, entre 460 et 1 500 m, pour la plupart à proximité de très petits cours d'eau à fond sableux. **Écologie alimentaire** On pense qu'elle se nourrit principalement de poissons. Les estomacs des spécimens recueillis ne contenaient que du poisson et, en captivité, elle refuse catégoriquement grenouilles, crustacés et souris. Les animaux captifs utilisent une méthode de chasse caractéristique : ils frappent la surface de l'eau et y posent l'extrémité de leurs longues moustaches afin de débusquer les poissons et détecter les vibrations de leurs mouvements. Après plusieurs essais, ils plongent la tête dans l'eau et capturent dans leur gueule ouverte des barbeaux, poissons-chats, silures et carpes *Labeo* qui peuvent mesurer 30 cm au plus. Un petit captif de quelques semaines a d'instinct frappé la surface lorsqu'un bol d'eau lui a été présenté. **Comportement social et spatial** Inconnu. Serait solitaire. **Reproduction et démographie** Inconnues. Une seule femelle gestante collectée en décembre avec un seul fœtus. **Statut et menaces** Considérée comme naturellement rare, selon les dires des chasseurs locaux et parce qu'elle apparaît rarement sur les marchés d'animaux sauvages. Dans certaines régions, elle est à l'occasion tuée pour sa viande, mais on ignore l'ampleur de cette menace. Protégée en RD du Congo, mais cette protection est théorique sur une grande partie de son aire. Liste rouge DD.

Pour les cartes de répartition des espèces, veuillez consulter le site : www.panthera.org/carnivoreguide

LA GENETTE À TACHES ROUSSES *Genetta maculata*

Ltc 41,1-52,1 cm ; Q 39,5-54 cm ; P ♀ 1,3-2,5 kg, ♂ 1,4-3,2 kg
Genette gris sable à gris-roux, à larges taches généralement brun-roux cerclées de noir, ou bien noires nuancées de roux. Pas de crête dorsale. Queue terminée de noir. **Distribution et habitat** Afrique subsaharienne, du sud du Burkina Faso et ouest du Ghana à l'Érythrée, jusqu'au centre de la Namibie, et KwaZulu-Natal (Afrique du Sud), dans la forêt, les zones boisées et la savane humide, mais absente des milieux très arides. Vit sur les terres cultivées, plantations et zones périurbaines. **Écologie alimentaire** Principalement carnivore (surtout rongeurs et insectes), mais mange aussi des petits vertébrés et invertébrés divers. Peut à l'occasion tuer des mammifères de la taille d'un jeune céphalophe et manger des fruits et graines ; une population des collines de Shimba (Kenya) est atypique en ce qu'elle se nourrit principalement de fruits et de graines. S'attaque à la volaille. Chasseur solitaire, nocturne et arboricole aussi bien que terrestre. Charognard, elle se nourrit des proies tuées par les grands carnivores et visite les décharges des campements touristiques. **Comportement social et spatial** Solitaire. Les adultes marquent avec assiduité leur domaine vital et de vastes latrines sont utilisées par plusieurs individus, mais les comportements agressifs de défense du territoire sont rares. En moyenne, le domaine vital mesure de 2,8 (♀) à 5,9 km² (♂) au Kenya. **Reproduction et démographie** Faiblement saisonnière. La reproduction est associée à la saison humide chaude, avec un pic en août-mars (Afrique australe) et octobre-mai (Afrique orientale). Gestation de 70-77 jours. Portées de 2-5. **MORTALITÉ** Ses prédateurs sont nombreux, mammifères ou rapaces, mais les taux ne sont pas connus. **LONGÉVITÉ** Inconnue. **Statut et menaces** Largement répartie, fréquente, elle occupe des habitats très divers, y compris anthropiques. Chassée dans certaines régions pour sa viande et la fabrication de fétiches, et pour protéger la volaille. Liste rouge LC.

LA GENETTE TIGRINE *Genetta tigrina*

Ltc 43-56 cm ; Q 39-46 cm ; P ♀ 1,4-1,9 kg, ♂ 1,6-2,1 kg
Ressemble beaucoup à la genette à taches rousses avec laquelle elle était autrefois classée, mais elle est dotée d'une crête médio-dorsale (visible seulement en cas de danger) et les taches sont généralement plus grandes et plus espacées. Les deux espèces sont présentes au sud du KwaZulu-Natal près de la frontière de la province du Cap. **Distribution et habitat** Endémique à l'Afrique du Sud, entre le sud du KwaZulu-Natal et l'ouest de la province du Cap, dans les habitats mésiques le long de la côte : forêts, zones boisées, pelouses épaisses et fynbos. Tolère les habitats anthropiques offrant du couvert. **Écologie alimentaire** Très semblable à celle de la genette à taches rousses : petits vertébrés et invertébrés sont ses principales proies. S'attaque à la volaille. Chasseur solitaire, nocturne, et autant arboricole que terrestre. Visite les décharges et les campements de touristes, et est probablement aussi charognard. **Comportement social et spatial** Solitaire. Moins bien connu que chez la genette à taches rousses, mais de mœurs spatiales analogues. Pas d'estimations de la superficie des domaines vitaux. **Reproduction et démographie** Mal connues. Reproduction en décembre-février. Portées de 1-3. **MORTALITÉ** Ses prédateurs sont nombreux, mais on ignore les taux de mortalité. **LONGÉVITÉ** 9,5 ans en captivité. **Statut et menaces** Fréquente et largement répandue sur une aire restreinte. Chassée pour protéger la volaille et pour la viande de brousse, mais l'impact sur les populations serait minime, sauf lorsque ces pressions s'ajoutent à d'importantes modifications du milieu. Liste rouge LC.

LA GENETTE ROYALE *Genetta poensis*

Ltc ~ 60 cm ; Q ~ 41,5 cm ; P ~ 2-2,5 kg
Genette sombre à taches allongées, rectangulaires, noires ou brun sombre, qui se rejoignent souvent en longues taches disposées en rangées serrées. Anciennement classée avec la genette pardine. Dix spécimens seulement dans les collections, aucune observation dans la nature depuis 1946. **Distribution et habitat** Endémique à la zone côtière entre Liberia et république du Congo ; sa présence a été confirmée sur seulement 5 sites au Liberia/ouest de la Côte d'Ivoire, sud du Ghana, île de Bioko (Guinée équatoriale) et littoral du Congo, mais sa distribution est peut-être continue. Toutes les observations ont été faites dans une forêt pluviale intacte. **Écologie alimentaire** Inconnue. **Comportement social et spatial** Inconnu. **Reproduction et démographie** Inconnues. **Statut et menaces** Statut de conservation inconnu. On la connaît surtout par les dires des chasseurs et ses apparitions sur les marchés, surtout en Afrique occidentale. De vastes zones de forêt pluviale sont intactes sur une grande partie de son aire supposée, comme au Gabon où elle serait en sécurité, si elle y est présente. Liste rouge DD.

LA GENETTE PARDINE *Genetta pardina*

Ltc 41-55,3 cm ; Q 39-49 cm ; P 3,1 kg au plus
Semblable à *G. maculata* et *G. tigrina*, avec lesquelles elle était anciennement classée. Petites taches rectangulaires brun sombre ou brun-roux, pas de crête dorsale. **Distribution et habitat** Endémique à l'Afrique occidentale, de la frontière mauritano-sénégalaise à l'ouest du Ghana, dans la forêt, les zones boisées et brousses humides. Vit sur les plantations et terres cultivées offrant du couvert. **Écologie alimentaire** Mal connue ; rongeurs, invertébrés et fruits ont été trouvés dans l'estomac de cadavres. Principalement nocturne. **Comportement social et spatial** Inconnu. Probablement solitaire. **Reproduction et démographie** Inconnues. Des observations de jeunes indiquent des naissances en janvier-février. **Statut et menaces** Aire restreinte, mais elle est généraliste s'agissant de l'habitat et elle est considérée comme fréquente. Apparaît souvent sur les marchés de viande de brousse, ce qui pourrait localement représenter une menace. Liste rouge LC.

LA GENETTE DE BOURLON *Genetta bourloni*

Ltc ~ 49,5 cm ; Q ~ 41 cm ; P ~ 1,5-2 kg
Semblable à la genette pardine, mais beaucoup plus sombre, taches sombres souvent rattachées pour former des taches allongées, surtout sur le cou, les épaules et la croupe. Queue sombre, larges bandes sombres réunies par une rayure dorsale foncée. Anciennement classée avec la genette pardine, mais décrite en tant qu'espèce distincte en 2003 sur la foi de 29 spécimens. **Distribution et habitat** Endémique au Liberia, est de la Sierra Leone, sud de la Guinée et ouest de la Côte d'Ivoire où elle est inféodée à la forêt pluviale. **Écologie alimentaire** Inconnue. Présumée semblable à celle des autres genettes. **Comportement social et spatial** Inconnu. **Reproduction et démographie** Inconnues. **Statut et menaces** Aire très restreinte menacée de déforestation, victime des chasseurs de viande de brousse. Liste rouge NT.

Pour les cartes de répartition des espèces, veuillez consulter le site : www.panthera.org/carnivoreguide

LA POYANE D'AFRIQUE OCCIDENTALE *Poiana leightoni*

Ltc 30-38 cm ; Q 35-40 cm ; P 500-700 g
Très petite espèce élancée rappelant la genette ; pelage jaune chamois, virant au blanc ou crème sur le dessous. Grosses taches ovales irrégulières brun-noir, plus petites sur les membres et le cou. Anneaux sombres (10-12) en chevrons sur la queue. Considérée autrefois comme une sous-espèce de *P. richardsonii*, leurs aires de répartition ne se recoupent pas. **Distribution et habitat** Endémique à l'Afrique occidentale et confirmée seulement dans le sud-ouest de la Côte d'Ivoire et ouest du Liberia. Sa présence en Guinée sud-orientale reste à confirmer. Toujours observée dans la forêt pluviale. **Écologie alimentaire** Inconnue. Sa taille et sa denture indiquent une alimentation dominée par les petits vertébrés (rongeurs, oiseaux et herptiles) et invertébrés. Arboricole, ses griffes sont protractiles, et on pense qu'elle chasse principalement dans la canopée. **Comportement social et spatial** Inconnu. Présumée solitaire. Les autochtones (Liberia) indiquent qu'elle construit des nids de feuilles dans la canopée, rappelant les nids d'écureuil, qui peuvent être occupés par plusieurs individus. **Reproduction et démographie** Inconnues. **Statut et menaces** C'est l'un des carnivores les moins bien connus, décrit d'après 12 spécimens seulement conservés dans les collections. Les données les plus récentes viennent de 2 peaux collectées dans l'est du Liberia en 1988-1989. Son aire est très restreinte, soumise à de fortes pressions de déforestation et de chasse pour la viande de brousse qui représenteraient de sérieuses menaces ; mais son statut de conservation est inconnu. Liste rouge DD.

LA POYANE D'AFRIQUE CENTRALE *Poiana richardsonii*

Poiane
Ltc 32-40 cm ; Q 34-40,2 cm ; P ♀ 450-500 g, ♂ 510-750 g
Très semblable à *P. leightoni.* S'en distingue au fond légèrement plus sombre, jaune-brun, nuancé de gris ou rougeâtre, marqué de taches plus nombreuses. Ces taches peuvent se fondre en rayures sur la région du dos. La queue porte 10-12 larges bandes entrecoupées de petits anneaux « fantômes » plus marqués que chez *P. leightoni.* **Distribution et habitat** Endémique au bassin du Congo, sud du Cameroun et extrême sud de la Centrafrique, Guinée équatoriale (y compris l'île de Bioko), Gabon, république du Congo, RD du Congo, jusqu'à la vallée du Rift. Dans la forêt pluviale de plaine ou de montagne. **Écologie alimentaire** Inconnue. Présumée similaire à ce que doit être celle de *P. leightoni.* Toutes les observations concernent des animaux nocturno-crépusculaires. Arboricole, mais elle a été observée au sol où elle chasse sans doute aussi. **Comportement social et spatial** Inconnu. Tous les animaux observés étaient solitaires. **Reproduction et démographie** Inconnues. Une femelle allaitante a été signalée en octobre (Cameroun) et les autochtones disent qu'elle a 2 petits, mais pas de données vérifiées. **Statut et menaces** Statut de conservation inconnu. Si elle est présente sur l'ensemble du bassin du Congo où de vastes forêts restent intactes, elle serait en sécurité. Apparaît occasionnellement sur les marchés de viande de brousse, comme sur l'île de Bioko. Elle n'est probablement pas particulièrement recherchée parce qu'elle est très petite et a des mœurs nocturnes arboricoles. La déforestation et la chasse sont probablement localement à l'origine de régressions. Liste rouge LC.

LA NANDINIE *Nandinia binotata*

Civette palmiste d'Afrique
Ltc 37-62,5 cm ; Q 34-76,2 cm ; P 1,2-3 kg
C'est la seule espèce de la famille des Nandiniidae. Elle est de taille moyenne et sa queue est aussi longue que le corps et la tête, sinon plus. Pelage épais, brun grisâtre à brun-roux, dessous plus clair, jaune chamois, peu marqué de petites taches brunes, et d'une tache claire sur chaque épaule ; les membres sont de coloration unie. Les anneaux de la queue peuvent être difficiles à repérer. Griffes partiellement protractiles. **Distribution et habitat** Afrique subsaharienne, de la côte du Sénégal au bassin du Congo et Ouganda, Kenya, Tanzanie (y compris Zanzibar), Malawi, ouest du Mozambique et extrême est du Zimbabwe. Espèce forestière, qui vit en plaine ou jusqu'à 2 500 m : mosaïques de forêt/savane et savane arborée humide, y compris les forêts exploitées et modifiées, ainsi que dans les tronçons de forêt proches des zones cultivées. **Écologie alimentaire** Principalement frugivore. Environ 80 % de son régime est composé d'une grande variété de fruits sauvages ou cultivés, principalement ceux des figuiers, parasoliers, palétuviers d'eau douce, arbres à pain et pulpe de la noix du palmier à huile. Les fruits cultivés les plus fréquemment consommés sont les bananes, fruits de la passion et papayes. Le reste de son alimentation se compose de petits mammifères, oiseaux, oisillons, œufs et arthropodes. Efficace dénicheuse de nids (notamment de tisserins) sur l'extrémité de très fines branches. Tue des mammifères du gabarit des pottos ou de jeunes singes, mais ceux-ci apparaissent rarement dans son alimentation. S'attaque à la volaille. Très agile dans les arbres, elle peut se suspendre par les pieds postérieurs et elle descend le long des troncs la tête en bas. Nocturne et solitaire, elle fourrage aussi bien dans les arbres qu'au sol (rongeurs et fruits tombés des arbres). Charognard, elle fréquente aussi les décharges des villages et on sait qu'elle boit dans les coupelles où est récoltée la sève fermentée des palmiers. **Comportement social et spatial** Solitaire et territoriale. Les territoires des mâles recoupent ceux, plus restreints, de nombreuses femelles. Les combats entre mâles peuvent être létaux. On ignore si les territoires sont défendus uniquement pendant la saison de reproduction ; il semble qu'elles soient un peu nomades lors de pics de fructification ; par exemple, 12-15 individus se sont retrouvés sur 1 km de vallée boisée pour se nourrir des fruits de parasoliers. Les territoires seraient de 0,29-0,7 (♀) et 0,34-1,53 km² (♂). Densités entre 2,2-3,3 nandinies/km² (Bwindi, Ouganda) et 5-8/km² (Gabon). **Reproduction et démographie** On pense qu'elle est faiblement saisonnière, avec un pic des naissances en saison humide, par exemple septembre-janvier (Gabon) et mai-octobre (Ouganda). Gestation d'environ 64 jours. Portées de 1-4, normalement 2. Maturité sexuelle à 1 an. **MORTALITÉ** Inconnue. **LONGÉVITÉ** 16,4 ans en captivité. **Statut et menaces**. Elle est largement répartie et les densités peuvent être élevées dans les habitats favorables ; souvent considérée comme la plus abondante des petits carnivores de la forêt pluviale du centre de l'Afrique, car elle se retrouve fréquemment sur les marchés d'animaux sauvages, comme en Guinée équatoriale, mais son statut de conservation n'a jamais été évalué. Il est probable qu'elle régresse localement suite aux pressions de déforestation et de chasse. Liste rouge LC.

Pour les cartes de répartition des espèces, veuillez consulter le site : www.panthera.org/carnivoreguide

Ltc 76-112 cm ; Q 30-41 cm ; Hg 61-78 cm ; P 17-36 kg

C'est le plus grand canidé d'Afrique ; le pelage est rêche, marbré de fauve, noir et blanc. L'extrémité de la queue est toujours très visiblement blanche. La coloration est très variable, même au sein des populations ; en Afrique australe, les lycaons tendent à être plus fauves, alors qu'en Afrique orientale et nord-orientale ils sont plus sombres. Les dessins sont particuliers à chaque individu, ce qui permet de l'identifier à vie. Les mâles sont légèrement plus grands et plus lourds que les femelles ; la taille varie peu selon les régions.

Distribution et habitat

Afrique subsaharienne, essentiellement en Afrique orientale et australe, quelques populations éparpillées en Afrique sahélienne occidentale et centrale. Les densités sont plus élevées dans la savane arborée, mais il occupe aussi les savanes ouvertes, semi-déserts et brousse. Absent de la forêt du centre de l'Afrique, mais vit dans les zones boisées d'Afrique orientale. Pénètre dans l'intérieur des déserts vrais, mais ne peut coloniser durablement les zones très arides. Occupe rarement les paysages pastoraux où il est pourchassé.

Écologie alimentaire

Il chasse en meute ce qui lui permet de capturer des proies de la taille d'un zèbre ou d'une bufflonne. La plupart de ses proies sont des antilopes de taille moyenne et chaque population se spécialise dans la chasse de 1-2 espèces localement les plus fréquentes. Les proies types sont l'impala, le nyala, le cobe de Lechwe, la gazelle de Thomson ou le gnou bleu. Ses plus grosses proies de choix sont les femelles adultes de grand koudou (135 kg) (Namibie). Peut aussi chasser des proies plus petites, surtout lorsque les grandes espèces sont absentes ou rares, comme en dehors des zones protégées au nord du Kenya où le dik-dik de Kirk (3-7 kg) représente 70 % des proies. Dans certaines régions, les guibs harnachés, céphalophes, raphicères et phacochères forment une importante proportion de son régime alimentaire. Il est opportuniste et peut tuer lièvres et petits carnivores, comme l'otocyon, ou des reptiles, mais leur proportion dans son régime alimentaire est négligeable. Il tue rarement le petit bétail s'il peut trouver des proies sauvages. Aucun exemple de prédation sur l'homme. Presque exclusivement diurne, c'est un animal très social et les membres de la meute se livrent fréquemment à des démonstrations frénétiques de bienvenue. Il peut atteindre 66 km/h et la chasse peut se prolonger sur 2 km. La meute se déploie en éventail et ses membres se relaient à la poursuite pour optimiser leurs chances ; il leur arrive même de tuer plus d'une proie au cours d'une même chasse. La mise à mort est l'affaire de tous, alors que la capture est effectuée par un seul animal. Les grosses proies dangereuses, comme les phacochères ou gnous, sont souvent retenues par la tête pendant que les autres l'éviscèrent et la démembrent. Le procédé paraît cruel, mais la proie meurt généralement en 2-4 minutes. Le taux de réussite des chasses est élevé, 42 à 70 %, et croît avec le nombre de participants. Il peut être charognard et s'approprier les carcasses d'autres meutes, de léopards, de hyènes tachetées et (très rarement) de lions.

Comportement social et spatial

Très sociaux, les membres de la meute sont presque toujours ensemble. Les meutes se forment autour d'un couple dominant et peuvent compter jusqu'à 28 adultes, normalement 5-10, accompagnés des jeunes de 1 an et des petits de l'année ; avec les jeunes, la meute peut dépasser 50 membres. Les adultes du même sexe sont généralement apparentés, sans lien de parenté avec ceux du sexe opposé. Les meutes se forment généralement par l'échange de sous-groupes du même sexe, normalement lorsque les membres d'une même portée se dispersent pour rejoindre un groupe de sexe opposé. Les deux sexes peuvent se disperser, les femelles partant plus tôt mais se fixant plus près de leur lieu de naissance. La meute occupe un domaine vital stable qui peut chevaucher ceux d'autres meutes. Les comportements de défense active du territoire sont rares mais peuvent se produire dans les zones de chevauchement et à proximité des tanières, là où les rencontres peuvent être agressives voire létales. Le domaine vital est de 150-2 460 km², la moyenne étant de 423-1 318 km², seulement 50-260 km² lorsque les jeunes sont dans la tanière. Les densités naturelles sont faibles et très fluctuantes selon le taux de survie des chiots, par exemple 5 lycaons/1 000 km² (savane semi-aride, nord du Botswana), 2,8-22,5/1 000 km² (savane aride, nord du PN Kruger), 16-24/1 000 km² (réserve de Selous, Tanzanie) et 19-39/1 000 km² (forêt mésique du sud du PN Kruger).

Reproduction et démographie

Faiblement saisonnier. Les chiots naissent toute l'année, mais la plupart des portées coïncident, avec un pic lié à l'abondance des proies, comme mars-juin (Serengeti) ou avril-septembre (Kruger). Gestation de 69-73 jours. Portées de 10-11, exceptionnellement 20. La femelle dominante est normalement la seule à se reproduire. Tous les membres de la meute coopèrent en apportant de la nourriture à la tanière pour la mère, en régurgitant la viande pour les petits et en montant la garde autour de la tanière. Les petites meutes (< 4 adultes) réussissent peu à se reproduire. Les chiots des femelles subordonnées ne survivent que si les proies sont abondantes, sinon ils sont tués par la femelle dominante ou meurent de faim car la mère est harcelée par les autres. Le sevrage intervient vers 8 semaines et les chiots sortent de la tanière vers 12-16 semaines pour suivre la meute dans ses déplacements. La dispersion des femelles intervient à 12-22 mois (entre 13 et 31) et celle des mâles à 28 mois (entre 17 et 43). L'intervalle entre les portées est en moyenne de 12-14 mois. La maturité sexuelle est atteinte vers 2 ans chez les deux sexes, mais la reproduction n'intervient normalement qu'à 4-5 ans, lorsque l'animal devient dominant. **MORTALITÉ** 25 (Selous) à 65 % (Kruger) des chiots meurent dans leur première année. La mortalité est de 23-28 % chez les adultes en bonne santé, mais d'environ 50 % chez les animaux plus âgés. Les causes naturelles de mortalité sont la prédation des lions, d'autres lycaons et les maladies infectieuses comme la rage et la maladie de Carré. **LONGÉVITÉ** 11 ans dans la nature, 16 en captivité.

Statut et menaces

L'espèce a vu son aire de répartition dramatiquement réduite : elle a aujourd'hui disparu de 25 à 39 de ses pays d'origine. Les effectifs actuels sont estimés entre 3 000 et 5 500 individus. Les lycaons ont été délibérément détruits par les agents gestionnaires de la faune sauvage jusque dans les années 1970 ; ils sont aujourd'hui protégés sur l'ensemble de leur aire, mais les causes de mortalité anthropiques restent partout plus importantes. Victimes de persécutions délibérées, de pièges, de collisions routières et des maladies importées par les chiens domestiques. Survit essentiellement dans les grands parcs et ses principaux bastions sont l'écosystème d'Okavango/Kaudom/Hwange, le PN de Kafue et la vallée de la Luangwa (Zambie), la réserve de Selous/PN de Mikumi et Ruaha-Rungwa (Tanzanie), ainsi que le PN Kruger (Afrique du Sud). Liste rouge EN.

LYCAON

Rituel
de salutations

LE LOUP D'ABYSSINIE *Canis simensis*

Ltc ♀ 84,1-96 cm, ♂ 93-101,2 cm ; Q 27-39,6 cm ; Hg 53-62 cm ; P ♀ 11,2-14,2 kg, ♂ 14,2-19,3 kg
Fauve-roux tirant sur le rouge, dessous blanc, comme les taches du bas de la face, de la gorge, de la poitrine et de la partie inférieure des membres. Queue blanche à la base, mais brun chocolat à l'extrémité. Les hybrides de chiens domestiques sont plus corpulents avec un pelage plus clair et plus terne. Les espèces les plus proches sont le coyote et le loup. **Distribution et habitat** Sept populations isolées en Éthiopie, à 3 000-4 500 m. Vit sur les pelouses, landes et brousse des hauts plateaux. Évite les zones agricoles qui, sur une partie de son aire, atteignent 3 500-3 800 m. **Écologie alimentaire** Se nourrit presque exclusivement de petits mammifères diurnes, principalement rats-taupes, rats et lièvres des hauts plateaux éthiopiens. Il peut aussi capturer des damans du Cap et jeunes céphalophes couronnés, nagors ou nyalas, ainsi que des oiseaux comme les oisons de l'ouette à ailes bleues ou des francolins, et manger des œufs. Chasseur diurne et solitaire, le plus souvent en traquant les rongeurs ou en les déterrant. De petites meutes de 2-4 coopèrent parfois à la chasse aux lièvres ou jeunes antilopes. Tue rarement les agneaux, jamais les veaux, et chasse souvent au milieu des troupeaux, peut-être pour se faciliter la tâche : les rongeurs sont débusqués par les bêtes qui masquent le chasseur à la vue de prédateurs éventuels. S'empare des proies des rapaces et dévore les charognes, y compris les carcasses de bétail. Cache ses restes dans des trous peu profonds. **Comportement social et spatial** Forme des meutes de 2-13 adultes qui défendent de petits territoires stables. Les meutes sont moins nombreuses là où les proies sont plus rares. Les mâles se dispersent rarement de sorte que les meutes peuvent compter jusqu'à 8 mâles adultes apparentés et 1-3 femelles adultes qui peuvent être apparentées ou pas ; certaines femelles restent dans leur meute d'origine, tandis que d'autres se dispersent pour pouvoir se reproduire. La superficie des territoires est de 6 km² dans un habitat favorable, mais de 13,4 km² en milieu défavorable. Les densités sont de 0,1-0,25 loup/km² dans les habitats défavorables ou dans les zones non protégées à 1-1,2/km² dans un habitat favorable protégé. **Reproduction et démographie** Saisonnier. Accouplements en août-novembre ; naissances en octobre-janvier. Gestation de 60-62 jours. Portées de 2-6. La reproduction est presque exclusivement réservée au couple alpha, mais la femelle dominante peut s'accoupler avec des mâles de passage appartenant à des meutes voisines. Tous les membres de la meute nourrissent les jeunes à la tanière et les femelles subordonnées les allaitent parfois (on ignore si ces nourrices font une grossesse « nerveuse » ou si elles mangent/abandonnent leurs propres petits). Les chiots sont sevrés à 10 semaines et suivent la meute à 6 mois. Maturité sexuelle à 18-24 mois. MORTALITÉ Essentiellement d'origine anthropique ; les causes naturelles sont mal connues ; aucune prédation n'a été observée, mais les chiots peuvent être tués par des hyènes tachetées, chacals dorés et grands aigles. LONGÉVITÉ 12 ans dans la nature. **Statut et menaces** En danger : ~ 500 adultes seulement, dispersés en 7 populations distinctes. Les fortes pressions agricoles et pastorales sont la principale menace, avec les maladies transmises par les chiens domestiques : les épizooties de rage peuvent détruire jusqu'à 75 % d'une population, comme ce fut le cas à Bâle. Les collisions routières, les persécutions et l'hybridation sont des menaces moins immédiates. Liste rouge EN.

LE DINGO *Canis lupus dingo*

Ltc ♀ 70,3-101 cm, ♂ 75-111 cm ; Q 20-37 cm ; P ♀ 8-17 kg, ♂ 7-22 kg
Généralement fauve orange ; variantes sable clair, blanc pur (non albinos) et noir et fauve. Les colorations à manteau noir (berger allemand), bringées ou pies indiquent une hybridation avec des chiens domestiques. Issus de loups d'Asie, les dingos sont apparus voici quelque 6 000 à 10 000 ans, en Asie du Sud-Est, probablement par le biais de la domestication ; ils ont colonisé l'Australie avec les hommes voici 3 500-4 000 ans. **Distribution et habitat** Australie (seule zone où les dingos vivent dans la nature), Asie du Sud-Est et Nouvelle-Guinée (associés aux hommes), dans les déserts, pelouses, savanes arborées, zones humides, landes alpines et forêts. Présent en milieu rural, mais évite les zones d'agriculture intensive. **Écologie alimentaire** Régime très varié : 177 espèces de proies ont été repérées en Australie, dont ~ 75 % de mammifères. Au moins un macropode (kangourous ou wallabies) figure en bonne place dans son régime sur la majeure partie de son aire. Les autres proies sont les wombats, phalangers, lapins (introduits) et oies-pie. D'autres oiseaux et quelques reptiles complètent son alimentation. Il tue moutons et veaux. Principalement nocturno-crépusculaire, il devient diurne là où il n'est pas pourchassé. Chasse en solitaire ou en meute ; les grosses proies, comme les grands kangourous, sont généralement chassées en meute, ce qui augmente les chances de succès : 5,5 % pour un animal seul contre 19 % en meute. Charognard, il dévore les carcasses, y compris de bétail, et visite les décharges. **Comportement social et spatial** Là où il ne craint pas les persécutions, il vit en meutes stables de 2-12 adultes avec les chiots, sur des territoires durables. Territorial, il partage pourtant certaines ressources, comme un point d'eau, avec les meutes voisines. Là où il subit les persécutions (la majeure partie de l'Australie), la structure sociale est fractionnée et les meutes sont plus restreintes et moins stables. Ils s'associent en tribus lâches pour partager un domaine vital qu'ils ne défendent pas et tendent à chasser en solitaire. Dans les meutes stables, la reproduction est normalement réservée au couple alpha, les autres participant à l'élevage des jeunes et à leur sécurité. La superficie des territoires varie de 4-55 km² (forêt humide froide) et 32-126 km² (désert de Simpson), à plus de 300 km² dans le désert australien sud-occidental. **Reproduction et démographie** Reproduction généralement saisonnière, surtout dans la région aride d'Australie centrale. Accouplements en avril-juin ; naissances en juin-août (en dehors de ces périodes, il s'agirait d'hybrides). Gestation de 61-69 jours. Portées de 1-10, en moyenne 5. Les femelles se reproduisent vers 24 mois, les mâles sont sexuellement matures à 12 mois, mais la reproduction est limitée par la dynamique sociale. MORTALITÉ Les premières causes sont anthropiques, y compris par introduction de maladies (principalement la maladie de Carré) et de parasites (dirofilariose). Occasionnellement tué par les buffles, grands kangourous et aigles (chiots). LONGÉVITÉ 10 ans dans la nature, 13 en captivité. **Statut et menaces** Largement réparti en Australie, mais l'espèce est menacée par les campagnes d'éradication et l'hybridation. Les dingos purs sont plus fréquents dans le centre et le nord de l'Australie, mais rares ou éteints dans le sud et le nord-est et ont probablement disparu dans le sud-est et le sud-ouest. Protégés dans les parcs nationaux, dans les zones inscrites au patrimoine mondial et dans les réserves aborigènes, mais classés nuisibles ailleurs. Le dingo de race pur a peu de chance de survivre sans d'intenses efforts de conservation. Liste rouge VU.

Pour les cartes de répartition des espèces, veuillez consulter le site : www.panthera.org/carnivoreguide

Ltc ♀ 87-117 cm, ♂ 100-130 cm ; Q 35-50 cm ; Hg 66-81 cm ; P ♀ 18-55 kg, ♂ 20-79,4 kg
De gabarit et de coloration très variables, c'est le plus grand des canidés. Les plus corpulents (Alaska et Canada) sont 3 à 6 fois plus gros que ceux du Moyen-Orient ou d'Asie du Sud. La coloration type est le gris clair ou sombre, mais très variable : rousse en Asie centre-orientale, brune en Eurasie nord-occidentale, ou blanche principalement au nord du Canada (loup de l'Arctique). La coloration noire est rare en dehors des forêts d'Amérique du Nord et on peut la faire remonter à des croisements avec les premiers chiens domestiqués voici 10 000 à 15 000 ans. Le dingo est considéré comme une sous-espèce du loup. Le loup est l'ancêtre du chien domestique et ils peuvent se croiser. Le chacal doré d'Afrique nord-orientale est aussi une sous-espèce du loup, très proche du loup d'Arabie ou du loup des Indes.

Distribution et habitat
Amérique du Nord et Eurasie ; il avait autrefois l'une des aires de répartition les plus vastes de tous les mammifères. Largement réparti au Canada et en Alaska, éradiqué des zones méridionales des États-Unis, à l'exception du nord des montagnes Rocheuses et du Midwest. Une réintroduction a permis de créer une petite population de loup du Mexique. Largement réparti en Russie et dans le centre de l'Asie, son aire se fragmente en Asie du Sud-Ouest, au Moyen-Orient et en Europe occidentale ou septentrionale. Occupe de nombreux types d'habitat, dont les déserts (jusqu'à 50 °C), les plaines ouvertes, steppes, zones montagneuses, marécages, forêts et toundra arctique (jusqu'à – 56 °C). Bien qu'il tolère les habitats modifiés, il fréquente rarement les zones agricoles ou pastorales.

Écologie alimentaire
Très opportuniste et très efficace à la chasse en meute. Le régime varie beaucoup selon la région et la saison, mais surtout ongulés (grands ou moyens) : bœuf musqué, bison, élan, wapiti, cerf élaphe, caribou, cerf de Virginie, chevreuil, mouflon, bouquetin et sanglier. Les jeunes et les individus malades sont les premières victimes, mais un loup peut tuer seul l'un ou l'autre de ces animaux adultes en bonne santé, surtout en hiver. Lorsque les ongulés sont dispersés (printemps et été), le régime est plus diversifié : castors, lièvres, rongeurs, gibier d'eau, poissons et fruits. Il tue les carnivores plus petits que lui, essentiellement les coyotes et, à l'occasion, pumas et oursons (noirs, bruns et, très rarement, blancs). Le bétail au pâturage est souvent victime, surtout au printemps ou en été ; chez de nombreuses populations eurasiennes, le bétail (dont les rennes semi-domestiques) constitue l'essentiel des proies. Les attaques non provoquées sur l'homme sont très rares et généralement attribuées à la rage, comme les deux cas mortels signalés en Amérique du Nord depuis 1900. Chasseur cathéméral, plus diurne là où il est protégé, et très social : les membres de la meute se relaient pour mener la chasse et se mettent à plusieurs pour abattre les grosses proies. Il peut atteindre 64 km/h et son endurance est extraordinaire : il peut poursuivre sa proie sur 8 km (le record étant de 21 km). Les taux de réussite à la chasse sont de 10-49 % pour les meutes (Amérique du Nord). Charognard, il fréquente les décharges et s'approprie les carcasses d'autres carnivores.

Comportement social et spatial
Très social et territorial, il vit en meute de 42 individus au plus, mais généralement 2-15. Un couple reproducteur en forme le noyau, le reste étant constitué par leurs descendants. La taille de la meute varie avec la dispersion des jeunes, liée à l'abondance de nourriture. La dispersion est faible les bonnes années et les meutes sont importantes, comprenant jusqu'à 4 générations de jeunes adultes. Tous finissent par se disperser pour rechercher des adultes non apparentés et former une nouvelle meute. Les meutes recrutent parfois un individu non apparenté, ou un petit groupe en phase de dispersion. Chaque meute occupe un territoire durable qui est activement défendu contre les autres meutes. Leur superficie est de 33-4 335 km², en moyenne 69-2 600 km². Augmente en hiver et avec la latitude ; les plus vastes ont été mesurés en Alaska et dans l'Arctique canadien. Les loups suivent les migrations des troupeaux et parcourent dans l'année une superficie de 63 000-100 000 km². Les densités sont estimées à 5 loups/1 000 km² (nord-ouest de l'Alaska) à 92/1 000 km² (île Royale, Canada), mais elles excèdent rarement 40/1 000 km². Dans les zones arides, les densités sont sans doute très faibles.

Reproduction et démographie
Saisonnier. Accouplements en janvier-avril selon la latitude, les louveteaux naissent en mars-juin. Gestation de 60-75 jours, normalement 62-65. Portées de 1-3, en moyenne 4-7. La femelle alpha est normalement la seule à se reproduire, mais d'autres femelles (probablement apparentées) se reproduisent parfois en période d'abondance. Tous les membres de la meute participent à l'élevage des louveteaux en nourrissant la mère et les jeunes à la tanière, et en défendant les louveteaux. Ils sont sevrés vers 8-10 semaines et quittent la tanière pour suivre la meute vers l'âge de 4-6 mois, en septembre-octobre. La dispersion a lieu entre 11-24 mois, mais la fourchette est de 5-60 mois. L'intervalle entre les portées est généralement de 12 mois. La maturité sexuelle intervient à environ 10 mois pour les deux sexes, mais l'occasion de se reproduire se présente rarement avant 3 ans. **MORTALITÉ** Le taux de mortalité annuel des louveteaux est en moyenne de 34 %, soit de 9 (PN de Denali, Alaska) à 61 % (nord du Wisconsin). Le taux pour les adultes est de 14 %, mais jusqu'à 44 % là où les prélèvements sont élevés. La chasse et le piégeage sont souvent les principales causes de mortalité. La faim (louveteaux) et les agressions par d'autres loups sont les facteurs naturels les plus importants. Les maladies sont également causes de mortalité, mais l'effet sur les populations est mal connu. Les loups se blessent parfois mortellement à la chasse et sont tués par les ours, pumas et tigres de l'Amour. **LONGÉVITÉ** 13 ans dans la nature, 17 en captivité.

Statut et menaces
Largement réparti et stable sur la majeure partie de son aire septentrionale, notamment en Alaska, Canada, Kazakhstan et Russie (113 000-127 000 individus). Il a pourtant perdu un tiers de son aire de répartition d'origine, essentiellement aux États-Unis/Mexique, Europe occidentale et Asie du Sud où il est menacé ou en danger. Encore pourchassé dans le cadre de programmes officiels de contrôle des populations. Les maladies peuvent localement entraîner une régression : parvovirose canine, gale et rage principalement. Sa réintroduction dans le PN de Yellowstone en 1994-1995 a été couronnée de succès avec 1 650 loups en 2010 ; pas dans le sud-ouest des États-Unis (sous-espèce de loup du Mexique). La chasse et le piégeage sont autorisés dans 15 pays au moins, et c'est au Canada (4 000) et en Russie/Mongolie (10 000-20 000) que les prélèvements annuels sont les plus nombreux. CITES Annexe I (Bhoutan, Inde, Népal et Pakistan), ailleurs Annexe II, Liste rouge LC.

LOUP

Meute hurlant de concert

Forme d'Arabie

Forme mexicaine

Forme tibétaine

Forme eurasienne

Pour les cartes de répartition des espèces, veuillez consulter le site : www.panthera.org/carnivoreguide

LE DHOLE *Cuon alpinus*

Ltc ♀/♂ 80-113 cm ; Q 32-50 cm ; Hg 42-55 cm ; P ♀ 10-17 kg, ♂ 15-21 kg

Ressemble à un grand chacal. Brun-fauve à brun-rouge, queue terminée de sombre. Dans le nord, les individus sont généralement plus rougeâtres, dessous contrasté blanc pur. **Distribution et habitat** Sud de la Chine, Népal, Bhoutan, Inde, Asie du Sud-Est, Sumatra et Java ; distribution discontinue dans le nord de la Chine, incertain dans le sud-est de la Russie et en Mongolie. Vit dans les forêts, les mosaïques forêts/pelouses et brousses de montagne. Évite les milieux ouverts, ainsi que les zones agricoles et pastorales. **Écologie alimentaire** Chasse en meute, principalement les ongulés : cerf axis, cerf sambar, antilope cervicapre, nilgaut, barasingha, muntjac, gaur, buffle, banteng, markhor, tahr, goral et sanglier. Ils choisissent souvent des jeunes, mais les meutes peuvent tuer les adultes, sauf ceux des plus grandes espèces. Ils s'attaquent aussi au bétail. Chasseur diurno-crépusculaire, c'est aussi un charognard qui vole les proies des autres carnivores comme le léopard. **Comportement social et spatial** Vit en meutes de 2-15 adultes, plus les chiots, ce qui peut faire jusqu'à 30 individus. Les meutes sont dominées par le couple alpha et les mâles y sont plus nombreux car les femelles ont plus tendance à se disperser. La meute occupe un domaine vital bien défini, mais on ignore si elle le défend comme un territoire ; sa superficie est de 12-49,5 km² (réserve de Phu Khieo, Thaïlande) et 40-83 km² (forêt aride, Inde). **Reproduction et démographie** Saisonnier. Reproduction en octobre-avril (Inde) ou janvier-mai (Java). Gestation de 60-63 jours. Portées de 4-12. Normalement, seul le couple dominant se reproduit, mais il arrive que d'autres femelles mettent bas et que les mâles subordonnés s'accouplent avec la femelle alpha. Tous participent à l'élevage des chiots en les protégeant et en régurgitant leur nourriture. MORTALITÉ Mal connue. Tigres et léopards sont ses prédateurs confirmés. LONGÉVITÉ 16 ans en captivité. **Statut et menaces** En danger et en régression suite aux persécutions dont il est l'objet, à la perte de son habitat et à la disparition de ses proies chassées par l'homme. Peut-être éteint en Asie orientale et centrale, et il ne subsiste en Asie du Sud-Est que dans de vastes zones protégées. Son bastion reste l'Inde sud-centrale. CITES Annexe II, Liste rouge EN.

LE COYOTE *Canis latrans*

Ltc ♀/♂ 74-95 cm ; Q 26-46 cm ; P ♀ 7,7-14,8 kg (rarement 25 kg), ♂ 7,7-18,1 kg (rarement 34 kg)

Coloration uniforme, gris givré à brun-roux, queue terminée de sombre (rarement de blanc). Importantes variations géographiques et saisonnières ; dans le nord, les animaux sont généralement plus grands, et plus clairs en hiver. On rencontre des individus tricolores : noir, blanc et roux. **Distribution et habitat** Du nord de l'Alaska et Canada (à l'exception du nord-est Canada) jusqu'au Panamá, en passant par les États-Unis et l'Amérique centrale, dans toutes les sortes de milieux, y compris les terres agricoles et zones urbaines. **Écologie alimentaire** Généraliste très opportuniste. Les vertébrés sont ses principales proies, des rongeurs aux jeunes ongulés et charognes. Se nourrit aussi d'invertébrés, fruits, graines, légumes et céréales. S'attaque à la volaille et au petit bétail. Principalement diurno-crépusculaire, il devient nocturne à proximité de l'homme. Il chasse seul, mais plusieurs peuvent coopérer pour tuer les plus grosses proies. Charognard, il fréquente aussi les décharges et visite les mangeoires destinées aux animaux domestiques ou aux oiseaux. **Comportement social et spatial** Sociabilité très variable, dans l'espace et dans le temps, selon l'abondance de nourriture. L'unité sociale de base est le couple monogame territorial. Des « associés », généralement issus des portées précédentes, restent avec le couple en période d'abondance et des meutes de 10 individus au plus se forment. Tous participent à l'élevage des petits et à la défense du territoire. Là où les ongulés représentent l'essentiel des proies, les meutes sont plus importantes, mais les duos ou trios sont plus fréquents là où les proies sont plus petites. Certains ne rejoignent pas de meute et vivent en nomades solitaires. Les domaines vitaux (sans compter les petits territoires de reproduction) mesurent entre 2-3 km² (sud-ouest des États-Unis) et 42-61 km² (Minnesota). **Reproduction et démographie** Saisonnier. Accouplements en janvier-mars ; naissances en avril-juin. Gestation de 58-65 jours. Portées de 11 au plus, en moyenne 4-7. Sevrage à 5-7 semaines ; dispersion à partir de 6 mois. MORTALITÉ La première cause est anthropique. Le principal prédateur naturel est le loup, comme dans le PN de Yellowstone. LONGÉVITÉ 15,5 ans dans la nature (rarement au-delà de 8), 18 en captivité. **Statut et menaces** Très largement répandu, fréquent et très résilient. Tolère les milieux modifiés, ce qui, avec l'extermination du loup, lui a permis de coloniser de nouvelles régions, par exemple dans l'est des États-Unis et en Amérique centrale. Liste rouge LC.

LE LOUP ROUX *Canis rufus*

Ltc ♀ 99-120 cm, ♂ 104-125 cm ; Q 30-46 cm ; Hg 66-76 cm ; P ♀ 16-30 kg, ♂ 21-41 kg

Pelage rougeâtre virant au roux clair à crème sur la partie inférieure des membres, taches blanches caractéristiques à la gorge et à la poitrine. Parfois considéré comme un hybride de coyote et de loup, mais de récentes analyses génétiques indiquent qu'il s'agit d'une espèce distincte. **Distribution et habitat** Éteint dans la nature ; une population a été réintroduite à partir d'animaux captifs sur 6 000 km² dans l'est de la Caroline du Nord (États-Unis), dans des mosaïques de forêts de pins et zones humides, marais et terres agricoles offrant du couvert. **Écologie alimentaire** Cerf de Virginie, ratons laveurs, lapins des marais et petits rongeurs. S'attaquerait au bétail, mais les observations récentes indiquent un comportement de charognard. Chasseur nocturno-crépusculaire, le plus souvent en petites meutes ou en solitaire. **Comportement social et spatial** Meutes de 2-12 individus formées d'un couple et de leurs rejetons. Elles sont territoriales et peuvent tuer les intrus non apparentés. Les femelles se dispersent plus facilement ; certains individus ne se dispersent jamais et ne se reproduisent pas. Les territoires mesurent de 45 à 225,8 km², en moyenne 123,4 km² ; les plus restreints sont situés dans les zones agricoles à fortes densités de rongeurs. **Reproduction et démographie** Saisonnier. Accouplements en février-mars, naissances en avril-mai. Gestation de 61-63 jours. Portées de 3-5 en moyenne, exceptionnellement 10. MORTALITÉ Taux annuels modérés : 32 % (louveteaux), 21 % (jeunes de 1 an) et 19 % (adultes), tués par balle ou sur les routes pour la plupart. Les causes naturelles expliquent un quart des pertes : meurtres intraspécifiques, gale sarcoptique ou famine (louveteaux). LONGÉVITÉ 20 ans en captivité. **Statut et menaces** Éteint en nature avant 1980 après la disparition de son habitat, et suite aux persécutions et aux croisements avec les coyotes au sein d'une population en régression. Réintroduit en 1987, ses effectifs sont aujourd'hui de 100-130 individus. Les croisements avec les coyotes restent la principale menace ; il faut y ajouter les collisions routières, les animaux tués par balle ou pris dans les pièges. Liste rouge CE.

Pour les cartes de répartition des espèces, veuillez consulter le site : www.panthera.org/carnivoreguide

LE CHACAL DORÉ *Canis aureus*

Ltc ♀ 74-100 cm, ♂ 76-105 cm ; Q 20-26 cm ; Hg 38-50 cm ; P ♀ 6,5-14,5 kg, ♂ 7,6-15,5 kg

C'est le seul chacal présent en Eurasie. Coloration uniforme, sans marques distinctes ; queue touffue généralement terminée de sombre (jamais de blanc). Dans certaines régions d'Afrique du Nord-Est, sa classification a été révisée en 2011 pour en faire une sous-espèce de loup. **Distribution et habitat** Du nord de la Tanzanie à l'Afrique occidentale et du Nord, péninsule Arabique, sud-est de l'Europe et sud de l'Asie, jusqu'en Indochine. Vit dans les semi-déserts, savanes, zones boisées arides, forêts et zones agricoles et périurbaines. **Écologie alimentaire** Omnivore, se nourrissant principalement de rongeurs, lièvres, lézards, serpents, oiseaux et invertébrés ; également fruits et légumes en saison. Capture les jeunes antilopes et peut tuer des ongulés adultes blessés de la taille d'une gazelle. Chasseur nocturne mais souvent diurno-crépusculaire là où il est protégé. Chasse en solitaire ou en petits groupes familiaux, les plus grosses proies étant souvent capturées à plusieurs. Cache les surplus de nourriture dans des trous peu profonds et est aussi charognard : des rassemblements de 18 chacals au plus ont été observés autour d'une grosse carcasse ou sur les décharges. **Comportement social et spatial** L'unité sociale de base est le couple, souvent accompagné de jeunes adultes des portées précédentes. Les couples se forment à la saison de reproduction et restent ensemble toute l'année dans les conditions favorables. Le couple défend un territoire autour de la tanière et peut coopérer à la création d'un territoire plus vaste, selon l'abondance des proies : 1,1-20 km². Les densités atteignent 4 adultes/km² (PN du Serengeti). **Reproduction et démographie** Saisonnier, faisant coïncider les naissances avec les pics d'abondance de nourriture : décembre-mars (Afrique orientale), décembre-mai (Israël) ou avril-juin (Inde, Asie centrale). Gestation de 63 jours. Portées de 3-6, au plus 8. MORTALITÉ Mal connue, parfois tué par les grands félins et chiens domestiques. LONGÉVITÉ 16 ans en captivité. **Statut et menaces** Globalement fréquent, mais en lente régression dans beaucoup de pays en dehors des zones protégées. Il tolère les activités anthropiques et vit dans les zones pastorales ou agricoles ; mais il disparaît devant l'agriculture intensive (souvent associée à l'utilisation du poison) et l'urbanisation. CITES Annexe II (Inde), Liste rouge LC.

LE CHACAL À CHABRAQUE *Canis mesomelas*

Ltc ♀ 66-85 cm, ♂ 69-90 cm ; Q 27-38 cm ; Hg 38-48 cm ; P ♀ 5,9-10 kg, ♂ 6,4-11,1 kg

Reconnaissable à la « selle » gris argent bordée de sombre sur fond fauve à brun-roux ; queue touffue, chinée, sombre. C'est le chacal le plus souvent observé, car il préfère les zones ouvertes et se montre agressif vis-à-vis des autres espèces. **Distribution et habitat** Deux populations disjointes en Afrique australe et orientale, dans les déserts, sur les pelouses, prairies de montagne, savanes arborées arides à mésiques et terres agricoles. **Écologie alimentaire** Omnivore, généraliste. Ses proies les plus fréquentes sont les petits rongeurs, lièvres sauteurs, lièvres et jeunes ongulés, mais il peut aussi tuer une jeune otarie du Cap, ou des springboks, gazelles de Thomson et impalas adultes. Se nourrit également d'oiseaux, reptiles, œufs, invertébrés et charognes. S'attaque volontiers à la volaille et au petit bétail. Chasseur principalement nocturne, surtout là où il est pourchassé, mais souvent diurno-crépusculaire dans les zones protégées. Chasse généralement en solitaire ou en duo, mais 12 chacals au plus peuvent coopérer pour capturer une grosse proie, et ils se rassemblent autour des carcasses ou sur les sites d'abondance comme les colonies d'otaries ou décharges. **Comportement social et spatial** Monogame et territorial ; les couples peuvent durer toute la vie et défendent leur territoire contre les autres couples. Ce couple peut être accompagné de 3 « aides » qui participent à l'élevage des jeunes et régurgitent la nourriture pour les petits comme pour la mère. Les territoires mesurent de 1 (Hwange, Zimbabwe) à 24,9 km² (littoral namibien). Les pics de densité coïncident avec la saison de reproduction : 0,5-0,8 chacal/km² (non reproducteurs) à 0,7-1/km² (reproducteurs ; Hwange). **Reproduction et démographie** Saisonnier. Accouplements en mai-août ; naissances en juin-octobre. Gestation ~ 60 jours. Portées de 6 au plus, normalement 3-4. Sevrage à 8-9 semaines. Maturité sexuelle à 11 mois. MORTALITÉ Ses prédateurs sont les grands félins et les hyènes. LONGÉVITÉ 14 ans en captivité. **Statut et menaces** Largement réparti et fréquent dans les zones protégées ou pastorales. Pourchassé sur les terres agricoles (particulièrement en Afrique australe), mais très résilient et les régressions de populations vivant à proximité des hommes semblent n'être que provisoires. Liste rouge LC.

LE CHACAL À FLANCS RAYÉS *Canis adustus*

Ltc ♀ 65-76 cm, ♂ 66-81 cm ; Q 30-41 cm ; Hg 41-48 cm ; P ♀ 6,2-10 kg, ♂ 5,9-12 kg

Gris fauve chiné, rayure claire caractéristique (souvent bordée de sombre) sur les flancs et queue sombre terminée de blanc. **Distribution et habitat** Afrique australe, occidentale et centrale ; remplacé par le chacal à chabraque dans le sud désertique et par le chacal doré en Afrique du Nord aride. Vit sur les pelouses arborées, savanes boisées, marais, zones de montagne et lisières de forêt. Évite les milieux découverts, mais peut utiliser les zones agricoles offrant du couvert. **Écologie alimentaire** C'est le chacal le plus omnivore et le moins prédateur, et il tue rarement des proies plus grosses que les jeunes gazelles. Il se nourrit de fruits, graines, céréales, et de petits rongeurs, lièvres, lièvres sauteurs, petits oiseaux, insectes et charognes. Visite parfois les poulaillers. C'est le plus strictement nocturne des chacals, peut-être pour réduire la compétition, mais il devient crépusculaire lorsqu'il n'est pas pourchassé. Chasse en solitaire, mais les groupes familiaux se rassemblent sur les aires d'abondance comme les termitières, et jusqu'à 12 chacals de plusieurs familles peuvent se retrouver autour d'une carcasse ou sur une décharge. **Comportement social et spatial** Monogame, les couples peuvent être formés pour la vie. Ils se réservent l'exclusivité du noyau central d'un territoire dont les abords sont partagés avec les couples voisins. Les jeunes de 1 an restent souvent sur le territoire de leurs parents et forment un groupe avec le couple dominant qui peut compter 7 animaux au plus, mais on ne sait pas s'ils participent à l'élevage des jeunes. Les territoires mesurent 0,15-0,56 km² en dehors de la saison de reproduction, mais 0,55-1,6 km² pendant celle-ci. **Reproduction et démographie** Saisonnier. Accouplements en juin-juillet ; naissances en août-novembre. Gestation de 57-60 jours. Portées de 4-6. Sevrage à 8-10 semaines. Maturité sexuelle à 11 mois. MORTALITÉ Les grands carnivores sont ses prédateurs, notamment les chiens domestiques près des habitations. Vulnérable aux maladies comme la rage et la maladie de Carré. LONGÉVITÉ 10 ans en captivité. **Statut et menaces** Répandu et fréquent, il tolère les modifications du milieu et subsiste dans les habitats suburbains et agricoles. Pourchassé par les éleveurs, il est tué sur les routes, ou dans les collets, mais les causes anthropiques de mortalité n'entraînent probablement que des régressions localisées, à moins qu'elles ne soient associées à des campagnes d'empoisonnement ou à des épizooties. Liste rouge LC.

CHACAL DORÉ

Autour d'une carcasse

CHACAL
À CHABRAQUE

CHACAL
À FLANCS RAYÉS

Pour les cartes de répartition des espèces, veuillez consulter le site : www.panthera.org/carnivoreguide

LE RENARD POLAIRE *Alopex lagopus*

Renard arctique, Isatis, Renard bleu

Ltc ♀ 50-65 cm, ♂ 53-75 cm ; Q 25-42,5 cm ; P ♀ 3,1-3,7 kg, ♂ 3,6-6,7 kg

C'est le canidé le plus septentrional et le seul à changer de pelage avec les saisons. Deux phases distinctes : blanc en hiver, brun-gris en été, dessous crème ; brun bleuâtre clair en hiver, brun-gris sombre en été. La phase blanche est la plus fréquente, mais la phase bleue est dominante sur les îles et dans les régions côtières. **Distribution et habitat** Circumpolaire. Inféodé aux habitats arctiques de toundra, principalement au nord de la limite des arbres au Canada et en Alaska, au Groenland, en Russie, Finlande, Norvège, Suède et Islande, sur la plupart des îles et sur la banquise en hiver, jusqu'à 60 km du pôle Nord. **Écologie alimentaire** Lemmings et campagnols pour les populations continentales dont les effectifs fluctuent avec les cycles de pullulation des rongeurs. Se nourrit aussi d'œufs, d'oiseaux du gabarit de l'oie, écureuils terrestres, lièvres de l'Arctique, et tue parfois les rennes nouveau-nés. Sur la côte, mollusques, crabes, poissons, oiseaux marins et carcasses de phoques et de baleines ; tue parfois les bébés phoques. Accusé de tuer les agneaux, il a plutôt un comportement de charognard. Principalement nocturno-crépusculaire (mais pas de nuit en été) et solitaire, mais des groupes se forment autour des grandes carcasses. Cache ses surplus : un garde-manger contenait plus de 500 œufs. Se nourrit des restes de proies des ours et des loups, ou des victimes du froid, et fréquente les décharges. **Comportement social et spatial** Normalement solitaire et monogame ; les couples sont très unis et territoriaux aux abords de la tanière. Ils se séparent généralement après avoir élevé les renardeaux, mais se rejoignent au printemps pour la reproduction. Les jeunes de la portée précédente forment des groupes familiaux durables si la nourriture est abondante. Les domaines vitaux côtiers sont plus réduits (5-21 km²) et les densités plus fortes (4-8/100 km²), car l'offre de nourriture est plus régulière ; dans l'intérieur, les domaines vitaux sont de 15-60 km², et les densités de 0,09-3 renards/100 km². Certains peuvent parcourir des distances phénoménales, sans doute à la suite des effondrements de populations de rongeurs, comme ce mâle de l'Alaska qui a parcouru 2 300 km en 3 ans. **Reproduction et démographie** Saisonnier. Accouplements en février-mai ; naissances en avril-juillet. Gestation de 52-54 jours. Portées de 3-11, exceptionnellement 19 lors des pullulations de rongeurs. Sevrage à 7-8 semaines, indépendance à 12-14 semaines. La plupart se dispersent en automne, mais ils peuvent passer l'hiver sur le territoire de leurs parents et certaines des femelles les aident à élever la portée suivante. Maturité sexuelle à 10 mois (2 sexes), mais la plupart ne se reproduisent pas avant leur 3e année. **MORTALITÉ** La survie est liée à l'abondance des rongeurs ; les mauvaises années, 50 % des adultes et 80 % des renardeaux meurent. Ses prédateurs sont le renard roux, les grands rapaces, le glouton, le loup et l'ours. Les chiens tuent les renards à proximité des villages et peuvent leur transmettre des maladies. **LONGÉVITÉ** 10-11 ans au plus dans la nature, normalement moins de 5 ans ; 15 en captivité. **Statut et menaces** Plus de 100 000 renards sont piégés chaque année pour leur fourrure, mais les populations semblent supporter ces prélèvements si la pression diminue les mauvaises années. En Islande, il est classé nuisible et légalement tué par les éleveurs de moutons et les collecteurs de duvet. L'introduction des renards roux par les fermes à fourrure peut augmenter la prédation et la compétition, mais on en ignore l'impact sur les populations. Protégé en Finlande, Norvège et Suède où les effectifs ne se sont pas remis des derniers effondrements de population ; non protégé ailleurs. Liste rouge LC.

LE RENARD ROUX *Vulpes vulpes*

Renard commun, Renard argenté

Ltc ♀ 45-68 cm, ♂ 59-90 cm ; Q 28-49 cm ; P ♀ 3,4-7,5 kg, ♂ 4-14 kg

C'est le carnivore sauvage le plus largement réparti et le plus abondant. La coloration type est brun-rouge, mais très variable : noir à pointe des poils platine (renard argenté), une phase intermédiaire « croisée » est blond argenté. Toutes les phases (à l'exception de l'albinos) ont les oreilles terminées de noir, et la queue terminée de blanc est typique mais pas généralisée. **Distribution et habitat** Amérique du Nord, Eurasie et Afrique du Nord, dans presque tous les milieux, y compris terres cultivées, banlieues et villes au nord du tropique du Cancer, à l'exception de la zone la plus septentrionale de l'Arctique et des déserts du sud-ouest des États-Unis. Introduit en Australie pour la chasse sportive au milieu du XIXe siècle où il a gravement affecté les populations de marsupiaux. **Écologie alimentaire** Très opportuniste, il se nourrit essentiellement de reptiles, oiseaux et petits mammifères du gabarit du lièvre, mais aussi d'œufs, amphibiens, poissons, invertébrés, fruits, glands, pommes de pin, laîches, champignons et tubercules. S'attaque au petit bétail (jeunes) et à la volaille, et visite les récoltes de blé ou de maïs. Chasseur nocturno-crépusculaire, il est plus diurne en hiver et là où il n'est pas dérangé. Généralement solitaire, mais se regroupe sur les aires d'alimentation riches, comme les colonies d'oiseaux marins ou les décharges. Cache ses surplus pour les consommer plus tard et conserve une excellente mémoire de la localisation de ses garde-manger. Volontiers charognard : carcasses d'ongulés (y compris de bétail) surtout en hiver, et il visite les décharges, les mangeoires à oiseaux et les composts. **Comportement social et spatial** Généralement solitaire et monogame. L'unité sociale de base est le couple, mais la sociabilité est fluctuante pendant la saison de reproduction. Si la nourriture est abondante, des groupes peuvent se former comptant un mâle et plusieurs renardes (probablement apparentées). Celles-ci peuvent alors occuper la même tanière ; issues des portées antérieures, les femelles les plus jeunes ne se reproduisent pas. La taille du territoire dépend des ressources, de 0,20 (Oxford, GB) à 50 km² (Oman). Densités de 0,1 renard/km² (toundra arctique) et 1-3/km² (forêts tempérées, Canada et Europe occidentale), à exceptionnellement 30/km² là où la nourriture est abondante, comme dans les zones urbaines où les renards sont nourris. **Reproduction et démographie** Saisonnier. Accouplements en hiver, normalement en décembre-février, plus tôt au sud (Australie : juin-octobre). Naissances en mars-mai. Œstrus de 1-6 jours ; gestation de 49-55 jours. Portées de 12 au plus en situation d'abondance, normalement 3-8. Sevrage à 6-8 semaines, la plupart des renardeaux se dispersent à 6 mois, avant la saison de reproduction suivante, mais quelques jeunes femelles restent pour aider leurs parents. Maturité sexuelle à 9-10 mois. **MORTALITÉ** 80 % dans la première année, 50 % en moyenne chez les adultes, essentiellement de la main de l'homme. Les grands rapaces, les autres carnivores et les chiens domestiques tuent les renards, mais le premier prédateur est l'homme. C'est le premier vecteur de la rage, laquelle entraîne des effondrements intermittents de populations. **LONGÉVITÉ** 9 ans au plus dans la nature, normalement moins de 5 ; 15 en captivité. **Statut et menaces** Sa remarquable adaptabilité et sa résilience lui permettent de tolérer les forts prélèvements : 1-2 millions sont tués chaque année dans la nature pour le commerce de la fourrure et un nombre sans doute équivalent est tué pour le sport ou lors des campagnes anti-nuisibles. Non protégé sur la majeure partie de son aire de répartition ; les exportations de fourrures sont contrôlées en Inde (CITES Annexe III) ; Liste rouge LC.

Pour les cartes de répartition des espèces, veuillez consulter le site : www.panthera.org/carnivoreguide

LE RENARD NAIN *Vulpes macrotis* — Planche 47

Ltc 45,5-54 cm ; Q 25-34 cm ; P ♀ 1,6-2,2 kg, ♂ 1,7-2,7 kg
C'est le plus petit des renards du continent nord-américain. Gris-fauve ; flancs, cou et pattes ocre. Très proche du renard véloce ; des hybrides apparaissent dans l'étroite zone de chevauchement des aires de répartition au Texas et Nouveau-Mexique. **Distribution et habitat** Ouest des États-Unis et nord du Mexique, dans la brousse et sur les pelouses des déserts arides ou semi-arides. Peut occuper les zones urbaines et agricoles. **Écologie alimentaire** Souris, rats, rats-kangourous, écureuils terrestres, chiens de prairie, lagomorphes et insectes ; mais aussi petits oiseaux, reptiles, charognes, fruits de cactus sauvages et plantes cultivées comme les tomates et amandes. Essentiellement nocturne et solitaire. Dévore les carcasses de bétail et fréquente les décharges. **Comportement social et spatial** Monogame, les couples sont durables. Les jeunes femelles restent souvent avec le couple pour les aider. Les domaines vitaux sont stables, avec une zone d'exclusivité autour de la tanière, et mesurent de 2,5-11,6 km^2 (2 sexes). Les densités sont fluctuantes, liées aux cycles d'abondance des proies : 10-170 renards/100 km^2, en moyenne 44/100 km^2. **Reproduction et démographie** Saisonnier. Accouplements en décembre-janvier ; naissances en février-mars. Gestation de 49-55 jours (estimations). Portées de 1-7. Sevrage vers 3 mois et indépendance à 5-6 mois. MORTALITÉ Taux annuel moyen de 65 % (juvéniles) et 45 % (adultes), le plus souvent par prédation par les coyotes et par famine lors des pénuries de proies. LONGÉVITÉ 7 ans dans la nature, 20 en captivité. **Statut et menaces** Non menacé, mais a localement considérablement régressé (Californie et Mexique), suite à la transformation de son habitat et à l'éradication des colonies de proies, comme les chiens de prairie et rats-kangourous. Liste rouge LC (EN en Californie et Oregon, VU au Mexique).

LE RENARD VÉLOCE *Vulpes velox*

Ltc 47,5-54 cm ; Q 25-34 cm ; P ♀ 1,6-2,3 kg, ♂ 2-2,95 kg
Très semblable au renard nain : oreilles plus petites et plus arrondies, queue plus courte. **Distribution et habitat** Midwest de l'Amérique du Nord, entre Alberta et Nouveau-Mexique. Inféodé aux prairies et pelouses à herbe rase ou moyenne. Tolère les zones agricoles arides. **Écologie alimentaire** Chiens de prairie, écureuils terrestres, souris et lagomorphes sont ses principales proies, mais mange aussi des fruits, graines, insectes, petits oiseaux, reptiles, œufs et charognes. Solitaire et essentiellement nocturno-crépusculaire. **Comportement social et spatial** Le couple est l'unité sociale de base, mais elle est flexible et on trouve des trios ou des accouplements hors du couple. Les couples ou les groupes se réservent l'exclusivité d'un noyau central, mais les territoires se chevauchent ailleurs ; les voisins sont souvent apparentés. Les domaines vitaux (2 sexes) mesurent de 7,6 (Colorado) à 25,1 km^2 (ouest du Kansas). **Reproduction et démographie** Saisonnier. Accouplements entre décembre (Oklahoma) et mars (Colorado) ; naissances en mars-mai. Gestation de 50-55 jours. Portées de 3-6, exceptionnellement 8. MORTALITÉ Taux annuels de 67-95 % (juvéniles) et 36-57 % (adultes) essentiellement par prédation par les coyotes. LONGÉVITÉ 8 ans dans la nature, 14 en captivité. **Statut et menaces** Éradiqué sur 60 % de son aire d'origine suite aux campagnes d'éradication de ses proies. Disparu au Canada, sauf pour une petite population réintroduite. Liste rouge LC.

LE RENARD DU BENGALE *Vulpes bengalensis*

Ltc ♀ 46-48 cm, ♂ 39-57,5 cm ; Q 24,5-32 cm ; P ♀ 2-2,9 kg, ♂ 2,3-3,6 kg
Renard élancé à face étroite, pelage gris-jaune à gris argenté et queue terminée de noir. **Distribution et habitat** Endémique au sous-continent indien, sur les pelouses, plaines et brousses semi-arides, et forêts claires arides. Vit sur les terres agricoles. **Écologie alimentaire** Omnivore, se nourrissant essentiellement de petits mammifères et insectes, complétés par des oiseaux, reptiles, œufs, fruits, graines et jeunes pousses. Solitaire et nocturno-crépusculaire, souvent diurne par temps froid et gris. Charognard quand les chiens errants ne sont pas sur les carcasses. **Comportement social et spatial** Couples monogames. D'autres adultes s'associent parfois au couple, mais n'assistent pas à l'élevage des renardeaux et leur rôle reste inconnu, ainsi que leur degré de parenté. Les territoires mesurent en moyenne 1,6 (♀) et 3,1 km^2 (♂). Densités fluctuantes, liées aux cycles des populations de rongeurs et aux épizooties : normalement 1-15 renards/100 km^2, jusqu'à 150/100 km^2 dans les meilleures conditions. **Reproduction et démographie** Saisonnier. Accouplements en novembre-janvier ; naissances en janvier-mai. Gestation de 50-53 jours. Portées de 2-4. Les deux parents nourrissent et protègent les renardeaux. MORTALITÉ Les maladies entraînent des effondrements des populations. LONGÉVITÉ 8 ans en captivité. **Statut et menaces** Assez largement réparti, mais les densités sont faibles dans les habitats subissant de fortes pressions d'aménagement. Vulnérable aux effondrements naturels de populations et aux pressions de chasse pour sa viande. Liste rouge LC.

LE RENARD CORSAC *Vulpes corsac*

Ltc ♀ 45-50 cm, ♂ 45-59,5 cm ; Q 19-34 cm ; P ♀ 1,6-2,4 kg, ♂ 1,7-3,2 kg
Renard de taille moyenne, gris-fauve clair, le pelage est soyeux et givré en hiver ; queue terminée de noir. **Distribution et habitat** Centre de l'Asie, de l'ouest de la Russie au nord-est de la Chine, dans les steppes, pelouses, brousses, semi-déserts et déserts. **Écologie alimentaire** Omnivore et opportuniste. Rongeurs (lemmings, campagnols, écureuils terrestres, gerbilles et gerboises). Aussi oiseaux, reptiles, insectes et charognes. Solitaire et généralement nocturne ; plus diurne pendant l'élevage des renardeaux ou en période de pénurie alimentaire. Charognard sur les carcasses d'animaux tués par les loups ou de bétail mort de froid en hiver, et sur les décharges. **Comportement social et spatial** Couples monogames, mais on ignore s'ils sont durables et territoriaux, et il arrive que 2 femelles partagent une tanière de reproduction. Les jeunes peuvent aider leurs parents. Les territoires (du couple) mesurent 3,5-11,4 km^2 (Mongolie), occasionnellement 35-40 km^2 en milieu défavorable. **Reproduction et démographie** Saisonnier. Accouplements en janvier-mars ; naissances mi-mars-mai. Portées de 2-10, en moyenne 5-6. Gestation de 52-60 jours. Les deux parents nourrissent et protègent les renardeaux, parfois avec des aides. MORTALITÉ En moyenne 34 % (adultes, réserve protégée en Mongolie centrale), les principaux prédateurs sont l'homme et le renard roux. LONGÉVITÉ 9 ans en captivité. **Statut et menaces** Localement fréquent, mais la chasse et les campagnes d'empoisonnement des rongeurs (surtout en Chine) sont une menace. Éradiqué dans de nombreuses régions, Russie et anciennes républiques soviétiques. Liste rouge LC.

RENARD NAIN

RENARD
VÉLOCE

RENARD
DU BENGALE

RENARD
CORSAC

Pour les cartes de répartition des espèces, veuillez consulter le site : www.panthera.org/carnivoreguide

LE RENARD DE BLANFORD *Vulpes cana*

Ltc ♀ 34-45 cm, ♂ 38,3-47 cm ; Q 26-36 cm ; P 0,8-1,6 kg
Très petit renard marqué d'une « larme » noire caractéristique le long du museau. Pelage gris-brun parsemé de longs jarres noirs, queue très touffue généralement terminée de noir (rarement de blanc). **Distribution et habitat** Égypte orientale, péninsule Arabique et centre de l'Asie, dans les déserts rocheux arides à semi-arides et les biotopes montagneux. Non inféodé à l'eau. **Écologie alimentaire** Principalement insectivore et frugivore : coléoptères, criquets, sauterelles, fourmis, termites, scorpions, câpres, olives, raisins et melons. Les petits rongeurs, oiseaux et reptiles (rarement) sont également ses proies, mais les observations sur des bouquetins nouveau-nés reflètent sans doute un comportement de charognard. Généralement solitaire et nocturne, plus crépusculaire en hiver. **Comportement social et spatial** Couples monogames territoriaux qui coopèrent à l'élevage des jeunes, mais solitaires en dehors de la saison de reproduction. Des femelles de 1 an (peut-être issues des portées précédentes) sont souvent tolérées par le couple. Taille des territoires (2 sexes) 0,5-2 km², en moyenne 1,6 km². Densités 0,5-2 renards/km² (Israël). **Reproduction et démographie** Saisonnier. Accouplements en janvier-février (Israël) ; naissances fin février-mai. Gestation de 50-60 jours. Portées de 1-3. Les mâles toilettent, protègent et accompagnent les renardeaux (de 2-4 mois) à la chasse. MORTALITÉ La rage et l'âge semblent être les premières causes de mortalité. Le renard roux est un prédateur confirmé. LONGÉVITÉ < 5 ans dans la nature, 6 en captivité. **Statut et menaces** Assez largement répandu et fréquent. Localement en danger suite aux aménagements fonciers, surtout sur le littoral, et victime collatérale des campagnes d'empoisonnement d'autres espèces. CITES Annexe II, Liste rouge LC.

LE RENARD PÂLE *Vulpes pallida*

Renard blond des sables
Ltc 38-55 cm ; Q 23-28,5 cm ; P 1,5-3,6 kg
Très petit renard de couleur uniformément blond sable, sauf l'extrémité noire de la queue. Oreilles de taille moyenne, contrairement aux oreilles disproportionnées du fennec et du renard famélique. **Distribution et habitat** Afrique subsaharienne, étroite bande entre Sénégal/Mauritanie et Érythrée/Éthiopie, dans les déserts très arides, sableux ou rocheux, et savanes arides. Vit à proximité des villages. **Écologie alimentaire** Mal connue. Invertébrés et petits vertébrés, mais ses fortes molaires indiquent que les fruits, graines et autres matières végétales représentent une part importante de son alimentation. Plutôt nocturne. **Comportement social et spatial** Mal connu. Observé par deux ou en petits groupes, probablement le couple accompagné des jeunes, ce qui suggère des mœurs analogues à celles des autres petits renards. **Reproduction et démographie** Probablement saisonnier. Gestation de 51-53 jours (en captivité). Portées de 3-6. MORTALITÉ Parfois tué par les chiens domestiques. LONGÉVITÉ Inconnue. **Statut et menaces** C'est l'un des canidés les moins bien connus ; statut de conservation inconnu. Il est parfois tué à proximité des villages et utilisé en médecine traditionnelle, comme au Soudan pour le traitement de l'asthme. Liste rouge DD.

LE RENARD FAMÉLIQUE *Vulpes rueppellii*

Ltc 35-56 cm ; Q 25-39 cm ; P ♀ 1,1-1,8 kg, ♂ 1,1-2,3 kg
Petit renard élancé, à grandes oreilles et face étroite. Presque blanc à brun grisâtre, souvent argenté en raison de la présence de jarres sombres. Longue queue touffue terminée de blanc. **Distribution et habitat** Afrique du Nord (Sahara), péninsule Arabique et Asie centrale. Se passe de boire et vit dans les milieux très arides, dont les déserts sableux ou rocheux, steppes rocheuses, massifs montagneux, brousses et cours d'eau bordés de végétation. Vit à proximité des habitations. **Écologie alimentaire** Omnivore. Se nourrit de petits mammifères, oiseaux, lézards, insectes et matières végétales, dont fruits sauvages (surtout des dattes), plantes grasses du désert et graminées (sans doute pour leurs propriétés émétiques). Chasseur solitaire et nocturno-crépusculaire. Chasse au sol mais grimpe dans les palmiers pour s'emparer des dattes. Charognard. **Comportement social et spatial** Monogame, les couples sont territoriaux, mais l'existence de groupes plus nombreux, 15 au plus, semble indiquer des mœurs sociales plus complexes. Les territoires sont exclusifs, mais les plus grands en recoupent d'autres : ♀ 13,2 (Arabie Saoudite) à 53,8 km² (Oman), ♂ 20,9-84,4 km². Densités : 68-105 renards/100 km² (réserve clôturée, Arabie Saoudite). **Reproduction et démographie** Saisonnier. Accouplements en novembre-février (Arabie Saoudite) ; naissances en mars-mai. Gestation de 52-56 jours. Portées de 2-6. Renardeaux indépendants à 4 mois qui se dispersent à 6-10 mois. MORTALITÉ La rage, la maladie de Carré et la prédation (aigle des steppes, grand duc du désert) sont les principales causes de mortalité. LONGÉVITÉ 7 ans dans la nature, 12 en captivité. **Statut et menaces** Largement réparti et assez fréquent. Victime des campagnes d'empoisonnement et absent des zones surpâturées. Presque éteint en Israël à cause de la compétition croissante du renard roux. Liste rouge LC.

LE RENARD DU TIBET *Vulpes ferrilata*

Ltc 49-70 cm ; Q 22-29 cm ; P ♀ 3-4,1 kg, ♂ 3,2-5,7 kg
Forte corpulence caractéristique ; long museau étroit, petites oreilles et petits yeux très écartés sur une face large. Corps gris chiné, dessous blanc ; manteau, tête et bas des membres roux. **Distribution et habitat** Confiné au plateau tibétain du Ladakh (Inde), nord du Népal, sud et centre de la Chine. Sa présence au nord du Bhoutan n'est pas confirmée. Vit sur les steppes, pelouses et flancs de montagnes arides ou semi-arides, froides et reculées, entre 2 500 et 5 200 m. Tolère des températures de – 40 °C à 30 °C. **Écologie alimentaire** Essentiellement petits mammifères, surtout pikas, avec lesquels ils sont étroitement associés, ainsi que mulots et zokors, mais aussi lièvres, marmottes, oiseaux, lézards, insectes et baies. Charognard, il dévore les restes du loup et suit les ours bruns pour capturer les rongeurs débusqués par ces derniers. Chasse en solitaire et semble être diurne, peut-être parce que les pikas le sont. **Comportement social et spatial** Mal connu. Couples monogames, mais des trios d'adultes accompagnés de renardeaux ont été observés. Les couples voisinent volontiers, notamment autour des colonies de pikas, ce qui semble indiquer qu'ils ne sont pas fortement territoriaux. **Reproduction et démographie** Saisonnier. Accouplements en décembre-mars ; naissances en février-mai. Portées de 2-5. Gestation de 50-55 jours. MORTALITÉ et LONGÉVITÉ Inconnues. **Statut et menaces** Largement réparti, il vit dans des régions reculées, ce qui le protège des menaces anthropiques. Comme il est étroitement associé aux colonies de pikas, la menace la plus sérieuse est celle des campagnes officielles d'empoisonnement qui touchent la majeure partie du plateau du Tibet. Liste rouge LC.

RENARD DE BLANFORD

RENARD PÂLE

RENARD FAMÉLIQUE

RENARD DU TIBET

Pour les cartes de répartition des espèces, veuillez consulter le site : www.panthera.org/carnivoreguide

LE FENNEC *Vulpes zerda*

Ltc 33,5-39,5 cm ; Q 12,5-23 cm ; P 0,8-1,9 kg
C'est le plus petit des canidés et ses oreilles sont proportionnellement les plus grandes de la famille. Crème clair à rouge sable, dessous plus clair, queue terminée de sombre et tache caudale sombre. La sole des pieds est couverte de poils pour lui permettre de marcher sur le sable brûlant et meuble. **Distribution et habitat** Confiné à l'Afrique du Nord ; des observations en péninsule Arabique n'ont pas été prouvées. Très bien adapté au désert, il se passe de boire. Il préfère les dunes stables pour y creuser son terrier, mais occupe tous les milieux arides ou semi-arides. **Écologie alimentaire** Se nourrit de très petites proies, essentiellement petits rongeurs, lézards, geckos, oiseaux jusqu'au gabarit du ganga, invertébrés et leurs larves, œufs, fruits et tubercules. S'attaquerait à la volaille, mais ce n'est pas confirmé. Il chasse en solitaire, la nuit, mais devient diurno-crépusculaire en hiver. Excellent fouisseur, c'est ainsi qu'il attrape la plupart de ses proies, après les avoir localisées grâce à son ouïe exceptionnelle. Cache ses surplus dans de petits trous et pénètre parfois dans les villages pour se nourrir des restes. **Comportement social et spatial** Mal connu. On pense qu'il vit en couple sur un territoire stable ; des groupes de 10 au plus ont été observés, ce qui semble indiquer que les jeunes des portées précédentes assistent leurs parents. **Reproduction et démographie** Serait saisonnier (mais se reproduit toute l'année en captivité). Accouplements en janvier-février ; naissances en mars-avril. Gestation de 50-52 jours. Portées de 1-4. Sevrage à 61-70 jours. MORTALITÉ Grands rapaces nocturnes, chacal doré et chien domestique. LONGÉVITÉ 13-14 ans en captivité. **Statut et menaces** Statut incertain, mais probablement non menacé parce qu'il vit dans des régions très reculées. La principale menace est le piégeage pour la vente aux touristes et le marché local de la fourrure. Il disparaît aux alentours des villages. CITES Annexe II, Liste rouge LC.

LE RENARD DU CAP *Vulpes chama*

Ltc 45-61 cm ; Q 25-40,6 cm ; P 2-3,3 kg
Seul petit renard de couleur claire en Afrique australe. Pelage chiné gris argenté, virant au rouge-fauve clair sur les membres, le cou et la tête. Longue queue touffue terminée de sombre, ce qui est caractéristique. **Distribution et habitat** Sud-ouest de l'Angola, Namibie, Botswana et Afrique du Sud ; peut-être Swaziland et Lesotho. Préfère les biotopes semi-arides à arides mais vit aussi dans la brousse mésique d'Afrique du Sud et du Botswana, ainsi que sur les terres agricoles. **Écologie alimentaire** Essentiellement souris et gerbilles, mais aussi invertébrés, petits oiseaux, reptiles et fruits. Les plus grosses proies sont les lièvres et lièvres sauteurs. Tue très rarement les agneaux et chevreaux nouveau-nés. Chasse en solitaire, généralement la nuit, mais avec des pics d'activité avant l'aube et après le crépuscule. Il repère la plupart de ses proies à l'oreille, à l'entrée des terriers, puis les déterre en creusant à toute vitesse. Les surplus sont cachés. Charognard, mais rarement sur les carcasses des victimes des grands carnivores. **Comportement social et spatial** Généralement solitaire et monogame. Le couple est la norme, les deux parents participant à l'élevage des renardeaux et ils se font rarement aider par d'autres adultes. Des femelles adultes (peut-être apparentées) partagent parfois une tanière. Solitaire en dehors de la saison de reproduction, mais le couple utilise le même domaine vital toute l'année. Celui-ci mesure 1-32,1 km². Densités : 0,05-0,3 renard/km². **Reproduction et démographie** Globalement saisonnier, selon la région. Chez les populations à reproduction saisonnière, les accouplements ont lieu à partir de juin ; naissances en août-décembre pour la plupart. Gestation de 51-52 jours. Portées de 1-6, normalement 2-4. Les renardeaux chassent vers 15-16 semaines et sont indépendants à 5 mois. MORTALITÉ 26-52 % (adultes) en Afrique du Sud, liée aux densités de chacals à chabraque, leur premier prédateur ; victime aussi des grands rapaces, hiboux et grands carnivores, y compris les chiens domestiques. Moins sensible que les autres canidés à la rage. LONGÉVITÉ < 7 ans dans la nature. **Statut et menaces** Des milliers sont tués, principalement en Afrique du Sud et en Namibie, pour protéger le bétail, délibérément ou en tant que victimes collatérales des campagnes de piégeage des chacals et caracals. L'espèce prospère pourtant sur les terres agricoles sans prédateurs plus gros qu'elle, et son aire de répartition s'est étendue dans certaines régions. Liste rouge LC.

L'OTOCYON *Otocyon megalotis*

Ltc 46,2-60,7 cm ; Q 23-34 cm ; P 3,4-5,4 kg
Gris fumé chiné, pattes noires, queue touffue bordée de noir. Denture très particulière : 46-50 dents, soit un nombre inhabituellement élevé pour un mammifère placentaire terrestre. **Distribution et habitat** Deux populations disjointes en Afrique australe et orientale. Préfère les pelouses et savanes arborées arides ou semi-arides. Vit aussi sur les terres agricoles et habitats dégradés, à condition que l'emploi des insecticides y soit limité. **Écologie alimentaire** Presque exclusivement insectivore, il se nourrit notamment de deux genres de termites dont l'aire de répartition recouvre presque exactement la sienne. Se nourrit également d'autres invertébrés, de reptiles, rongeurs et quelques fruits, surtout en saison sèche. Ne tue pas le bétail, ni la volaille, mais mange les larves d'insectes sur les carcasses et est parfois accusé de prédation. Chasse à l'ouïe, normalement en groupes familiaux, et une quinzaine d'animaux de différentes familles peuvent se regrouper là où abondent les termites. Principalement nocturne, mais devient diurne en hiver, pour suivre les modifications des pics d'activité des termites. Ne cache pas sa nourriture et est rarement charognard. **Comportement social et spatial** La norme est le couple monogame, mais il forme parfois des groupes d'un mâle et 2-3 femelles apparentées qui se reproduisent ensemble et allaitent tous les petits. Comme c'est un insectivore, les femelles ne peuvent pas être nourries à la tanière et le mâle doit garder les renardeaux pendant que la mère va chasser. Les domaines vitaux se chevauchent et la défense du territoire se limite au secteur de la tanière. Ces domaines vitaux mesurent 1-8 km². Les densités varient avec l'abondance des proies et suivant les saisons, par exemple 2,3 otocyons/km² (non reproducteurs) à 9,2/km² (reproducteurs : réserve de Mashatu, Botswana) et 0,7-14/km² (Kalahari, Afrique du Sud). **Reproduction et démographie** Saisonnier. Les couples sont stables. Accouplements en juillet-septembre ; naissances en octobre-décembre. Gestation de 60-75 jours. Portées de 1-6, en moyenne 3. Sevrage à 10-15 semaines, mais les jeunes restent avec leurs parents jusqu'en juin-juillet de l'année suivante ; beaucoup se dispersent et quelques-uns restent pour aider leurs parents. MORTALITÉ 25-30 % (adultes) en Afrique du Sud, principalement par prédation du chacal à chabraque et par maladies (rage et maladie de Carré). Les autres prédateurs sont les grands rapaces, hiboux, et carnivores plus gros que lui, mais les groupes d'otocyons attaquent les prédateurs et les mettent souvent en fuite. LONGÉVITÉ 9 ans dans la nature, 13 en captivité. **Statut et menaces** Assez largement réparti, il tolère la transformation de son habitat, mais il est accusé à tort de s'attaquer au bétail et ne peut survivre là où ses proies sont tuées par les insecticides. Les épizooties associées aux chiens domestiques déclenchent souvent des extinctions. Liste rouge LC.

FENNEC

RENARD DU CAP

OTOCYON

À l'écoute des termites

Pour les cartes de répartition des espèces, veuillez consulter le site : www.panthera.org/carnivoreguide

LE RENARD GRIS INSULAIRE *Urocyon littoralis*

Ltc 45,6-63,4 cm ; Q 11,5-32,2 cm ; P 1,07-2,7 kg
C'est le plus petit des canidés nord-américains, très semblable au renard gris d'Amérique, mais beaucoup plus petit. C'est une forme naine de ce dernier dont il est séparé depuis 10 400-16 000 ans ; il forme une espèce génétiquement distincte. **Distribution et habitat** Ne vit que sur 6 îles au large de la côte californienne, aux États-Unis. Occupe tous les habitats des îles : pelouses, chapparal, forêts, brousse côtière et dunes. Évite les zones dégradées comme les pâturages surexploités. **Écologie alimentaire** Omnivore, focalisé sur la ressource la plus abondante, selon l'habitat et l'île, essentiellement les petits mammifères (souris sylvestre), insectes et fruits (figues de barbarie et baies). Mange aussi des graines, glands, oiseaux, oisillons, œufs et crustacés. Cathéméral, ses pics d'activité sont nocturnes. Chasse au sol, mais grimpe dans les arbustes à la recherche de fruits ou de nids d'oiseaux, et il escalade les falaises à la recherche des œufs et oisillons d'oiseaux marins. **Comportement social et spatial** Monogame et territorial, l'unité de base est le couple accompagné des jeunes jusqu'à leur 2e année ; les jeunes adultes sont souvent tolérés même après la dispersion. Les mâles mettent en fuite les autres mâles, principalement pendant la saison de reproduction. Leurs territoires sont les plus petits de tous les canidés : 0,15-0,87 km². **Reproduction et démographie** Saisonnier. Accouplements en janvier-mars ; naissances en février-mai (pic en avril). Gestation de 50-53 jours. Portées de 5 au plus, normalement 1-3. Sevrés à 6-8 semaines, les jeunes chassent avec les adultes à 2 mois. MORTALITÉ La récente colonisation des îles du nord par l'aigle royal a déclenché une hyperprédation avec effondrement des populations. Les maladies introduites (maladie de Carré principalement) ont tué 95 % de la population de Santa Catalina en 1998-2000. LONGÉVITÉ 10 ans dans la nature, 15 en captivité **Statut et menaces** En danger critique d'extinction, les petites populations isolées sont très vulnérables face à des événements imprévus. Suite à la prédation des aigles royaux et aux maladies introduites (et dans une moindre mesure aux collisions routières), la régression a été dramatique sur 4 des 6 îles, les effectifs passant d'environ 6 000 à 1 500 individus en 2002. Liste rouge CE.

LE RENARD GRIS D'AMÉRIQUE *Urocyon cinereoargenteus*

Ltc ♀ 52,5-58 cm, ♂ 56-66 cm ; Q 28-44,3 ; P ♀ 2-3,9 kg, ♂ 3,4-7 kg
Gris chiné, nette ligne de démarcation rousse sur le cou, les flancs et les pattes ; blanc sur le dessous, la poitrine et les joues. Longue queue touffue, rayure noire sur le dessus et extrémité noire. **Distribution et habitat** Extrême sud-est du Canada, majeure partie des États-Unis, Amérique centrale, extrême nord de la Colombie et nord du Venezuela, dans les forêts tempérées et tropicales, zones boisées, brousse semi-aride, terres agricoles et zones périurbaines. Évite les milieux trop ouverts, comme les pelouses et la prairie. **Écologie alimentaire** C'est le plus omnivore des renards nord-américains. Chasse essentiellement les rongeurs et lapins en hiver, mais son alimentation se diversifie à mesure que d'autres nourritures deviennent disponibles. Peut être presque exclusivement insectivore en été, tandis que les fruits, graines et noix représentent au plus 70 % de son régime en automne. Se nourrit également de petits herptiles, oiseaux, œufs et charognes. Chasseur principalement nocturne et solitaire. C'est le plus arboricole des canidés ; il fourrage aussi bien au sol que dans les arbres, jusqu'à 18 m du sol. **Comportement social et spatial** Monogame et territorial, l'unité sociale est le couple accompagné des renardeaux. On ignore si les couples sont durables et si les jeunes s'attardent pour aider leurs parents. La superficie des territoires diffère peu entre les sexes : de 0,13 (Wisconsin) à 27,6 km² (Alabama), en moyenne 1-6,7 km². Densités : 0,4 renard/km² (Californie) à 1,5/km² (Floride). **Reproduction et démographie** Saisonnier. Accouplements en janvier-avril ; naissances mars-début juin. Gestation de 60-63 jours. Portées de 10 au plus, normalement 3-5. Sevrés à 6-8 semaines, les renardeaux accompagnent leurs parents à la chasse à 3 mois. MORTALITÉ Son premier prédateur est le coyote qui l'a éradiqué dans certaines régions. La maladie de Carré et la rage entraînent localement des effondrements de population. LONGÉVITÉ 4-5 ans dans la nature, 14 en captivité. **Statut et menaces** Largement répandu et fréquent. Le piégeage légal est la première cause de mortalité, mais n'est pas considéré comme une menace bien que, ajouté aux épizooties, il ait probablement un impact sur les populations. Liste rouge LC.

LE CHIEN VIVERRIN *Nyctereutes procyonoides*

Ltc 49-70,5 cm ; Q 15-23 cm ; P 2,9-12,5 kg
Gris sombre à gris-fauve, chiné, masque noir ; poitrine, pattes et pieds noirs. C'est une ancienne lignée de canidés, sans espèces proches, classée dans un genre à part. **Distribution et habitat** Japon, sud-est de la Russie, ouest de la Mongolie, est de la Chine, Corée et extrême nord du Vietnam. Des introductions et évadés des fermes à fourrure ont créé des populations sur l'ensemble de l'Europe du Nord, de l'Est et de l'Ouest. Vit dans divers types de forêts, brousses, terres agricoles et zones urbaines. **Écologie alimentaire** Omnivore. Se nourrit essentiellement de rongeurs, mais aussi de petits reptiles, oiseaux, œufs, poissons, crustacés et charognes. En fin d'été-automne, il mange des fruits, baies et graines avant l'hibernation ; au printemps, ce sont les feuilles et fleurs nouvelles, et en été, les insectes. Il se nourrit aussi de plantes cultivées : avoine, blé, maïs, pastèques et fruits, et les populations urbaines exploitent les fruits des jardins comme le ginkgo et le kaki, par exemple au Japon ; s'attaque rarement à la volaille. Principalement nocturne et terrestre. Les couples fourragent de concert, mais souvent à quelque distance l'un de l'autre. C'est le seul canidé à hiberner, entre novembre et mars, dans les régions aux hivers rudes. **Comportement social et spatial** Strictement monogame, les couples sont permanents, se déplacent ensemble et partagent le territoire et la tanière. Le noyau central du territoire est exclusif, surtout en période de reproduction, mais avec des chevauchements aux frontières. Le territoire mesure entre 0,07 km² (en ville, Japon), 6,1 km² (habitat subalpin, Japon) et 20 km² (sud-ouest de la Russie, introduits). **Reproduction et démographie** Saisonnier. Accouplements en février-mars ; naissances en avril-juin. Gestation de 59-70 jours. Portées de 4-9 en moyenne, exceptionnellement 19 au plus. Sevrés à 5 semaines, les chiots accompagnent leurs parents à la chasse peu après. MORTALITÉ Les populations peuvent régresser suite aux épizooties de gale sarcoptique, maladie de Carré et rage, mais il semble que l'impact soit provisoire. LONGÉVITÉ 5 ans dans la nature, 13 en captivité. **Statut et menaces** Abondant sur une grande partie de son aire de répartition d'origine, considéré comme nuisible dans les zones d'introduction. Tolère très bien les habitats agricoles et suburbains. Au Japon, quelque 370 000 individus sont tués chaque année sur les routes, mais on ignore si les populations régressent. Liste rouge LC.

RENARD GRIS INSULAIRE

Grimpant dans un arbre

RENARD GRIS D'AMÉRIQUE

CHIEN VIVERRIN

Pour les cartes de répartition des espèces, veuillez consulter le site : www.panthera.org/carnivoreguide

LE RENARD GRIS D'ARGENTINE *Pseudalopex griseus*

Ltc 50,1-66 cm ; Q 11,5-34,7 cm ; P 2,5-5 kg
Petit renard clair, gris chiné, partie inférieure des pattes chamois roux, tête rousse nuancée de gris. Tache sombre caractéristique sur le bas des cuisses, et la mâchoire inférieure est nettement sombre. **Distribution et habitat** Confiné à la Patagonie (Argentine et Chili), sur les pelouses, brousses et steppes des plaines et des contreforts des Andes (rarement jusqu'à 3 500 m). Tolère les zones d'élevage, terres agricoles et plantations. **Écologie alimentaire** Se nourrit essentiellement de petits rongeurs, lièvres d'Europe et charognes. Là où les petits mammifères sont moins nombreux, il mange plus de fruits, arthropodes, reptiles et oiseaux. S'attaque à la volaille et (très rarement) aux agneaux. Principalement nocturno-crépusculaire et solitaire, il peut chasser en couples plus ou moins solidaires, accompagnés des jeunes à la saison de reproduction. Enterre ses surplus alimentaires. **Comportement social et spatial** Couples monogames, parfois aidés d'autres femelles pour l'élevage des renardeaux, et qui peuvent s'associer en dehors de la saison de reproduction. Le domaine vital mesure 1,4-2,8 km². **Reproduction et démographie** Saisonnier. Accouplements en août-septembre ; naissances en octobre. Gestation de 53-58 jours. Portées de 4-6. Les mâles participent à l'élevage des petits et nourrissent la mère à la tanière. Deux femelles (peut-être apparentées) peuvent coopérer à l'élevage de leurs portées. MORTALITÉ Tué par les chiens domestiques et les maladies canines, mais on en ignore l'impact. LONGÉVITÉ Inconnue. **Statut et menaces** Largement réparti et localement fréquent, surtout dans le sud de son aire. Autrefois chassé pour sa fourrure, les prélèvements seraient aujourd'hui mieux régulés. Détruit pour ses déprédations et parce qu'il est faussement accusé de transmettre des maladies au bétail. CITES Annexe II, Liste rouge LC.

LE RENARD DE DARWIN *Pseudalopex fulvipes*

Ltc 48-59,1 cm ; Q 17,5-25,5 cm ; P ♀ 1,8-3,7 kg, ♂ 1,9-4 kg
Petit renard corpulent, brun-gris sombre, contrastant avec le dessous blanc, les extrémités rousses et la queue touffue sombre. **Distribution et habitat** Endémique au Chili, sur l'île de Chiloé ; une seule population continentale, à 600 km au nord, dans le PN de Nahuelbuta. Associé à la forêt tempérée « valdivienne », mais tolère les mosaïques de forêts et dunes, plages et pâturages. **Écologie alimentaire** Se nourrit essentiellement de petits vertébrés, insectes, crustacés, fruits et graines. Les carcasses les plus grosses sur lesquelles il a été observé, poudous (10 kg) et manchots de Magellan, étaient sans doute des charognes. Chasse en solitaire, mais plusieurs renards se retrouvent sur les aires d'alimentation. Cathéméral ; nocturne à Nahuelbuta, peut-être pour éviter le renard gris d'Argentine, plus gros (absent sur Chiloé). Charognard, il mange aussi les restes de poissons et nourritures pour animaux domestiques. **Comportement social et spatial** Solitaire. Couples monogames qui s'associent pendant la saison de reproduction sur Chiloé, mais qui restent ensemble toute l'année à Nahuelbuta. Le domaine vital est de 1,5-3 km² en moyenne (2 sexes). Densités 0,95-1,14 renard/km². **Reproduction et démographie** Mal connues. Saisonnier : des portées ont été observées en octobre-janvier. Gestation inconnue. Portées estimées de 2-3, les deux parents participant à l'élevage des renardeaux. MORTALITÉ Les taux annuels sont de 7-16 % à Nahuelbuta (jeunes et adultes). Le puma est un prédateur confirmé ; pas de prédateurs naturels sur Chiloé. Tué sur les deux sites par les chiens domestiques. LONGÉVITÉ Inconnue. **Statut et menaces** Deux populations seulement comptant moins de 250 adultes, dont 90 % sur Chiloé. Strictement protégé, mais menacé par la déforestation hors zones protégées et par les chiens domestiques. Liste rouge CE.

LE RENARD DE SÉCHURA *Pseudalopex sechurae*

Ltc 50-78 cm ; Q 27-34 cm ; P 2,6-4,2 kg
Tête mince, museau étroit allongé, grandes oreilles à dos roux et cercle oculaire roux. **Distribution et habitat** Côte du nord-ouest du Pérou et extrême sud-ouest de l'Équateur, dans le désert et milieux associés : plages, falaises, forêt aride et contreforts des Andes jusqu'à 1 000 m. Fréquente les zones agricoles. **Écologie alimentaire** Omnivore et opportuniste. Fruits et graines représentent l'essentiel du régime, complété de petits rongeurs, oiseaux, reptiles, insectes, scorpions et charognes. Sur la côte, il se nourrit de crabes et d'oiseaux marins (probablement des charognes) et de leurs œufs. Tue occasionnellement des volailles et cobayes domestiques ; accusé de tuer les chèvres (peu probable). Chasseur principalement nocturne et solitaire ; petits regroupements autour des grosses carcasses. **Comportement social et spatial** Mal connu. Les observations concernent essentiellement des adultes solitaires ou des femelles suitées. **Reproduction et démographie** Peu connues. Pic des naissances probablement en octobre-janvier. MORTALITÉ Les collisions routières sont fréquentes dans le nord du Pérou, mais on en ignore l'impact. LONGÉVITÉ Inconnue. **Statut et menaces** Aire de répartition très restreinte ; statut de conservation mal connu. Semble tolérer les milieux agricoles. Pourchassé, utilisé pour les cérémonies religieuses et l'artisanat, il est vulnérable. Liste rouge NT.

LE RENARD DE MAGELLAN *Pseudalopex culpaeus*

Ltc 44,5-92,5 cm ; Q 31-49,5 cm ; P ♀ 3,9-10 kg, ♂ 3,4-13,8 kg
C'est le plus grand renard d'Amérique du Sud ; il est corpulent, à tête épaisse. Gris clair à sombre, les extrémités sont rousses et le dessous clair. **Distribution et habitat** Extrême sud de la Colombie à la pointe sud de l'Amérique. Vit dans tous les habitats andins : du désert aride à la forêt pluviale tempérée, entre la côte et 4 800 m (record d'altitude pour un canidé sud-américain) et sur les parcours d'élevage. **Écologie alimentaire** Plus carnivore et plus prédateur que les autres renards sud-américains : petits rongeurs, lagomorphes introduits et ongulés sauvages ou domestiques (la plupart sous forme de charogne). Il se nourrit aussi de fruits, oiseaux, insectes et herptiles. Tue le petit bétail, généralement les jeunes agneaux, mais parfois des adultes : un renard de 3,6 kg a tué une chèvre de 24 kg en l'étouffant. Chasseur normalement solitaire et cathéméral ; strictement nocturne là où il est chassé. Charognard. **Comportement social et spatial** Solitaire et territorial. Forme des couples à la saison de reproduction ; les mâles participent à l'élevage des jeunes. Les domaines vitaux sont (pour les 2 sexes) normalement de 4,5-8,9 km², mais peuvent atteindre 800 km². **Reproduction et démographie** Saisonnier. Accouplements en août-octobre ; naissances octobre-fin décembre. Gestation de 55-60 jours. Portées de 3-8, en moyenne 5. MORTALITÉ Taux chez les juvéniles : 20 (non chassés) à 92 % (chassés) ; chez les adultes : 31 (non chassés) à 49 % (chassés). Ses principaux prédateurs sont les chiens domestiques et les pumas. LONGÉVITÉ 11 ans dans la nature. **Statut et menaces** Largement réparti, fréquent et résilient. Profite des mutations en terres agricoles et pastorales avec introduction de lagomorphes. Persécuté en tant que nuisible et éradiqué sur les terres d'élevage ovin. CITES Annexe II, Liste rouge LC.

RENARD GRIS
D'ARGENTINE

RENARD
DE DARWIN

RENARD
DE SÉCHURA

RENARD
DE MAGELLAN

Pour les cartes de répartition des espèces, veuillez consulter le site : www.panthera.org/carnivoreguide

LE RENARD CHENU *Pseudalopex vetulus*

Ltc 49-71 cm ; Q 25-38 cm ; P 2,5-4 kg
Petit renard svelte, gris chiné, partie inférieure des pattes et dessous chamois ; poitrine et gorge moins nettement contrastées que chez les autres renards. C'est le plus petit des canidés sur son aire de répartition. **Distribution et habitat** Endémique au Brésil. Vit essentiellement sur la savane cerrado ouverte, et parfois dans les forêts, zones boisées et plaines inondables associées. Fréquente les zones pastorales, terres agricoles et plantations. **Écologie alimentaire** Principalement insectivore : termites, bousiers et sauterelles essentiellement. Se nourrit également de petits rongeurs, oiseaux, reptiles, fruits sauvages et graminées. Les indices d'une prédation sur la volaille sont ambigus. Chasseur principalement nocturne, solitaire ou en famille. La plupart des proies sont capturées sur le sol ; retourne les bouses pour débusquer termites et bousiers. **Comportement social et spatial** Couples monogames vivant sur un domaine vital bien déterminé et qui coopèrent à l'élevage des jeunes. On ignore si les couples sont durables et rien n'indique l'existence de groupes familiaux élargis. Le domaine vital mesure 3,8-4,6 km². **Reproduction et démographie** Saisonnier. Accouplements fin mai-juin ; naissances en juillet-août. Gestation de 50 jours (estimations). Portées de 3-5. Sevrage vers 3 mois. Les mâles participent au toilettage, à la protection et à l'éducation des jeunes à la chasse. MORTALITÉ Ses prédateurs seraient le loup à crinière et le chien domestique. LONGÉVITÉ 8 ans en captivité. **Statut et menaces** Largement réparti, fréquent et tolérant aux modifications du milieu. Pourchassé (probablement à tort) pour prédation sur la volaille, et souvent victime de collisions routières. La rage et la gale sarcoptique sont confirmées, mais leur impact sur les populations reste inconnu. Liste rouge LC.

LE RENARD D'AZARA *Pseudalopex gymnocercus*

Renard gris des pampas
Ltc ♀ 50,5-72 cm, ♂ 60-74 cm ; Q 25-41 cm ; P ♀ 3-5,7 kg, ♂ 4-8 kg
Taille moyenne, gris chiné ; oreilles, cou et partie inférieure des pattes rougeâtres. Gorge, poitrine et bas des membres blanc crème. **Distribution et habitat** Extrême sud-est du Brésil, est de la Bolivie, nord-est de l'Argentine, Paraguay et Uruguay. Son habitat optimal est la pampa, mais il vit aussi dans la brousse, les zones boisées claires, pâturages et terres agricoles. **Écologie alimentaire** Omnivore adaptable, son régime alimentaire se modifie au gré des disponibilités. Petits rongeurs, lièvre d'Europe, oiseaux des pampas, insectes et fruits. Charognard, surtout sur les carcasses de bétail. Tue rarement les agneaux nouveau-nés. Chasseur solitaire mais des rassemblements se forment autour des grosses carcasses. Cathéméral, il devient nocturne là où il est pourchassé. **Comportement social et spatial** Solitaire. Forme des couples monogames mais qui ne semblent s'associer que pendant la saison de reproduction. Domaines vitaux 0,4-1,8 km². Densités 1-3 renards/km², jusqu'à 5,85/km² sur les meilleurs habitats de pampa. **Reproduction et démographie** Saisonnier. Accouplements en juillet-août ; naissances en septembre-décembre. Gestation de 55-60 jours. Portées de 3-4, jusqu'à 8. Sevrage à 2 mois. Les deux parents protègent les renardeaux et les mâles rapportent la nourriture à la tanière pour la mère et les petits. MORTALITÉ Ses prédateurs sont notamment les pumas et les chiens domestiques. LONGÉVITÉ 14 ans en captivité. **Statut et menaces** Largement réparti, fréquent et tolérant des transformations du milieu en terres pastorales/agricoles, mais les prélèvements légaux et les primes accordées pour leur prédation supposée sur le bétail en tuent des dizaines de milliers. Régressions localisées. Liste rouge LC.

LE RENARD CRABIER *Cerdocyon thous*

Ltc 57-77,5 cm ; Q 22-41 cm ; P 4,5-8,5 kg
Renard de taille moyenne, gris sombre chiné à la fourrure rêche, ce qui lui donne un aspect ébouriffé. Museau et partie inférieure des membres généralement nettement sombres. **Distribution et habitat** Nord de la Colombie, Venezuela, est et sud du Brésil, est de la Bolivie, Paraguay, nord de l'Argentine et Uruguay. Occupe tous types de forêts, zones boisées, pelouses et marais, ainsi que les biotopes pastoraux et agricoles. **Écologie alimentaire** Omnivore, régime très varié composé essentiellement de fruits, insectes et petits mammifères, mais également d'oiseaux, reptiles, œufs, amphibiens, crabes terrestres et charognes. S'attaque à la volaille et tue les petits agneaux (rarement). Chasseur principalement nocturno-crépusculaire, en couples accompagnés des renardeaux, ou en solitaire. **Comportement social et spatial** Monogame, les couples occupent des territoires exclusifs. Les jeunes de 1 an restent souvent avec le couple pour former des groupes familiaux de 7 animaux au plus. Ceux qui se dispersent peuvent s'installer à proximité du territoire de leurs parents et les adultes entretiennent des relations amicales. Superficie des territoires des adultes : 0,5-10,4 km², en moyenne 2,2-5,3 km². Densités de 0,55 renard/km² (savane buissonnante du Brésil) à 4/km² (Llanos vénézuélien). **Reproduction et démographie** Peut-être saisonnier, avec des pics de naissances, mais les mises bas ont lieu toute l'année dans certaines régions. Gestation de 52-59 jours. Portées de 3-6. Sevrage à 12 semaines. MORTALITÉ Tué par les grands carnivores, comme les chiens domestiques, et souvent sur les routes. LONGÉVITÉ 9,2 ans dans la nature, 11,5 en captivité. **Statut et menaces** Largement réparti, fréquent et adaptable. CITES Annexe II, Liste rouge LC.

LE RENARD À PETITES OREILLES *Atelocynus microtis*

Zorro
Ltc 72-100 cm ; Q 25-35 cm ; Hg ~ 35 cm ; P 9-10 kg
De taille moyenne, à poil ras, il est de coloration unie brun sombre à gris-roux. Face allongée et fine, oreilles nettement petites. Classé dans un genre distinct ; l'espèce la plus proche est le chien des buissons. **Distribution et habitat** Confiné à l'ouest de la plaine amazonienne, en Colombie, Équateur, Brésil, Pérou et Bolivie, dans la forêt primaire intacte généralement associée à un cours d'eau. Évite l'homme et les habitats perturbés. **Écologie alimentaire** Mal connue ; le poisson domine dans son régime à Cocha Cashu, Pérou. Également agoutis, petits marsupiaux, rongeurs, oiseaux, crabes, grenouilles et fruits. A été observé chassant dans les trous d'eau où il poursuivait sa proie à la nage ; sa silhouette allongée, son pelage lisse et brillant et ses pieds partiellement palmés seraient des adaptations à ces mœurs semi-aquatiques. **Comportement social et spatial** Peu connu. La plupart des observations concernent des individus solitaires, ce qui semble indiquer qu'il est solitaire, mais aussi couples qui chassaient de concert. **Reproduction et démographie** Mal connues. Des portées ont été observées en saison sèche (mai-décembre). MORTALITÉ Inconnue. LONGÉVITÉ 11 ans en captivité. **Statut et menaces** Naturellement rare et inféodé à la forêt intacte. La destruction de la forêt amazonienne est une grave menace et les maladies des chiens domestiques ont été rendues responsables de l'apparente régression des populations péruviennes. Liste rouge NT.

RENARD
CHENU

RENARD
D'AZARA

RENARD
CRABIER

RENARD
À PETITES OREILLES

Pour les cartes de répartition des espèces, veuillez consulter le site : www.panthera.org/carnivoreguide

LE CHIEN DES BUISSONS *Speothos venaticus*

Ltc 57,5-75 cm ; Q 11-15 cm ; Hg ~ 30 cm ; P 5-8 kg
Petit animal corpulent ne ressemblant à aucun autre canidé : bas sur pattes, corps allongé et courte queue touffue. Tête large, rappelant celle d'un ours : petits yeux et courtes oreilles arrondies. La coloration du corps est variable, du blond au brun sombre ; généralement blond-fauve sur le cou et la tête, pattes et queue brun sombre. **Distribution et habitat** Nord de l'Argentine et du Paraguay, jusqu'au nord de l'Amérique du Sud, nord de l'Équateur et centre du Panamá, en passant par la plus grande partie du Brésil. Les observations au Costa Rica sont douteuses. Étroitement associé à la forêt ou savane boisée intactes, ainsi qu'aux pelouses de cerrado et pampas à végétation foisonnante. Il fréquente les zones d'élevage et terres agricoles, mais dans les paysages perturbés, il dépend des lambeaux de forêts. **Écologie alimentaire** Se nourrit essentiellement de petits mammifères qui, pour les plus gros, peuvent faire sa taille : pacas, agoutis, tatous à neuf bandes, lapins du Brésil, opossums et rats. Se nourrit également de grands reptiles (tégus) et oiseaux (tinamous) terrestres. Les meutes pourraient tuer de grosses proies, comme les capybaras, cerfs daguets et nandous en leur mordant les pattes jusqu'à épuisement : une meute de 6 a ainsi harcelé et gravement blessé un tapir adulte. Il mange parfois les fruits du *Cercopia.* Les autochtones signalent qu'il tue à l'occasion la volaille. Chasseur principalement diurne, il dort la nuit dans un terrier ; quelques observations de chasses nocturnes. Chasse en groupe, essentiellement en poursuivant longuement sa proie à travers l'épaisse végétation pour laquelle sa silhouette allongée, courte sur pattes, est parfaitement adaptée. Il se jette volontiers à l'eau et pénètre ou creuse les terriers pour capturer une proie. **Comportement social et spatial** C'est le plus social des petits canidés : il vit en petites meutes de 2-12 (généralement 2-6) qui restent constamment en contact et partagent la tanière. On pense que la meute est formée d'un couple monogame accompagné de sa progéniture adulte. Tous participent à l'élevage des chiots en nourrissant la mère allaitante à la tanière. On connaît mal ses mœurs territoriales ; au Brésil, une meute vivant sur une mosaïque de pâturages, cultures de soja et cerrado, utilisait une zone de 145 km² au moins. Dans les milieux intacts, il est probable que le domaine vital est plus restreint. **Reproduction et démographie** Non saisonnier, mais il est possible que les naissances connaissent un pic en saison humide. Gestation de 67 jours en moyenne (65-83 en captivité). Portées de 3-6, exceptionnellement 10. Sevrage à partir de 4 semaines. Maturité sexuelle à 10 (♀) et 12 mois (♂). **MORTALITÉ** Mal connue ; les autochtones signalent une prédation par les grands félins. **LONGÉVITÉ** 10,4 ans en captivité. **Statut et menaces** Largement réparti, mais nulle part abondant, il semble être naturellement rare. La déforestation pour l'élevage et l'agriculture est la principale menace. Parfois tué sur les routes et parce qu'il est perçu comme prédateur de la volaille. En captivité, il est vulnérable aux maladies canines comme la maladie de Carré et la parvovirose. CITES Annexe I, Liste rouge NT.

LE LOUP À CRINIÈRE *Chrysocyon brachyurus*

Ltc 95-115 cm ; Q 28-50 cm ; Hg 70-74 cm ; P 20,5-30 kg
Grand canidé très haut sur pattes ; pelage roux-fauve, sombre sur le cou et les épaules, « chaussettes » noires et queue touffue terminée de blanc. Face de renard avec ses très grandes oreilles, gorge blanche et museau noir. Son nom est trompeur car il n'est pas apparenté aux loups mais appartient à un genre à part ; son plus proche parent (mais très éloigné) serait le chien des buissons. **Distribution et habitat** Centre et sud du Brésil, nord de la Bolivie, est du Paraguay et quelques observations dans le nord de l'Argentine et nord-ouest de l'Uruguay, essentiellement dans le cerrado et la pampa, les mosaïques forêts/savanes, forêts d'arbustes et zones humides régulièrement inondées comme le Pantanal. Présent sur les parcours d'élevage et zones agricoles offrant du couvert. **Écologie alimentaire** Omnivore, régime très varié de matières végétales et animales ; au moins 102 variétés de fruits et 157 espèces animales ont été signalées pour le seul Brésil ; en poids, ce sont les petits vertébrés qui forment l'essentiel de son régime. Ses proies sont les souris, rats épineux, cobayes et petits tatous, ainsi que des petits oiseaux, arthropodes et (moins souvent) reptiles, dont des serpents venimeux. Tue parfois des fourmiliers et cerfs daguets ; une observation de prédation sur un cerf des pampas tué par morsure à la gorge. Il se nourrit toute l'année de lobeira, ou « fruit du loup » *(Solanum lycocarpum)*, et c'est le fruit le plus consommé. Son régime se diversifie à la saison humide où il mange plus de fruits : poivrons, café et papayes, ainsi que de jeunes graminées. S'attaque volontiers aux poules et, peut-être, au jeune bétail, mais les signalements sont douteux. Chasseur cathéméral et solitaire. Charognard, il dévore les animaux tués sur les routes et visite les décharges. **Comportement social et spatial** L'unité sociale de base est le couple monogame qui défend un territoire contre les autres couples. Les activités sont le plus souvent solitaires, y compris la chasse ; les couples se déplacent parfois de concert, ou dorment ensemble, mais ils ne s'associent véritablement que pour la reproduction. Les territoires sont stables, constamment marqués de fèces et d'urine, et utilisés équitablement par les deux membres du couple. Pas de différence de superficie entre mâles et femelles, sinon que le domaine vital de celles-ci se réduit pendant la reproduction. Les territoires des couples mesurent en moyenne 49-57 km² (cerrado brésilien), pour une fourchette de 4,7-114,3 km². Les densités sont estimées à 5,2 loups/100 km² (PN d'Emas, Brésil). **Reproduction et démographie** Saisonnier. Accouplements en avril-juin ; pic des naissances pendant la saison sèche, en juin-septembre. Gestation de 56-67 jours. Portées de 1-7, en moyenne 3. Sevrage vers 15 semaines, mais les jeunes peuvent accompagner leur mère dès 7 semaines. Le rôle du mâle n'est pas clarifié ; en captivité, les mâles régurgitent la nourriture aux petits et les toilettent ; dans la nature, ils accompagnent souvent la mère et les jeunes. Maturité sexuelle à 12 mois, mais la première reproduction n'a probablement pas lieu avant la 2e année. **MORTALITÉ** Taux annuel pour les adultes et subadultes respectivement de 35 et 36 % (PN d'Emas). Les causes sont pour la plupart anthropiques. Les pumas et chiens domestiques sont des prédateurs confirmés. **LONGÉVITÉ** 15 ans en captivité. **Statut et menaces** Les densités sont naturellement faibles et son habitat est soumis à de fortes pressions pour les aménagements agricoles. Au Brésil, les collisions routières sont l'une des premières causes de mortalité, et les chiens des ranchs tuent souvent les loups à crinière. Les chiens peuvent aussi être à l'origine de maladies introduites dont l'impact sur les populations n'est pas connu. Fréquemment tué pour sa prédation sur la volaille. CITES Annexe II, Liste rouge NT.

Groupe familial

CHIEN DES BUISSONS

La chasse aux rongeurs

LOUP À CRINIÈRE

Pour les cartes de répartition des espèces, veuillez consulter le site : www.panthera.org/carnivoreguide

Ltc 120-180 cm ; Q 8-16 cm ; Hg 71-86 cm ; P ♀ 70-100 kg, ♂ 85-125 kg
C'est sans doute le mammifère le plus facilement identifiable. La coloration en noir et blanc n'est pas aposématique comme chez les mouffettes et autres carnivores noirs et blancs. Elle permettrait aux pandas de se repérer entre eux à la saison de reproduction dans un environnement touffu, bien que, comme tous les carnivores, ils utilisent les marquages odorants et les vocalisations pour trouver un partenaire. Les nouveau-nés sont très petits, ~ 300 g, proportionnellement beaucoup plus petits que les autres ursidés nouveau-nés. Les petits sont couverts de quelques poils blancs seulement : les zones noires apparaissent progressivement vers 3-4 semaines. Le pied antérieur porte un « faux pouce », en réalité un os sésamoïde très modifié (normalement minuscule chez les ours) doté de son propre coussinet, qui lui permet de cueillir et manipuler les bambous, l'aliment de base du panda.

Distribution et habitat
Confiné sur six massifs montagneux des provinces chinoises centrales de Sichuan (~ 75 % de la population), Gansu et Shanxi. Il était autrefois largement réparti sur l'ensemble de la Chine centrale et sud-occidentale, jusqu'au nord du Myanmar et du Vietnam. Inféodé à la forêt de montagne tempérée où abondent les bambous, entre 1 200 et 4 100 m. Les seuls habitats favorables subsistants sont situés sur des versants abrupts et accidentés, inutilisables pour l'agriculture.

Écologie alimentaire
C'est le plus spécialisé et le plus végétarien des ours, et même de tous les carnivores ; plus de 99 % de son régime alimentaire est composé de bambous. Il en consomme plus de 60 espèces et il change d'altitude avec les saisons pour exploiter les différentes variétés au moment où elles germent. La majeure partie de la plante est consommée, mais il préfère les feuilles et les pousses qui sont riches en protéines et plus faciles à digérer que les tiges et branches. C'est un bon grimpeur, mais il se nourrit au sol, généralement assis ou à moitié allongé dans les épais bosquets de bambou. Il lui arrive de manger autre chose, notamment les années où les bambous meurent ; il est alors contraint de trouver d'autres nourritures : feuilles, pousses, racines et écorces d'autres plantes (y compris cultivées, comme blé, haricots ou citrouilles) et fruits. Il a été observé occasionnellement sur des charognes et des décharges. Il fourrage de jour comme de nuit, 50-55 % de son temps étant occupés à récolter ou manger des bambous ; les adultes en mangent 12-15 kg par jour. Contrairement aux autres ours, il ne modifie pas ses habitudes alimentaires pour profiter des périodes d'abondance. Comme sa nourriture est disponible toute l'année, les pandas n'hibernent pas. Les femelles jeûnent pendant une période limitée de 2-3 semaines à la mise bas.

Comportement social et spatial
Solitaire et non territorial, les domaines vitaux se recoupent largement. Un individu peut se cantonner à un très petit noyau central de ≤ 3 km² pendant de longues périodes, celui-ci chevauchant peu ceux d'autres pandas de même sexe, mais on ne sait pas s'il est défendu en tant que territoire. Les domaines vitaux peuvent mesurer 1-60 km², en moyenne 5-15 km², et se déplacent lorsque les bambous fleurissent et que les pandas migrent en altitude pour chercher leur nourriture. Ils restent normalement en altitude pendant l'été et le printemps, pour descendre vers la plaine en hiver et éviter la neige épaisse. Contrairement aux autres ours, il semble que les jeunes femelles se dispersent tandis que les jeunes mâles s'installent non loin de leur lieu de naissance. Les densités sont mal connues et les chiffres controversés : 48 pandas/100 km² dans la réserve de Mabian.

Reproduction et démographie
Les pandas sont réputés avoir des problèmes de reproduction, mais cela tient à la difficulté de les faire se reproduire en captivité. Dans la nature, la fécondité des pandas est analogue à celle des autres ours. Saisonnier. Accouplements en mars-mai. Œstrus de 12-25 jours ; gestation de 97-163 jours (en moyenne 145-146 dans la nature), avec implantation différée. Les jeunes naissent en août-septembre. Portées de 1-2 (très rarement 3) ; en cas de naissance gémellaire, la mère ignore souvent le deuxième petit qui meurt. C'est le seul ours à donner naissance à plus de petits qu'il n'en élève et on ignore la raison de ce comportement. Sevrage à 8-9 mois. Les petits sont indépendants vers 1,5 an. L'intervalle entre les portées est de 2-3 ans, en moyenne 2,2. Maturité sexuelle à 4,5 ans chez les deux sexes ; première reproduction vers 5-7 ans chez les femelles, probablement analogue chez les mâles. Les femelles se reproduisent jusqu'à 20 ans et plus, les mâles jusqu'à 17. MORTALITÉ Si l'on exclut le jumeau abandonné, la plupart des nouveau-nés survivent, leur taux de mortalité étant estimé à 10-30 %. Chez les adultes, ce taux est normalement ≤ 10 % pour les deux sexes, sauf quand les bambous dépérissent en masse et que la famine devient une sérieuse menace : c'est ainsi qu'au moins 138 adultes sont morts vers le milieu des années 1970. Aucun signalement confirmé de prédation : des restes de pandas ont été retrouvés dans des excréments de léopards, mais peut-être avaient-ils dévoré des cadavres. L'ours brun, l'ours à collier et le dhole ont la même aire de répartition et pourraient tuer les pandas subadultes et peut-être même les adultes. Les petits sont sans défense pendant une longue période et pourraient être également tués par la panthère des neiges, la panthère longibande, le chat doré d'Asie ou la martre à gorge jaune. LONGÉVITÉ 26 ans au plus dans la nature, 34 en captivité.

Statut et menaces
Les effectifs sont estimés à 1 500-2 000 pandas dans la nature, mais sa discrétion et son environnement accidenté rendent les inventaires difficiles. Strictement protégé en Chine, il est aujourd'hui rarement victime de l'homme ; il est parfois pris dans les collets pour ongulés. La poursuite de la déforestation pour le bûcheronnage et l'agriculture est une menace sérieuse. Aujourd'hui confiné sur six massifs montagneux isolés les uns des autres par des zones défrichées et des terres cultivées. Sur chacun de ces massifs, son habitat est encore fragmenté par les cultures et coupes forestières, de sorte que la plupart des populations comptent moins de 50 adultes. On estime que 71 % des habitats et 54 % de la population sont protégés dans 59 réserves, mais les zones protégées comme les zones non protégées sont vulnérables aux activités anthropiques. Outre les aménagements du milieu, les menaces sont la récolte des pousses de bambou par les autochtones et les infrastructures qui fragmentent toujours plus leur aire, essentiellement la construction d'autoroutes et de barrages. CITES Annexe I, Liste rouge EN.

Position
allongée
pour manger

GRAND PANDA

Miction
en équilibre
sur les mains

Femelle et son nouveau-né

Pour les cartes de répartition des espèces, veuillez consulter le site : www.panthera.org/carnivoreguide

L'OURS À COLLIER *Ursus thibetanus*

Ours noir d'Asie, Ours du Tibet

Ltc ♀ 110-150 cm, ♂ 120-189 cm ; Q < 12 cm ; Hg 70-100 cm ; P ♀ 40-140 kg, ♂ 60-200 kg

Noir, souvent un peu plus clair sur le museau et la face ; généralement marqué d'une tache crème en croissant sur la poitrine. Une rare phase brun chocolat existe, et aussi une phase blonde très variable au Cambodge, Laos et Thaïlande. **Distribution et habitat** Asie du Sud, dans une étroite bande montagneuse, entre le sud-est de l'Iran et le Japon en passant par l'Asie centrale et du Sud-Est (à l'exception de la Malaisie), sud de la Chine, y compris Taiwan, nord-est de la Chine, extrême orient russe, Corée du Sud et Corée du Nord. Il occupe essentiellement les milieux forestiers tempérés et tropicaux montagneux, jusqu'à 4 300 m. Évite les terrains découverts, mais pénètre dans les plantations, champs cultivés et alpages proches des milieux forestiers. La population la plus occidentale, sud du Pakistan/Iran, vit dans la forêt aride d'épineux. **Écologie alimentaire** Essentiellement végétarien : 80-90 % de son régime sont composés de matières végétales. Ce régime varie selon la saison lorsqu'il se déplace entre les habitats et les étages montagnards à la recherche de nourriture. Au printemps, il se nourrit essentiellement de plantes grasses nouvelles, de graminées, plantes à fleur et pousses de bambou ; en été, il mange des fruits et des baies ; en automne, il se nourrit d'akènes : glands, faînes, noix, châtaignes et noisettes. Les invertébrés sont tués lorsqu'ils sont disponibles, surtout en été. Se nourrit aussi de petits vertébrés, jusqu'à la taille d'un petit ongulé (10-20 kg) comme les muntjacs et serows. Il lui arrive de chasser, mais il est probablement plus souvent charognard. Les deux sexes hibernent dans le nord de son aire de répartition (octobre-mai, Russie), alors que sous les tropiques, seules les femelles gestantes hibernent. Dans le sud, les ours non hibernants mangent surtout des glands et des fruits. Visite les vergers, plantations (où il arrache l'écorce pour accéder au cambium tendre) et les cultures, principalement de maïs et d'avoine. Attaque rarement l'homme et probablement jamais en tant que proie. Principalement diurne, mais il devient plus nocturne en automne, période d'abondance des akènes, comme à Taiwan. Charognard, notamment sur les animaux pris dans les pièges des chasseurs. **Comportement social et spatial** Solitaire, il ne semble pas être territorial. Le domaine vital mesure en moyenne 26 (♀) à 66 km² (♂), au Japon, et 117 (1♀) et 27-202 km² (♂), à Taiwan. Ces domaines vitaux se chevauchent largement, mais les femelles et les jeunes mâles évitent les zones les plus productives où se concentrent les mâles adultes en automne (Taiwan). **Reproduction et démographie** Probablement saisonnier, surtout dans les zones tempérées ; peu étudié sous les tropiques. Accouplements en mai-juillet. Gestation de 6-7 mois (en captivité) avec implantation différée ; 1-3 (le plus souvent 2) oursons naissent en décembre-mars (Russie). Les oursons accompagnent leur mère pendant 2-3 ans. Maturité sexuelle à 3-4 ans pour les deux sexes (en captivité). MORTALITÉ Les hommes sont la première cause de mortalité au sein de beaucoup de populations. Ses prédateurs naturels sont l'ours brun, le tigre et (rarement) d'autres ours à collier. LONGÉVITÉ Inconnue dans la nature, 36 ans en captivité. **Statut et menaces** La principale menace est la perte de son habitat. Il faut y ajouter une forte pression de chasse destinée à alimenter le marché florissant de certaines parties de son anatomie, essentiellement la bile utilisée en médecine asiatique et les pattes pour les restaurants de luxe. Les élevages d'ours sont nombreux en Chine et au Vietnam qui procèdent à l'extraction de la bile. Certaines fonctionnent ostensiblement en autosuffisance, mais beaucoup n'élèvent pas d'ours et l'animal sauvage a beaucoup plus de valeur. La pression de chasse est très forte, que les ours soient tués ou capturés. La chasse sportive n'est légale qu'en Russie (75-100 par an) et au Japon (~ 500), ce qui s'ajoute au braconnage et aux massacres d'ours s'étant livrés à des déprédations, soit respectivement 500 et 1 000-4 000 individus. CITES Annexe I, Liste rouge VU.

L'OURS À LUNETTES *Tremarctos ornatus*

Ours des Andes

Ltc 130-190 cm ; Q < 10 cm ; Hg 70-90 cm ; P ♀ 60-80 kg, ♂ 100-175 kg (exceptionnellement 200 kg)

C'est l'unique ours sud-américain. Il est normalement noir, parfois brun rougeâtre, et porte des « lunettes » qui atteignent la gorge et la poitrine, et dont le dessin est particulier à chaque individu. **Distribution et habitat** Endémique aux Andes tropicales : Venezuela, Colombie, Équateur, Pérou et Bolivie, peut-être nord-ouest de l'Argentine (sur son aire d'origine) et Darien, Panamá. Son habitat optimal est la forêt humide d'altitude et le páramo (alpages humides), mais il vit dans divers types de forêts, zones boisées et pelouses, entre 250 et 4 750 m. Une population isolée vit dans le désert côtier boisé autour de Cerro Chaparri (nord-ouest du Pérou). **Écologie alimentaire** C'est sans doute le plus végétarien des ours, après le grand panda : il se nourrit essentiellement de broméliacées et de fruits (de la famille des figues ou avocats pour la plupart), et parfois de cactus, mousses, orchidées, bambous, bois, palmes, miel, invertébrés, oiseaux et petits mammifères. Certains tuent à l'occasion le bétail, mais le plus souvent consomment des cadavres. Se nourrit de plantes cultivées, surtout du maïs ; il est considéré dans certaines régions comme un visiteur de récoltes. Principalement diurne (6 à 21 heures), mais probablement plus nocturne dans les zones où il est pourchassé. Comme sa nourriture préférée est au-dessus du sol, il est arboricole. Il construit de vastes « plates-formes d'alimentation », en rabattant les branches produisant des fruits qu'il rassemble afin qu'elles supportent son poids pendant qu'il s'alimente ; ces plates-formes servent peut-être aussi de couche pour dormir. Volontiers charognard, essentiellement sur les carcasses de bétail. Sa nourriture étant disponible toute l'année, il n'hiberne pas. **Comportement social et spatial** Solitaire, mais s'alimente en groupes (9 au plus) dans les champs de maïs et bosquets de cactus. Ses mœurs spatiales sont mal connues mais, comme les autres ours, il n'est sans doute pas fortement territorial. En Équateur, les domaines vitaux d'ours équipés de colliers émetteurs se chevauchaient largement et mesuraient en moyenne 34 (♀) à 150 km² (♂). **Reproduction et démographie** Probablement saisonnier ; des couples ont été observés en mars-octobre, en saison de fructification. Gestation de 160-255 jours (en captivité), probablement avec implantation différée ; 1-4 oursons (généralement 2) naissent en décembre-février. Ils émergent de la tanière vers 3 mois, ce qui coïncide avec la nouvelle saison de fructification, et accompagnent leur mère pendant 14 mois (peut-être plus). Première reproduction à 4 ans chez les 2 sexes (en captivité). MORTALITÉ Peu connue. Les premières causes sont anthropiques, comme ces 11 ours tués en 13 mois autour de la réserve d'Antisana (Équateur). LONGÉVITÉ Inconnue dans la nature, 36 ans en captivité. **Statut et menaces** Ne vit plus que sur quelque 42 % de son aire d'origine, sur plus d'une centaine de sites éparpillés le long de la cordillère des Andes. Les sites les plus vastes et intacts sont au Pérou et en Bolivie. L'exploitation forestière et l'agriculture qui détruisent son habitat sont les principales menaces, mais la chasse reste un grave problème pour beaucoup de populations : visiteur de récoltes, il est aussi accusé de tuer le bétail ; il est également chassé pour sa fourrure, sa viande et certains produits utilisés en médecine traditionnelle. CITES Annexe I, Liste rouge VU.

OURS
À COLLIER

Forme
dorée

OURS À LUNETTES

Pour les cartes de répartition des espèces, veuillez consulter le site : www.panthera.org/carnivoreguide

L'OURS DES COCOTIERS *Helarctos malayanus*

Ours malais

Ltc 100-140 cm ; Q 3-7 cm ; Hg 70 cm ; P ♀ 25-50 kg, ♂ 34-80 kg

C'est le plus petit des ours, son pelage est ras, noir de jais velouté (parfois brun chocolat) ; très petites oreilles, museau et menton clairs. La large tache orange, jaune ou crème de la poitrine est de forme très variable et parfois absente. **Distribution et habitat** Du Bangladesh à Bornéo en passant par l'Indochine, la Malaisie et Sumatra. Observé dans le sud de la Chine, dans la province du Yunnan, mais il y est peut-être aujourd'hui éteint. Son habitat optimal est la forêt dense et humide de plaine, mais aussi la forêt sempervirente de montagne et la forêt marécageuse, du niveau de la mer à 2 800 m. Pénètre les habitats marginaux comme la mangrove et les plantations, à condition que la forêt soit proche. **Écologie alimentaire** Omnivore, son régime est peu varié, dominé par les insectes, le miel et les fruits : plus de 100 espèces d'insectes, surtout les espèces sociales comme les fourmis, termites et abeilles. Il démolit les nids de ses puissantes griffes, et sa très longue langue lui permet d'atteindre les adultes, larves, œufs, miel, rayons, cire et résine. Les fruits sont également des aliments importants (plus de 40 espèces, surtout les figues). Se nourrit à l'occasion d'autres invertébrés comme les vers de terre et scorpions, mais aussi de reptiles (dont petites tortues), rongeurs et œufs d'oiseaux. Consomme peu de végétaux, mais apprécie particulièrement les pousses de cocotier, ce qui tue l'arbre et crée des conflits dans les plantations. Il visite aussi les vergers et les cultures comme celles de canne à sucre, pommes de terre et manioc. La prédation sur le bétail est quasiment inconnue, sauf pour quelques très rares tentatives d'attaque de poulaillers. Il fréquente les décharges, surtout lorsque la nourriture se fait rare. Il est diurne dans les zones où il n'est pas dérangé, mais devient exclusivement nocturne à proximité des hommes. Fortement arboricole, il cherche fruits et nids d'insectes dans les arbres et construit de grandes plates-formes de branches pour y dormir. N'hiberne pas. **Comportement social et spatial** Solitaire ; plusieurs individus peuvent se retrouver sur un arbre fructifère. Ses mœurs spatiales sont mal connues et il est peu probable qu'il soit fortement territorial ; à Bornéo, 4 mâles portant un collier émetteur occupaient un noyau central de 1 km² tout en parcourant des domaines vitaux qui se chevauchaient et mesuraient 6,2-20,6 km² ; dans des milieux défavorables, 2 femelles utilisaient environ 4 km². **Reproduction et démographie** C'est la seule espèce d'ursidés qui ne soit pas saisonnière (mais on connaît mal ses mœurs reproductives dans la nature). Gestation de 95-97 jours (en captivité), semblant indiquer une absence d'implantation différée. Un ourson (exceptionnellement 2) naît dans un arbre creux. Première reproduction à 3 ans chez les femelles, probablement plus tardive chez les mâles. MORTALITÉ Mal connue. Les causes sont principalement anthropiques chez beaucoup de populations. Vulnérable à la famine les années sans fruits qui sont aussi celles où les conflits avec l'homme sont les plus importants et donc les destructions les plus nombreuses. Ses prédateurs confirmés sont le tigre et le python réticulé. LONGÉVITÉ Inconnue dans la nature, 24-25 ans en captivité. **Statut et menaces** Les effectifs ont régressé de quelque 30 % au cours des 30 dernières années, essentiellement suite à la chasse commerciale et à la déforestation (bûcheronnage et plantations). Sa vésicule biliaire est utilisée en médecine chinoise traditionnelle et ses pattes sont servies en soupe. La chasse a fait régresser une population thaïlandaise de 50 % en 20 ans. CITES Annexe I, Liste rouge VU.

L'OURS LIPPU *Melursus ursinus*

Ltc 140-190 cm ; Q 8-17 cm ; Hg 60-92 cm ; P ♀ 50-100 kg (exceptionnellement 120 kg), ♂ 70-150 kg (exceptionnellement 190 kg)

Noir uni, rarement brun chocolat ou rougeâtre, croissant blanc crème sur la poitrine, museau et face clairs. Longue fourrure ébouriffée. **Distribution et habitat** Confiné au Sri Lanka, Inde, Népal et Bhoutan ; autrefois au Bangladesh où il est peut-être éteint. Vit essentiellement dans les forêts humides ou sèches, brousses, savanes et pelouses, généralement en plaine, à moins de 1 500 m, mais parfois jusqu'à 2 000 m, comme dans les Ghâts occidentaux (Inde). **Écologie alimentaire** C'est le seul ursidé adapté à la myrmécophagie grâce à ses lèvres flexibles et allongées, et à ses narines s'obstruant pendant qu'il aspire termites et fourmis. Il se tourne vers les fruits en saison, essentiellement les figues ; au lieu de grimper dans les arbres, il les ramasse au sol, bien qu'il puisse grimper, par exemple pour se procurer du miel. Il se nourrit de tubercules, racines et quelques fleurs, mais consomme peu de végétaux, et peu de viande en dehors de quelques repas de petits vertébrés et charognes. Visite les cultures, notamment de cannes à sucre, maïs, riz, pommes de terre et patates douces. La prédation sur le bétail est quasiment inconnue. Est réputé imprévisible et agressif, pouvant attaquer l'homme : 735 attaques (dont 48 mortelles) à Madhya Pradesh (Inde), entre 1989 et 1994. Ces attaques ont généralement lieu dans les champs ou la forêt adjacente, là où hommes et ours exploitent les mêmes ressources ; l'homme est rarement chassé en tant que proie. Il chasse principalement de nuit. Les femelles gestantes se retirent dans la tanière pendant 2 mois, mais on ignore si elles hibernent véritablement ; d'autres sont actives toute l'année. **Comportement social et spatial** Solitaire et non territorial. Les domaines vitaux se chevauchent souvent largement, et les ours peuvent se rassembler sur les aires d'alimentation, mais ne socialisent pas ; les femelles semblent se réserver l'exclusivité d'un petit noyau central. La superficie des domaines vitaux varie de 2 (♀) et 4 km² (♂), au Sri Lanka, à 25-100 km², dans le PN de Panna (Inde). Les densités sont de 6-8 ours/100 km² (forêt aride, Panna) à 27/100 km² (riches pelouses et forêts du Terai, PN royal de Chitwan, Népal). **Reproduction et démographie** Saisonnier. Accouplements en mai-juillet. Gestation de 4-7 mois (en captivité), avec implantation différée. Portées de 1-3 (généralement 2). Les oursons naissent en novembre-janvier ; ils émergent de la tanière vers 6-10 mois et accompagnent leur mère en montant sur son dos pendant 6 mois, probablement pour se protéger des prédateurs. Ils sont sevrés vers 12-14 mois et restent avec leur mère pendant 1,5 à 2,5 ans selon les ressources disponibles. Première reproduction à 4 ans chez les femelles, probablement plus tardive chez les mâles. MORTALITÉ Mal connue. Le premier prédateur est l'homme ; la prédation naturelle sur les adultes est rare, mais confirmée pour les tigres et léopards. LONGÉVITÉ 40 ans en captivité. **Statut et menaces** Non menacé dans les zones protégées, mais victime ailleurs de la fragmentation de son habitat et des prélèvements anthropiques. Il est tué dans les situations conflictuelles soit en prévention, soit après les faits, ou encore pour le commerce de parties de son anatomie, plus particulièrement sa vésicule biliaire. Dans certaines régions de l'Inde, les femelles sont tuées et les oursons capturés pour être dressés par les Tziganes à « danser ». Cette pratique est illégale, mais toujours très pratiquée. CITES Annexe I, Liste rouge VU.

OURS
DES COCOTIERS

Femelle portant
un ourson

OURS LIPPU

Ltc ♀ 120-168 cm, ♂ 129-188 cm ; Q < 12 cm ; Hg ♀ 63-85 cm, ♂ 72-103,5 cm ; P ♀ 40-150 kg (exceptionnellement 190 kg), ♂ 60-300 kg (exceptionnellement 400 kg)

C'est le plus petit des ours américains et il est endémique au continent. La coloration est très variable : le plus souvent noir, mais aussi tous les tons de brun (le « cannelle » est fréquent dans l'ouest des États-Unis) ; une phase bleu-gris, dite « glacier », vit en Alaska et dans le nord-ouest du Canada ; une phase crème, dite « Kermode », uniquement sur la côte de Colombie-Britannique. Le museau est généralement brun-fauve, sauf chez la phase Kermode, ce qui permet de le différencier de l'ours brun. La même portée peut compter des oursons de toutes les teintes ; le pelage de la plupart s'assombrit après leur 2ᵉ année et ils peuvent parfois finir noirs à l'âge adulte. 80 % au plus des oursons portent une tache blanche sur la poitrine qui disparaît le plus souvent, mais persiste chez quelques adultes.

Distribution et habitat

Largement réparti et abondant dans la majeure partie du Canada, dans l'est et ouest des États-Unis, son aire se fragmente dans le sud des États-Unis et le nord du Mexique. Il occupe une grande variété d'habitats forestiers, entre le niveau de la mer et 3 500 m. Évite les zones sans couvert, mais une population a colonisé une toundra ouverte sur la côte nord-est du Canada depuis l'extinction récente de l'ours brun. Occupe les paysages anthropiques, comme les terres agricoles et zones périurbaines, à condition qu'il y trouve du couvert.

Écologie alimentaire

Omnivore, il se nourrit essentiellement de matières végétales, une petite proportion de son régime se composant de matières animales. Son régime se modifie au fil des saisons. Surtout des végétaux nouveaux au printemps ; fruits, baies, drupes ou chatons en été ; akènes et baies en automne. Prédateur opportuniste en toutes saisons, mais plus particulièrement en hiver, où il tue les ongulés affaiblis, et au printemps où il s'attaque aux faons. Bon chasseur, capable de capturer un élan femelle, mais il tue surtout des jeunes cerfs de Virginie ou des proies plus petites comme des rongeurs, oiseaux, reptiles, poissons et invertébrés. Charognard, surtout au printemps, à la sortie de l'hibernation, sur les carcasses d'ongulés morts de froid. Il exploite volontiers les ressources anthropiques, surtout pendant la période d'hyperphagie automnale. Tue parfois du bétail et mange les récoltes : pommes, avoine et maïs, et il peut visiter les ruches, mangeoires à oiseaux, poubelles, bennes à ordures, campements et décharges. Des hommes sont parfois tués et il semble qu'il s'agisse d'un comportement de prédation plus que de défense (de sa nourriture ou des oursons) et très peu d'ourses ont attaqué des hommes pour défendre leurs petits. Il est principalement solitaire et diurne, avec des pics d'activité en début de matinée et fin d'après-midi ; il devient plus nocturne dans les zones à forte présence humaine. Sur les sites riches en nourriture et les décharges, il tolère la présence de nombreux autres ours. Il hiberne 3-7 mois sur l'ensemble de son aire de répartition ; dans le sud de celle-ci, là où la nourriture est disponible toute l'année, les femelles gestantes et les mères d'oursons de 1 an sont les seules à hiberner.

Comportement social et spatial

Principalement solitaire, sauf les mères suitées qui forment des groupes familiaux pour 16-18 mois. Non territorial, les domaines vitaux durables se chevauchent largement entre adultes. Les femelles se réservent parfois l'exclusivité d'une partie de leur domaine vital qu'elles défendent contre les autres femelles. Probablement lié à l'élevage des jeunes. Il est fréquent de voir des animaux s'éloigner de 200 km au plus de leur domaine vital en période de disette, surtout pendant l'hyperphagie automnale, mais ils y reviennent pour hiberner. Selon l'offre de nourriture, la superficie des domaines vitaux est de 2-1 100 km², exceptionnellement jusqu'à 7 000 km² dans la toundra du nord est du Canada où la nourriture est particulièrement rare. Les domaines vitaux varient selon la saison, les années et les régions. Ils sont de 2 à 10 fois plus étendus pour les mâles que pour les femelles : en moyenne 6,9 (♀) et 51,2 km² (♂) dans le Tennessee ; 17,1 (♀) et 22,4 km² (♂) en Californie ; 28 (♀) et 318 km² (♂) dans le Massachusetts ; 48,8 (♀) et 112,1 km² (♂) dans l'Idaho ; et 295 (♀) et 495 km² (♂) dans le Manitoba. Les femelles s'installent en général à proximité du territoire de leur mère ; les mâles se dispersent plus au loin. La distance de dispersion est de 10 à 220 km. Les densités sont de 20 ours/100 km² (sud-centre de l'Alaska), 40-50/100 km² (nord du Montana) à 120-150/100 km² (sud-ouest de l'État de Washington).

Reproduction et démographie

Saisonnier. Accouplements mi-mai-juillet, rarement en septembre dans le sud de son aire. L'œstrus est « saisonnièrement constant », jusqu'à la conception ou la fin de la période de reproduction. Gestation de 200-253 jours, avec implantation différée. Naissances en janvier-février (rarement décembre). Portées de 1-5, en moyenne 2-2,5. Sevrage à 5,5-7 mois. Indépendance à 16-17 mois. Intervalle entre les portées : normalement 2 ans, mais plus lorsque la nourriture est rare. Maturité sexuelle à 2,5-3 (♀) et 3,5 ans (♂) ; première reproduction à 3-8 ans (♀) et 3,5-8 ans (♂). Les femelles peuvent se reproduire jusqu'à l'âge de 20 ans au moins. **MORTALITÉ** En moyenne, 40 % des oursons meurent dans leur 1ʳᵉ année, mais les taux varient de 0 (régions sauvages, Nevada) à 83 % (zone urbaine, Nevada). Les risques sont plus élevés quand les jeunes prennent leur indépendance, quand ils meurent de faim ou sont victimes des activités anthropiques : au sein d'une population de l'Alaska, 30-48 % des femelles subadultes et seulement 14-17 % des mâles subadultes ont survécu jusqu'à l'âge adulte. La mortalité des adultes est de 13-21 % (♀) et 12-41 % (♂). L'homme est souvent la première cause de mortalité : collisions routières et abattage des animaux jugés nuisibles. Les adultes ont peu de prédateurs, à l'exception de l'ours brun et du loup qui tuent essentiellement des hibernants dans leur tanière. Les oursons sont vulnérables à la prédation des ours bruns mâles et parfois des lynx roux et coyotes ; une observation au moins de prédation par un aigle royal. **LONGÉVITÉ** Au plus 24 (♀) et 20 (♂) ans dans la nature, 32 en captivité.

Statut et menaces

Globalement non menacé ; les effectifs sont estimés à 900 000 individus. A disparu de grandes portions de l'aire d'origine dans le sud et le Midwest des États-Unis où la population subsistant est fragmentée et parfois menacée (Floride et Louisiane) ou en danger (Mexique). Vulnérable à la disparition ou à la fragmentation de son habitat, mais on pense qu'il est en train de recoloniser une grande partie de son aire ou d'y progresser. Les chasseurs et trappeurs en tuent légalement 40 000-50 000 par an aux États-Unis et au Canada. Le braconnage et les collisions routières représentent une menace sur certaines populations. CITES Annexe II, Liste rouge LC.

OURS NOIR

Pour les cartes de répartition des espèces, veuillez consulter le site : www.panthera.org/carnivoreguide

Grizzly, kodiak

Ltc ♀ 140-228 cm, ♂ 160-280 cm ; Q 6,5-21 cm ; Hg 90-152 cm ; P ♀ 55-277 kg, ♂ 135-725 kg

Après l'ours polaire, c'est le plus grand des carnivores terrestres. Très corpulent, il porte une bosse tout à fait caractéristique qui le distingue des phases de même coloration chez l'ours noir. La couleur est variable, du blond clair au presque noir, en passant par toutes les teintes de brun. Certains ont le bout des poils blond, ce qui leur donne un aspect chiné, d'où il tient son nom de grizzly (grisonnant) en Amérique du Nord. Les oursons portent souvent un collier blanc ou blond qui disparaît après 1 an, mais qui peut persister chez l'adulte, surtout au sein des populations eurasiennes. Le gabarit varie considérablement d'une saison à l'autre et d'une région à l'autre : les plus petits vivent dans l'ouest de l'Eurasie, comme en Syrie, tandis que les ours qui ont accès à d'abondantes ressources en saumon, comme en Alaska, Colombie-Britannique ou Russie orientale, sont les plus gros.

Distribution et habitat

C'est le plus largement réparti des ours : nord-ouest de l'Amérique du Nord, Russie extrême orientale, Asie du Nord, Fenno-Scandinavie, sud de l'Himalaya, et sud-ouest de l'Iran ; des populations isolées vivent en Europe occidentale et dans le sud-ouest de l'Asie centrale. Il fréquente dans une plus grande variété de milieux que les autres ours, tous les types de forêts tempérées, habitats côtiers, prairies, pelouses, steppes, toundras et semi-déserts, du niveau de la mer à 5 000 m.

Écologie alimentaire

Fortement omnivore et opportuniste, son régime alimentaire est le plus diversifié de tous les ours : tous types de champignons, matières végétales, invertébrés, poissons, reptiles, oiseaux, œufs et mammifères. La plupart des populations modifient leur régime au fil des saisons et les individus changent d'habitats et d'étages en montagne pour tirer parti de nouvelles sources de nourriture. Au printemps et au début de l'été, ils se nourrissent essentiellement de graminées, pousses, laîches et plantes à fleur, et chassent les ongulés nouveau-nés. Les fruits et baies prennent plus de place en été et au début de l'automne ; les racines et bulbes figurent également au menu et peuvent même chez certaines populations insulaires devenir déterminantes en cas de pénurie de fruits. Pour beaucoup de populations du littoral, la ressource déterminante est le saumon, surtout pendant le frai. Les invertébrés et akènes sont importants en automne grâce à leur valeur calorique élevée, comme chez les grizzlys des Rocheuses qui, sur les hauts versants, avalent quotidiennement jusqu'à 40 000 papillons nocturnes de l'espèce *Euxoa auxiliaris* et volent les pignons de pin des nids d'écureuils roux. Quand ils sortent d'hibernation, les ours dévorent les carcasses des ongulés morts de froid et chassent les animaux affaiblis : élans, cerfs, bisons, caribous/rennes, sangliers... ; la prédation sur des bœufs musqués adultes a été signalée. Il tue parfois du bétail et visite les cultures et ruches, avec un pic des attaques pendant la période d'hyperphagie automnale et lorsque les nourritures naturelles sont rares. Il peut tuer des hommes, pour défendre une carcasse ou des oursons, mais rarement en tant que proie. Il perd de 5 à 43 % de son poids pendant l'hibernation. Il chasse en solitaire, mais des groupes nombreux se forment sur les sites riches en nourriture, comme au printemps dans les clairières, sur les parcours de remontée des saumons, congrégations de papillons nocturnes et décharges. Il peut cacher sa nourriture, notamment les grandes carcasses, en les couvrant de terre et de végétaux, et reste à proximité. Charognard, il visite aussi les décharges.

Comportement social et spatial

Solitaire, mais les oursons (de ≥ 3 mois) accompagnent leur mère pendant 3 ans au plus, et les adultes se rassemblent sans agressivité en automne sur les aires d'alimentation. Il n'est pas territorial au sens classique. Les adultes occupent un domaine vital stable qui chevauche ceux d'autres ours ; les subordonnés cèdent le passage aux dominants selon une hiérarchie définie qui détermine l'accès prioritaire aux femelles et à la nourriture. Les domaines vitaux sont plus restreints dans les zones riches en ressources fiables, comme les saumons : 24-89 (♀) et 115-318 km² (♂) sur les côtes de l'Alaska et de la Colombie-Britannique. Leur superficie s'accroît vers l'intérieur, là où les ressources sont plus éparpillées : 281 (♀) à 874 km² (♂) dans le PN de Yellowstone ; jusqu'à 2 434 (♀) et 8 171 km² (♂) dans l'Arctique (Canada). Les subadultes parcourent des zones de 20 000 km² au plus, comme dans l'Arctique canadien, avant de s'installer sur un domaine vital. Les femelles ont tendance à s'installer près de leur lieu de naissance, tandis que les mâles se dispersent plus au loin. Les densités sont de 1-3 ours/1 000 km² (Norvège), 3-4/1 000 km² (réserve arctique, Alaska), 14-18/1 000 km² (PN de Yellowstone), 47-80/1 000 km² (PN du Glacier, États-Unis), 135-190/1 000 km² (PN des Abruzzes, Italie) à 191-551/1 000 km² (littoral de l'Alaska).

Reproduction et démographie

Saisonnier. Accouplements entre avril (Eurasie) et mi-mai (Amérique du Nord) à juillet. Œstrus de 10-30 jours ; gestation de 210-255 jours, avec implantation différée. Naissances en janvier-mars. Portées de 1-3, rarement 6. Des adoptions et échanges peuvent avoir lieu après la sortie de la tanière. Sevrage vers 18 mois, indépendance à 2-3 ans, parfois 4,5 ans. Intervalle entre les portées de 3,5 ans en moyenne, la fourchette étant de 2-6, selon la nourriture disponible. Maturité sexuelle à 3,5 (♀) et 5-5,5 ans (♂) ; les premières reproductions ont lieu à 4-8,1 (♀) et 5-8 ans (♂). Les femelles peuvent se reproduire jusqu'à l'âge de 28 ans. MORTALITÉ 13-44 % des oursons meurent avant l'âge de 18 mois. La mortalité des adultes est ≤ 10 (♀) et 6-38 % (♂), les taux les plus élevés concernant les populations chassées. Les activités anthropiques sont les premières causes de mortalité au sein des populations qui ne sont pas chassées. Les adultes ont peu de prédateurs, sinon d'autres ours bruns et (rarement) des tigres (Russie). Les deux sexes (mais plus souvent les mâles) peuvent tuer les oursons, et les mâles tuent parfois d'autres adultes. Les oursons sont victimes du loup et de l'aigle royal (une observation confirmée). LONGÉVITÉ 25-30 ans au plus dans la nature, 47 en captivité.

Statut et menaces

Largement réparti et fréquent dans une grande partie du nord de son aire, important dans l'ouest canadien (~ 25 000), Alaska (~ 32 000) et Russie (100 000-125 000). Dans le sud, il a régressé et son aire s'est fragmentée. Éradiqué au Mexique, de la plupart des 48 États du sud des États-Unis et de la majeure partie de son aire en Europe et au Moyen-Orient. C'est la seule espèce d'ours actuel ayant jamais été présente en Afrique du Nord. Non menacé au niveau mondial, mais les petites populations isolées sont vulnérables là où elles sont en contact avec l'homme. La chasse sportive est légale dans au moins 18 pays, les prélèvements les plus élevés étant au Canada, Finlande, Roumanie, Russie, Slovaquie et Alaska. CITES Annexe II, Liste rouge LC.

OURS BRUN

Pour les cartes de répartition des espèces, veuillez consulter le site : www.panthera.org/carnivoreguide

Ours blanc

Ltc ♀ 180-247 cm, ♂ 200-285 cm ; Q 6-21 cm ; Hg 120-170 cm ; P ♀ 150-450 kg, ♂ 300-655 kg (exceptionnellement 800 kg)
C'est le plus gros des carnivores terrestres. Sa fourrure blanche n'est pas pigmentée mais transparente, et la teinte dépend de la lumière reflétée : dorée au crépuscule ou à l'aube, bleuâtre sous un ciel nuageux ou par temps de brouillard. Les impuretés tachent également la fourrure, ce qui lui donne un aspect blanc sale ou jaunâtre. La peau des oursons est rose, noire chez les adultes (comme sur le nez) ; on a cru que cela permettait d'améliorer l'absorption des rayons ultraviolets ; en fait, les poils transparents absorbent les UV avant qu'ils n'atteignent la peau. Les poils sont creux, ce qui améliore l'isolation thermique (c'est la raison pour laquelle, en captivité, certains animaux prennent une teinte verte due aux algues qui poussent à l'intérieur du poil). Très proche de l'ours brun ; les aires de répartition des deux espèces se chevauchent peu dans l'Arctique canadien où des hybrides sont (rarement) observés : deux ont été tués abattus dans les Territoires du Nord-Ouest (îles de Banks et de Victoria), en 2006 et 2010.

Distribution et habitat

Circumpolaire dans l'Arctique : Canada, États-Unis (Alaska), Russie, Norvège (Svalbard) et Groenland. Occasionnel dans le nord de l'Islande où il est éliminé (2 en juin 2008). Inféodé à la banquise jusqu'à 300 km de la côte, là où la mer est la plus productive. Suit le retrait de la banquise en été, comme dans le nord du Groenland où elle persiste près de la côte ; sinon contraint de pénétrer dans l'intérieur des terres, comme dans la baie d'Hudson (Canada). Beaucoup d'individus passent toute leur vie sur la banquise.

Écologie alimentaire

C'est le plus carnivore des ours, et il est dépendant des phoques sur la banquise ; il ne peut chasser dans l'eau. La proie principale est le phoque annelé, phoque barbu, phoque du Groenland et phoque à capuchon. Chassant à l'affût, l'ours attend patiemment à un trou d'air ; il peut surprendre les phoques dormant sur la glace ou sur l'eau, ou détruire les abris où sont cachés les nouveau-nés. Chasse parfois le morse, en fonçant sur la colonie au repos sur la plage, comme sur l'île Wrangel (Russie) : des animaux sont écrasés dans la panique et il dévore les cadavres. Des narvals et bélougas ont été tués, généralement lorsqu'ils se sont fait piéger dans la glace. En période de pénurie, comme en été, lorsque certaines populations doivent demeurer sur la terre ferme, ils peuvent à l'occasion manger des baies, algues brunes, graminées, poissons, oiseaux marins, œufs, petits mammifères (lièvres) et caribous/rennes, mais ils ne peuvent survivre indéfiniment ainsi. Ils tuent très rarement des hommes (6 au Canada et Alaska depuis 1968). Ils peuvent jeûner très longtemps, suivant la quantité de réserves de graisse accumulées en mangeant des phoques. Ils entrent alors dans un état physiologique qui rappelle l'hibernation, mais restent actifs et vigilants. Le cas peut se présenter en toute saison, contrairement aux autres ours qui ne jeûnent qu'en hiver. Les femelles gestantes peuvent jeûner pendant 8 mois entre le moment où elles quittent la banquise pour trouver une tanière jusqu'au moment où l'océan se prend en glace, après les naissances. Les mâles en bonne santé et les femelles non gestantes jeûnent facilement 4-6 mois, mais ils n'hibernent pas dans une tanière. Ils chassent en solitaire, mais peuvent se regrouper autour d'une carcasse de baleine échouée, autour des colonies de morses et sur les décharges.

Comportement social et spatial

Solitaire ; les oursons sortis de la tanière (≥ 3 mois) accompagnent leur mère et les adultes se rassemblent sans agressivité sur les aires d'alimentation ou en attendant le gel de la banquise ; des individus non apparentés peuvent alors avoir des comportements très sociaux comme de se livrer à des joutes amicales. C'est le carnivore au domaine vital le plus vaste ; selon les mouvements de la banquise, il utilise différentes zones, mais ses déplacements ne doivent rien au hasard. Les domaines vitaux sont plus petits dans les zones côtières à banquise stable, en moyenne 50 000 km², comparés à ceux de la banquise dérivante qui mesurent 250 000 km². Les femelles de la baie d'Hudson utilisent 8 470-311 646 km² (en moyenne 106 613 km²) par an, tandis que sur la mer de Beaufort (Canada/Alaska), les femelles utilisent 13 000-597 000 km² (en moyenne 149 000 km²). En ligne droite (soit les estimations minimales), ils peuvent parcourir plus de 50 km par jour et 6 300 km par an. Ils peuvent nager sur 25-40 km et faire preuve dans l'eau d'une endurance extraordinaire : une femelle de la mer de Beaufort a nagé 232 h d'affilée, couvrant 687 km dans une eau à 2-6 °C.

Reproduction et démographie

Saisonnier. Accouplements en mars-juin. La durée de l'œstrus est peu étudiée, mais les couples passent 2-4 semaines ensemble ; gestation de 197-265 jours, avec implantation différée. Les oursons naissent entre mi-novembre et mi-janvier, dans des zones dortoirs traditionnelles, sur la côte ou la banquise, là où l'épaisseur de la neige permet de creuser des tanières. Portées de 1-3 (exceptionnellement 4 en captivité), plus souvent 2. Sevrage et indépendance coïncident avec la nouvelle saison de reproduction pour la mère, normalement à 30 mois, parfois 18-42 mois, selon l'abondance de nourriture. L'intervalle entre les portées est de 3,1-3,6 ans. Les deux sexes sont sexuellement matures à 3-3,5 ans, mais les premières reproductions se font à 4-6 (♀) et 6-8 ans (♂). La reproduction est possible jusqu'à l'âge de 27 ans (♀) et plus de 20 ans (♂). MORTALITÉ Dépend de l'abondance des ressources : 25-65 % des oursons meurent dans leur 1re année, de faim pour la plupart. Les taux de survie s'améliorent avec chaque année passée et ne sont plus pour les adultes que de 1-4 %. Les adultes n'ont comme prédateurs que l'homme ou l'ours polaire ; les mâles commettent parfois des infanticides et il existe quelques observations de loups tuant des oursons (rare) ou de morses ayant tué des ours qui les attaquaient. LONGÉVITÉ 32 (♀) et 29 ans (♂) dans la nature, 42 ans en captivité.

Statut et menaces

Les effectifs sont estimés à 20 000-25 000 individus. Protégé par un traité réunissant 5 nations qui n'autorisent la chasse qu'aux autochtones (Canada, Alaska et Groenland) ou l'interdisent (Svalbard et Russie, mais peu respecté dans le dernier cas). Environ 750 ours polaires sont légalement tués chaque année, la plupart (~ 500) au Canada, qui autorise aussi la chasse aux trophées jusqu'à ce que soient atteints les quotas accordés aux autochtones. Vu son inféodation à la banquise, le réchauffement climatique est la plus sérieuse menace à long terme ; les populations les plus méridionales (baie d'Hudson), qui ont été exposées plus tôt à la fonte de la banquise, sont en plus mauvaise santé et leur taux de survie est inférieur. CITES Annexe II, Liste rouge VU.

Mode de capture
des bébés phoques

Joute amicale

OURS POLAIRE

Oursons

En attendant
que gèle l'océan

Pour les cartes de répartition des espèces, veuillez consulter le site : www.panthera.org/carnivoreguide

LE RATON DE L'ÎLE DE COZUMEL *Procyon pygmaeus*

Ltc 35-43 cm ; Q 22-35 cm ; P ♀ 2,9-3,5 kg, ♂ 3-4,1 kg
C'est le plus petit des ratons ; queue et ligne médio-dorsale nuancées d'orange, surtout chez les mâles. Anciennement décrit comme une sous-espèce de raton laveur, mais de récentes analyses génétiques ont montré qu'il s'agit d'une espèce distincte. Trois autres populations antillaises insulaires – *P. maynardi*, *P. gloveralleni* (éteint) et *P. minor* – sont en fait des ratons laveurs introduits. **Distribution et habitat** Endémique à l'île de Cozumel (Mexique). Fortement associé à la mangrove, aux zones côtières humides et, dans une moindre mesure, à la forêt tropicale adjacente. **Écologie alimentaire** Omnivore, plus de 50 % de son régime alimentaire est composé de crabes, le complément étant essentiellement constitué d'insectes, fruits, œufs et petites tortues marines. Chasseur solitaire principalement nocturne. Près des villages, les ratons sont plus gros, signe qu'ils fréquenteraient les décharges. **Comportement social et spatial** Mal connu. Serait principalement solitaire ; mœurs analogues à celles des ratons laveurs des populations à faible densité et non assistées. Quelques données de radiotélémétrie indiquent que le domaine vital serait de 0,7 km². **Reproduction et démographie** Mal connues. Les naissances auraient lieu pour la plupart en novembre-janvier. MORTALITÉ Pas de prédateurs naturels, mais victime des chiens errants et peut-être du boa constrictor (introduit). Les ouragans qui détruisent souvent son habitat sont une autre cause de mortalité. LONGÉVITÉ Inconnue. **Statut et menaces** Confiné sur l'île de Cozumel où les effectifs sont inférieurs à 150 individus. Fortement dépendant des habitats côtiers qui subissent d'intenses pressions foncières pour le développement d'infrastructures touristiques et routières. Les collisions routières, la prédation et peut-être les maladies introduites par les prédateurs sont des menaces supplémentaires. Liste rouge CE.

LE RATON LAVEUR *Procyon lotor*

Ltc 44-62 cm ; Q 19,2-40,5 cm ; P ♀ 1,7-7,1 kg (exceptionnellement 10 kg), ♂ 2,4-11 kg (exceptionnellement 28 kg)
C'est le plus grand des ratons et le plus connu. Généralement brun-gris chiné, mais variable : de cannelle à presque noir. Toutes les formes portent le masque caractéristique à sourcils clairs, la queue annelée et les pieds clairs. Des exemples d'albinisme. Dans le nord de son aire, comme dans l'Idaho, il peut être 2 fois plus grand et plus lourd que dans le sud, comme en Floride. Le raton de l'île Tres Marias (Mexique) était considéré comme une espèce distincte, mais il est aujourd'hui reconnu comme une sous-espèce de *Procyon lotor*. **Distribution et habitat** Sud et centre du Canada, États-Unis, Mexique et Amérique centrale jusqu'au canal de Panamá. Introduit en Eurasie occidentale, au Japon et sur certaines îles des Caraïbes. Il n'est quasiment pas de milieu qu'il ne puisse occuper, mais il préfère les habitats de lisière et les biotopes associés à l'eau. Il vit à proximité des hommes, notamment dans les zones urbaines et grandes villes. **Écologie alimentaire** Très omnivore et opportuniste, il avale à peu près tout ce qui est mangeable. En milieu naturel, il se nourrit essentiellement de fruits, akènes, crustacés aquatiques, mollusques, amphibiens, œufs, oisillons et petits mammifères. Beaucoup de populations vivent en grande partie ou exclusivement de nourritures d'origine anthropique : céréales, plantes cultivées, nourriture pour animaux domestiques et restes. S'attaque parfois à la volaille. Chasseur nocturno-crépusculaire et solitaire ; plusieurs individus peuvent se rassembler sur les aires d'alimentation comme les décharges. Il trouve sa nourriture essentiellement à l'odorat ; il capture ses proies et s'alimente grâce à la dextérité de ses pattes antérieures ; il « lave » souvent sa nourriture sans qu'on en connaisse la raison puisqu'il immerge également les aliments propres. N'hiberne pas, mais les populations septentrionales peuvent se retirer dans des tanières pendant quelques semaines et vivre de leurs réserves de graisse. **Comportement social et spatial** Très flexible, lié à l'abondance de nourriture. En milieu naturel, il est solitaire et défend un territoire contre ses congénères de même sexe. Lorsque la nourriture est très abondante, les femelles voisines (qui sont généralement apparentées) occupent de petits territoires rapprochés qui se recoupent largement, et les mâles forment des coalitions de 3-4 qui coopèrent à la défense du territoire contre les mâles intrus. La superficie moyenne du territoire est de 0,05-0,8 km² (zone urbaine), 0,5-3 km² (zone rurale) et 25,6 km² (milieu naturel). Les densités sont de 0,5-6 ratons/km² (milieu naturel), 1-27/km² (zone rurale) à 111/km² (zone urbaine). **Reproduction et démographie** Saisonnier. Chez la plupart des populations, les accouplements ont lieu en février-mars, et les naissances en avril-juin ; plus variables dans le sud. Gestation de 54-70 jours. Portées de 1-8, en moyenne 2-5. Les jeunes sont indépendants vers 17-18 mois, mais passent souvent l'hiver avec leur mère ; la famille se sépare définitivement au printemps suivant. MORTALITÉ Très variable selon la latitude et les taux de prélèvement : 10-83 % (juvéniles) et 16-55 % (1 an et plus). Les causes principales sont la maladie (rage et maladie de Carré) et les prélèvements par l'homme. LONGÉVITÉ 12,5 ans dans la nature (normalement < 5), 17 en captivité. **Statut et menaces** Largement réparti et très adaptable. Beaucoup chassé au Canada et États-Unis, les prélèvements ont atteint en 1979-1980 un pic de plus de 5 millions par an. Les populations sont très résilientes aux prélèvements qui ne sont pas considérés comme une menace. Liste rouge LC.

LE RATON CRABIER *Procyon cancrivorus*

Ltc 54-76 cm ; Q 25-38 cm ; P 3,1-7,7 kg
Raton élancé au pelage ras et épais, brun grisâtre nuancé de chamois, fauve ou roux, surtout à la transition avec le dessous plus clair. Pattes et pieds brun-gris sombre, contrairement au raton laveur qui a toujours les pieds clairs. L'aire de répartition des deux espèces se recoupe au sud du Costa Rica et dans l'ouest du Panamá. **Distribution et habitat** Sud du Costa Rica au nord de l'Argentine, Uruguay et Trinidad, dans une grande variété d'habitats généralement associés à l'eau en forêt, brousse, pelouses arborées, marais et zones humides et sur le littoral. Vit dans la brousse à chaco où des ressources en eau ont été créées par l'homme. Tolère les terres d'élevage et plantations ; rarement dans les zones urbaines. **Écologie alimentaire** Omnivore, se nourrissant essentiellement de crabes, écrevisses, escargots, insectes et fruits (palmiers), mais aussi de lézards, serpents, rongeurs et poissons de petite taille. Fouillerait les grottes du littoral à la recherche de chauves-souris agonisant au sol ou d'insectes attirés par les déjections de ces dernières. Tue parfois la volaille et peut saccager les vergers. Chasseur principalement nocturne, solitaire et terrestre. **Comportement social et spatial** Mal connu. Solitaire. Densités estimées à 6,7 ratons/km² (parcours d'élevage arides boisés, dans le chaco paraguayen). **Reproduction et démographie** Mal connues. Pic des naissances en février-juin (Surinam). Portées de 2-3. MORTALITÉ et LONGÉVITÉ Inconnues. **Statut et menaces** Largement réparti et probablement assez fréquent. La principale menace est la destruction de son habitat. Pourchassé en tant que nuisible et pour le sport, mais l'impact sur les populations est inconnu. Souvent tué sur les routes brésiliennes. Liste rouge LC.

RATON DE L'ÎLE
DE COZUMEL

RATON LAVEUR

RATON CRABIER

Pour les cartes de répartition des espèces, veuillez consulter le site : www.panthera.org/carnivoreguide

LE COATI DES MONTAGNES *Nasuella olivacea*

Ltc 40-54 cm ; Q 19,2-30 cm ; P 1-1,5 kg
C'est le plus petit des coatis. Il est brun olive foncé, gorge et poitrine plus claires, brun nuancé de roux. Face étroite et allongée, effilée en pointe vers le nez qui est nu. De récentes analyses moléculaires et morphologiques révéleraient suffisamment de différences pour pouvoir décrire 2 espèces : *N. olivacea* (Colombie et Équateur) et *N. meridensis* (Venezuela), mais la révision n'est pas achevée. **Distribution et habitat** Endémique à la cordillère des Andes : Colombie, Équateur et Venezuela, dans la forêt nuageuse et la brousse de paramo à 1 300-4 250 m. Profite des plantations d'aulnes dans les Andes. **Écologie alimentaire** Se nourrit principalement d'invertébrés terrestres, adultes et larves : coléoptères, sauterelles, criquets, mille-pattes, scolopendres et fourmis, et de fruits, feuilles, racines de graminées et mousses. Sur la foi d'un très petit nombre de données, les grenouilles seraient les petits vertébrés les plus fréquemment consommés. Il est accusé de visiter les poulaillers et les champs de pommes de terre, mais ce n'est pas prouvé. On pense qu'il chasse de jour, en groupes sociaux. Après son passage, de vastes surfaces de sol portent les marques caractéristiques de ses griffes et de son nez : plus de 5 000 de ces trous ont été comptés sur 35 m² de mousses. **Comportement social et spatial** Peu connu. Observé en petits groupes ou en solitaire, ce qui semble indiquer des mœurs sociales analogues à celles des autres coatis. Le groupe type compte 6-8 individus, mais des groupes de 50-80 ont été signalés. La seule estimation du domaine vital est de 0,11 km² (un seul ♂ suivi pendant 3 mois, Colombie). **Reproduction et démographie** Inconnues. Une portée de 4 a été observée. **Statut et menaces** Distribution limitée et faible tolérance pour ce qui concerne l'habitat qui est soumis à de fortes pressions : agriculture, bûcheronnage et plantations de pins. Pourchassé en tant que nuisible et chassé dans certaines régions pour sa viande et sa fourrure. Liste rouge DD.

LE COATI À QUEUE ANNELÉE *Nasua nasua*

Coati commun, Coati roux
Ltc 43-59 cm ; Q 42-55 cm ; P 2-7,2 kg
Grand coati normalement brun olive, clair à sombre, mais la coloration est variable : orange vif à presque noir. La plupart des formes ont la mâchoire inférieure blanche, et la gorge chamois ou orange chamois. Museau plus sombre que *N. narica* ; les aires des deux espèces ne se recoupent pas. **Distribution et habitat** Est des Andes, Colombie et Venezuela, à nord de l'Argentine et de l'Uruguay. Introduit sur l'île Robinson Crusoé (Chili). Vit jusqu'à 2 500 m dans la forêt tropicale, forêt nuageuse, forêt riveraine, chaco aride et cerrado arboré, et dans la savane du Pantanal. Tolère les milieux perturbés offrant du couvert, comme les mosaïques de pâturages/zones boisées. **Écologie alimentaire** Omnivore, se nourrit principalement d'invertébrés terrestres : coléoptères, fourmis, mille-pattes et arachnides, et aussi des fruits. Capture à l'occasion de petits vertébrés et pille les nids de caïmans. Chasseur social, diurne et principalement terrestre, mais il grimpe aussi dans les lianes et broméliacées. Il chasse à l'odorat. Charognard, il visite les décharges et accepte les offrandes. **Comportement social et spatial** Social. Forme des bandes matriarcales de femelles suitées apparentées, qui peuvent compter 5-30 individus (exceptionnellement 65). Les mâles adultes sont normalement solitaires et rejoignent provisoirement les bandes pour la reproduction, mais ils peuvent aussi les accompagner toute l'année, comme dans le PN d'Iguaçu (Argentine). Les domaines vitaux mesureraient 7,6-54,4 km² pour les bandes et 2,2-9,6 km² pour les mâles solitaires. Densités estimées à 6,2-13 coatis/km². **Reproduction et démographie** Saisonnier. Accouplements en août-octobre ; naissances en octobre-novembre (Iguaçu). Gestation de 65-77 jours. Portées de 1-7 (en captivité). MORTALITÉ Là où la prédation est faible (Iguaçu), les taux annuels sont de 19,7-43,4 (juvéniles) et 29,2 % (femelles dans une bande). Ses prédateurs connus sont l'ocelot, le puma et le jaguar. LONGÉVITÉ 17,7 ans en captivité. **Statut et menaces** Vaste aire de répartition et très tolérant en matière d'habitat, y compris en occupant des milieux modifiés. Il est une importante source de nourriture pour les chasseurs autochtones. Liste rouge LC.

LE COATI À NEZ BLANC *Nasua narica*

Ltc 43-68 cm ; Q 42-68 cm ; P 3,5-5,6 kg
Ressemble à *N. nasua*, mais généralement brun sombre à rougeâtre, légèrement givré sur la partie antérieure, museau blanc et bandes moins marquées sur la queue (parfois même absentes). Les coatis de l'île de Cozumel (Mexique) sont très petits et parfois décrits comme une espèce distincte, *N. nelsoni*. **Distribution et habitat** Sud-ouest des États-Unis, Mexique, Amérique centrale et Colombie, à l'ouest des Andes, dans les milieux humides ou secs : forêts, zones boisées et brousse, et le long des cours d'eau dans les zones arides. Se rencontre à proximité de l'homme dans les habitats modifiés offrant du couvert. **Écologie alimentaire** Omnivore. Se nourrit principalement d'invertébrés terrestres et de fruits qui représentent 88-100 % de son régime (< 5 % pour les petits vertébrés). Important pilleur de nids de tortues marines, il ravage parfois vergers et jardins et s'attaque (rarement) à la volaille. Chasseur social, diurne et principalement terrestre, mais peut grimper dans les étages inférieurs de la forêt. Charognard, il visite les décharges et accepte les nourritures déposées pour lui. **Comportement social et spatial** Grégaire, de mœurs analogues à celles de *N. nasua*, les bandes matriarcales comptant de 5-22 membres (exceptionnellement 30). Les mâles adultes sont plus solitaires et accompagnent rarement les bandes, sauf pendant la période de reproduction. Les domaines vitaux mesurent de 0,19-0,41 (forêt tropicale, Panamá) à 7,9-22,4 km² (forêt semi-aride, Arizona) pour les bandes et 0,15-0,54 (Panamá) à 3,5-10,7 km² (Arizona) pour les mâles solitaires. Densités : 1,7 coati/km² (Arizona) à 50-70/km² (Costa Rica, Panamá). **Reproduction et démographie** Saisonnier, selon le lieu : naissances en avril-mai (Amérique centrale) et juin (Arizona). Gestation de 70-77 jours. Portées de 1-6. Les femelles synchronisent les naissances ; elles mettent bas seules et rejoignent la bande 5-6 semaines plus tard avec les petits. Les mâles se dispersent à 20-24 mois et deviennent solitaires. MORTALITÉ Les causes naturelles sont principalement la prédation : dans le sud-est de l'Arizona, 76 % des pertes sont imputables aux pumas ; le jaguar, l'ocelot, les grands rapaces et le boa constrictor sont également ses prédateurs. Les singes capucins attaquent les jeunes au nid et tuent jusqu'à 100 % des petits de certaines bandes, comme dans le PN de Santa Rosa (Costa Rica). La maladie de Carré et la rage ont entraîné des extinctions en Arizona. LONGÉVITÉ 9 ans dans la nature, 17 en captivité. **Statut et menaces** Largement réparti, adaptable et non menacé sur la majeure partie de son aire. Importante ressource pour les chasseurs autochtones, ce qui peut localement entraîner des régressions, comme dans le nord du Mexique. Les campagnes d'éradication des prédateurs, notamment par empoisonnements aux États-Unis, ont entraîné de fortes régressions. L'étonnante population de l'île de Cozumel compte moins de 150 individus et est en danger. CITES Annexe III (Honduras), Liste rouge LC.

Pour les cartes de répartition des espèces, veuillez consulter le site : www.panthera.org/carnivoreguide

Ltc 30,5-42 cm ; Q 31-44,1 cm ; P 0,8-1,1 kg
C'est le plus petit des procyonidés d'Amérique du Nord et sa longue queue touffue, annelée, noir et blanc, est caractéristique. Ne pourrait être confondu qu'avec *B. sumichrasti*, très proche, dont l'aire recoupe la sienne dans le sud du Mexique. **Distribution et habitat** Du sud de l'Oregon aux États-Unis à l'État d'Oaxaca au Mexique, dans les zones désertiques : pelouses, canyons, chapparal et divers types de forêts. Tolère les milieux agricoles offrant du couvert et même les zones suburbaines. **Écologie alimentaire** Se nourrit d'arthropodes, fruits et petits vertébrés jusqu'au gabarit du lièvre ; chez les mammifères, mulots et écureuils sont ses proies types. Il visite les nids à la recherche d'œufs et d'oisillons et boit le nectar d'agave. S'attaque rarement à la volaille. Terrestre ou arboricole, exclusivement nocturne. Charognard, il visite aussi les décharges et mangeoires à colibris. **Comportement social et spatial** Solitaire. Les domaines vitaux se chevauchent largement, et rien n'indique qu'il défende ce territoire ; mâles et femelles s'associent parfois, mais ne partagent pas la tanière (en captivité, cependant, ils se tolèrent et dorment ensemble). Les domaines vitaux mesurent 0,05-2,3 km². Les densités sont généralement de 1-4 bassaris/km², exceptionnellement 10,5-20/km² (Central Valley, Californie). **Reproduction et démographie** Saisonnier. Accouplements en février-mai ; naissances en mai-juin pour la plupart. Gestation de 51-54 jours (la plus courte des procyonidés). Portées de 1-4, exceptionnellement 5 (en captivité). **MORTALITÉ** Adultes : 81 % (Trans-Pecos, Texas), essentiellement par prédation du grand duc de Virginie et, moins souvent, des coyotes, ratons laveurs et lynx roux. **LONGÉVITÉ** 16,5 ans en captivité, beaucoup moins dans la nature. **Statut et menaces** Largement réparti et assez fréquent. Légalement piégé dans le sud-ouest des États-Unis malgré la mauvaise qualité de sa fourrure ; on ignore l'impact de ces prélèvements. Liste rouge LC.

LE BASSARIS D'AMÉRIQUE CENTRALE *Bassariscus sumichrasti*

Ltc 38-47 cm ; Q 39-53 cm ; P 0,7-1,2 kg
Ressemble beaucoup à *B. astutus*, mais en plus grand et plus sombre, et la face est moins marquée ; corps plus foncé et partie inférieure des pattes sombre. Bandes de la queue moins marquées et l'extrémité est brun sombre ou noirâtre, jusqu'à un tiers de sa longueur. **Distribution et habitat** Sud du Mexique à ouest du Panamá, essentiellement dans la forêt tropicale, forêt sempervirente, forêt aride et brousse épaisse, généralement en montagne. Tolère la forêt secondaire, les plantations et pâturages en friche. **Écologie alimentaire** Régime analogue à celui du bassaris rusé, mais insectes et fruits semblent prendre plus de place que les vertébrés. Associé aux broméliacées qui fournissent nourriture et eau. Nocturno-crépusculaire et essentiellement arboricole. **Comportement social et spatial** Mal connu. On pense qu'il est solitaire. Les vastes domaines vitaux se recoupent et la tolérance en captivité des adultes entre eux indique des tendances à la sociabilité. Le domaine vital du mâle est un peu plus étendu que celui de la femelle : en moyenne 0,17-0,23 km². **Reproduction et démographie** Mal connues. Gestation de 63-65 jours. Portées de 1-2. **MORTALITÉ** et **LONGÉVITÉ** Inconnues. **Statut et menaces** Son statut de conservation est mal connu. Localement fréquent, il peut occuper de petits tronçons de forêt, mais il a disparu d'une grande partie de son aire d'origine suite à la déforestation. Chassé pour sa viande par les autochtones. CITES Annexe III, Liste rouge LC (EN au Costa Rica).

LES OLINGOS *Bassaricyon* spp.

B. gabbii Ltc 35-49 cm ; Q 40-53 cm ; P 1-1,6 kg. *B. medius* Ltc 29-37 cm ; Q 37-42 cm ; P 1-1,2 kg. *B. alleni* Ltc 30-49 cm ; Q 35-53 cm ; P 0,9-1,6 kg. *B. n.* sp. Ltc 32-40 cm ; Q 33-43 cm ; P 0,75-1,1 kg
La taxinomie des olingos est controversée, et le nombre d'espèces n'est pas déterminé. La révision la plus récente et toujours en cours décrit 4 espèces : *B. gabbii*, *B. medius*, *B. alleni* et une quatrième qui n'a pas encore reçu de nom scientifique, *B. n.* sp. Les olingos se ressemblent tous : brun jaunâtre à brun-fauve, dessous crème ou doré ; la tête est souvent sombre, soit grisâtre, soit brun sombre. *B. n.* sp. est le plus caractéristique, son pelage ébouriffé variant du fauve, avec pointe des poils noire à brun-roux. Ils ressemblent beaucoup au kinkajou auquel ils sont apparentés et il est facile de les confondre, surtout lorsqu'ils se nourrissent des fruits du même arbre. Ils sont pourtant plus petits et leur longue queue est tubulaire, alors que celle du kinkajou est effilée et préhensile à l'extrémité. **Distribution et habitat** *B. gabbii* : Guatemala à centre du Panamá ; *B. medius* : est du Panamá à ouest de l'Amérique du Sud, à l'ouest des Andes ; *B. alleni* : Amérique du Sud, à l'est des Andes entre Venezuela et Bolivie ; *B. n.* sp. : endémique aux Andes colombiennes et équatoriennes. Tous les olingos vivent dans la forêt tropicale humide et *B. n.* sp. est inféodé à la forêt nuageuse d'altitude. On ignore s'ils sont capables de tolérer les habitats modifiés par l'homme ; il semble que *B. gabbii* fréquente la forêt secondaire et les plantations. **Écologie alimentaire** Les olingos se nourrissent essentiellement de fruits, de nectar et de fleurs. Les proies animales sont rares, mais des *B. gabbii* ont été observés tuant des souris à pattes blanches et, dans un cas au moins, un écureuil multicolore ; ils peuvent capturer des colibris aux mangeoires (dont ils boivent l'eau sucrée). Nocturnes, exclusivement arboricoles et généralement solitaires, mais ils se rassemblent sur les arbres fructifères ; de petits groupes de *B. alleni* ont été observés et il semble qu'ils fourrageaient à plusieurs, peut-être tous membres d'une même famille. **Comportement social et spatial** Les observations concernent généralement des solitaires, mais des groupes de 2-6 *B. alleni* ont été observés en Amazonie, au Brésil. La seule estimation de la superficie d'un domaine vital concerne un *B. medius* mâle : 0,24 km². On pense que les densités sont naturellement faibles mais ont été estimées à 20,4 *B. alleni*/km² dans le nord de l'Amazonie brésilienne ; *B. medius* apparaît beaucoup moins souvent que le kinkajou dans les études faites au Panamá. **Reproduction et démographie** Mal connues. Gestation de *B. gabbii* en captivité : 72-75 jours, un seul petit. Dans la nature, les naissances semblent connaître un pic en saison sèche (Costa Rica), mais ont été enregistrées toute l'année chez des *B. gabbii* en captivité. **MORTALITÉ** Inconnue. **LONGÉVITÉ** 25,3 ans (*B. gabbii* captif), certainement beaucoup moins dans la nature. **Statut et menaces** On connaît mal le statut de conservation de tous les olingos. Ils semblent inféodés à la forêt, moins tolérants aux activités anthropiques que la plupart des procyonidés et les densités sont faibles. Tous ont probablement régressé suite à la déforestation et à la fragmentation de leur habitat qui sont les principales menaces. Les autochtones les chassent pour la viande et ils sont parfois capturés pour le marché des animaux de compagnie. Les classifications actuelles de la CITES et de la Liste rouge sont obsolètes en raison de l'incertitude quant à la taxinomie.

Pour les cartes de répartition des espèces, veuillez consulter le site : www.panthera.org/carnivoreguide

LE KINKAJOU *Potos flavus*

Ltc 40,5-76 cm ; Q 37-57 cm ; P 1,4-4,6 kg
Fourrure veloutée, dense, unie, entre brun miel et brun foncé, dessous doré plus clair ; tête arrondie et grands yeux, petites oreilles orientées vers l'avant, museau court. Avec le binturong, c'est le seul carnivore à queue préhensile. Apparenté aux olingos, il leur ressemble, mais il est 2-3 fois plus grand et sa queue est fine et effilée, alors que celle des olingos est touffue. **Distribution et habitat** Centre du Mexique à centre de la Bolivie et sud-est du Brésil, dans divers types de forêts tropicales : nuageuse, pluviale ou aride, entre le niveau de la mer et 2 500 m. Vit à proximité de l'homme, notamment dans les parcs urbains et plantations à canopée naturelle. **Écologie alimentaire** C'est l'un des mammifères les plus frugivores : les fruits mûrs représentent 90-99 % de son régime. Le reste est composé de nectar, fleurs et jeunes feuilles et bourgeons. Ces fruits appartiennent à plus de 100 espèces, essentiellement des figues qui mûrissent toute l'année. Il mange aussi des graines, mais la plupart ne sont pas digérées. Il avale aussi parfois d'importantes quantités de fourmis et insectes, probablement par accident, en mangeant les fruits et le nectar. En captivité, il consomme céréales, pain, viande, œufs et lait, ce qui n'a jamais été observé dans la nature. Saccage parfois les vergers, mais ne s'attaque pas à la volaille. Presque exclusivement nocturne et exclusivement arboricole ; descend rarement au sol, sauf s'il y est contraint. Fourrage en solitaire, mais les membres du groupe se retrouvent sur les arbres fructifères. Peut se suspendre au bout de sa queue préhensile afin d'utiliser ses deux mains pour tenir les fruits, et sa très longue langue lui permet d'atteindre le nectar des fleurs profondes, comme celles de balsa. Non charognard, mais il visite les mangeoires à colibris et les stations d'alimentation des hôtels de tourisme. **Comportement social et spatial** Mœurs sociales inhabituelles. La seule population activement étudiée (PN de Soberanía, Panamá) vit en petits groupes sociaux comptant une femelle adulte, ses petits de l'année, un seul subadulte et deux mâles adultes. Les membres du groupe occupent un domaine vital commun qu'ils défendent contre les autres groupes, mais chacun se déplace en solitaire. Ils se rassemblent dans des tanières pour la journée où ils se toilettent, dorment ou jouent ensemble. Quelques femelles vivent en solitaire sur de petits territoires où les mâles les rejoignent à la saison de reproduction. Des groupes apparaissent ailleurs, mais on ne sait pas si leurs mœurs sociales suivent le même schéma. Le territoire individuel mesure 0,11-0,5 km². Les densités sont variables, selon l'abondance des fruits : 12,5-30 kinkajous/km². **Reproduction et démographie** Non saisonnier. Gestation de 98-120 jours. Portées de 1, rarement 2. Les mâles ne participent pas à l'élevage des jeunes. Il semble que les femelles subadultes se dispersent, tandis que les mâles restent dans le groupe, ce qui peut en expliquer la structure patriarcale. **MORTALITÉ** Peu de prédateurs étant donné ses mœurs nocturnes et arboricoles, mais peut être victime de l'aigle harpie, l'aigle d'Isidore, l'ocelot ou le jaguar. **LONGÉVITÉ** 28,7 ans en captivité (un cas exceptionnel de 40,5 ans). **Statut et menaces** Largement répandu et fréquent dans les habitats favorables. Vulnérable à la déforestation en raison de ses mœurs exclusivement arboricoles et il disparaît lorsque la forêt fait place aux pâturages ou à l'agriculture. Chassé dans certaines zones pour sa viande et capturé pour le marché des animaux de compagnie mais ces prélèvements ne représentent probablement pas une menace sérieuse. Liste rouge LC.

LE PANDA ROUX *Ailurus fulgens*

Petit panda

Ltc 51-73 cm ; Q 28-53,3 cm ; P 3-6 kg
Petit animal corpulent au pelage roux clair à marron ; dessous et pattes noirs. Queue touffue, annelée de bandes marron et chamois. À l'est de la Nujiang (Chine), les animaux sont plus sombres et d'un roux plus chaud ; les populations de l'ouest sont plus claires, surtout sur la face et la tête, mais la variabilité est forte au sein de toutes les populations. Anciennement classé avec le grand panda, avec les procyonidés et les mustélidés, il est aujourd'hui admis qu'il appartient à une famille distincte, celle des Ailuridae, apparentée à ces dernières. **Distribution et habitat** Sud de la Chine (majeure partie de son aire), extrême nord du Myanmar, Bhoutan, nord du Népal et extrême nord-est de l'Inde, dont une population isolée à faible altitude sur le plateau de Meghalaya. Sa présence au nord du Laos est douteuse. Vit principalement dans les forêts tempérées épaisses au sous-bois formé de bosquets de bambous, à 1 550-4 800 m. La population de Meghalaya vit dans la forêt tropicale à 700-1 400 m. **Écologie alimentaire** Se nourrit presque exclusivement de bambous, les feuilles, mais aussi les jeunes pousses au printemps, et le bambou représente jusqu'à 95 % de son régime. À la fin de l'été et en automne, fruits, baies et champignons. En captivité, il mange des petits mammifères, oiseaux, insectes, fleurs et écorce (également observé dans la nature, mais non confirmé). Comme le grand panda, il manipule les bambous grâce à un « faux pouce » qui est en réalité un os sésamoïde modifié doté d'un coussinet. Cathéméral, il alterne à intervalles réguliers les périodes d'activité et de repos. Il fourrage en solitaire et passe la majeure partie de son temps au-dessus du sol, sur les troncs d'arbres tombés, arbustes et souches, pour atteindre les bambous. **Comportement social et spatial** Solitaire. Des groupes de 5 au plus ont été observés, mais rien n'indique des mœurs sociales complexes, ces groupes étant sans doute composés d'une femelle accompagnée de jeunes déjà grands. Les adultes occupent des domaines vitaux assez restreints et stables de 0,94-9,6 km² qui se chevauchent largement. Ils marquent régulièrement ceux-ci de leur odeur ou en créant des latrines. **Reproduction et démographie** Saisonnier. Accouplements janvier-mi-mars ; naissances en juin-juillet. Gestation de 114-145 jours (en captivité). Portées de 1-4 (exceptionnellement 5 en captivité), en moyenne 2. **MORTALITÉ** Selon les données d'une seule étude, 67 % des petits meurent avant l'âge de 6 mois et le taux annuel est de 30 % pour les adultes. Les causes sont essentiellement anthropiques et le léopard est un prédateur confirmé. **LONGÉVITÉ** 14 ans en captivité. **Statut et menaces** Inféodé aux peuplements de bambou qui subissent de fortes pressions : bûcheronnage, agriculture et pâturages. On pense qu'il est en régression sur une grande partie de son aire, plus particulièrement en Chine où les populations auraient régressé de 40 % depuis 1960. Braconné pour sa viande et sa fourrure dans certaines régions. CITES Annexe I, Liste rouge VU.

KINKAJOU

PANDA ROUX

Forme occidentale

Forme orientale

Pour les cartes de répartition des espèces, veuillez consulter le site : www.panthera.org/carnivoreguide

LA MOUFFETTE DE PATAGONIE *Conepatus humboldtii*

Ltc 20-32 cm ; Q 16,5-20,2 cm ; P 0,5-2,5 kg
C'est la plus petite du genre ; elle en porte le dessin caractéristique de deux rayures blanches parallèles ; mais elle se reconnaît à son pelage brun sombre, brun-roux ou brun crème sur le dos et sur la base de la queue, plus ou moins prolongé sur les flancs. Fourrure longue et ébouriffée, surtout en hiver. **Distribution et habitat** Endémique à la Patagonie : sud du Chili et sud de l'Argentine. Très tolérante sur le milieu, elle occupe le désert rocheux ou la forêt, jusqu'à 700 m, mais semble préférer les pelouses et pâturages ouverts pour chasser. Vit sur les parcours d'élevage et autres habitats peu modifiés, y compris dans les villages et alentour. **Écologie alimentaire** Son régime est semblable à celui des autres *Conepatus* : invertébrés et petits rongeurs principalement ; en été, ce sont surtout des insectes, mais des rongeurs et charognes en automne et en hiver. Se nourrit de fruits et légumes, jusqu'à visiter les potagers ; visite aussi les décharges proches des villages. Principalement nocturno-crépusculaire, mais plus diurne en hiver. **Comportement social et spatial** Mal connu. Solitaire. Les domaines vitaux se chevauchent et sont de superficie variable : environ 0,07-0,11 km² (juvéniles indépendants) à 0,16 km² (femelle adulte ; on ignore les superficies des domaines vitaux des mâles). Pas d'estimation des densités, mais elle ne semble abondante nulle part. **Reproduction et démographie** Mal connues. Les hivers étant rudes, elle est probablement saisonnière, ce qui semble corroboré par des observations non confirmées de jeunes au printemps. Gestation estimée à 42-60 jours. Portées de 2-5. MORTALITÉ Peu connue. Le puma est un prédateur confirmé. LONGÉVITÉ Inconnue. **Statut et menaces** Son statut de conservation est mal connu. Les prélèvements pour les fourrures (pour en faire des couvertures) ont poussé en 1983 la CITES à interdire les exportations du Chili et de l'Argentine. Elle ne fait plus l'objet d'une chasse commerciale, mais est localement chassée ou capturée comme animal de compagnie. Parce qu'elle est volontiers charognard, elle est victime dans les régions d'élevage des campagnes d'empoisonnement visant les renards de Magellan. CITES Annexe II, Liste rouge LC.

LA MOUFFETTE DES ANDES *Conepatus chinga*

Ltc 30-49 cm ; Q 13-29 cm ; P 1-3 kg
Très semblable à *C. semistriatus* et il n'est pas certain qu'il s'agisse d'espèces distinctes. Elle est généralement décrite comme un peu plus petite, portant moins de blanc, mais tous les caractères physiques se recoupent largement et l'aspect ne permet souvent pas de les distinguer. **Distribution et habitat** Sud du Pérou, centre du Chili, Bolivie, Paraguay, Uruguay, Argentine et sud-est du Brésil, dans une grande variété de types de pelouses, steppes, brousses et forêts, entre le niveau de la mer et l'altiplano bolivien (> 4 000 m). Elle semble éviter la forêt pluviale épaisse et tolère la forêt secondaire, les terres agricoles et les pâturages dégradés, offrant un couvert. **Écologie alimentaire** Omnivore, elle se nourrit principalement d'invertébrés (carabes et leurs larves), rongeurs et petits reptiles et leurs œufs. Charognard, notamment sur les carcasses de lièvres, de guanacos et de bétail. Nocturno-crépusculaire. **Comportement social et spatial** Mal connu. Solitaire. Les domaines vitaux sont nettement plus étendus que chez les autres *Conepatus* et ceux des mâles sont plus vastes que ceux des femelles. Mâles et femelles confondus, leur superficie est en moyenne de 1,09 km² sur les pampas protégées (Argentine), mais une femelle et un mâle occupaient chacun un domaine vital de 1,95 km² sur un ranch argentin. Une seule estimation des densités : 5 mouffettes/km². **Reproduction et démographie** Mal connues, mais on pense qu'elles rappellent celles des autres *Conepatus* : saisonnière, avec une gestation de même durée et des portées de même nombre. MORTALITÉ Mal connue. Parfois tuée par les chiens domestiques sur les ranchs, et ses prédateurs naturels sont le puma et la buse aguia. LONGÉVITÉ 6,6 ans en captivité. **Statut et menaces** Son statut de conservation est mal connu, mais elle ne serait pas menacée. Beaucoup chassée pour sa fourrure en Argentine jusqu'au début des années 1980, mais la chasse commerciale est aujourd'hui limitée. Elle a disparu des habitats très dégradés par le surpâturage et l'érosion des sols provoqués par le bétail et les ongulés introduits, mais elle occupe les parcours d'élevage correctement gérés. Vulnérable aux campagnes d'empoisonnement des prédateurs sur les terres agricoles. Liste rouge LC.

LA MOUFFETTE D'AMAZONIE *Conepatus semistriatus*

Ltc 33-50 cm ; Q 13,5-31 cm ; P 1,4-3,5 kg
C'est la plus grande des *Conepatus* d'Amérique du Sud. Deux rayures parallèles de longueur et de largeur très variables le long du dos, du sommet du crâne à la base de la queue. Extrémité distale de la queue blanche, parfois tout au long de la queue, sauf la base qui est noire. **Distribution et habitat** Sud du Mexique à Venezuela, Équateur, Colombie et nord du Pérou ; séparée par le bassin amazonien des populations isolées au Brésil oriental et central. Vit dans la forêt décidue, savane arborée, brousse et pelouses plantées d'arbustes ; semble absente de la forêt pluviale de plaine. Tolère les habitats perturbés, notamment la forêt secondaire, les plantations et pâturages, et les coupes en lisière de forêt. **Écologie alimentaire** Omnivore ; on pense qu'elle se nourrit essentiellement d'invertébrés prélevés à la surface et de petits mammifères, oiseaux, reptiles, amphibiens et fruits mûrs tombés au sol. Principalement nocturne. **Comportement social et spatial** Peu connu. Solitaire. Une seule estimation du domaine vital pour une femelle équipée d'un collier émetteur au Venezuela qui utilisait 0,18 km² en saison humide, mais 0,53 km² en saison sèche. On pense que les densités sont élevées, calculées à 6-12 mouffettes/km², mais ces chiffres doivent être validés par des méthodes d'évaluation modernes. **Reproduction et démographie** Serait saisonnière, mais les données sont trop peu nombreuses. Gestation ~ 60 jours. Portées de 2-5. MORTALITÉ Mal connue. C'est dans le nord-est du Brésil l'une des espèces les plus chassées par les autochtones pour sa viande. Ses prédateurs naturels sont le jaguar et le puma, et une buse échasse a été observée tuant un juvénile. LONGÉVITÉ 6,5 ans en captivité. **Statut et menaces** Son statut de conservation est mal connu, mais elle ne serait pas menacée. Bien qu'elle soit beaucoup chassée dans certaines régions, elle est largement répartie et tolère les modifications du milieu. Liste rouge LC.

MOUFFETTE
DE PATAGONIE

MOUFFETTE
DES ANDES

MOUFFETTE
D'AMAZONIE

Pour les cartes de répartition des espèces, veuillez consulter le site : www.panthera.org/carnivoreguide

LA MOUFFETTE RAYÉE *Mephitis mephitis*

Ltc 17-40 cm ; Q 15-47 cm ; P ♀ 0,6-3,6 kg, ♂ 0,7-5,5 kg
Du gabarit du chat, les taches blanches sont très variables, généralement des variantes à partir d'un « manteau » en V ou d'une rayure double le long du dos. Certains individus sont presque entièrement noirs ; des phases brunes, rougeâtres et albinos se rencontrent. C'est la mouffette la plus commune en Amérique du Nord et c'est l'espèce rencontrée dans les zones urbaines. **Distribution et habitat** Sud du Canada à nord du Mexique, en passant par l'ensemble des États-Unis, dans presque tous les types de milieux, jusqu'à 4 200 m, à condition qu'elle y trouve abri et nourriture. Prospère dans les habitats perturbés et a probablement profité de la conversion de la forêt en pâturages et terres agricoles. Fréquente dans les zones urbaines. **Écologie alimentaire** Omnivore et très opportuniste, elle se nourrit de toutes sortes d'invertébrés, petits mammifères, oiseaux, reptiles, amphibiens, œufs, fruits, légumes, céréales et noix. Charognard, elle visite aussi les décharges, les mangeoires à oiseaux et à animaux de compagnie. Elle pille parfois les ruches mais rarement les poulaillers. N'hiberne pas vraiment car elle s'alimente tout l'hiver, mais elle hiverne dans le nord de son aire, lorsque l'hiver est rude, et peut vivre sur ses réserves de graisse dans la tanière pendant 3 mois au plus. Principalement nocturno-crépusculaire. **Comportement social et spatial** Solitaire, mais les adultes (surtout les femelles) partagent parfois une tanière. La superficie des domaines vitaux varie selon la région, la saison et l'abondance de nourriture : entre 0,5 et 12 km² ; très restreints en ville, les plus vastes s'observent sur la prairie canadienne. Les densités dépendent de l'abondance de nourriture et des épizooties associées : normalement 1,8-4,5 mouffettes/km², mais entre 0,7 et 38/km², les densités les plus élevées s'observant dans les parcs urbains. **Reproduction et démographie** Saisonnière. Accouplements février-début mars ; naissances en avril-juin. Gestation de 59-77 jours, les plus longues suggérant une courte période d'implantation différée chez les femelles qui s'accouplent tôt dans la saison. Portées de 5-9 en moyenne, exceptionnellement 18. Indépendance et dispersion vers fin-août à septembre. MORTALITÉ Les populations ont naturellement un fort taux de renouvellement avec de fréquents effondrements suivis de récupérations rapides, faisant suite aux cycles de maladies associés à la famine lors des hivers rudes. Ses prédateurs naturels sont les grands rapaces (un nid de grand duc contenait les restes de 57 mouffettes), les félins et les canidés. LONGÉVITÉ En moyenne 2-3,5 ans dans la nature, 12 en captivité. **Statut et menaces** Largement répartie, adaptable et fréquente, elle est considérée comme non menacée sur la majeure partie de son aire. Sensible à la rage, mais les populations récupèrent vite. Liste rouge LC.

LA MOUFFETTE À NEZ DE COCHON *Conepatus leuconotus*

Ltc 34-51 cm ; Q 12-41 cm ; P 2-4,5 kg
C'est la plus grande des *Conepatus* ; elle porte un « manteau » blanc en lieu et place des deux rayures dorsales blanches des autres espèces. La queue est normalement entièrement blanche, parfois noire dessous à la base. Deux espèces avaient été décrites : *C. leuconotus* à l'est et *C. mesoleucus* à l'ouest, mais des données moléculaires récentes indiquent qu'il s'agit de la même espèce. **Distribution et habitat** Sud-ouest des États-Unis, Mexique (absente de la péninsule du Yucatán et du Belize), l'ensemble de l'Amérique centrale, jusqu'au nord du Nicaragua ; des signalements au nord du Costa Rica sont douteux. Vit dans la brousse désertique, terrains rocheux, pelouses, brousse à cactus/épineux, marais, zones boisées et divers types de forêts, jusqu'à 3 000 m. Apparemment absente de la forêt sempervirente et du désert vrai. Vit sur les pâturages et parcours d'élevage, mais tolère moins bien les terres agricoles ouvertes et les paysages urbains. **Écologie alimentaire** Les invertébrés, particulièrement les insectes terrestres et les larves, représentent 50-90 % de son régime. Se nourrit aussi de petits mammifères, reptiles, amphibiens, charognes et d'une grande variété de fruits et légumes. Elle boit si elle trouve de l'eau, mais peut s'en passer en milieu aride, comme au Texas. Principalement nocturne. **Comportement social et spatial** Solitaire ; étonnamment mal connue, et aucune donnée de radiotélémétrie. Ses schémas spatiaux sont présumés semblables à ceux des autres mouffettes du genre ; pas d'estimations de la superficie des domaines vitaux. Les densités ne sont jamais élevées : 0,2-1,3 mouffette/km². **Reproduction et démographie** Saisonnière aux États-Unis (probablement ailleurs aussi). Accouplements février-début mars ; naissances en avril-mai. Gestation de 60-70 jours. Portées de 1-5. Indépendance et dispersion avant la fin août, à 12-16 semaines. MORTALITÉ Mal connue, principalement d'origine anthropique, surtout sur les routes. LONGÉVITÉ 16 ans en captivité. **Statut et menaces** Bien qu'elle soit considérée comme peu menacée, elle a sévèrement régressé aux États-Unis : disparition de son habitat pour l'agriculture, pesticides, collisions routières, campagnes d'éradication des prédateurs et compétition avec les cochons féraux. Statut de conservation mal connu sur son aire méso-américaine, mais les menaces sont les mêmes, surtout au Mexique. Liste rouge LC.

LA MOUFFETTE À CAPELINE *Mephitis macroura*

Ltc 27,8-36 cm ; Q 27,5-43,5 cm ; P ♀ 0,7-1,2 kg, ♂ 0,8-2,7 kg
Mouffette petite à moyenne, dessins du pelage variables : normalement une ou deux fines rayures blanches sur les flancs, parfois avec un manteau blanc. Celui-ci et surtout la queue ont souvent un aspect grisâtre ou argenté en raison de la présence de poils noirs. Plus petite que la mouffette rayée, face et museau plus fins et queue proportionnellement plus longue et plus fournie. Plus grande au nord qu'au sud. **Distribution et habitat** Du sud-ouest des États-Unis au nord-ouest du Costa Rica, sur une grande variété d'habitats jusqu'à 3 110 m, notamment pelouses, brousse, plaines arides, forêts arides et décidues, zones rocheuses et biotopes ripariens. Vit dans les zones agricoles et à proximité des villages. **Écologie alimentaire** Se nourrit essentiellement d'invertébrés déterrés et de litière de feuilles, ainsi que de rongeurs, musaraignes, fruits (figues de barbarie) et œufs. Principalement nocturne. **Comportement social et spatial** Solitaire, mais les domaines vitaux se chevauchent largement et les adultes se rassemblent sans agressivité sur les aires d'alimentation comme les stations de nourrissage. Au Mexique, les domaines vitaux mesurent 2,8-5 km². Les densités moyennes sont de 1,3-4 mouffettes/km² ; mais jusqu'à 25/km² au Mexique. **Reproduction et démographie** Serait saisonnière ; accouplements en février-mars et naissances mi-avril-juin. Gestation de 60 jours environ. Portées de 3-8 (normalement 3-5). MORTALITÉ Taux annuel pour les adultes en Arizona de 44-76 %, essentiellement par prédation des coyotes, lynx roux et rapaces. LONGÉVITÉ 8 ans en captivité. **Statut et menaces** Discrète et peu visible, elle est probablement plus fréquente qu'on ne le croit. Peut survivre dans les habitats modifiés et abondante sur une partie de son aire, comme au Mexique. Aurait régressé au Texas, mais elle est considérée comme stable sinon. Liste rouge LC.

MOUFFETTE RAYÉE

MOUFFETTE
À NEZ DE COCHON

MOUFFETTE
À CAPELINE

Pour les cartes de répartition des espèces, veuillez consulter le site : www.panthera.org/carnivoreguide

LA MOUFFETTE TACHETÉE MÉRIDIONALE *Spilogale angustifrons* Planche 66

Ltc 20-25 cm ; Q 10-14,5 cm ; P 240-540 g
Anciennement classée avec *S. putorius*, de récentes analyses moléculaires indiquent qu'il s'agit de 2 espèces distinctes, mais la révision reste controversée et elles sont presque impossibles à différencier à l'œil nu. L'espèce méridionale se distingue essentiellement à son aire de répartition puisque c'est la seule mouffette tachetée d'Amérique centrale. Son aire recoupe au nord du Mexique celle de *S. gracilis* qui lui ressemble beaucoup et chevauche aussi celle de la plus petite *S. pygmaea* sur le littoral pacifique du Mexique. **Distribution et habitat** Nord du Mexique à centre du Costa Rica, dans la brousse, les pelouses, taillis et divers types de forêts jusqu'à 2 800 m. Présente sur les terres agricoles et habitées offrant du couvert. **Écologie alimentaire** Régime dominé par les invertébrés, environ 50 % des proies sont des insectes et larves capturés sur le sol ou dans la litière de feuilles. Le reste est composé de petits rongeurs, lézards, amphibiens, œufs d'oiseaux et matières végétales, dont fruits et céréales. Presque exclusivement nocturne. **Comportement social et spatial** Mal connu, mais serait analogue à celui des autres *Spilogale*. Les observations concernent surtout des animaux solitaires. Les tanières sont utilisées par plusieurs individus, mais on ne connaît pas la composition de ces groupes, probablement des mères accompagnées de jeunes presque adultes. **Reproduction et démographie** Mal connues. Portées de 2-9. MORTALITÉ et LONGÉVITÉ Inconnues. **Statut et menaces** Son statut de conservation n'a pas été évalué, mais elle est largement répartie et relativement fréquente sur une grande partie de son aire. Tolère certaines activités humaines et peut occuper les terres agricoles et zones habitées. Chez certaines populations, tests positifs aux maladies introduites, probablement transmises par les chiens et chats domestiques, mais rien n'indique un impact au niveau des populations. Liste rouge LC.

LA MOUFFETTE TACHETÉE ORIENTALE *Spilogale putorius*

Ltc 23-33 cm ; Q 7-28 cm ; P ♀ 200-480 g, ♂ 280-900 g
Toutes les mouffettes tachetées se ressemblent et la classification est controversée. *S. putorius* porte généralement moins de blanc que *S. gracilis* et les rayures blanches sont brisées en taches discrètes, avec moins de blanc à l'extrémité de la queue. Les 2 espèces se distinguent à leur aire de répartition, sauf le long du versant oriental des Rocheuses jusqu'au centre du Texas. En cas de menace, toutes deux se dressent sur les mains avant d'asperger l'intrus. **Distribution et habitat** Est des États-Unis jusqu'à la frontière canadienne du Minnesota et extrême nord-est du Mexique. Vit dans la forêt, les zones boisées, biotopes rocheux, brousse, dunes plantées et broussailles le long des canaux et clôtures. Évite les habitats très ouverts et zones humides. S'adapte facilement aux terres agricoles et s'abrite dans les granges, meules de foin et tas de bois. **Écologie alimentaire** Se nourrit essentiellement d'insectes et de rongeurs, dans des proportions variables selon les saisons : les rongeurs prennent plus d'importance en hiver lorsque les insectes se raréfient. Elle mange aussi des oiseaux, œufs, fruits, légumes et charognes. Visite à l'occasion poulaillers et greniers. N'hiberne pas, mais l'activité se réduit en hiver dans les régions les plus froides. Presque exclusivement nocturne. **Comportement social et spatial** Solitaire, mais de petits groupes partagent parfois une tanière en hiver. Occupe un domaine vital mal défini qui n'est pas défendu comme un territoire. Celui des mâles est 2,5 à 6,4 fois plus vaste que celui des femelles et s'agrandit beaucoup à la saison de reproduction, au printemps. Estimé à 0,3-1,9 km² (♀, toutes saisons), 0,2-4 km² (♂, hors saison de reproduction) et 2,2-18,2 km² (♂, printemps). Densités : de 9 mouffettes/km² (terres agricoles, Iowa) à 40/km² (habitat côtier protégé, Floride). **Reproduction et démographie** Saisonnière. Accouplements en mars-avril ; naissances mai-début juin. Les années favorables, elle peut se reproduire à nouveau en juillet-septembre. Gestation de 50-65 jours, avec implantation différée de 2 semaines. Portées de 2-9, en moyenne 5-6. Les femelles se reproduisent à 10 mois. MORTALITÉ Au sein des populations étudiées, les hommes et les carnivores domestiques représentaient les premières causes de mortalité. Ses prédateurs naturels sont le coyote, le renard roux, le lynx roux et les grands hiboux. LONGÉVITÉ 9,8 ans en captivité. **Statut et menaces** Bien qu'elle puisse être localement abondante, l'espèce a fortement régressé sur une grande partie de son aire, notamment dans le Midwest. Les causes n'en sont pas déterminées, mais peuvent tenir aux forts prélèvements pour sa fourrure et à l'intensification de l'agriculture, y compris l'utilisation des pesticides. Liste rouge LC.

LA MOUFFETTE TACHETÉE OCCIDENTALE *Spilogale gracilis*

Ltc ♀ 24-37 cm ; Q 8,5-20,3 cm ; P ♀ 270-570 g, ♂ 0,26-1 kg
Très semblable à l'espèce orientale par l'aspect, le comportement et l'écologie. Les rayures blanches sont généralement plus larges, plus continues, la tache blanche entre les yeux est plus grande et l'extrémité de la queue porte plus de blanc. **Distribution et habitat** Ouest des États-Unis, nord du Mexique et extrême sud-ouest du Canada. Vit dans divers habitats accidentés ou plantés : forêts, zones boisées, taillis, biotopes ripariens denses, affleurements rocheux, vallées arides, falaises et champs de lave. Présente sur les terres agricoles et autres habitats modifiés associés à un couvert naturel ou anthropique, notamment les bâtiments. **Écologie alimentaire** Analogue à celle de *S. putorius*. Insectes et petits mammifères sont les principales proies, complétées d'oiseaux, petits lézards, amphibiens, œufs, fruits, légumes et charognes. N'hiberne pas, mais elle est parfois inactive, confinée dans la tanière, pendant les hivers froids, comme en Colombie-Britannique. Principalement nocturne. **Comportement social et spatial** Moins bien étudié que chez l'espèce orientale ; la majorité des données concernent des populations insulaires, au large de la côte californienne, où elle ne défend pas de territoire et où les domaines vitaux sont restreints, avec des variations saisonnières des domaines des mâles (en moyenne 0,47 km²), qui sont plus grands que ceux des femelles (0,31 km²). Les densités atteignent 9-19 mouffettes/km² sur les îles californiennes. **Reproduction et démographie** Saisonnière. Accouplements en septembre-octobre ; naissances en avril-mai. Gestation de 210-230 jours, avec une longue période d'implantation différée, contrairement à l'espèce orientale ; cette différence départage les 2 espèces, du point de vue de la reproduction. Portées de 2-6, en moyenne 3-4. MORTALITÉ Ses prédateurs sont les carnivores domestiques, coyotes, renard roux, lynx roux et grands rapaces. LONGÉVITÉ > 10 ans en captivité. **Statut et menaces** Largement répartie, mais son statut de conservation est mal connu. Souvent victime des campagnes d'éradication des prédateurs, des trappeurs et des collisions routières. La sous-espèce insulaire est considérée comme « menacée » en Californie, mais les populations ont récemment beaucoup progressé, peut-être suite à la régression des renards insulaires, ajoutée à la récupération des habitats après élimination du bétail féral. Liste rouge LC.

**MOUFFETTE
TACHETÉE
MÉRIDIONALE**

**MOUFFETTE
TACHETÉE
ORIENTALE**

**MOUFFETTE
TACHETÉE
OCCIDENTALE**

Pour les cartes de répartition des espèces, veuillez consulter le site : www.panthera.org/carnivoreguide

Ltc 19-21 cm ; Q 5-8,7 cm ; P ♀ 130-170 g, ♂ 150-230 g
C'est la plus petite des mouffettes. Elle ressemble aux autres *Spilogale*, mais est nettement plus petite et les rayures tendent plus vers le crème que le blanc. Contrairement aux autres, elle porte une rayure blanc crème du front aux flancs, et les rayures descendent le long des pattes jusqu'aux pieds. **Distribution et habitat** Endémique au littoral pacifique du Mexique, entre Sinaloa et Oaxaca, dans divers habitats côtiers : forêt aride, brousse désertique et dunes plantées, généralement à moins de 350 m, mais exceptionnellement jusqu'à 1 630 m, et sur les terres agricoles offrant du couvert. **Écologie alimentaire** Se nourrit essentiellement d'invertébrés : coléoptères (larves et adultes), fourmis, termites, mille-pattes, scolopendres, araignées et scorpions. Mange moins souvent des vertébrés que les autres mouffettes tachetées, mais les rongeurs (souris épineuse à poche) sont plus importants en saison sèche, avec la diminution du nombre d'insectes. Se nourrit à l'occasion de petits lézards, oiseaux, crustacés, escargots et matières végétales (fruits et graines). Principalement nocturne. **Comportement social et spatial** Solitaire. Occupe des territoires bien définis, ceux des mâles recoupant ceux, plus restreints, de plusieurs femelles. Le noyau central exclusif est âprement défendu contre les autres mâles, surtout pendant la saison de reproduction. Leur superficie est pour les 2 sexes de 0,2 km² en moyenne. **Reproduction et démographie** Saisonnière. Accouplements avril-début août ; naissances en juillet-septembre. Gestation de 43-51 jours, avec peut-être une courte période d'implantation différée. Portées de 1-6. MORTALITÉ Peu connue ; la chouette effraie et les serpents sont parmi ses prédateurs confirmés. LONGÉVITÉ Inconnue. **Statut et menaces** Localement abondante, mais son aire très restreinte subit de fortes pressions pour les aménagements touristiques, urbains et routiers, sans compter que, suite à ces évolutions, elle est parfois empaillée comme souvenir pour touristes ou tuée par les chiens et chats domestiques. Liste rouge VU.

LE BLAIREAU DE PALAWAN *Mydaus marchei*

Ltc 32-49 cm ; Q 1,5-4,5 cm ; P 0,85-2,5 kg
C'est la plus petite des 2 espèces du genre *Mydaus*. Son pelage est brun chocolat sombre et la queue très courte est presque absente. La rayure dorsale blanche dépasse rarement le sommet du crâne et les épaules ; elle est souvent très peu visible voire absente. Les glandes anales sont bien développées, mais les sécrétions sont apparemment moins irrespirables que celles du blaireau de Java : âcres, mais inoffensives, elles sentent l'amande et la fourmi. Ces sécrétions n'en sont pas moins une arme défensive et les chiens et chats domestiques ne l'approchent pas. **Distribution et habitat** Endémique aux trois îles philippines de Palawan, Busuanga et Calauit, sur une grande variété d'habitats de plaine, notamment les forêts primaires et secondaires, forêts marécageuses, mangroves et pelouses buissonnantes. Tolère les zones agricoles et habitées, notamment les rizières et champs cultivés offrant du couvert. **Écologie alimentaire** Fouille le sol grâce à son museau mobile et utilise ses grosses griffes pour en extraire les invertébrés, notamment vers et insectes (courtilières, coléoptères et larves). Il chasse apparemment souvent le long des cours d'eau où il capture des crabes et arthropodes d'eau douce. Il mange aussi des fruits mûrs tombés au sol, notamment mangues et alstonias, sans doute en partie pour les insectes qui s'en nourrissent. Principalement nocturne. **Comportement social et spatial** Peu connu, mais la plupart des observations concernent des animaux seuls ; il serait donc solitaire. Les adultes marquent le sol de sécrétions odorantes tout en chassant, ce qui indique que les glandes anales servent aussi aux relations sociales et pas seulement à la défense. **Reproduction et démographie** Peu connues. Les portées seraient de 2-3 petits nés dans des terriers. Les seules observations directes de jeunes dans la nature ont été faites en novembre-mars, mais on ne sait pas si la reproduction est saisonnière. MORTALITÉ et LONGÉVITÉ Inconnues. **Statut et menaces** Aire de répartition très restreinte, mais l'espèce y est bien répartie et y semble fréquente. Tolère les terres agricoles, mais il lui faut probablement quelques habitats non perturbés et il disparaît des rizières extensives dépourvues de couvert. Vulnérable aux collisions routières. Liste rouge LC.

LE BLAIREAU DE JAVA *Mydaus javanensis*

Télagon

Ltc 37,5-51 cm ; Q 3,4-7,5 cm ; P 1,4-3,6 kg
C'est le plus gros des deux *Mydaus* et son museau et sa queue sont plus allongés. Pelage noir sale, rayure dorsale blanche partant d'une tache très nette sur le sommet du crâne jusqu'à la queue terminée de blanc, mais qui peut être réduite chez certains individus. Glandes anales odorantes défensives bien développées et les sécrétions vert clair peuvent être projetées à 15 m au plus. Les autochtones pensent qu'elles peuvent aveugler ou asphyxier un chien ; il se dit que des hommes se seraient évanouis, mais cela n'est pas confirmé. **Distribution et habitat** Java, Sumatra, Bornéo et les îles Natuna (Indonésie), principalement dans les habitats boisés entre le niveau de la mer et 2 100 m. Observé également dans les forêts secondaires et les champs et pâturages adjacents à la forêt, signe d'une certaine flexibilité dans l'occupation des habitats. Fouisseur hors pair, il se réfugie dans des terriers qu'il creuse lui-même ou qu'il partage avec d'autres espèces, comme le porc-épic de la Sonde. **Écologie alimentaire** Régime essentiellement composé de vers et autres invertébrés qu'il déterre grâce à ses grandes griffes et à son museau allongé, très bien adaptés. Il a également été observé mangeant des œufs d'oiseaux, des matières végétales et des charognes. En captivité, il mange de la viande et des œufs. Il n'est pas connu pour s'attaquer à la volaille, mais parfois tué pour les dégâts commis dans les cultures et sur les jeunes pousses des plantations. Nocturne. **Comportement social et spatial** Inconnu. Des duos ou trios auraient été signalés, mais cela reste à confirmer. **Reproduction et démographie** Inconnues. Les portées seraient de 2-3 et les jeunes sont probablement élevés dans les terriers. **Statut et menaces** Son statut de conservation est mal connu. Il est probablement présent dans de nombreuses zones protégées ; il est suffisamment souvent observé dans les habitats modifiés pour laisser penser qu'il n'est pas inféodé à la forêt intacte. Ne semble pas être chassé, mais certains groupes ethniques le mangent et croient en ses vertus médicinales. Liste rouge LC.

MOUFFETTE
TACHETÉE NAINE

BLAIREAU
DE PALAWAN

BLAIREAU
DE JAVA

Pour les cartes de répartition des espèces, veuillez consulter le site : www.panthera.org/carnivoreguide

LA LOUTRE DU CANADA *Lontra canadensis*

Loutre de rivière

Ltc 58-73 cm ; Q 31,7-47 cm ; P 3,4-15,5 kg

À l'exception de la loutre de mer (littoral ouest du Canada et États-Unis), c'est la seule loutre d'Amérique du Nord. Pelage uni brun clair à brun foncé, museau, gorge et poitrine crème clair. **Distribution et habitat** Majeure partie du Canada (à l'exception du nord-est), est et nord-ouest des États-Unis, y compris la majeure partie de l'Alaska, dans la plupart des types d'eau douce et d'eaux côtières non polluées aux berges à végétation épaisse ou rocheuses : ruisseaux, rivières, étangs, lacs, estuaires, marais, plages et réservoirs. **Écologie alimentaire** Se nourrit essentiellement de poissons lents de fond se déplaçant en bancs : carpes, vairons, poissons-chats, amies et meuniers ; les crustacés, essentiellement des écrevisses, viennent ensuite. Les poissons vifs, comme le saumon, sont moins souvent capturés, sauf pendant la remontée du frai. Opportuniste, elle capture aussi des grenouilles, reptiles, oiseaux d'eau et mammifères, essentiellement des rats musqués, ragondins (introduits) et plus rarement des castors (probablement des jeunes). Capture parfois de petits mammifères terrestres dans la neige, par exemple des lièvres à raquettes. Chasseur principalement nocturno-crépusculaire, mais plus diurne là où elle n'est pas dérangée et en hiver ; elle est active tout l'hiver et chasse sous la glace. Chasse seule ou en groupes. Peut nager à 11 km/h et rester sous l'eau 4 minutes au plus. Son taux de réussite à la chasse est mal connu : les femelles adultes solitaires capturent leurs proies dans 38 (en lac) et 62 % (petites criques) des cas. À l'occasion charognard. **Comportement social et spatial** Ses mœurs sociales sont complexes et changeantes. Les adultes sont généralement solitaires et l'unité sociale de base est la mère et ses loutrons, mais la sociabilité progresse avec l'abondance de nourriture. Les familles peuvent inclure des aides, qui sont des jeunes des portées précédentes ou de jeunes adultes non apparentés. Sur le littoral de l'Alaska, des clans de 18 animaux au plus (essentiellement des mâles) se sont probablement réunis pour la chasse aux grands poissons pélagiques ; les femelles peuvent se joindre à un clan, mais jamais lorsqu'elles élèvent des jeunes. Les membres du groupe sont grégaires et jouent ensemble, notamment à la « luge » dans la neige. Les domaines vitaux varient entre noyaux exclusifs et zones qui se chevauchent largement : en moyenne 9,6 (♀) à 30,4 km² (♂) dans le sud-est du Minnesota, et 70 (♀) à 231 km² (♂) dans l'Alberta. **Reproduction et démographie** Saisonnière. Accouplements en décembre-avril ; naissances en janvier-mai (de l'année suivante). Gestation de 10-12 mois, avec implantation différée (la gestation elle-même dure 61-63 jours). Portées de 1-6. Sevrage à 12 semaines. Les loutrons nagent à 60 jours. Maturité sexuelle à 12-18 mois ; première reproduction rarement avant 2-3 ans. MORTALITÉ Essentiellement d'origine anthropique. La première cause naturelle est la faim, surtout dans l'extrême nord de son aire. Les adultes sont parfois victimes des prédateurs, de l'aigle royal à l'orque. LONGÉVITÉ 13 ans dans la nature, 25 en captivité. **Statut et menaces** Éradiquée sur environ 75 % de son aire d'origine dès les années 1970, suite aux piégeages non réglementés et à la dégradation des habitats aquatiques. La réhabilitation des cours d'eau et les programmes de réintroduction ont permis sa réapparition sur de grandes parties de son aire d'origine, mais elle reste éteinte dans environ un tiers de son aire aux États-Unis et au Mexique. Reste sensible à la pollution et à la perte de son habitat. Le piégeage pour sa fourrure est autorisé là où les populations sont considérées comme non menacées : 29 États américains et 11 provinces canadiennes. CITES Annexe II, Liste rouge LC.

LA LOUTRE DE MER *Enhydra lutris*

Ltc 100-120 cm ; Q 25-37 cm ; P ♀ 14,5-32,7 kg, ♂ 21,8-45 kg

C'est le plus lourd des mustélidés. Pelage brun-roux à brun sombre, tête normalement crème ou grisâtre, cette coloration s'étend plus ou moins sur la gorge et la poitrine. Les loutrons ont la fourrure brun clair. C'est la seule loutre exclusivement marine et elle peut passer sa vie entière en mer. **Distribution et habitat** Endémique au Pacifique Nord, sur les côtes du nord-est de la Russie (Kamchatka et îles associées), nord du Japon, Colombie-Britannique, Alaska, Washington et Californie. Elle vit en mer, normalement à moins de 1 km du rivage. **Écologie alimentaire** Son régime est essentiellement composé d'invertébrés marins : oursins, palourdes, ormeaux, moules et crabes. Capture des poulpes et calamars dans leurs périodes épisodiques d'abondance, comme en Californie. Les poissons ne sont que des proies occasionnelles, mais importantes pour les populations des îles Aléoutiennes. Plonge à 100 m de profondeur au plus (normalement 25-40 m) pendant 60-120 secondes en moyenne (260 au plus) et les proies sont repérées sous l'eau grâce à son excellente vue, ou au toucher. Elle remonte la proie à la surface dans un repli de peau situé sous l'aisselle et ouvre les coquilles en les fracassant contre une pierre qu'elle transporte également dans le pli de l'aisselle. Entre 63 (subadultes) et 82 % (adultes) des plongées se terminent par la capture d'une proie. Elle avale quotidiennement entre 20 et 33 % de son poids pour compenser la perte de chaleur dans l'eau froide. Boit l'eau de mer. **Comportement social et spatial** Normalement solitaire, mais avec de grandes variations régionales et saisonnières. Les adultes occupent des domaines vitaux durables et, soit se répartissent en mer, soit utilisent des zones qui se recoupent largement, selon l'abondance des proies. Les chevauchements augmentent dans les zones riches, comme lors des pullulations de calamars, où de grands « radeaux » de 2 000 individus peuvent se former. Pendant la saison de reproduction, là où les femelles occupent de petits domaines stables, les mâles défendent un territoire d'où sont exclus les autres mâles. Des radeaux de mâles non reproducteurs se forment dans certaines zones. Les domaines sont en moyenne de 0,8-6,8 (3 ♀) à 0,4-4,8 km² (♂) en Californie, et sur des linéaires de 38 (♀) à 50 km (♂) dans l'État de Washington. **Reproduction et démographie** Faiblement saisonnière ; se reproduit toute l'année, mais les naissances connaissent des pics en mai-juin (Washington et Alaska), et moins nettement en janvier-mars (Californie). Gestation de 4-12 mois (en moyenne 180-218 jours), avec implantation différée. Portées de 1, exceptionnellement 2. Les loutrons naissent en mer et sont portés et allaités par la mère au repos ; ils nagent à 2 mois. Sevrage et indépendance coïncident, à 5-9 mois. MORTALITÉ Varie peu pour les loutrons : 17 (île Kodiak, Alaska) à 53 % (île d'Amchitka, Alaska, où la nourriture est limitée). La mortalité des adultes est généralement faible : 4-11 % (île Kodiak) essentiellement par famine ou prédation. LONGÉVITÉ 15 (♂) à 20 (♀) ans dans la nature, 30 en captivité. **Statut et menaces** Autrefois fortement exploitée pour sa superbe fourrure, les populations estimées à 300 000 individus avaient été ramenées à < 1 000 dès 1911. Une protection stricte et des réintroductions ont rétabli les effectifs, jusqu'à 95 000-107 000 individus, malgré des régressions locales. Les principales menaces sont les marées noires et autres pollutions. La prédation de l'orque serait en augmentation dans les îles Aléoutiennes suite à la régression des otaries à fourrure (mais ce n'est pas prouvé). Également tuée dans les filets de pêche et par les maladies, y compris celles d'origine anthropique. CITES Annexe I, Liste rouge EN.

Glissades dans la neige

LOUTRE DU CANADA

En mer

Allaitement du loutron

LOUTRE DE MER

Pour les cartes de répartition des espèces, veuillez consulter le site : www.panthera.org/carnivoreguide

LA LOUTRE MARINE *Lontra felina*

Chungungo, chat de mer

Ltc 53-79 cm ; Q 30-36,2 cm ; P 3,2-5,8 kg

C'est la plus petite des loutres sud-américaines. Pelage brillant, uni, brun sombre ; museau, joues et dessous légèrement plus clairs. Tête large, museau court, longues moustaches (d'où son surnom de « chat de mer ») et queue relativement courte. **Distribution et habitat** Littoral pacifique de l'Amérique du Sud, entre centre du Pérou et Terre de Feu, et sur l'île des États (Argentine). Occupe les côtes rocheuses, rarement à plus de 100 m du littoral, et jusqu'à 50 m dans les terres ; remonte parfois les cours d'eau douce. Fréquente les quais et jetées à proximité des zones urbaines. **Écologie alimentaire** Se nourrit essentiellement de crustacés, poissons et mollusques marins, et aussi de crevettes d'eau douce dans les eaux côtières. Les grosses proies, comme le crabe royal de Patagonie, sont dévorées sur le rivage, tandis que les petites proies sont avalées en mer, alors qu'elle flotte sur le dos, sans utiliser d'enclume comme le fait la loutre de mer. Chasse parfois sur la terre ferme, essentiellement les jeunes oiseaux marins, et creuse les terriers des puffinures du Pérou pour atteindre les oisillons. Chasseur cathéméral et principalement solitaire ; les groupes de 2-3 sont composés de femelles suitées. Les adultes se rassemblent sans agressivité aux aires d'alimentation comme les décharges des pêcheries, ou autour des déchets de la pêche abandonnés sur le rivage. **Comportement social et spatial** Solitaire, sans comportement territorial. Souvent observées à proximité les unes des autres, et les domaines vitaux se chevauchent largement, mais les loutres ne se déplacent ni ne chassent ou dorment de concert. Là où les ressources sont inégalement réparties, les adultes, surtout les femelles, deviennent plus territoriaux et se réservent l'exclusivité d'un noyau central. Les 2 sexes occupent des territoires de superficies analogues : 1,3-4,1 km de rives sur < 110 m de large. **Reproduction et démographie** Mal connues. Des jeunes ont été observés toute l'année, avec des pics en septembre-novembre (centre du Chili), mais la saisonnalité est peut-être plus prononcée dans le sud. Gestation de 60-65 jours. Portées de 1-4, en moyenne 2. **MORTALITÉ** Mal connue. La plupart des décès enregistrés étaient d'origine anthropique ; ses prédateurs confirmés sont les orques, requins et rapaces (qui s'attaquent aux loutrons). **LONGÉVITÉ** Inconnue. **Statut et menaces** < 1 000 adultes répartis en plusieurs populations discontinues. Sa régression est due à la surpêche de ses proies par l'homme et aux prélèvements illégaux opérés par les pêcheurs pour éliminer la compétition et récupérer sa fourrure. Elle est également prise dans les filets et est tuée par les chiens près des quais et sur les plages urbaines. Presque éteinte en Argentine. CITES Annexe I, Liste rouge EN.

LA LOUTRE DU CHILI *Lontra provocax*

Loutre d'Argentine, Loutre de Patagonie

Ltc 57-80 cm ; Q 35-43 cm ; P 8-14,5 kg

Loutre de taille moyenne, au pelage brun moyen à brun sombre, museau, gorge et haut de la poitrine gris clair, virant au beige sur le dessous. **Distribution et habitat** Patagonie (Argentine et Chili), dans les lacs, rivières et zones humides d'eau douce, aux berges couvertes d'une épaisse végétation, mais aussi sur les rivages marins, estuaires et marais salés. Évite les cours d'eau aménagés comme les canaux. **Écologie alimentaire** Spécialiste des crustacés, elle se nourrit essentiellement de grands crabes d'eau douce et d'écrevisses ; viennent ensuite les petits poissons lents, mais aussi mollusques et, en moindres quantités, amphibiens et oiseaux. Cathémérale et solitaire. **Comportement social et spatial** Solitaire. Occupe un domaine vital stable avec peu de chevauchements entre ceux des mâles, mais plus entre ceux des femelles, sur 7,4-22,3 km de rives (analogues chez les 2 sexes), le noyau central est très restreint, normalement à < 1,5 km d'une zone de végétation dense autour de la catiche. Les densités sont en moyenne de 0,73 loutre/km de rivage marin (sud du Chili). **Reproduction et démographie** Serait saisonnière, selon le lieu. Des loutrons ont été observés toute l'année dans le sud de son aire ; au centre du Chili, les accouplements ont lieu en décembre-mars et les naissances en juillet. Gestation inconnue ; implantation différée probable. Portées de 1-4, en moyenne 2. **MORTALITÉ** et **LONGÉVITÉ** Inconnues. **Statut et menaces** Seules 7 populations discontinues ont été recensées, sur une très faible partie de son aire de répartition d'origine. Gravement menacée par la dégradation de son habitat : pollution des eaux, drainage des zones humides, drague et aménagement des cours d'eau, et défrichage des berges, ainsi que par le braconnage pour sa fourrure qui peut exercer une forte pression dans certaines régions. CITES Annexe I, Liste rouge EN.

LA LOUTRE NÉOTROPICALE *Lontra longicaudis*

Loutre de la Plata, Loutre à longue queue

Ltc 46-66 ; Q 37-84 cm ; P 5-12 kg (exceptionnellement 15 kg)

Très semblable à *L. provocax*, mais généralement plus grande et plus corpulente, pelage plus clair autour des joues et du museau. Les 2 espèces se distinguent à leur aire de répartition. **Distribution et habitat** Nord du Mexique à nord de l'Argentine, essentiellement dans les ruisseaux, rivières et lacs d'eau vive, dans divers milieux boisés et broussailleux, du niveau de la mer à 3 000 m. Dans les zones côtières, elle vit à proximité de l'eau douce, comme à l'embouchure des fleuves et dans les lagunes pluviales. Évite les eaux lentes et envasées. Habite à proximité de l'homme dans les milieux favorables. **Écologie alimentaire** Se nourrit essentiellement de poissons : poissons-chats, characins et cichlidés, ainsi que de crustacés et de gros insectes aquatiques et de leurs larves. Opportuniste, elle capture aussi des mollusques, amphibiens, reptiles, oiseaux et mammifères (dont rats et ragondins). Des fruits ont été retrouvés, mais il se peut qu'ils proviennent de poissons frugivores. Les petites proies sont consommées dans l'eau, mais les plus grosses sont portées sur le rivage. Chasseur solitaire principalement nocturno-crépusculaire ; devient nocturne dans les zones perturbées par l'homme. La présence de poils de capybara dans les déjections semble indiquer un comportement de charognard. **Comportement social et spatial** Mal connu. Solitaire. Les adultes s'affairent activement à déposer leur marque olfactive sur les objets saillants : souches, racines, bancs de sable et rochers, mais leurs mœurs territoriales et la superficie de ces territoires n'ont pas fait l'objet d'études approfondies. Les densités sont estimées à 0,8-2,8 loutres/km de rives. **Reproduction et démographie** Semi-saisonnière. Accouplements en février-mai pour la plupart, mais toute l'année dans certaines régions. Gestation de 56-86 jours ; on ignore si les fortes variations s'expliquent par une implantation différée. Portées de 1-5, en moyenne 2-3. Les loutrons nagent vers 2,5 mois. **MORTALITÉ** Prédation confirmée des anacondas, caïmans, piranhas et jaguars. **LONGÉVITÉ** Inconnue. **Statut et menaces** L'aire de répartition de l'espèce est vaste, mais son statut est mal connu. Avant 1970, la chasse pour sa fourrure a entraîné des extinctions locales sur une grande partie de son aire, et le braconnage reste une menace. Plus grave, elle régresse suite à la transformation du milieu en terres agricoles ou d'élevage, à laquelle il faut ajouter le drainage des zones humides, la construction de barrages et la pollution des eaux. Parfois tuée délibérément ou accidentellement par les pêcheurs. CITES Annexe I, Liste rouge DD.

LOUTRE MARINE

LOUTRE DU CHILI

LOUTRE NÉOTROPICALE

Pour les cartes de répartition des espèces, veuillez consulter le site : www.panthera.org/carnivoreguide

LA LOUTRE GÉANTE *Pteronura brasiliensis*

Ltc 86,4-130 cm ; Q 45-75 cm ; P ♀ 22-26 kg, ♂ 26-34 kg
C'est le plus grand des mustélidés sud-américains et le deuxième au monde (en poids, après la loutre de mer). Corpulente, le crâne est très robuste, solide, et la queue aplatie musculeuse. Pelage uni brun chocolat, taches blanc crème sur le menton et la gorge qui peuvent être en petits pointillés ou former une tache unique qui s'étend à la poitrine ; la forme de ces taches est particulière à chaque individu. **Distribution et habitat** Endémique à l'Amérique du Sud, du Venezuela à l'est du Paraguay et sud du Brésil ; probablement éteinte en Argentine et en Uruguay. Inféodée aux eaux claires, lentes, des lacs ou rivières en milieu intact : forêt, zone boisée ou zone humide. Occupe à l'occasion les canaux agricoles et réservoirs artificiels, mais elle ne tolère pas les cours d'eau à découvert ou les habitats fortement perturbés. **Écologie alimentaire** Principalement piscivore ; les adultes avalent environ 3 kg de poisson par jour, essentiellement des characins (famille des piranhas), poissons-chats, perches et cichlidés. La plupart des poissons mesurent 10-40 cm, mais elle est capable de capturer des poissons-chats de plus de 1 m. Parmi les autres proies plus rares, citons les reptiles (notamment des anacondas de 3 m, caïmans de 1,5 m et grosses tortues), petits mammifères, oiseaux, crustacés et mollusques. Chasse en famille, mais le groupe ne semble pas coopérer, sauf lorsqu'il s'agit de capturer une grosse proie ; les membres du groupe nourrissent les loutrons et partagent parfois une grosse proie, sinon, chacune dévore la sienne. Exclusivement diurne. Les petites proies sont consommées dans l'eau et les plus grosses sur la berge ou un tronc. Les adultes attrapent jusqu'à 3,2 poissons/heure. **Comportement social et spatial** Sociale et territoriale. Vit en groupes familiaux très unis qui comprennent le couple monogame et ses rejetons de plusieurs générations. Les groupes comptent 4-13 individus ; les plus nombreux (20 au plus) sont probablement des associations provisoires de 2 familles ou plus. Les groupes défendent leur territoire contre leurs voisins, en grande partie grâce au marquage olfactif et à des comportements d'évitement, mais les rencontres sont belliqueuses et parfois létales. Les territoires sont linéaires et espacés le long des rives des cours d'eau ou des lacs. Ils s'étendent sur 5,2-32 km de rives, en moyenne 9,3-11,4 km. **Reproduction et démographie** Faiblement saisonnière. Au sein du groupe, seul le couple alpha se reproduit. Les portées sont mises au monde dans des catiches creusées dans les berges en pente, bien cachées dans la végétation, principalement pendant la saison sèche, dans les régions où elle est saisonnière : en août-octobre (Surinam), ou avril-septembre (Pantanal brésilien). Gestation de 52-70 jours. Portées de 1-5, en moyenne 2-3. Les loutrons nagent à 6 semaines et accompagnent le groupe dès 3-4 mois ; sevrage à 8-9 mois. La dispersion se fait à partir de 10 mois, généralement à 2-3 ans ; on pense que les mâles se dispersent plus souvent que les femelles. **MORTALITÉ** Mal connue. Les adultes sont parfois tués dans des combats intraspécifiques. Les caïmans (noirs ou à lunettes) sont des prédateurs occasionnels, surtout des loutrons. **LONGÉVITÉ** 12,8 ans (estimation minimum) en captivité. **Statut et menaces** Autrefois beaucoup chassée pour sa fourrure, elle a été éradiquée ou a fortement régressé sur une grande partie de son aire. La chasse est rare aujourd'hui ; en raison de son inféodation à un habitat particulier et de son faible taux de reproduction, elle est vulnérable aux modifications de l'habitat, à la pollution des cours d'eau par les produits chimiques utilisés dans l'industrie minière, comme le mercure, au lessivage des terres agricoles et à la surpêche. Pourchassée par les pêcheurs qui la perçoivent comme une concurrente et accidentellement tuée dans les filets. CITES Annexe I, Liste rouge EN.

LA LOUTRE D'EUROPE *Lutra lutra*

Loutre commune

Ltc ♀ 59-70 cm, ♂ 60-90 cm ; Q 35-47 cm ; P ♀ 6-12 kg, ♂ 6-17 kg
Loutre de taille moyenne au pelage terne uni, brun moyen à brun sombre, dessous crème clair à blanc. Au Japon, elle aurait existé en tant qu'espèce distincte, *L. nippon* (aujourd'hui probablement éteinte), mais les preuves sont incertaines. **Distribution et habitat** Eurasie, de l'ouest et du nord de l'Europe à l'extrême orient russe et à la Chine du Sud ; populations éparpillées dans le centre et le sud-est de l'Asie, et isolées dans le sud de l'Inde, Sri Lanka, Sumatra et Afrique du Nord. Vit dans des habitats aquatiques divers, toujours en présence de végétation sur les berges, avec rochers ou débris, dans les rivières, ruisseaux, lacs, zones humides, forêts marécageuses, mangroves et zones côtières, entre le niveau de la mer et 4 120 m. Les eaux rurales ou urbaines ne sont occupées que si elles sont pures et si les berges sont couvertes de végétation. **Écologie alimentaire** Se nourrit principalement de poissons, amphibiens et invertébrés d'eau douce, spécialement crabes, écrevisses et insectes aquatiques. Les proies occasionnelles sont les oiseaux, notamment les oiseaux marins comme les fulmars et guillemots pour les populations côtières, les campagnols aquatiques, rats, lapins (tués dans leurs terriers) et reptiles. Les matières végétales apparaissent parfois dans leur régime alimentaire mais probablement par accident, lorsqu'elles consomment une proie. Rarement charognard. Essentiellement nocturno-crépusculaire, à l'exception des femelles suitées. Les adultes consomment quotidiennement environ 1-1,5 kg de poissons, soit 12 (♂) à 28 % (♀ suitées) de leur poids. **Comportement social et spatial** Solitaire et territoriale. Les mâles occupent de vastes territoires englobant ceux de nombreuses femelles. Celles-ci sont solitaires, mais il arrive que 2-3 femelles adultes (probablement apparentées) partagent un domaine vital qu'elles défendent en groupe, mais chacune se réserve l'exclusivité d'un noyau central et ne socialise que rarement avec les autres. Lorsque les densités sont élevées, les territoires sont restreints et exclusifs ; l'étendue (et les chevauchements) augmente avec la diminution des densités : 7-18,7 (♀) et 15-38,8 km (♂) de rives ; des mâles peuvent utiliser jusqu'à 84 km de rives. Densités : 1 loutre/5 km (berges d'une rivière) à 1-2/3 km (berges d'un lac). **Reproduction et démographie** Saisonnière ou non, selon la saisonnalité des ressources. Accouplements en janvier-avril en Europe septentrionale et Russie ; pic des naissances en avril-mai. Gestation de 60-63 jours. Portée de 1-4, exceptionnellement 5 (en captivité). Les loutrons nagent à 2 mois, sont sevrés vers 4 mois et accompagnent leur mère jusqu'à 10-12 mois. Maturité sexuelle : 18 (♂) à 24 (♀) mois. **MORTALITÉ** Les taux sont mal connus, mais les principales causes sont les collisions routières, la faim et les agressions intraspécifiques. **LONGÉVITÉ** 16 ans dans la nature (mais rarement plus de 4), 22 ans en captivité. **Statut et menaces** La régression a été importante sur une grande partie de son aire, par surpêche, perte d'habitat et chasse. Très vulnérable à l'aménagement des cours d'eau, au défrichement des rives, à la construction de barrages, au drainage des zones humides et à l'aquaculture et pollutions associées. Les collisions routières sont la principale cause de mortalité dans la majeure partie de l'Europe. Victime en Asie d'une chasse intensive, essentiellement pour une utilisation en médecine traditionnelle. CITES Annexe I, Liste rouge NT.

Groupe familial

LOUTRE GÉANTE

LOUTRE D'EUROPE

Pour les cartes de répartition des espèces, veuillez consulter le site : www.panthera.org/carnivoreguide

LA LOUTRE CENDRÉE *Aonyx cinereus*

Ltc 36-47 cm ; Q 22,5-27,5 cm ; P 2,4-3,8 kg
C'est la plus petite des loutres ; pelage uniformément brun sombre, parfois nuancé de gris cendré. Bas de la face, gorge et partie supérieure de la poitrine gris-blanc. Vestiges de griffes aux quatre membres. Les espèces les plus proches sont les autres *Aonyx*, en Afrique. **Distribution et habitat** Du sud de la Chine à Indochine, Myanmar, Népal et nord de l'Inde (une population isolée dans le sud de l'Inde), Philippines (Palawan), Bornéo, Sumatra et Java. Vit dans les eaux douces, du niveau de la mer à 2 000 m : rivières, torrents, lacs, tourbières, mangroves et zones humides côtières. Occupe des habitats anthropiques offrant un couvert, comme les rizières. **Écologie alimentaire** Spécialiste des crabes d'eau douce, elle se nourrit aussi de petits poissons comme les périophtalmes, poissons-chats et gouramies, ainsi que d'escargots, insectes aquatiques, crustacés, amphibiens, serpents et petits mammifères. En captivité, elle laisse les crustacés au soleil jusqu'à ce que la chaleur ouvre les coquilles, mais on ne sait pas si elle fait de même dans la nature. Elle chasse en groupe et est essentiellement diurno-crépusculaire, mais nocturne lorsqu'elle est dérangée. Chasse à la vue, mais aussi en fouillant la vase et les débris des rives de ses pattes antérieures très habiles. **Comportement social et spatial** Grégaire, elle vit en groupes familiaux de 2-15, qui seraient composés du couple accompagné d'une ou plusieurs générations de ses rejetons. Les membres du groupe se déplacent, chassent et dorment ensemble. Superficie des territoires et densités inconnues. **Reproduction et démographie** Monogame ; il semble que seul le couple alpha se reproduise, mais les mœurs reproductrices sont mal connues. Gestation de 60-86 jours. Portées de 2-7, en moyenne 4-5. En captivité, les mâles participent à l'élevage des loutrons et on pense que dans la nature d'autres membres du groupe font de même. **MORTALITÉ** En majorité d'origine anthropique. **LONGÉVITÉ** 15 ans en captivité. **Statut et menaces** La dégradation de son habitat est une menace : barrages, drainage des marais et tourbières, pollution des eaux par ruissellements et aquaculture. À cela s'ajoutent la disparition des proies par surpêche et pollution, ainsi que les persécutions directes : elle est tuée dans toute l'Asie pour sa fourrure, sa viande, ses vertus médicinales supposées, et parce que les pêcheurs et éleveurs de crevettes la considèrent comme nuisible. CITES Annexe II, Liste rouge VU.

LA LOUTRE DE SUMATRA *Lutra sumatrana*

Ltc 57,5-82,6 cm ; Q 35-51 cm ; P 5-8 kg
Loutre de taille moyenne, au pelage brun très sombre ; lèvre supérieure, menton et tache de la gorge blancs ou jaunâtres. Museau bulbeux caractéristique et large nez couvert de poils. C'est la plus rare et la moins bien connue des loutres asiatiques. **Distribution et habitat** Endémique à l'extrême sud-est de l'Asie ; populations discontinues dans le sud du Myanmar, sud du Vietnam, sud du Cambodge, extrême sud de la Thaïlande, sud de la Malaisie, Bornéo et Sumatra. Observée essentiellement dans les tourbières, forêts inondées, zones humides et mangroves, ainsi que les rivières, lacs et torrents de montagne. **Écologie alimentaire** On pense qu'elle se nourrit principalement de poissons comme les gouramies, perches grimpeuses, silures grenouilles et channidés. En Thaïlande, les serpents aquatiques sont des proies fréquentes. Les crabes, insectes, grenouilles, lézards, oiseaux et petits mammifères figurent aussi au menu. Les pièges photographiques indiquent qu'elle est cathémérale. Elle nage apparemment très bien et suit aisément les poissons entre les racines de palétuviers. **Comportement social et spatial** Quasiment inconnu. Généralement observée en solitaire, mais signalée en petits groupes de 5 au plus, y compris une observation de 2 adultes et 1 jeune. **Reproduction et démographie** Peu connues. Quelques loutrons ont été observés en novembre-février, et les portées seraient de 1-2 dans la nature (très petit nombre de données). **MORTALITÉ** et **LONGÉVITÉ** Inconnues. **Statut et menaces** Très rare, au point d'avoir été considérée comme éteinte jusqu'à sa récente « redécouverte ». Aujourd'hui confirmée sur une poignée de sites où elle est fortement menacée par les aménagements et la dégradation du milieu, le braconnage pour le commerce illégal de la fourrure vers la Chine et aussi, à un degré moindre, pour sa viande et en raison de ses vertus médicinales supposées. CITES Annexe II, Liste rouge EN.

LA LOUTRE INDIENNE *Lutrogale perspicillata*

Ltc 59-75 cm ; Q 37-43,2 cm ; P 7-11 kg
C'est la plus grande loutre d'Asie. Pelage ras, brillant, très lisse, normalement marron à brun sombre. La tache blanc crème ou jaunâtre de la gorge court de la lèvre supérieure et du menton jusqu'entre les membres antérieurs. **Distribution et habitat** Asie du Sud : sud-est du Pakistan, Inde, Indochine, sud de la Chine, Bornéo, Sumatra et Java ; populations isolées dans le sud-ouest de l'Irak. Vit dans les cours d'eau de plaine, rivières, lacs, zones humides, tourbières et mangroves. Fréquente rizières et lacs artificiels. **Écologie alimentaire** Se nourrit essentiellement de poissons, souvent d'espèces nuisibles introduites comme les tilapias et la carpe d'Europe, mais aussi de crustacés (surtout dans les mangroves et rizières), escargots, insectes, grenouilles et parfois oiseaux et rongeurs, comme le rat des rizières. Cathémérale, plus diurne en hiver, elle pêche en groupes familiaux qui coopèrent pour pousser les poissons dans les roseaux où ils sont capturés. Dans certaines régions de l'Inde et du Bangladesh, les pêcheurs l'apprivoisent et l'utilisent pour attraper les poissons ou les pousser dans les filets. **Comportement social et spatial** Grégaire, elle vit en groupes de 2-11, qui rassembleraient une mère et plusieurs générations de sa descendance. Des mâles adultes sont parfois observés dans les groupes, mais on ignore s'ils en sont des membres permanents. Le domaine vital du groupe familial est estimé à 7-12 km de rives. Densités estimées à 1-1,3 loutre/km de rives. **Reproduction et démographie** Saisonnière. Accouplements en août-septembre ; naissances en octobre-février (Inde et Népal) ; il semble qu'elle se reproduise toute l'année si la nourriture est abondante. Gestation de 60-63 jours. Portée de 1-5. **MORTALITÉ** Peu connue, mais les groupes se défendent férocement contre les prédateurs ; une observation crédible d'un groupe blessant un pêcheur qui avait attrapé un loutron dans son filet. **LONGÉVITÉ**. 20 ans en captivité. **Statut et menaces** Assez largement répartie, mais elle aurait régressé de > 30 % en 30 ans. Vulnérable aux mêmes menaces que toutes les autres loutres asiatiques et, comme c'est une espèce de plaines, la pression anthropique est particulièrement forte sur les zones humides dans toute l'Asie du Sud. CITES Annexe II, Liste rouge VU.

Pêche en eau
peu profonde
LOUTRE CENDRÉE
LOUTRE DE SUMATRA
Groupe
familial
LOUTRE INDIENNE

LA LOUTRE À COU TACHETÉ *Lutra maculicollis* **Planche 72**

Ltc 57,5-76 cm ; Q 38,5-44 cm ; P ♀ 3,5-4,7 kg, ♂ 4,5-6 kg (exceptionnellement 9 kg)

C'est la plus petite des loutres d'Afrique ; pelage brun chocolat, parfois nuancé de rougeâtre. Gorge, poitrine et parfois ventre marqués de taches blanc crème particulières à chaque individu. Menton et lèvre supérieure blancs. **Distribution et habitat** Afrique subsaharienne, entre Guinée, Éthiopie et Afrique du Sud, dans les eaux douces non limoneuses, non polluées, à végétation riparienne dense : lacs, ruisseaux, rivières et grands marais. Rarement observée à > 10 m de l'eau. **Écologie alimentaire** Petits poissons (< 20 cm), surtout des chiclidés, poissons-chats, barbeaux, tilapias et truites introduites, mais aussi crabes et grenouilles, surtout dans les eaux peu poissonneuses de l'Afrique australe ; dans les lacs poissonneux d'Afrique centrale et orientale, elle est presque exclusivement piscivore. Insectes aquatiques et leurs larves, ainsi que oiseaux aquatiques. Solitaire ou en petits groupes ; principalement diurne, mais plus nocturne sous la pleine lune. Presque toutes les captures ont lieu à moins de 10 m de la berge. Environ 50 % des plongées se soldent par une capture, soit en moyenne une proie toutes les 66 secondes. Pas charognard sur la terre ferme, mais mange les poissons dans les filets, vivants ou morts. **Comportement social et spatial** Flexibles. Les adultes sont souvent solitaires et les petits groupes familiaux (de 5 au plus) rassemblent une femelle et ses loutrons ; des adultes non reproducteurs (surtout des mâles) s'associent souvent en groupes de 21 au plus. Ne semblent pas être territoriaux, et les domaines vitaux se recoupent largement. Le domaine s'étend en moyenne sur 5,8 (♀) et 16,2 km² (♂) au KwaZulu-Natal (Afrique du Sud). **Reproduction et démographie** Apparemment saisonnière (lac Victoria) ; accouplements en juillet et naissances en septembre, mais des portées ont été observées ailleurs en d'autres saisons. Gestation ~ 60 jours. Portées de 1-3. MORTALITÉ Le crocodile du Nil serait son principal prédateur. LONGÉVITÉ Inconnue. **Statut et menaces** Largement répartie et fréquente dans les habitats favorables, surtout dans les grands lacs d'Afrique centrale et orientale, mais elle régresse sur la majeure partie de son aire de répartition suite à l'envasement et à la pollution. Se noie dans les filets de pêche ou est tuée par les pêcheurs ; dans de nombreuses régions, elle est très recherchée pour ses vertus supposées en médecine traditionnelle. CITES Annexe I, Liste rouge LC.

LA LOUTRE À JOUES BLANCHES DU CAP *Aonyx capensis*

Ltc ♀ 73-73,6 cm, ♂ 76,2-88 cm ; Q 46,5-51,5 cm ; P ♀ 10,6-16,3 kg, ♂ 10-21 kg

Grande loutre robuste, au pelage uni brun moyen à brun sombre ; museau, gorge et partie supérieure de la poitrine blancs à gris clair. Les pieds sont partiellement palmés et les postérieurs sont dotés de petites griffes servant au toilettage, mais les antérieurs en sont dépourvus, à l'exception de vestiges d'« ongles ». **Distribution et habitat** Majeure partie de l'Afrique subsaharienne ; absente dans le bassin du Congo et les zones arides du sud-ouest et du nord-est de l'Afrique. Elle vit dans les lacs, rivières, ruisseaux, étangs, estuaires, mangroves et habitats marins proches de l'eau douce pour qu'elle puisse boire. Relativement tolérante en ce qui concerne la pollution et l'envasement, elle occupe les cours d'eau urbains, canaux et réservoirs. **Écologie alimentaire** Spécialiste des crustacés, elle se nourrit principalement de crabes, écrevisses et langoustes, mais aussi de poissons, pieuvres, grenouilles et mollusques. Les populations du Cap augmentent leur consommation de poissons en hiver, lorsqu'ils sont plus lents et plus faciles à capturer. Insectes aquatiques, oiseaux et petits mammifères (rongeurs et musaraignes ripariens pour la plupart) figurent occasionnellement au menu. Elle s'attaque sporadiquement aux canards et oies domestiques. Principalement nocturno-crépusculaire, plus diurne là où elle n'est pas dérangée, elle pêche en solitaire ou en petits groupes sociaux. Les pieds antérieurs, très agiles, servent à débusquer et capturer les proies, généralement à des profondeurs de moins de 1,5 m. Repère et poursuit ses proies à la vue. **Comportement social et spatial** Les femelles sont principalement solitaires, mais les mâles peuvent être solitaires ou vivre en groupes de 5 au plus qui partagent un domaine vital ; les membres du groupe se déplacent généralement en solitaire, mais se retrouvent régulièrement, dans un schéma de « fission-fusion » et se partagent parfois les grosses proies. Les territoires des femelles adultes se chevauchent peu, tandis que ceux des mâles peuvent se recouper peu (surtout pour les groupes) ou largement. En moyenne, un territoire s'étend sur 17 (♀) à 42 km (♂) de rives dans les eaux douces d'Afrique du Sud. Densités de 1 loutre/1,4-5 km de rives. **Reproduction et démographie** Serait non saisonnière, mais les naissances connaissent un pic à la saison humide. Gestation de 60-63 jours. Portées de 1-3. Les loutrons naissent gris fumé clair avec une fourrure laineuse. Ils sont sevrés vers 45-60 jours et restent avec leur mère jusqu'à 12 mois au plus. MORTALITÉ Les causes sont le plus souvent anthropiques ; les crocodiles du Nil et les pygargues vocifères tuent parfois des loutres. LONGÉVITÉ 13 ans en captivité. **Statut et menaces** Largement répartie, elle tolère les modifications du milieu, mais elle est menacée par les dégradations importantes avec pollution, envasement et eutrophisation. Pourchassée pour ses déprédations présumées dans les fermes d'aquaculture et recherchée pour ses vertus supposées en médecine traditionnelle. CITES Annexe I (Cameroun, Nigeria), Annexe II ailleurs, Liste rouge LC.

LA LOUTRE À JOUES BLANCHES DU CONGO *Aonyx congicus*

Ltc 79-97 cm ; Q 41-56 cm ; P 14-25 kg

Très semblable à *A. capensis* et parfois décrite comme appartenant à la même espèce, mais quelques données génétiques et morphologiques indiquent qu'il s'agit d'espèces distinctes. Les aires de répartition se recoupent aux lisières, en Ouganda et au Rwanda (peut-être aussi ailleurs). **Distribution et habitat** Endémique au bassin du Congo ; les limites exactes sont mal connues en raison de la confusion avec *A. capensis.* Vit dans les rivières, zones humides et marais, dans la forêt pluviale intacte. Inconnue dans le milieu marin, mais pourrait fréquenter lagunes et mangroves. **Écologie alimentaire** Son régime comprend des vers de terre, grenouilles, crabes d'eau douce, poissons et insectes aquatiques. Les vers de terre sont l'aliment principal selon les données recueillies à Mbeli Bai (république du Congo), où les loutres fouillent la vase de leurs pieds antérieurs et avalent 3 vers à la minute. Diurno-crépusculaire là où elle n'est pas dérangée. **Comportement social et spatial** Mal connu. La plupart des observations concernent des individus solitaires ou des femelles suitées. Des petits groupes de 4 au plus ont été signalés. Pêche aux côtés de la loutre à cou tacheté sans manifester d'hostilité (Mbeli Bai). **Reproduction et démographie** Mal connues. Son aire de répartition sur l'équateur signifie qu'elle se reproduit probablement toute l'année. Portées de 1-3. Les loutrons naissent blancs et prennent la coloration adulte avant 2 mois. MORTALITÉ et LONGÉVITÉ Inconnues. **Statut et menaces** Son statut de conservation est mal connu. Probablement présente dans tous les habitats favorables du bassin du Congo, dont de vastes zones sont bien préservées. La déforestation et la chasse pour la viande de brousse sont les principales menaces, et pourraient la faire régresser localement à proximité des villages. CITES Annexe I, Liste rouge LC.

Pour les cartes de répartition des espèces, veuillez consulter le site : www.panthera.org/carnivoreguide

LE BLAIREAU-FURET DE CHINE *Melogale moschata*

Ltc 31,5-42 cm ; Q 13-21,1 cm ; P 0,8-1,6 kg
Les mélogales ou blaireaux-furets se ressemblent tous beaucoup et les différences visibles sont faibles ; leur classification devrait être révisée. *M. moschata* et *M. personata* vivent sur des aires de répartition qui se chevauchent et sont presque impossibles à distinguer, sinon que le premier est un peu plus petit, que sa rayure dorsale blanche est généralement plus courte et que ses prémolaires sont nettement plus petites. **Distribution et habitat** Sud et centre de la Chine, Taiwan, nord du Myanmar, nord de l'Inde et nord de l'Indochine, dans les forêts, zones boisées, zones de brousse et pelouses épaisses. Tolère les zones cultivées offrant du couvert et vit à proximité des villages. **Écologie alimentaire** Se nourrit essentiellement d'invertébrés vivant dans le sol, principalement vers de terre et insectes, mais aussi de fruits et de graines. Les petits mammifères, herptiles, charognes et œufs figurent parfois au menu, mais il n'est pas accusé de s'attaquer à la volaille. Presque exclusivement nocturne. **Comportement social et spatial** Solitaire pour chasser, mais les domaines vitaux se recoupent largement et des groupes pouvant compter 7 individus au plus partagent un terrier, ce qui signifie qu'ils ont des relations sociales et défendent peut-être un territoire commun, comme chez le blaireau d'Europe. Identique chez les 2 espèces, la superficie du domaine vital est en moyenne de 1,3 km² (entre 0,51 et 4,7 km²). **Reproduction et démographie** Mal connues. Serait saisonnier, au moins faiblement. Accouplements sans doute en mars (Chine), mais les naissances ont lieu en mai-décembre (Taiwan). Gestation de 53-80 jours (en captivité). Portées de 1-4. MORTALITÉ Inconnue ; la rage, la maladie de Carré et le SRAS (rarement) sont confirmés, mais rien n'indique un impact sur les populations. LONGÉVITÉ 10,5 ans en captivité. **Statut et menaces** Son statut de conservation est mal connu, mais l'espèce est largement répartie et considérée comme fréquente sur une grande partie de son aire. Sa viande est appréciée et est utilisée en médecine traditionnelle en Indochine ; la pression de chasse est forte dans le sud de la Chine, mais elle reste cependant assez largement répandue. Liste rouge LC.

LE BLAIREAU-FURET INDIEN *Melogale personata*

Ltc 33-43 cm ; Q 14,5-23 cm ; P 1,5-3 kg
C'est le plus grand des blaireaux-furets, même si la différence est peu visible. Sa denture est assez robuste et bien développée. Généralement décrit comme portant plus de blanc que les autres blaireaux-furets. La rayure dorsale blanche se prolonge normalement au moins jusqu'au milieu du dos, la moitié distale de la queue est blanche, et le pelage du corps nettement « givré » de blanc. Parfois englobé avec *M. everetti* et *M. orientalis* dans une même espèce. **Distribution et habitat** Nord-est de l'Inde, Myanmar, Thaïlande, Indochine et sud du Yunnan, dans les mêmes habitats que *M. moschata*, y compris les milieux anthropiques ; on ignore quel est son habitat le plus favorable. **Écologie alimentaire** Son régime est moins bien connu que celui de *M. moschata*, mais on suppose qu'il est identique. Sa denture beaucoup plus robuste semble indiquer qu'il consomme plus de petits vertébrés, mais cela reste à confirmer par un travail de terrain. Presque exclusivement nocturne. **Comportement social et spatial** Inconnu. La plupart des observations concernent des adultes solitaires ou des femelles suitées ; on ignore s'il est social ou semi-social comme on l'a récemment appris pour *M. moschata*. **Reproduction et démographie** Mal connues. Serait saisonnier : en captivité, les jeunes naissent en mai-juin. Portées de 1-3 en captivité, mais ces chiffres peuvent ne pas être représentatifs. MORTALITÉ et LONGÉVITÉ Inconnues. **Statut et menaces** Son statut de conservation est mal connu, mais la pression de chasse est très forte sur la majeure partie de son aire et il apparaît rarement dans les pièges photographiques ; par exemple, il n'a jamais été photographié sur les 8 499 jours d'étude effectuée entre 2003 et 2006, dans la zone protégée de Nam Et-Phou Louey (Laos). Présent dans quelques zones protégées en Thaïlande. Liste rouge DD.

LE BLAIREAU-FURET D'EVERETT *Melogale everetti*

Ltc 33-45 cm ; Q 14,5-17 cm ; P 1-2 kg
Généralement décrit comme plutôt brun (et non pas grisâtre), avec tous les dessins du pelage du blaireau-furet, mais moins marqués que chez les espèces continentales. C'est le seul blaireau-furet sur son aire de répartition. **Distribution et habitat** Endémique à Bornéo. La plupart des observations certaines viennent du massif de Kinabalu, au nord Sabah, dans la forêt caducifoliée entre 900 et 3 700 m, mais il a été observé une fois dans la forêt de plaine de l'est Sabah, et il se peut qu'il soit plus largement réparti sur Bornéo. On ignore s'il tolère les habitats agricoles. **Écologie alimentaire** Mal connue. Se nourrirait d'invertébrés vivant dans le sol (surtout des vers de terre), et de lézards, petits oiseaux, rongeurs et fruits. Nocturne. Une observation sur un tas d'ordures au bord d'une route. **Comportement social et spatial** Inconnu. La majorité des observations concernent des adultes solitaires ou des femelles suitées. **Reproduction et démographie** Inconnues. **Statut et menaces** Statut de conservation très mal connu. Son aire est très restreinte et soumise à de fortes pressions anthropiques pour l'agriculture et la chasse. Il est très probable que l'espèce soit en danger. Liste rouge DD.

LE BLAIREAU-FURET DE JAVA *Melogale orientalis*

Ltc 35-40 cm ; Q 14,5-17 cm ; P 1-2 kg
Impossible à distinguer de *M. everetti* à l'œil nu ; ils sont parfois considérés comme ne formant qu'une seule espèce (et tous deux sont parfois décrits comme des sous-espèces de *M. personata*). C'est le seul blaireau-furet sur son aire de répartition. **Distribution et habitat** Endémique à Java et Bali. N'a été confirmé que sur trois zones montagneuses isolées où il vit dans les forêts primaires et secondaires. On ignore s'il occupe les zones intermédiaires de plaines. Observé dans des habitats modifiés, dont les plantations d'hévéas proches des villages. **Écologie alimentaire** Peu de données, mais son régime est présumé analogue à celui des autres blaireaux-furets. De manière anecdotique, il aurait été observé sur les dépotoirs des zones touristiques du PN de Gunung Gede, à l'ouest de Java, mais on ignore s'il fréquente les décharges. Nocturne. **Comportement social et spatial** Inconnu. **Reproduction et démographie** Inconnues. **Statut et menaces** Son statut est très mal connu. Son aire est restreinte et exposée à de fortes pressions de déforestation et de chasse. Il est très probable que l'espèce soit en danger. Liste rouge DD.

BLAIREAU-FURET
DE CHINE

BLAIREAU-FURET
INDIEN

BLAIREAU-FURET
D'EVERETT

BLAIREAU-FURET
DE JAVA

Pour les cartes de répartition des espèces, veuillez consulter le site : www.panthera.org/carnivoreguide

LE BALISAUR DE SUMATRA *Arctonyx hoevenii*

Ltc 51-71 cm ; Q 8-18 cm ; P ~ 4-8 kg
Les balisaurs étaient tous considérés comme appartenant à une seule espèce, *A. collaris*, jusqu'en 2008, lorsqu'une révision du genre a décrit 3 espèces. L'espèce de Sumatra est la plus petite et la plus sombre : le corps est noir sale, la queue, la gorge, le menton et la liste sont blanc crème. **Distribution et habitat** Endémique à Sumatra. Confiné sur les contreforts et versants boisés de la chaîne de Barisan, à 700-3 780 m, dans les forêts montagnardes, forêts à mousses et prairies subalpines. Les pièges photographiques indiquent qu'il est plus fréquent en altitude que dans les piémonts. **Écologie alimentaire** On pense que son régime est presque exclusivement formé d'invertébrés vivant dans le sol : vers de terre, larves de coléoptères et fourmis. En captivité, les animaux refusent la viande crue, mais un animal a été appâté avec un cadavre d'écureuil. On pense qu'il trouve ses proies à l'odorat qu'il a fort développé. Il fouille le sol meuble du museau pour localiser sa proie qu'il déterre et happe avec sa longue langue cylindrique, en laissant sur le sol de petits trous en entonnoir très caractéristiques. Les rares données indiquent qu'il est cathéméral. **Comportement social et spatial** Inconnu. D'anciennes observations indiquent qu'il formerait des couples, mais les pièges photographiques ne capturent que des images d'animaux solitaires. **Reproduction et démographie** Incon-nues. Les femelles ont 3 paires de tétines, ce qui semble indiquer que les portées sont au plus de 6, mais les données manquent. **MORTALITÉ** Inconnue. Serait agressif lorsqu'il est menacé et, comme tous les balisaurs, il utilise les sécrétions odorantes de ses glandes anales bien développées pour dissuader les prédateurs. **LONGÉVITÉ** Inconnue. **Statut et menaces** Son statut de conservation est mal connu. Les images des pièges photographiques et la fréquence des sites au sol retourné indiquent qu'il est fréquent dans la forêt intacte entre 800-2 600 m. Considéré comme un mets délicat dans certaines régions, il est parfois piégé accidentellement ou intentionnellement, mais on en ignore l'impact. Liste rouge NE.

LE BALISAUR À GORGE BLANCHE *Arctonyx albogularis*

Ltc 54,6-70 cm ; Q 11,4-22 cm ; P ~ 5-10 kg
Balisaur de taille moyenne à la fourrure ébouriffée longue et douce en hiver, noirâtre, parsemée de poils blancs sur l'arrière-train, le milieu du dos et les flancs, qui sont presque blancs chez certains individus. Plus de blanc sur la face et la gorge que chez *A. hoevenii*. **Distribution et habitat** Est et sud de la Chine, nord-est de l'Inde et probablement Bhoutan, Népal et nord du Bangladesh subhimalayens. Considéré comme le plus généraliste des balisaurs et sa tolérance en matière d'habitat est forte. Vit entre le niveau de la mer et 4 300 m (Chine), dans la forêt tempérée, la brousse et les alpages ; également dans les habitats agricoles et à proximité des villages. **Écologie alimentaire** Omnivore et opportuniste, les petits rongeurs et escargots forment une grande proportion de son régime, mais aussi herptiles, oiseaux, vers de terre, coléoptères, larves, racines, glands et feuilles. Les vers de terre prennent une grande place entre la fin du printemps et l'automne. Solitaire et principalement nocturne. Contrairement aux autres balisaurs, il hiberne (novembre-mars) dans le nord de son aire (centre de la Chine) ; on ignore s'il hiberne dans les régions moins froides. **Comportement social et spatial** Inconnu. La plupart des observations concernent des adultes solitaires ; les couples vivent en bonne entente en captivité. **Reproduction et démographie** Mal connues, mais serait saisonnier (centre de la Chine). Accouplements en avril-mai ; naissances en février-mars, signe d'une longue période d'implantation différée (5-9,5 mois en captivité). Portées de 1-6. En captivité, les petits mangent des nourritures solides à 85 jours ; sevrage et indépendance coïncident à 4 mois. **MORTALITÉ** Inconnue ; serait la proie des dholes, léopards, loups et ours à collier dans le centre de la Chine. **LONGÉVITÉ** 13,9 ans en captivité. **Statut et menaces** Son statut de conservation est mal connu. C'est le balisaur le plus largement réparti et le plus fréquent dans certaines régions, mais la pression de la consommation humaine est forte et il est une victime « collatérale » des pièges. Gravement menacé au sud-est de la Chine. Liste rouge NE.

LE GRAND BALISAUR *Arctonyx collaris*

Ltc 65-104 cm ; Q 19-29 cm ; P 7-15 kg
C'est le plus grand des balisaurs ; il est corpulent, son crâne est très épais et, dans la nature, on peut le confondre avec un petit ours. C'est l'espèce la plus claire : gris chiné clair à gris jaunâtre, plus de blanc sur la face, la tête et le cou que chez *A. albogularis* (dont l'aire de répartition recoupe la sienne dans le sud de la Chine et peut-être au nord du Myanmar et dans le nord-est de l'Inde) ; certains individus ont la tête presque entièrement blanche ou blanc crème. La partie inférieure des pattes est noire, et ce noir remonte sur les épaules et le cou. **Distribution et habitat** Sud-est de l'Asie, entre est de l'Inde, extrême sud de la Chine, Myanmar, Thaïlande et Indochine. Les signalements en Malaisie sont douteux. Vit à 500-1 500 m, essentiellement dans les forêts intactes de plaine et de montagne, ainsi que dans les bambouseraies. Observé à proximité des villages, mais rarement dans les habitats modifiés ; présent dans les plantations d'hévéas proches de la forêt. **Écologie alimentaire** Mal connue ; serait omnivore et peut-être spécialiste des vers de terre (très appréciés des animaux captifs), comme l'espèce de Sumatra, mais dans une moindre mesure. En captivité, il mange de la viande, des reptiles, poissons, pain, lait et fruits, plus spécialement bananes plantains. Cathéméral. **Comportement social et spatial** Inconnu. Présumé solitaire. **Reproduction et démographie** Très mal connues. Les portées seraient de 2-3. **MORTALITÉ** C'est une proie importante pour les léopards en Thaïlande ; il est aussi tué par les tigres. **LONGÉVITÉ** 7 ans (estimation minimale) en captivité. **Statut et menaces** Assez largement réparti, mais sa grande taille et son apparente absence de peur de l'homme et des chiens en font une cible facile pour les chasseurs. La pression de chasse est forte sur une grande partie de son aire ; il a été exterminé sur une grande partie de l'Indochine. Très menacé au Laos, au Vietnam et peut-être au Myanmar, où il ne subsiste que dans des poches éparses. La pression de chasse est plus faible en Thaïlande, où l'espèce est considérée comme relativement en sûreté. Liste rouge NT.

BALISAUR DE SUMATRA

BALISAUR À GORGE BLANCHE

GRAND BALISAUR

Pour les cartes de répartition des espèces, veuillez consulter le site : www.panthera.org/carnivoreguide

LE BLAIREAU AMÉRICAIN *Taxidea taxus*

Ltc 42-72 cm ; Q 10-15,5 cm ; P 4-12 kg

Blaireau trapu, bas sur pattes, à large tête triangulaire. Pelage gris-jaune chiné, dessous chamois et membres sombres. Masque noir, rayures noires sur les joues et liste blanche caractéristique du nez à la nuque, courant parfois le long du dos. **Distribution et habitat** Sud-ouest du Canada, majeure partie des États-Unis, jusqu'au centre du Mexique, essentiellement dans des habitats ouverts, entre le niveau de la mer et 3 600 m. Dans la prairie, les pelouses, forêts claires, brousses et déserts. Occupe les terres agricoles, mais ne tolère pas l'agriculture intensive. **Écologie alimentaire** Omnivore, mais il dépend largement des petits mammifères fouisseurs : écureuils terrestres, marmottes, chiens de prairie, gaufres à poche, campagnols, souris à pattes blanches et lagomorphes. Il se nourrit aussi d'arthropodes, oiseaux, œufs et charognes, et à l'occasion de reptiles, amphibiens, poissons et mollusques. Il mange des céréales, graines et graminées, mais les matières végétales sont probablement des à-côtés consommés en mangeant une proie. Ne s'attaque pas au bétail, sinon très rarement aux agneaux nouveau-nés et à la volaille. Solitaire et généralement nocturne. Très bien adapté pour déterrer ses proies : il trouve les terriers à l'odorat et en bloque les sorties avec de la terre, de la neige, des pierres ou tout autre objet. Les coyotes s'allient parfois aux blaireaux pour chasser, ce qui devrait bénéficier aux deux espèces, mais on ignore en quoi les blaireaux en tirent profit. Il cache ses surplus ; charognard, il fréquente à l'occasion les décharges. **Comportement social et spatial** Les adultes occupent des territoires stables ; ceux des mâles sont généralement 2-4 fois plus vastes que ceux des femelles. Les comportements territoriaux sont limités et les territoires se recoupent largement ; les adultes s'évitent et utilisent parfois les mêmes terriers par rotation. Les territoires seraient de 2,4 (♀) à 5,8 km² (♂) dans l'Utah, à 13 (♀) à 44 km² (♂) dans l'Illinois, les plus vastes se trouvant aux extrêmes de son aire de répartition (sud-ouest du Canada) : 9-87,3 (♀) et 51-450 km² (♂). Les densités sont de 40-500 blaireaux/100 km², mais peuvent n'être que de 0,4/100 km² dans le sud-ouest du Canada. **Reproduction et démographie** Saisonnier. Accouplements fin juillet-août ; naissances fin mars-début avril. Gestation de 210-240 jours, avec implantation différée. Portées de 1-5, en moyenne 2. Sevrage à 6 semaines, dispersion à 3-4 mois. Certaines femelles se reproduisent à 4-5 mois, mais pour la plupart après leur premier hiver. MORTALITÉ Les causes naturelles sont principalement la faim lors des effondrements de populations de rongeurs et la prédation : ours, pumas, loups et coyotes. LONGÉVITÉ 14 ans dans la nature, 26 en captivité. **Statut et menaces** Globalement fréquent et largement répandu. Les principales menaces sont l'intensification de l'agriculture, la régression de ses proies qui en résulte et les représailles parce qu'ils creusent des trous qui peuvent causer des dégâts aux récoltes et au matériel, et (rarement) au bétail. En danger en Colombie-Britannique et dans l'Ontario. Liste rouge LC.

LE BLAIREAU D'EURASIE *Meles meles*

Ltc 50-90 cm ; Q 11,5-20,5 cm ; P 3,5-17 kg

C'est le plus grand des blaireaux ; le pelage type est gris argenté bringé ; membres noirs, rayures faciales noir et blanc alternées. Les populations asiatiques sont très variables, du gris-jaune et masque réduit : « lunette » sombre, à entièrement noir avec des joues claires ; certains auteurs estiment qu'il s'agit d'espèces distinctes et décrivent *M. leucurus* à l'est de la Volga et de l'Oural, et *M. anakuma* au Japon. Des cas d'albinisme, de mélanisme et d'érythrisme ont été recensés. **Distribution et habitat** Majeure partie de l'Europe et du nord-est de l'Asie, notamment en GB, Europe occidentale, sud-ouest de l'Asie à nord de l'Afghanistan, centre de l'Asie, Russie, Chine, Corée et Japon. Il vit dans la forêt, la brousse, sur les pelouses, steppes et semi-déserts arbustifs. Occupe volontiers les terres agricoles, champs et habitats urbains. **Écologie alimentaire** Omnivore, se nourrit essentiellement d'invertébrés vivant dans le sol : vers de terre (composant essentiel du régime de la majorité des populations) et insectes ; se nourrit aussi de fruits sauvages et cultivés, notamment baies, akènes, graines, tubercules et champignons. Les petits mammifères comme les mulots, campagnols et musaraignes sont également d'importants aliments ; il mange à l'occasion des hérissons, lapins, petits oiseaux, herptiles et œufs. Tue exceptionnellement de très jeunes agneaux et des volailles. Il chasse en solitaire, mais des groupes > 20 se rassemblent sur les sites riches en nourriture, dont les stations d'alimentation. Nocturno-crépusculaire, mais plus diurne là où il n'est pas dérangé. Hibernation partielle entrecoupée de sorties de chasse ; mais, lors des hivers rudes, il peut rester dans son terrier pendant des mois et vivre de ses réserves. Charognard, il visite les mangeoires à oiseaux et à animaux de compagnie, et « fait les poubelles ». **Comportement social et spatial** Mœurs sociales flexibles et complexes. Très grégaire lorsque les densités sont élevées, comme dans les plaines de GB où ils vivent en clans nombreux de 29 adultes au plus, en moyenne 5-8. Les adultes du clan sont généralement apparentés, avec une minorité d'immigrants. Les clans vivent sur un territoire sur lequel ils entretiennent un vaste système de terriers ; ils s'y retrouvent avant de partir chasser en solitaire. Les clans repoussent les intrus et, si les territoires peuvent se chevaucher, le noyau central contenant le terrier est défendu, parfois avec violence. Les clans sont moins nombreux en dehors de GB ; le couple vivant sur un même territoire est l'unité sociale la plus fréquente sur le continent européen ; au Japon, ils sont solitaires, les vastes territoires des mâles recoupant ceux de nombreuses femelles. La taille des territoires est de 0,1-0,4 km² (Japon) et 0,3-1,5 km² (GB), à 4-24,4 km² (Pologne). Densités : 0,2-0,25 blaireau/km² (Finlande), 0,9/km² (Irlande), 1,6-2,6/km² (Pologne), 4/km² (Japon, faubourgs) et 4,7-25,3/km² (GB). **Reproduction et démographie** Au sein du clan, plusieurs adultes des deux sexes se reproduisent et les femelles s'accouplent souvent avec des mâles des clans voisins. Se reproduit toute l'année, mais les accouplements connaissent un pic en février-mai (GB) et en avril-août (Japon), et la plupart des naissances interviennent en décembre-avril. Gestation de 90-300 jours, avec une période d'implantation différée très variable. Portées de 1-5, en moyenne 2-3. Le sevrage commence à 12 semaines, mais dure 6 mois si la nourriture est rare. MORTALITÉ Les taux annuels sont estimés à ~ 50 % des jeunes et 30 % des adultes. Les causes naturelles sont la faim (surtout chez les jeunes) et la prédation ; il est une proie importante pour le tigre de l'Amour (Russie). LONGÉVITÉ 14 ans dans la nature, 16 en captivité. **Statut et menaces** Largement réparti, fréquent, il est présent dans de nombreuses zones protégées sur l'ensemble de son aire. La première menace en Europe est la collision routière : 50 000 tués sur les routes britanniques, et 10-15 % des populations danoise ou néerlandaise. Il est persécuté en tant que nuisible et pour les combats illégaux contre des chiens terriers. Des abattages controversés sont pratiqués pour protéger le bétail de la tuberculose bovine en GB, malgré les nombreuses preuves démontrant que ces prélèvements ne réduisent pas l'incidence de la maladie. Liste rouge LC.

Pour les cartes de répartition des espèces, veuillez consulter le site : www.panthera.org/carnivoreguide

Ltc 74-96 cm ; Q 14,3-26 cm ; P ♀ 6,2-13,6 kg, ♂ 7,7-14,5 kg
Corpulent et nettement bicolore : les flancs et le dessous noirs forment un net contraste avec le manteau gris argent à gris sombre. La forêt tropicale africaine abrite des animaux mélaniques. La peau est très épaisse et lâche, ce qui le protège des morsures de serpent, des piqûres d'abeille et des prédateurs. C'est un animal très obstiné qui peut tenir tête aux lions et aux léopards, mais peu de carnivores ont inspiré autant de mythes. **Distribution et habitat** Afrique subsaharienne, péninsule Arabique et centre-sud de l'Asie, entre Kazakhstan et Inde, dans toutes sortes d'habitats arides ou humides : forêts, pelouses, landes de montagne (jusqu'à 4 050 m), steppes, brousse, zones humides, semi-déserts et déserts vrais. Présent sur les zones agricoles offrant du couvert. **Écologie alimentaire** Omnivore très opportuniste. Ses principales proies sont les petits mammifères jusqu'au gabarit du lièvre sauteur (2 kg) et les reptiles, notamment les varans, le python de Séba ou des serpents très venimeux comme le cobra du Cap ou la vipère heurtante ; sa tolérance au venin est très élevée. Il tue parfois des vertébrés plus gros que lui, comme le protèle, mais les récits de capture de grands ongulés par émasculation relèvent du mythe. Consomme également des invertébrés, oiseaux, oisillons, œufs, charognes, fruits, baies et graines. Les abeilles et leurs rayons de miel sont volontiers avalés, mais rien n'indique que les grands indicateurs *(Indicator indicator)* guident les ratels vers les ruches. Il visite les ruches domestiques et les poulaillers. Principalement nocturno-crépusculaire, il devient plus diurne pendant les hivers froids. Il chasse en solitaire, mais les sites riches en nourriture les rassemblent en nombre. Il chasse à l'odorat et la plupart des proies sont déterrées lorsqu'il les a repérées en les suivant à la trace. Bon grimpeur, il visite les nids (œufs et oisillons) ; dans le Kalahari, les jeunes rapaces sont un aliment saisonnier important. Charognard, il vole les proies d'autres carnivores et fréquente les décharges. **Comportement social et spatial** Solitaire. Les domaines vitaux des mâles sont très vastes, avec de larges chevauchements ; plutôt que de défendre activement un territoire, ils pratiquent l'évitement. Le domaine vital d'un mâle recoupe celui de 13 femelles au plus (Kalahari). Celui de la femelle est plus exclusif, mais il ne semble pas qu'il soit défendu. Toujours en mouvement, il parcourt au plus 40 km/jour, en moyenne 14 (♂) et 8 km (♀) entre ses périodes de repos. Au Kalahari, la superficie est de 85-194 km², en moyenne 126 km² (♀), et 229-776 km², en moyenne 541 km² (♂). **Reproduction et démographie** Non saisonnier. Gestation de 50-70 jours. Portées de 1, rarement 2. Sevrage à 2-3 mois, mais les jeunes sont totalement dépendants de leur mère jusqu'à 10-12 mois et prennent graduellement leur indépendance à 16-22 mois. MORTALITÉ Taux annuels en zone protégée estimés à 46 % (jeunes, jusqu'à l'indépendance) et 34 % (adultes, Kalahari), principalement par famine, prédation des grands félins et hyènes, et infanticides. LONGÉVITÉ 7 ans dans la nature, 28 en captivité. **Statut et menaces** Largement réparti, adaptable et tolérant en matière d'habitat. Son taux de reproduction est anormalement faible et il est localement vulnérable lorsque les menaces s'accroissent, notamment les persécutions par les apiculteurs et éleveurs de bétail. Il est également utilisé en médecine traditionnelle et victime de superstitions, notamment à cause de sa réputation de pilleur de cimetières. Liste rouge LC.

LE GLOUTON *Gulo gulo*

Ltc 65-105 cm ; Q 17-26 cm ; Hg 36,5-43,2 cm ; P ♀ 6,6-14,8 kg, ♂ 11,3-18,2 kg
C'est le plus gros des mustélidés terrestres. Corpulent, sa tête rappelle celle d'un ours, les membres sont courts et épais, et la queue est touffue. La coloration type est brun sombre, une frange blonde à brun-roux court sur les flancs, des épaules à la base de la queue. Front souvent gris chiné à blond. Taches crème à blanches sur la poitrine souvent présentes qui, chez certains individus, atteignent les pattes et pieds antérieurs. **Distribution et habitat** Circumpolaire, pour la plupart au nord de 50° N en Fenno-Scandinavie, Russie, nord de la Mongolie, nord de la Chine, Canada, Alaska et ouest des États-Unis, dans les Rocheuses. Il vit dans les forêts de conifères et décidues, les terrains rocheux découverts et la toundra arctique. Fortement associé à la neige épaisse et aux arbres lui servant de tanière. Évite les milieux perturbés par l'homme, notamment les terres agricoles, routes, pistes de ski et coupes forestières récentes. **Écologie alimentaire** Peut tuer des élans ou rennes adultes dans la neige épaisse ; les ongulés sont sa principale source de nourriture (surtout en hiver), mais surtout sous forme de carcasses des victimes de l'hiver ou des autres carnivores ; sur la côte de l'Alaska, il mange les carcasses de baleines ou de phoques. Chasse les marmottes, porcs-épics, castors, écureuils terrestres, lagomorphes et petits rongeurs. Il se nourrit également d'oiseaux (lagopèdes ou tétras), œufs, invertébrés, fruits, notamment des baies, et champignons. Il visite les lignes des trappeurs et tue parfois le bétail (agneaux pour la plupart) et les rennes domestiques (Fenno-Scandinavie). Chasseur cathéméral, solitaire et principalement terrestre, même s'il est bon grimpeur et bon nageur, et qu'il peut chasser dans les arbres ou dans l'eau. Cache ses surplus alimentaires sous des tas de pierres, la glace ou la neige, jusqu'à se créer d'énormes garde-manger, comme ces 20 renards roux et 100 lagopèdes retrouvés dans une cache (Russie). **Comportement social et spatial** Solitaire, les domaines vitaux sont vastes et stables. Ceux des mâles recoupent ceux, moins vastes, de plusieurs femelles. Les adultes excluent les intrus du même sexe, mais les chevauchements peuvent être considérables. Parcourt quotidiennement jusqu'à 35 km, en partie à la recherche de charognes, et ses déplacements sont plus importants en été qu'en hiver. Superficie des territoires : 31-560 (♀) et 133-1 131 km² (♂) au nord de la Suède ; 53-232 (♀) et 488-917 km² (♂) dans le nord-ouest de l'Alaska, et 175-692 (♀) et 845-2 127 km² (♂) dans l'Idaho. Densités mal connues, mais estimées à 4,7 gloutons/1 000 km² (sud-centre de l'Alaska) à 15,3/1 000 km² (Montana). **Reproduction et démographie** Saisonnier. Accouplements en mai-août ; naissances en janvier-avril. Gestation de 215-272 jours (en captivité), avec implantation différée. Portées de 1-5, en moyenne 2-3. Sevrage à 7-8 semaines. Indépendance vers 8-10 mois, dispersion à 12-13 mois. Les femelles se reproduisent en moyenne à 3,4 ans. MORTALITÉ Taux annuel des adultes et subadultes respectivement de 26 et 43 % (là où il est piégé) et 12 et 7 % (là où il ne l'est pas). Les causes naturelles sont la faim et la prédation du loup, du puma et des autres gloutons. LONGÉVITÉ 13 ans dans la nature, 18 en captivité. **Statut et menaces** Son aire de répartition est vaste et beaucoup de populations sont abondantes, mais les densités naturelles sont faibles et il est vulnérable aux persécutions et dérangements. Il a régressé dans de nombreuses régions du sud de son aire, États-Unis et Europe. Menacé par le surpiégeage, les programmes d'éradication des prédateurs, les représailles illégales pour ses dégâts dans les élevages et la transformation de son habitat. Liste rouge LC (VU en Europe).

RATEL

GLOUTON

Aux aguets

Pour les cartes de répartition des espèces, veuillez consulter le site : www.panthera.org/carnivoreguide

LA BELETTE DE PATAGONIE *Lyncodon patagonicus* — Planche 77

Ltc 30-35 cm ; Q 6-9 cm
Très petit mustélidé ; le corps est gris chiné clair, le dessous est brun chocolat à noir. Grande tache blanche triangulaire sur le sommet de la tête, ce qui la distingue du petit grison beaucoup plus grand et doté d'étroits sourcils blancs. **Distribution et habitat** Endémique à l'ouest de l'Argentine et sur une étroite bande du centre à l'est du Chili. Vit dans les brousses et steppes arides à semi-arides, et dans les zones boisées broussailleuses claires, entre le niveau de la mer et 2 000 m. **Écologie alimentaire** Mal connue. On pense que les petits rongeurs fouisseurs forment l'essentiel des proies : tucos-tucos et cobayes nains de Patagonie ; un signalement de prédation sur un tinamou élégant. Un adulte vivant sous le poste des rangers de Cabo Dos Bahias acceptait les offrandes. **Comportement social et spatial** Inconnu. Serait solitaire comme les autres belettes. **Reproduction et démographie** Inconnues. MORTALITÉ La buse bleue du Chili est l'un de ses prédateurs. **Statut et menaces** Son statut de conservation est pour l'essentiel inconnu. Rarement observée dans les inventaires de la faune sauvage ce qui semble indiquer qu'elle est naturellement rare. Liste rouge DD.

LE PETIT GRISON *Galictis cuja*

Ltc 27,3-52 cm ; Q 12-19 cm ; P 1-2,5 kg
Dessus chiné, gris-jaune à gris-brun. Face et dessous noirs délimités par une étroite bande blanche ou crème courant plus ou moins des sourcils au cou et aux épaules **Distribution et habitat** Sud-est du Pérou, sud de la Bolivie, sud du Brésil, Paraguay, Uruguay, Argentine et centre du Chili, dans les déserts, steppes, savanes herbeuses, brousses, marais et forêts, du niveau de la mer à 4 200 m. Tolère les habitats agricoles et pastoraux. **Écologie alimentaire** Petits mammifères : souris et cobayes, ainsi que lièvres et lapins introduits d'Europe ; si les lagomorphes sont abondants, il se focalise presque exclusivement sur eux. Mange aussi des oiseaux, petits reptiles, grenouilles, œufs et invertébrés, ainsi que des fruits, mais plus rarement. Accusé de tuer la volaille, mais les dégâts ne sont pas évalués. Cathéméral. **Comportement social et spatial** Mal connu. Les adultes sont normalement observés en solitaire, parfois en petits groupes composés du couple et des jeunes, ce qui semble indiquer des mœurs monogames. Une douzaine au plus ont été observés jouant ensemble. **Reproduction et démographie** Gestation de 39 jours. Portées de 2-5. Des jeunes ont été vus en mars-octobre, ce qui semble indiquer une saisonnalité faible. Il semble que le couple coopère à l'élevage des jeunes, mais on ignore jusqu'où va la monogamie. MORTALITÉ Ses prédateurs connus sont les ocelots et buses bleues du Chili. LONGÉVITÉ Inconnue. **Statut et menace** Largement réparti. Sa grande tolérance en matière d'habitat fait qu'il est considéré comme non menacé, mais les données manquent. Il est persécuté pour les dégâts dans les poulaillers et victime de collisions routières, comme au centre du Brésil ; il apparaît souvent au menu des chiens errants en ville, comme sur le campus de Piracicaba de l'université de Sao Paulo, sud-est du Brésil. Liste rouge LC.

LE GRAND GRISON *Galictis vittata*

Ltc 45-60 cm ; Q 13,5-19,5 cm ; P 1,4-4 kg
Plus grand que le petit grison, sa queue est proportionnellement plus courte et son pelage gris chiné plus clair paraît plus lisse, plus ras. Les aires des deux espèces se recoupent peut-être dans le sud-est de la Bolivie et le sud du Brésil. **Distribution et habitat** Du sud du Brésil au sud-est du Mexique, forêts de plaine ou de faible altitude, savanes à palmiers, pelouses et zones humides jusqu'à 1 500 m. Tolère les forêts perturbées, plantations, champs et terres agricoles offrant du couvert. **Écologie alimentaire** Carnivore, il se nourrit de rongeurs du gabarit des agoutis, de marsupiaux, de reptiles et d'amphibiens, de poissons, invertébrés et œufs. En captivité, il mange des fruits et autres matières végétales. Visite parfois les poulaillers. Chasseur cathéméral et terrestre, mais il peut poursuivre sa proie dans les arbres ou en eau profonde. Chasse en solitaire, en couple ou en petits groupes familiaux. **Comportement social et spatial** Présumé surtout solitaire ; des couples et groupes familiaux sont observés, mais ses mœurs sociales sont mal connues. Une seule estimation de la superficie d'un domaine vital : 4,15 km² pour une femelle (Venezuela) suivie 2 mois. **Reproduction et démographie** Gestation 39-40 jours. Portées de 1-4. Jeunes observés en mars-octobre, indiquant une faible saisonnalité. Les mâles sont souvent observés avec les femelles suitées, mais on ignore s'ils participent à l'élevage des jeunes. MORTALITÉ Inconnue. Porteur du trypanosome de la maladie de Chagas, mais on en ignore l'impact. LONGÉVITÉ 10,5 ans en captivité. **Statut et menaces** Non menacé sur une grande partie de son aire de répartition, mais en danger au Mexique et au Costa Rica. Tolère un certain degré de dérangement, mais la pression de chasse et la modification de son habitat en terres agricoles ouvertes entraînent des régressions. Liste rouge LC.

LE TAYRA *Eira barbara*

Ltc 55,9-71,2 cm ; Q 36,5-47 cm ; P 2,7-7 kg
C'est le plus grand mustélidé d'Amérique latine, après les loutres. Pelage type brun fumé sombre à noir ; porte souvent à la gorge une tache jaune crème à blanche, et la tête claire est de divers tons de grisé à blond. Il existe des individus entièrement clairs, notamment une forme dorée dans le nord de l'Amérique du Sud. **Distribution et habitat** Centre du Mexique à nord de l'Argentine, Paraguay et sud du Brésil, dans diverses forêts arides ou humides jusqu'à 2 400 m et dans les prairies, pelouses et savanes des mosaïques boisées. Tolère les terres agricoles, plantations et pâturages associés à la forêt. **Écologie alimentaire** Omnivore, il se nourrit de mammifères jusqu'au gabarit de l'agouti, d'opossums musaraignes, de jeunes primates et de paresseux nouveau-nés, mais aussi d'iguanes, oiseaux, œufs, invertébrés (adultes, œufs et pupes), fruits, miel et charognes. Il poursuit de plus grosses proies, comme le cerf daguet ou des primates adultes, mais on ignore si ces chasses sont couronnées de succès. Chasseur solitaire, mais parfois en couples ou en groupes familiaux. Cathéméral et aussi agile sur terre que dans les arbres. **Comportement social et spatial** Mal connu. Serait solitaire ; de petits groupes familiaux ont été observés, mais ses mœurs sociales sont mal connues. Quelques rares données indiquent que les domaines vitaux des adultes se recoupent largement et mesurent entre 5,3-16 (♀) et 24,4 km² (1 ♂) à Belize. **Reproduction et démographie** On pense qu'il se reproduit toute l'année. Gestation de 63-70 jours. Portées de 1-3. Sevrage à 2-3,5 mois. Des mâles sont parfois observés avec les groupes familiaux, mais ne participent apparemment pas à l'élevage des jeunes. MORTALITÉ Inconnue. LONGÉVITÉ 18 ans en captivité. **Statut et menaces** Largement réparti et souvent fréquent sur une grande partie de son aire. La principale menace est la disparition de la forêt qui aboutit localement à le mettre en danger, comme au Mexique. Liste rouge LC.

Pour les cartes de répartition des espèces, veuillez consulter le site : www.panthera.org/carnivoreguide

LA ZORILLE À NUQUE BLANCHE *Poecilogale albinucha* Planche 78

Ltc ♀ 24-35 cm, ♂ 27-33 cm ; Q 13,8-21,5 cm ; P ♀ 210-290 g, ♂ 280-380 g
Petit mustélidé au corps allongé, sinueux, très court sur pattes et à longue queue. Pelage noir et rayure dorsale blanc jaunâtre partant du sommet du crâne ; la rayure se scinde en deux rayures qui courent le long des flancs. La queue est blanche. **Distribution et habitat** Afrique subéquatoriale, du sud du Kenya et de l'Ouganda à la côte de la RD du Congo, jusqu'en Afrique du Sud. Il occupe les savanes boisées, pelouses, brousse, forêts (son aire atteint sa limite au bassin du Congo) et déserts semi-arides comme le Kalahari. Fréquente plantations, et habitats agricoles et pastoraux. **Écologie alimentaire** Spécialiste des rongeurs, elle chasse essentiellement les souris, rats et rats-taupes jusqu'à son propre gabarit ; un adulte peut tuer 3-4 rongeurs par nuit. Se nourrit aussi de petits reptiles, insectes et œufs. Principalement nocturne, terrestre et solitaire, elle chasse à l'odorat et pénètre dans les terriers des petits rongeurs ; elle creuse facilement, mais n'a jamais été observée déterrant ses proies. Les rongeurs sont tués d'une morsure à la nuque et par de vigoureux coups des pattes postérieures qui peuvent disloquer le cou ; les grosses proies sont parfois tuées d'une morsure à la gorge. Cache ses surplus alimentaires dans des terriers. **Comportement social et spatial** Mal connu. Présumée solitaire : la plupart des observations concernent des adultes seuls ou des femelles suitées. **Reproduction et démographie** Peut-être saisonnière. Reproduction en septembre-avril (Afrique australe), les naissances ayant lieu à partir de novembre. Gestation de 30-33 jours. Portées de 1-3. Sevrage à 11 semaines (en captivité). Maturité sexuelle à 8 mois. MORTALITÉ Mal connue. Occasionnellement tuée par les chiens domestiques et grands rapaces nocturnes. Des cas de rage ont été rapportés. LONGÉVITÉ 6 ans en captivité. **Statut et menaces** Considérée comme peu fréquente à rare, mais elle est discrète et furtive, et les données exactes sont rares. Victime de collisions routières dans les zones rurales et recherchée en Afrique du Sud pour ses vertus médicinales supposées. Liste rouge LC.

LA ZORILLE DE LIBYE *Ictonyx libyca*

Ltc 20,7-26 cm ; Q 11,4-18 cm ; P 200-600 g
Petite et compacte, la face, les membres et le dessous sont noirs. Les rayures blanches sont intercalées de rayures noires variables sur le corps. Longue queue blanche parsemée de poils noirs et parfois terminée de noir. Pelage assez long, d'aspect soyeux. Bande blanche ininterrompue cerclant la face, du front et derrière les yeux jusqu'à la base de la gorge, ce qui la distingue de la zorille commune. Les glandes anales sont bien développées et secrètent un liquide malodorant lorsqu'elle est menacée. **Distribution et habitat** Afrique du Nord, sur les marges du Sahara, et le long de la Méditerranée entre Égypte et Mauritanie, en passant par le Sahel, du Mali au Soudan. Des observations éparses dans le Sahara, mais on ignore si elle est présente sur l'ensemble du désert. Occupe des habitats subdésertiques comme les déserts pierreux, massifs montagneux, steppes, oasis et dunes à végétation éparse, également à proximité des villages dans les zones cultivées. **Écologie alimentaire** Peu connue. On pense qu'elle se nourrit principalement de petits animaux du désert : rongeurs, oiseaux, reptiles, œufs et invertébrés. Nocturne. **Comportement social et spatial** Inconnu. La plupart des observations concernent des adultes seuls et elle est donc présumée solitaire. **Reproduction et démographie** Peu connues. Serait saisonnière : toutes les observations de jeunes ont été faites en janvier-mars. Portées de 1-3. MORTALITÉ Inconnue. LONGÉVITÉ 5,5 ans en captivité. **Statut et menaces** Son statut de conservation est mal connu. Largement distribuée et localement abondante dans certaines zones de dunes côtières. Chassée en Libye et en Tunisie parce qu'elle est supposée bénéfique à la fertilité masculine. Liste rouge LC.

LA ZORILLE COMMUNE *Ictonyx striatus*

Ltc 28-38 cm ; Q 16,5-28 cm ; P ♀ 0,4-1,4 kg, ♂ 0,7-1,5 kg
Plus grande que les autres zorilles, pelage noir de jais, quatre rayures blanches courant sur les flancs entre le sommet de la tête et la queue, laquelle est blanche, parsemée de poils noirs. Face marquée de trois taches blanches caractéristiques sur le front et les tempes. Son aire recoupe celle de la zorille de Libye au Sahel. Projette une sécrétion anale malodorante lorsqu'elle est menacée. **Distribution et habitat** Toute l'Afrique subsaharienne, à l'exception du bassin du Congo. Présente dans des habitats très divers entre le niveau de la mer et 4 000 m, notamment savanes boisées, pelouses, forêts humides ou arides, dunes, zones humides, landes de montagne, semi-déserts et déserts. Absente de la forêt équatoriale et de l'intérieur des déserts. Occupe volontiers des habitats agricoles. **Écologie alimentaire** Se nourrit principalement de petits rongeurs et d'insectes, mais aussi d'herptiles, oiseaux, oisillons, œufs, arachnides et autres invertébrés. Ses plus grandes proies sont les lièvres sauteurs, écureuils terrestres et grands serpents, notamment venimeux comme les cobras. Tue occasionnellement la volaille. Nocturne et terrestre. Chasseur solitaire, mais les jeunes aident parfois leur mère à terrasser de grosses proies comme les serpents. Chasse à vue et à l'odorat, les rongeurs et insectes sont parfois tués dans leurs terriers ou déterrés. **Comportement social et spatial** Peu connu. Les adultes sont avant tout solitaires. En captivité, les mâles ne se tolèrent pas entre eux, mais les femelles suitées tolèrent les autres familles. **Reproduction et démographie** Mal connues. Les naissances auraient lieu en novembre-février en Afrique australe, mais des femelles allaitantes ont été observées en février-octobre en Afrique orientale. Gestation de 36 jours. Portées de 2-3, exceptionnellement jusqu'à 5 (en captivité, le maximum élevé est de 3). Sevrage vers 8 semaines. Les femelles se reproduisent pour la première fois à 10 mois (en captivité). MORTALITÉ Mal connue. Les grands rapaces, surtout nocturnes, sont des prédateurs confirmés ; dans les zones rurales, elle est souvent victime des chiens domestiques. LONGÉVITÉ 13,3 ans en captivité. **Statut et menaces** Largement répartie et très généraliste en matière d'habitat, elle est fréquente à abondante dans les milieux favorables protégés. Les collisions routières, les chiens et les persécutions pour sa prédation sur la volaille en tuent un grand nombre dans les zones rurales, mais il s'agit probablement de menaces localisées. Recherchée dans certaines régions pour de supposées vertus médicinales. Liste rouge LC.

Pour les cartes de répartition des espèces, veuillez consulter le site : www.panthera.org/carnivoreguide

LE PUTOIS MARBRÉ *Vormela peregusna*

Ltc 28,8-47,7 cm ; Q 14,5-20,1 cm ; P 300-720 g
Pelage brun chocolat très sombre, manteau jaune chamois moucheté de taches brun-rouge sur la nuque, le dos et les flancs. Queue touffue, blanc-jaune chiné, généralement terminée de noir. Une rayure blanche voyante entoure la face ; le haut des oreilles est blanc et le museau et le menton sont blanc crème. Lorsqu'il est menacé, sa posture arquée est tout à fait caractéristique, puis il éjecte ses sécrétions anales puantes si la menace persiste. **Distribution et habitat** Nord de la Chine, Mongolie, centre de l'Asie, Moyen-Orient et sud-est de l'Europe, sur les steppes et pelouses tempérées ou arides, dans la brousse, zones rocheuses d'altitude, marais saumâtres, semi-déserts et milieux désertiques ouverts. Présent sur les terres cultivées, dans les vergers et potagers à proximité des villages, dans les parcs urbains et campus universitaires. **Écologie alimentaire** Se nourrit essentiellement de petits mammifères : écureuils terrestres, gerbilles, hamsters, campagnols, rats, mulots et lapins, mais aussi d'insectes (surtout lors des périodes d'abondance, au printemps et en été), oiseaux, herptiles et escargots, et de fruits, notamment des baies. Attaque parfois poulaillers et clapiers. Principalement nocturno-crépusculaire et solitaire, il chasse à l'odorat. Charognard, il pille aussi la viande séchée et le fromage des garde-manger. Cache ses surplus alimentaires dans des terriers. **Comportement social et spatial** Solitaire. Les rares données indiquent qu'il occupe un petit territoire stable qui recoupe peu d'autres territoires. En dehors de la saison de reproduction, les adultes peuvent se montrer agressifs et se battre férocement à chaque rencontre. Selon les rares estimations (Israël), les territoires mesurent 0,5-0,6 km², sans grandes différences entre les sexes. **Reproduction et démographie** Saisonnier. Accouplements en mars-juin ; naissances en février-mai (de l'année suivante). Gestation de 234-327 jours, avec implantation différée. Portées de 1-8, en moyenne 4-5. Sevrage à 50-54 jours et dispersion à 61-68 jours. Maturité sexuelle des femelles à 3 mois ; les mâles se reproduisent dans leur 2e année. MORTALITÉ Mal connue. La plupart des causes connues sont anthropiques. LONGÉVITÉ Presque 9 ans en captivité. **Statut et menaces** Fréquent nulle part et menacé par la conversion de son habitat steppique en terres agricoles et par les campagnes d'empoisonnement des rongeurs, comme en Chine et en Mongolie. Certains sont tués pour leur fourrure ou parce qu'ils s'attaquent à la volaille. Liste rouge VU.

LA MARTRE À GORGE JAUNE *Martes flavigula*

Ltc 45-65 cm ; Q 37-45 cm ; P 1,3-3 kg
Grande martre à longue queue (70 % de la longueur du corps). Tête, nuque, arrière-train et queue normalement brun sombre et manteau brun-fauve très variable couvrant le reste du corps, mais qui peut être absent chez certains individus, surtout dans la péninsule malaise, à Bornéo et Sumatra. Gorge et poitrine toujours jaune citron, parfois jusqu'aux membres antérieurs. Menton et joues blancs. **Distribution et habitat** Russie extrême-orientale, sud de la Chine, nord du sous-continent indien, nord de l'Afghanistan, nord du Pakistan, Indochine, Sumatra, Java et Bornéo. Habite les forêts tempérées et tropicales à 200-3 000 m. Présent dans la forêt secondaire et les plantations, mais évite les habitats anthropiques ouverts. **Écologie alimentaire** Peu étudiée. Omnivore : petits mammifères, oiseaux (y compris de grande taille comme les faisans), reptiles, amphibiens, invertébrés, œufs, fruits, notamment des baies, fleurs et nectar. Modifie son régime pour tirer parti des nourritures saisonnières, comme les fruits et fleurs au printemps et en été. On l'a vue qui pourchassait de grands mammifères : thars, cerfs musqués ou gorals ; 7 martres ont été observées sur une carcasse de goral gris et des restes de thars sont apparus dans ses déjections, mais il est tout à fait improbable qu'elle puisse tuer d'aussi grosses proies et il s'agit donc probablement de comportements de charognard. Principalement diurne, elle chasse au sol comme dans les arbres. Dans le PN de Khao Yai (Thaïlande), elle mange du riz bouilli offert par les gardes. **Comportement social et spatial** Mal connu. Observée plus souvent par 2 ou par 3 qu'en solitaire. La composition des duos n'est pas certaine et la fréquence des observations semble indiquer des mœurs plus sociales que chez les autres martres. Également observée en groupes, comme autour d'une carcasse, et ces groupes sont probablement temporaires. Les territoires mesurent 1,7-11,8 (♂) et 8,8 km² (1 ♀) (Phu Khieo WS, Thaïlande). **Reproduction et démographie** Mal connues. Serait saisonnière. Accouplements en juin-août ; naissances en mars-juin (de l'année suivante). Gestation de 220-290 jours, avec implantation différée. Portées de 2-5. MORTALITÉ Inconnue. LONGÉVITÉ 14 ans en captivité. **Statut et menaces** Largement répartie et considérée comme non menacée. Il est probable que les populations régressent avec la déforestation et la fragmentation de la forêt. Reste relativement fréquente, même dans les régions où elle est soumise à une forte pression de chasse comme en Indochine, peut-être parce qu'elle est rarement mangée par les autochtones. CITES Annexe III (Inde, Tibet), Liste rouge LC.

LA MARTRE DE NILGIRI *Martes gwatkinsii*

Ltc 50-70 cm ; Q 35-50 cm ; P 1-3 kg
Très semblable à *M. flavigula* et considérée par certains auteurs comme appartenant à la même espèce. Pas de manteau jaune mais les épaules et le torse tendent parfois vers le brun-fauve clair. C'est essentiellement à leur distribution discontinue que ces deux espèces doivent d'avoir été séparées. **Distribution et habitat** Endémique aux Ghâts occidentaux (Inde), où n'existent que 6 populations disjointes. Présente dans les poches de forêts inexploitées et zones montagneuses à 120-1 400 m. Parfois dans les plantations de café, de cardamome et d'acacias. **Écologie alimentaire** Mal connue. Présumée identique à celle de *M. flavigula*. On l'a vu poursuivre des écureuils géants, des chevrotains et des varans du Bengale, ou se nourrir du nectar de kapok cultivé. Visite le miel des ruches. **Comportement social et spatial** Mal connu. A été observée seule ou par 2, ce qui concorde avec ce que l'on sait des mœurs sociales de *M. flavigula*. **Reproduction et démographie** Inconnues. **Statut et menaces** Son aire est très restreinte et fragmentée ; au vu de la rareté des observations, on pense qu'elle est naturellement rare. Les Ghâts occidentaux sont soumis à de fortes pressions anthropiques et les principales menaces sont l'aggravation de la perte de son habitat et de sa fragmentation. Elle est également victime des apiculteurs et braconnée par les autochtones pour sa viande. CITES Annexe III, Liste rouge VU.

Pour les cartes de répartition des espèces, veuillez consulter le site : www.panthera.org/carnivoreguide

LA FOUINE *Martes foina*

Ltc 40-54 cm ; Q 22-30 cm ; P 1,1-2,3 kg
Coloration type brun sombre, tête légèrement plus claire, grisâtre ; sous-poil fauve clair surtout sur les flancs et le dessous. Tache blanche ou crème caractéristique sur la gorge qui se prolonge souvent jusqu'aux membres antérieurs. **Distribution et habitat** Europe continentale (ouest et centre), centre de l'Asie, Bhoutan, nord de l'Inde, Népal, nord du Myanmar à Mongolie et Chine. Introduite dans le Wisconsin (États-Unis). Vit dans les forêts, brousses, lisières de forêts, haies et versants rocheux, jusqu'à 4 200 m. Présente à proximité de l'homme, même dans des zones urbaines densément peuplées (Europe occidentale et centrale). **Écologie alimentaire** Le régime varie avec les saisons et selon les régions, en même temps que les proportions variables de deux groupes d'aliments : petits mammifères (principalement campagnols, mulots et lapins) et fruits, notamment les baies. Elle se nourrit également d'insectes, oiseaux, herptiles, œufs, graines et autres matières végétales. En ville, elle mange souvent des oiseaux commensaux, comme les pigeons. S'attaque parfois à la volaille. Chasseur solitaire et nocturno-crépusculaire. En ville, elle visite volontiers les poubelles, mangeoires à oiseaux et à animaux domestiques. **Comportement social et spatial** Solitaire et territoriale. Le territoire des mâles recoupe celui de plusieurs femelles. Ils sont plus restreints en zone urbaine, intermédiaires en zone rurale et plus vastes dans les milieux forestiers : 9,5-880 ha, en moyenne 37-49 (♀) et 111-113 ha (♂) en zone rurale. **Reproduction et démographie** Saisonnière. Accouplements en juillet-août ; naissances mars-mi-avril (de l'année suivante). Gestation de 236-275 jours, avec implantation différée (développement de l'embryon ~ 30 jours). Portées de 1-8, en moyenne 3-4. Sevrage à 6-8 semaines, fin mai-début juin, dispersion à partir de 6 mois. MORTALITÉ La plupart des causes connues sont anthropiques. LONGÉVITÉ 18,1 ans en captivité, beaucoup moins dans la nature. **Statut et menaces** Largement répandue et adaptable, les densités peuvent être élevées en milieu urbain. Considérée comme nuisible dans le centre de l'Europe parce qu'elle a pris l'habitude de s'abriter sous le capot des voitures et de grignoter les fils et tuyaux du moteur (160 000 voitures endommagées en Allemagne en 2000) et elle y est encore parfois tuée légalement ou illégalement. Chassée en Inde et en Russie pour sa fourrure. CITES Annexe III (Inde), Liste rouge LC.

LA MARTRE COMMUNE *Martes martes*

Ltc 45-58 cm ; Q 16-28 cm ; P 0,8-1,8 kg
Semblable à la fouine dont l'aire de répartition recoupe la sienne sur la majeure partie de l'Europe occidentale et centrale, mais s'en distingue à une tache jaune à la gorge. **Distribution et habitat** Grande-Bretagne, ouest et centre de l'Europe continentale, jusqu'en Fenno-Scandinavie, ouest de la Sibérie (Russie), Turquie, nord de l'Irak et nord de l'Iran, principalement dans les forêts matures intactes, zones boisées et brousses à sous-bois épais, brousses côtières, pâturages et pelouses offrant du couvert ; mais elle évite les milieux ouverts. Présente à proximité des habitations, mais ne colonise pas le milieu urbain comme la fouine. **Écologie alimentaire** Ses proies sont essentiellement des petits mammifères, surtout les campagnols, mulots, lemmings, écureuils et lagomorphes, mais elle mange aussi des invertébrés, oiseaux, herptiles, fruits, notamment des baies, œufs et charognes (carcasses d'ongulés sauvages ou domestiques). S'attaque parfois à la volaille. Principalement nocturne et solitaire. Charognard, mais elle fréquente rarement les décharges. Cache ses surplus alimentaires. **Comportement social et spatial** Solitaire et territoriale ; les territoires des mâles recoupent ceux de plusieurs femelles. Leur superficie dépend du couvert forestier et de la densité des rongeurs : les plus restreints dans les forêts matures où abondent les rongeurs, comme en Pologne et en Allemagne, les plus vastes en milieu ouvert, comme en Finlande et en Écosse. En moyenne, ils mesurent 1,4-9,8 (♀) à 2,3-28,6 km² (♂). **Reproduction et démographie** Saisonnière. Accouplements en juillet-août ; naissances en mars-avril (de l'année suivante). Gestation de 230-274 jours, avec implantation différée (développement de l'embryon ~ 30 jours). Portées de 2-8, en moyenne 3-5. Sevrage vers 6-8 semaines ; dispersion à partir de 6 mois, tout l'hiver. MORTALITÉ Taux annuel dans une forêt protégée (Pologne) : 38,4 % (adultes et subadultes des deux sexes) ; les causes de mortalité sont la maladie de Carré, la famine hivernale, la prédation par le lynx d'Europe, le renard roux et les rapaces, et le braconnage. LONGÉVITÉ 5 ans dans la nature, 17 en captivité. **Statut et menaces** Autrefois chassée pour sa fourrure, aboutissant à des régressions ou extinctions locales, surtout en Russie et en Fenno-Scandinavie. Des contrôles plus stricts ont permis à des populations de se rétablir, mais les niveaux de prélèvements restent préoccupants dans certaines régions. Également pourchassée comme nuisible, raison pour laquelle elle a disparu d'une grande partie de GB. Liste rouge LC.

LA MARTRE DU JAPON *Martes melampus*

Ltc 47-54,5 cm ; Q 17-22,3 cm, P 0,7-1,7 kg
Petite martre élancée, brun sombre, grande tache jaune à la gorge. Les populations de Kyushu et du nord de Honshu muent en hiver pour virer au jaune orange vif ; la tête est alors blanche à gris clair. Queue parfois terminée de blanc. **Distribution et habitat** Endémique au Japon (introduite sur Hokkaido et Sado pour sa fourrure, indigène sur les autres îles). Les signalements dans la péninsule de Corée sont douteux. Présente surtout dans la forêt de feuillus, les zones boisées et les brousses subalpines. Vit en zones rurales ou urbaines offrant des poches de forêts naturelles. **Écologie alimentaire** Se nourrit essentiellement de petits mammifères, insectes, scolopendres, vers de terre, araignées, escargots, fruits, notamment les baies, et graines. Considérée dans les zones de montagne comme un rouage important de la dispersion des graines en raison des quantités de fruits qu'elle consomme. Elle mange aussi des oiseaux, grenouilles et diverses matières végétales. S'attaque occasionnellement à la volaille et il est facile de l'appâter avec des poussins. Nocturne et solitaire. **Comportement social et spatial** Les adultes sont solitaires et probablement territoriaux ; ils déposent leurs déjections aux frontières du territoire, et ceux-ci se recoupent peu entre animaux de même sexe. Superficie de 0,5-1 km², semblable chez les femelles (en moyenne 0,63 km²) et chez les mâles (en moyenne 0,7 km², île de Tsushima). **Reproduction et démographie** Saisonnière. Accouplements fin juillet-mi-août ; naissances mi-avril-début mai (de l'année suivante). Gestation de 230-250 jours, avec implantation différée (développement de l'embryon 28-30 jours). Toutes les portées observées étaient de 2 (sur la foi d'un très petit nombre de données). MORTALITÉ Taux inconnus ; les premières causes sur l'île de Tsushima sont les collisions routières (72 %) et les chiens errants (9 %). LONGÉVITÉ Inconnue. **Statut et menaces** Assez largement répartie et fréquente sur une aire limitée. Les principales menaces sont la modification du milieu (y compris les forêts de monoculture), les collisions routières et la prédation par les chiens errants. Elle est légalement piégée pour sa fourrure en décembre et en janvier (pas sur l'île de Tsushima). Liste rouge LC.

Pour les cartes de répartition des espèces, veuillez consulter le site : www.panthera.org/carnivoreguide

LA MARTRE DE PENNANT *Martes pennanti*

Ltc 45-65 cm ; Q 25,3-50 cm ; P ♀ 1,3-3,2 kg, ♂ 3,5-5,5 kg (exceptionnellement 9 kg)
C'est la plus grande des *Martes*. Appelée aussi pékan. La coloration du poil est variable, entre brun-gris clair et noir à pointes argentées, mais normalement brun chocolat ; tête et épaules brun clair ou grisâtres. Certains individus portent des dessins blancs ou crème à la gorge, sur la poitrine et à l'aine. De récentes analyses génétiques semblent indiquer qu'elle est suffisamment différente des autres pour être classée dans un genre à part. **Distribution et habitat** Sud du Canada, extrême sud-ouest de l'Alaska, nord-ouest des États-Unis, nord du Minnesota et Nouvelle-Angleterre. Préfère nettement les forêts intactes, de faible altitude (généralement < 1 250 m), à canopée épaisse. Utilise les forêts exploitées et mosaïques de clairières, mais évite les vastes zones ouvertes, les coupes franches et les zones perturbées. **Écologie alimentaire** Ses principales proies sont le porc-épic d'Amérique et le lièvre à raquettes ; mais aussi écureuils, campagnols, rats, souris, oiseaux, herptiles, invertébrés, champignons et charognes (carcasses d'ongulés en hiver). S'attaque rarement à la volaille. Solitaire, nocturno-crépusculaire et principalement terrestre, bien qu'elle soit bonne grimpeuse ; elle poursuit les porcs-épics jusqu'au sol et les mord à la face jusqu'à les tuer. Elle revient 2-3 jours de suite sur une grosse carcasse et cache ses surplus peu volumineux. **Comportement social et spatial** Solitaire et territoriale. Le territoire du mâle recoupe celui de plusieurs femelles. Superficie moyenne de 2,1-29,9 (♀) et 9,2-38,7 km² (♂). Se déplace beaucoup et peut parcourir jusqu'à 90 km en 3 jours. Densités : 12 martres/100 km² (Maine) à 27-32,7/100 km² (Québec et est de l'Ontario). **Reproduction et démographie** Saisonnière. Accouplements en mars-mai ; naissances janvier-début mai (de l'année suivante). Gestation de 236-275 jours, avec implantation différée (développement de l'embryon ~ 50 jours). Portées de 1-6, en moyenne 2-3. Sevrage vers 2-3 mois et dispersion à partir de 5-6 mois. MORTALITÉ D'origine anthropique pour la plupart ; ses prédateurs sont le puma, lynx, coyote, glouton et aigle royal. LONGÉVITÉ 7,5 ans dans la nature, 10 en captivité. **Statut et menaces** A disparu de la majeure partie de son aire d'origine en raison d'un surpiégeage pour sa fourrure ; mais elle progresse à nouveau là où elle a été réintroduite sur une grande partie de cette aire. S'adapte mal à la forêt modifiée et les menaces sont la perte d'habitat ou sa fragmentation. Le piégeage est légal, ce qui constitue un risque pour les populations vivant dans les habitats défavorables. Liste rouge LC.

LA ZIBELINE *Martes zibellina*

Ltc 35-56 cm ; Q 11,5-19 cm ; P ♀ 0,7-1,6 kg, ♂ 0,8-1,8 kg
Brun miel à brun très sombre, tête généralement plus claire, et petite tache blanche ou crème à la gorge (souvent absente). Au Japon, souvent brun-jaune chaud ou brun-fauve, tête gris clair, semblable à certaines formes hivernales de la martre du Japon. **Distribution et habitat** Russie (environ 95 % de son aire de répartition), nord de la Mongolie, nord-est de la Chine, nord de la Corée et Japon (Hokkaido). Inféodée à la forêt riche en débris et à canopée épaisse. Évite les zones ouvertes et les habitats perturbés. **Écologie alimentaire** Se nourrit essentiellement de campagnols à dos roux, mulots, tamias de Sibérie, pikas et lièvres variables, mais aussi de graines, baies, noix, invertébrés et oiseaux ; occasionnellement poissons et crustacés d'eau douce. Dans une neige épaisse, elle peut tuer un chevrotain porte-musc adulte. S'attaque occasionnellement à la volaille. Solitaire, cathémérale et principalement terrestre, bien qu'elle soit bonne grimpeuse. Charognard sur les carcasses d'ongulés morts de froid et cache ses surplus alimentaires. **Comportement social et spatial** Solitaire, elle serait territoriale, mais les territoires se chevauchent souvent largement et sont en moyenne de 7,2 (♀) et 13,1 km² (♂) avec peu de chevauchements pour les animaux de même sexe dans la taïga à mélèzes, au nord-est de la Chine, et seulement 1,12 km² (deux sexes), mais avec chevauchements dans les forêts de bonne qualité au Japon. **Reproduction et démographie** Saisonnière. Accouplements en juin-août ; naissances en avril-mai (de l'année suivante). Gestation de 236-315 jours, avec implantation différée (développement de l'embryon de 25-40 jours). Portées de 1-5, en moyenne 2-3. Sevrage vers 7-8 semaines. MORTALITÉ Le piégeage en est la première cause (surtout en Russie) ; la prédation par le renard roux est confirmée au Japon. LONGÉVITÉ 5,5 ans dans la nature, 15 en captivité. **Statut et menaces** Sa luxuriante fourrure est très recherchée ; les prélèvements excessifs ont provoqué une régression globale et des extinctions locales. Des interdictions de chasser et des réintroductions (en Russie principalement) ont permis son retour sur une grande partie de son aire d'origine. La chasse commerciale est toujours légale (Russie : 250 000 en 1984-1989) ; elle est élevée dans des fermes à fourrure. La déforestation est aussi une menace. Liste rouge LC.

LA MARTRE D'AMÉRIQUE *Martes americana*

Ltc ♀ 32-40 cm, ♂ 36-45 cm ; Q 13,5-23 cm ; P ♀ 300-850 g, ♂ 0,47-1,3 kg
Petite martre élancée qui peut être beige-fauve à membres sombres ou entièrement brun chocolat. Tête généralement plus claire, brun chamois ou grisâtre. Toutes les formes portent une tache jaune sur la gorge et la poitrine. **Distribution et habitat** Canada, Alaska et ouest des États-Unis, très peu dans le Minnesota, New York et Maine. Préfère les forêts tempérées matures à canopée fermée et sous-bois dense. Utilise les lisières de forêts et brousses alpines, mais évite les habitats ouverts ou perturbés comme les coupes claires et les zones récemment exploitées. **Écologie alimentaire** Se nourrit de campagnols, souris, rats, tamias, écureuils roux et écureuils de Douglas ; lors de cycles d'abondance, le lièvre à raquettes est une de ses proies favorites. Se nourrit aussi d'invertébrés, herptiles, fruits et graines ; les populations du littoral mangent beaucoup de poissons et d'oiseaux. Attaque rarement la volaille. Solitaire et principalement nocturno-crépusculaire, elle chasse en furetant sans relâche sur le sol ou dans les branches et, en hiver, sous la neige. Charognard ; cache ses excédents alimentaires. **Comportement social et spatial** Solitaire et territoriale, les territoires des mâles chevauchent largement ceux, moins vastes, de plusieurs femelles : 2,3-27,6 (♀) et 4,3-45 km² (♂). Densités : 0,4-1,5 martre/km². **Reproduction et démographie** Saisonnière. Accouplements en juillet-août ; naissances fin mars-avril (de l'année suivante). Gestation de 220-275 jours, avec implantation différée (développement de l'embryon 27-28 jours). Portées de 1-5, en moyenne 2-3. Sevrage à 6-7 semaines ; les petits tuent de petites proies dès 2,5 mois. MORTALITÉ Avant le piégeage, 7 % (deux sexes), mais jusqu'à 51 (♀) et 74 % (♂) en saison de piégeage (Maine). Mortalité dans les populations non prélevées : 13-44 %, principalement par prédation du lynx roux, des rapaces et d'autres martres. LONGÉVITÉ 14,5 ans dans la nature (normalement < 5), 15 en captivité. **Statut et menaces** Le surpiégeage pour sa fourrure et la déforestation ont réduit les populations, essentiellement en Nouvelle-Angleterre et sur la côte occidentale des États-Unis où elle reste fragmentée et rare. A récupéré et est considérée comme fréquente sur la majeure partie du reste de son aire. Vulnérable aux prélèvements excessifs lorsque ceux-ci s'ajoutent à l'exploitation forestière. Liste rouge LC.

Pour les cartes de répartition des espèces, veuillez consulter le site : www.panthera.org/carnivoreguide

LE PUTOIS À PIEDS NOIRS *Mustela nigripes*

Ltc 38-50 cm ; Q 11,4-15 cm ; P ♀ 760-850 g, ♂ 0,96-1,1 kg
C'est le seul putois indigène d'Amérique du Nord. Corps chamois jaunâtre, virant au brun sombre sur le dos. Tête blanc crème, masque brun-noir et sommet de la tête brun chocolat. Membres bruns à noirs, queue terminée de noir. **Distribution et habitat** Grandes plaines des États-Unis et nord du Mexique. Disparu dans la nature dès 1987, toutes les populations actuelles sont le résultat de réintroductions. Uniquement dans les plaines à herbe rase ou moyenne, en association avec les colonies de chiens de prairie. **Écologie alimentaire** Inféodé aux chiens de prairie qui composent ~ 90 % de son alimentation. Le plus chassé est le chien de prairie à queue noire, mais aussi l'espèce à queue blanche et le chien de prairie de Gunnison (uniquement en Arizona). Ses autres proies occasionnelles sont les petits rongeurs : souris à pattes blanches, campagnols, écureuils terrestres et lapins. Chasseur nocturno-crépusculaire et souterrain : il poursuit les chiens de prairie dans leurs terriers, ce sont les chasses les plus fructueuses car, à la surface, les chiens de prairie réussissent souvent à se défendre. N'hiberne pas et chasse les chiens de prairie hibernants tout l'hiver. Cache parfois ses surplus dans des terriers. **Comportement social et spatial** Solitaire. Les adultes s'installent sur des domaines vitaux durables, associés aux colonies de chiens de prairie. Les adultes de même sexe s'évitent, mais les domaines vitaux peuvent se chevaucher sur 42 % de leur superficie là où les densités de proies sont élevées ; superficies de 23-188 ha, en moyenne 56-65 (♀) et 128-132 ha (♂). **Reproduction et démographie** Saisonnier. Accouplements en mars-avril ; naissances en mai-juin. Gestation de 42-45 jours. Portées de 1-6, en moyenne 3-4. Sevrage à 6 mois, les petits sortent des terriers à 60 jours. Dispersion à la fin de l'automne, vers 5-6 mois. MORTALITÉ Les taux annuels de disparition (y compris par émigration) sont de 53-86 %. Les premières causes sont la maladie et la prédation, surtout par les coyotes et grands rapaces. LONGÉVITÉ 12 ans en captivité, mais beaucoup moins dans la nature. **Statut et menaces** L'espèce a été décimée par les maladies introduites (maladie de Carré et peste) et les régressions en masse des colonies de chiens de prairie exterminées par l'homme ; 18 campagnes de réintroduction ont permis sa réapparition dans la nature, mais seules 3 populations sont autosuffisantes dans le Dakota du Sud et le Wyoming. Environ 500 adultes vivent dans la nature. Liste rouge EN.

LE PUTOIS DE SIBÉRIE *Mustela sibirica*

Vison de Sibérie
Ltc ♀ 25-30,5 cm, ♂ 28-39 cm ; Q 13,5-23 cm ; P ♀ 360-450 g, ♂ 650-820 g
Uniformément brun orange chaud, dessous un peu plus clair. Pelage d'été brun un peu plus sombre que son pelage d'hiver. Masque brun sombre à noir, museau et menton blancs. Au Japon, parfois considéré comme formant une espèce distincte, *M. itatsi*. **Distribution et habitat** Asie tempérée, Russie centrale et extrême orientale, nord de la Mongolie, est et sud de la Chine, Japon, Corée du Nord et du Sud, et dans une moindre mesure Népal, Bhoutan et nord de l'Indochine. Vit dans la forêt, steppe arborée, pelouses épaisses, brousse épaisse et zones humides. Fréquente les terres cultivées, plantations et zones urbaines, mais évite les paysages anthropiques ouverts. **Écologie alimentaire** Ses premières proies sont les petits rongeurs et les musaraignes, mais aussi insectes, vers de terre, crustacés, herptiles, oiseaux, oisillons, œufs et fruits, notamment des baies. Visite les nids des oiseaux coloniaux comme la sterne naine (estuaire de Nakdong, Corée du Sud) et parfois les poulaillers. En milieu urbain, comme au Japon, il se nourrit de déchets, d'offrandes (gâteaux, pain, etc.) et restes de poissons sur les quais. Principalement nocturno-crépusculaire et terrestre, mais très bon nageur. **Comportement social et spatial** Solitaire. Les adultes vivent sur des domaines vitaux stables qui chevauchent ceux d'autres adultes, mais ils s'évitent sauf pour former des couples à la saison de reproduction. Les superficies n'ont été estimées qu'au Japon : 1,3-1,7 (♀) et 1,4-4,4 ha (♂). **Reproduction et démographie** Saisonnier. Accouplements fin février-mars ; naissances début avril-juin. Portées de 2-12, en moyenne 5-6. Niche dans un terrier ou dans les creux des arbres ou des rochers, sous les bâtiments et les meules de foin dans les zones rurbaines. MORTALITÉ Inconnue. LONGÉVITÉ 8,8 ans en captivité. **Statut et menaces** Largement réparti et fréquent dans beaucoup de régions. Chassé pour sa fourrure (légalement en Russie) et sa viande, mais la chasse n'est probablement une menace qu'aux marges de son aire, comme au Laos et au Tibet. Liste rouge LC.

LE PUTOIS DES STEPPES *Mustela eversmanii*

Ltc 29-56,2 cm ; Q 7-18,3 cm ; P ♀ 400-800 g, ♂ 0,75-1,2 kg
Anciennement classé avec le putois d'Europe, très proche, et auquel il ressemble beaucoup, mais il est un peu moins sombre, la face est plus claire et les jarres sombres sont moins nombreux sur le corps. L'aire de répartition des 2 espèces se chevauche en Europe de l'Est et en Russie occidentale. Le furet domestique serait un descendant du putois des steppes et du putois d'Europe. **Distribution et habitat** Europe orientale, sud de la Russie, nord-centre de l'Asie, et nord et centre de la Chine, principalement sur les steppes, pelouses et semi-déserts, jusqu'à 2 600 m. Évite les zones à végétation épaisse, notamment la plupart des forêts. Fréquente les pâturages et terres cultivées, principalement en maïs et céréales. **Écologie alimentaire** Petits rongeurs et lagomorphes forment l'essentiel de son régime, surtout campagnols, mulots, gerbilles, hamsters, sousliks, marmottes, spalax et pikas. Se nourrit aussi d'oiseaux des prairies (surtout au printemps et en automne), notamment tétras, lagopèdes et faisans, et de reptiles, poissons, œufs et invertébrés. Chasseur essentiellement nocturno-crépusculaire et terrestre, la plupart des proies sont capturées et tuées dans les terriers. Charognard à l'occasion, il cache aussi ses surplus (par exemple, 50 sousliks en Russie). **Comportement social et spatial** Mal connu. Les adultes sont solitaires, les territoires des mâles recoupent largement ceux de plusieurs femelles. Une seule estimation des superficies : 127 (♀) et 354 ha (♂) (nord-ouest de la Hongrie). **Reproduction et démographie** Saisonnier. Accouplements en février-avril ; naissances en avril-juin. Gestation de 36-41 jours. Portées de 4-14, en moyenne 8-9. Sevrage vers 6 semaines ; dispersion à 3-4 mois. Les femelles se reproduisent pour la première fois à 9-10 mois. MORTALITÉ et LONGÉVITÉ Inconnues. **Statut et menaces** Son aire de répartition est vaste et il est fréquent dans beaucoup de régions ; considéré comme non menacé. La chasse, les aménagements opérés sur la steppe et les campagnes d'extermination visant ses proies sont des menaces potentielles, surtout en Europe orientale, en Mongolie et en Chine. Le chasser pour sa fourrure est légal en Russie. Liste rouge LC.

PUTOIS
À PIEDS NOIRS

PUTOIS DE SIBÉRIE

PUTOIS DES STEPPES

Pour les cartes de répartition des espèces, veuillez consulter le site : www.panthera.org/carnivoreguide

LE VISON D'EUROPE *Mustela lutreola*

Ltc ♀ 32-40 cm, ♂ 28-43 cm ; Q 12-19 cm ; P ♀ 400-600 g, ♂ 0,6-1,1 kg

Corps uniformément marron à brun café sombre, dessous un peu plus clair. Lèvre supérieure, menton et bout du museau blancs, parfois jusque sur la gorge et la poitrine. **Distribution et habitat** Ouest de la Russie, et populations isolées en Biélorussie, Estonie, Lettonie, Ukraine, littoral roumain et frontière franco-espagnole. Rarement à plus de 100 m d'un plan d'eau douce ; les habitats les plus favorables sont les cours d'eau lents, lacs et zones humides qui ne gèlent pas entièrement en hiver. **Écologie alimentaire** Semi-aquatique, il se nourrit de petites proies capturées le long des rives, comme des petits rongeurs : rat taupier, campagnol roussâtre, mulot gris et rat musqué introduit. Ses autres proies sont les petits poissons, grenouilles, crustacés, insectes aquatiques et plus rarement oiseaux et reptiles. Chasseur solitaire, nocturno-crépusculaire, terrestre ou aquatique ; il nage fort bien et poursuit sa proie sous l'eau où il peut rester en plongée de 5-20 secondes. Cache ses surplus. **Comportement social et spatial** Solitaire. Les vastes domaines vitaux des mâles recoupent ceux, plus restreints, de plusieurs femelles, mais peu de chevauchements intrasexuels (surtout chez les mâles). En automne et hiver, les parcours sont plus vastes pour englober un point d'eau libre : 0,3-5,1 (♀) et 2,9-11,4 km de rives (♂). Les densités sont de 2-12 visons/10 km de rives. **Reproduction et démographie** Saisonnier. Accouplements en février-avril (début mai en captivité) ; naissances en avril-juin. Gestation de 35-48 jours, sans implantation différée (71-76 jours signalés dans des fermes à fourrure). Portées de 2-7, en moyenne 4-5. Sevrage à 7-9 semaines, lorsque le jeune peut capturer de petites proies. MORTALITÉ La plupart des causes connues sont anthropiques, essentiellement le piégeage. LONGÉVITÉ 10 ans en captivité. **Statut et menaces** Les prélèvements excessifs pour sa fourrure et la destruction de son habitat (pollution des eaux, barrages et drainage) ont entraîné son extinction sur > 80 % de son aire d'origine dans au moins 10 pays. Les populations qui subsistent sont discontinues et menacées par la dégradation du milieu, les piégeages volontaires ou accidentels, les persécutions et les collisions routières. L'introduction du vison d'Amérique, plus grand et plus agressif, avec lequel il est en compétition, serait un facteur aggravant. Liste rouge EN.

LE VISON D'AMÉRIQUE *Neovison vison*

Ltc ♀ 30-40 cm, ♂ 33-43 cm ; Q 12,8-23 cm ; P ♀ 0,45-1,1 kg, ♂ 0,6-2,3 kg

Très semblable au vison d'Europe, mais plus grand et les taches blanches atteignent rarement la lèvre supérieure. Plus proche des mustélidés américains que du vison d'Europe, il est classé dans un genre à part, avec le vison de mer, *N. macrodon*, aujourd'hui disparu. **Distribution et habitat** Majeure partie du Canada et des États-Unis, y compris l'Alaska ; absent dans le sud des États-Unis. Introduit en Eurasie, Chili et Argentine. Vit près des cours d'eau à végétation épaisse, marais, zones humides, forêts marécageuses et plages du littoral. **Écologie alimentaire** Se nourrit de petits mammifères, oiseaux, poissons lents, herptiles, œufs et invertébrés aquatiques. En Amérique du Nord, il chasse beaucoup le rat musqué et les fluctuations de populations des 2 espèces sont étroitement liées. Visite les nids de gibier d'eau et d'oiseaux marins comme les goélands et sternes. Attaque volontiers la volaille. Solitaire, nocturno-crépusculaire, terrestre ou aquatique. Plonge jusqu'à 6 m de profondeur et nage jusqu'à 35 m sous l'eau. Cache ses surplus alimentaires. **Comportement social et spatial** Solitaire. Les domaines vitaux des mâles recoupent ceux, moins vastes, d'une ou plusieurs femelles. Les chevauchements intrasexuels peuvent être importants. Ils couvrent entre 1-4,2 (♀) et 1,5-11,1 km de rives (♂). Densités estimées dans les zones humides d'Amérique du Nord : 1,6-5,4 visons/km² (Wisconsin) à 25-42/km² (Louisiane, marécages à cyprès et tupelo). **Reproduction et démographie** Saisonnier. Accouplements en février-avril (début mai en Alaska) ; naissances en avril-juin. Gestation de 39-79 jours, avec une brève période d'implantation différée (développement de l'embryon de 30-32 jours). Portées de 2-8, en moyenne 4-5. Sevrage à 7-9 semaines. MORTALITÉ En Amérique du Nord, le piégeage en est la première cause. LONGÉVITÉ Rarement > 3 ans dans la nature, 8 en captivité. **Statut et menaces** Largement réparti et fréquent. C'est l'animal à fourrure le plus fréquent en Amérique du Nord et il s'en piège 400 000-700 000 par an. Menacé dans le sud de la Floride en raison des aménagements et dégradations des zones humides. Liste rouge LC.

LE PUTOIS D'EUROPE *Mustela putorius*

Putois commun, furet

Ltc ♀ 20,5-38,5 cm, ♂ 29,5-46 cm ; Q 7-14 cm ; P ♀ 400-920 g, ♂ 0,5-1,7 kg

Brun chocolat sombre à noir, sous-poil jaune chamois très visible sur le côté du cou. Face chamois à blanc argenté, masque sombre. C'est l'ancêtre du furet domestique (probablement par croisements avec le putois des steppes) et les hybrides sont féconds. **Distribution et habitat** Ouest de la Russie, nord de la Scandinavie, toute l'Europe occidentale et centrale, y compris GB (mais absent en Irlande), et nord du Maroc (probable introduction). Vit dans les forêts de plaine, steppes arborées, dunes plantées, marais, prés et vallées en milieu ouvert. Présent sur les terres agricoles et à proximité des villages. **Écologie alimentaire** Se nourrit principalement de petits rongeurs, musaraignes, lagomorphes, grenouilles et crapauds, mais aussi d'oiseaux, reptiles, poissons, anguilles, invertébrés et œufs ; ce sont essentiellement les jeunes qui mangent des fruits et autres matières végétales. Attaque les poulaillers et peut localement poser un problème. Solitaire, principalement nocturno-crépusculaire et terrestre. Charognard, il fréquente aussi parfois les décharges et mangeoires à oiseaux, et « fait les poubelles », surtout en hiver. Cache ses surplus, par exemple 40-120 grenouilles (Russie occidentale). **Comportement social et spatial** Solitaire. Les domaines vitaux des mâles recoupent ceux, moins vastes, d'une ou plusieurs femelles. Ceux des femelles sont exclusifs ; ceux des mâles se recoupent plus ou moins et deviennent plus exclusifs à la saison de reproduction. Ils couvrent de 0,65-1,65 (♀) à 1-3,05 km de rives (♂) en Pologne, et de 0,42-1,21 (♀) à 1,07-2,8 km² (♂) dans une mosaïque de forêt/terres agricoles fragmentée au Luxembourg. **Reproduction et démographie** Saisonnier. Accouplements en mars-juin ; naissances avril-début août, avec un pic à la mi-juillet. Gestation de 40-43 jours, sans implantation différée. Portées de 2-13, en moyenne 4-6 ; les portées nombreuses sont peut-être la conséquence d'une hybridation avec les furets. Sevrage à 5-7 semaines. MORTALITÉ Causes principalement anthropiques ; mais aussi la faim lors des hivers rudes, surtout pour les subadultes. LONGÉVITÉ < 5 ans dans la nature, 14 en captivité. **Statut et menaces** Largement réparti et relativement fréquent. Autrefois persécuté, ce qui a abouti à sa régression, comme en GB, mais il est aujourd'hui protégé et a récupéré dans de nombreuses régions. Les menaces localisées sont les collisions routières, la régression de ses proies, le piégeage pour sa fourrure et les représailles. L'hybridation avec les furets féraux altère sa lignée génétique dans certaines régions, comme dans le sud de l'Angleterre. Liste rouge LC.

Pour les cartes de répartition des espèces, veuillez consulter le site : www.panthera.org/carnivoreguide

LA BELETTE *Mustela nivalis*

Ltc 11,4-26 cm ; Q 7-9 cm ; P 25-300 g
C'est le plus petit des carnivores, sa queue est courte et jamais terminée de noir. La fourrure brune du dessus mue en hiver pour virer au blanc pur, sauf chez les populations méridionales, et des formes hivernales intermédiaires apparaissent dans les zones tempérées. Une espèce distincte est parfois décrite en Égypte, *M. subpalamta.* **Distribution et habitat** Mondiale, de ~ 35-40° N jusqu'à l'Arctique, en englobant Canada, Alaska, nord-est des États-Unis, Eurasie (de GB au Japon), centre de l'Asie et Afrique du Nord. Introduite en Nouvelle-Zélande, Malte, Crète, Açores et São Tomé. Présente dans presque tous les milieux offrant couvert et rongeurs, de la forêt au semi-désert, du niveau de la mer à 4 000 m. Vit dans les zones agricoles, pastorales et urbaines. **Écologie alimentaire** Spécialiste des petits rongeurs, elle chasse principalement des mulots, rats, campagnols, lemmings et rats du coton. Elle chasse aussi de plus gros mammifères, comme les lagomorphes, taupes et écureuils, tués surtout par les mâles. Se nourrit également d'oiseaux, oisillons, œufs, herptiles, poissons et invertébrés (principalement coléoptères et vers de terre). Tue rarement la volaille. Chasseur solitaire et cathéméral, constamment en activité afin de maintenir son métabolisme très élevé : elle tue 5-10 proies/24 h. Principalement terrestre, son petit corps tubulaire lui permet de pénétrer dans les terriers des rongeurs ou de suivre leurs tunnels sous la neige, mais elle poursuit aussi ses proies dans les arbres ou dans l'eau. Tue elle-même ses proies, mais peut devenir charognard en hiver. Cache ses surplus dans des terriers. **Comportement social et spatial** Solitaire et territoriale. Les territoires sont défendus avec agressivité contre les adultes de même sexe, mais les mâles abandonnent souvent leur territoire à la saison de reproduction pour se mettre en quête de femelles. Les territoires sont de 0,2-7 (♀) et 0,6-26 ha (♂). Les densités sont très fluctuantes, liées aux cycles de pullulation des rongeurs : 2,4-13 belettes/km² en Finlande, selon les effectifs des campagnols. **Reproduction et démographie** Non saisonnière, mais avec un pic des naissances du printemps à la fin de l'été. Gestation de 34-37 jours, sans implantation différée. Portées de 1-19, en moyenne 4-10. Sevrage à 4-7 semaines, et les juvéniles peuvent capturer leur première proie à 6-7 semaines. Maturité sexuelle à 3-4 mois (deux sexes). MORTALITÉ Le renouvellement des populations est très rapide, les taux annuels atteignant 75-97 % chez les adultes, principalement par manque de nourriture et prédation. LONGÉVITÉ Rarement > 2 ans dans la nature, 10 en captivité. **Statut et menaces** Largement répartie dans des milieux très divers. Serait naturellement rare en Amérique du Nord et elle a localement régressé dans certaines régions, comme en GB. Vulnérable à l'utilisation des pesticides et pourchassée dans certaines régions pour ses prélèvements sur le gibier à plume. Liste rouge LC.

L'HERMINE *Mustela erminea*

Ltc 17-34 cm ; Q 4,2-12 cm ; P 60-370 g
Petit mustélidé brun-roux à chocolat en pelage d'été, blanc en hiver, sauf chez les populations méridionales. La queue est terminée de noir. En Amérique du Nord, sa courte queue la distingue de l'espèce sympatrique, *M. frenata*, plus grande. **Distribution et habitat** Mondiale, entre ~ 35° N et l'Arctique, sur l'ensemble de l'Eurasie, Amérique du Nord et Groenland. Introduite en Nouvelle-Zélande. Vit dans des habitats très variés, de la toundra arctique au semi-désert, entre le niveau de la mer et 3 000 m. Présente sur les terres agricoles et pastorales. **Écologie alimentaire** Très semblable à celle de la belette commune, mais la proportion de grandes proies est plus élevée, surtout les lapins et écureuils. En l'absence de lagomorphes, ce sont les rongeurs qui tiennent la première place. Visite activement les nids où elle mange œufs et oisillons, mais elle se nourrit aussi d'oiseaux adultes, herptiles, invertébrés et fruits. S'attaque à la volaille. Chasseur principalement nocturne et terrestre, mais ses besoins énergétiques sont tels qu'elle doit être flexible quant à ses horaires de chasse. Parfois charognard, elle peut aussi fréquenter les décharges ; elle cache ses surplus alimentaires. **Comportement social et spatial** Solitaire et territoriale. Les vastes territoires des mâles recoupent largement ceux, plus restreints, d'une ou plusieurs femelles ; les adultes chassent les intrus de même sexe. Les mâles abandonnent leur territoire à la saison de reproduction pour se mettre en quête de femelles. Les territoires mesurent de 2-135 (♀) à 8-313 ha (♂). Densités : 3-10 hermines/km², exceptionnellement 22/km² lors des pullulations de rongeurs. **Reproduction et démographie** Saisonnière. Accouplements en juin-août ; naissances en avril-mai (de l'année suivante). Gestation de 223-378 jours, avec implantation différée (développement de l'embryon de 28-30 jours). Portées de 4-18, en moyenne 6-8. Sevrage à 4-12 semaines. Femelle sexuellement mature à 4-6 semaines et peut être gestante avant d'être sevrée. MORTALITÉ Taux annuels de 40-54 % (subadultes de 3-6 mois) à 78-83 % (adultes de 2,25-2,5 ans), principalement par manque de proies et prédation. LONGÉVITÉ Rarement > 3 ans dans la nature, 10 en captivité. **Statut et menaces** Largement répartie et relativement fréquente à abondante. Légalement piégée sur une grande partie de son aire en tant que prédateur de gibier et de volailles, ce qui ne semble pas représenter une menace grave. Liste rouge LC.

LE PUTOIS DES MONTAGNES *Mustela altaica*

Ltc 21,7-28,7 cm ; Q 9-14,5 cm ; P ♀ 120-220 g, ♂ 220-350 g
Dessus brun chamois clair, fonçant quelque peu en été, dessous crème clair à jaune crème. Pieds nettement blanc crème et queue non terminée de noir. **Distribution et habitat** Centre et nord de l'Asie, dans les montagnes de l'Himalaya, Pamir, Altaï et Tien Shan, ainsi que dans la majeure partie de la Russie, Chine et Mongolie ; non confirmé en Corée du Nord. Vit sur les alpages, pelouses, steppes et zones rocheuses à 1 500-5 200 m. Présent à proximité des villages reculés, et même à l'intérieur, dans les abris, granges et caves, mais évite les paysages agricoles dégradés. **Écologie alimentaire** Mal connue. Petits rongeurs et lagomorphes sont sans doute les principales proies : pikas, spalax, hamsters, sousliks et campagnols. Se nourrit aussi d'oiseaux (notamment les lagopèdes), œufs, herptiles, invertébrés et fruits. Cache ses surplus. **Comportement social et spatial** Mal connu. Présumé semblable aux mœurs sociales de la plupart des *Mustela* solitaires et territoriaux. **Reproduction et démographie** Mal connues ; probablement saisonnier. Accouplements en février-mars (Kazakhstan). Gestation de 35-40 jours, apparemment sans implantation différée. Portées de 2-8, exceptionnellement 13. MORTALITÉ Mal connue. Il semble que les populations connaissent d'importantes fluctuations, comme chez les autres mustélidés. LONGÉVITÉ Inconnue. **Statut et menaces** En régression sur une grande partie de son aire en raison de la dégradation de son habitat : surpâturage par le bétail et campagnes d'empoisonnement de ses proies. CITES Annexe III (Chine, Inde), Liste rouge NT.

Pour les cartes de répartition des espèces, veuillez consulter le site : www.panthera.org/carnivoreguide

LA BELETTE DE COLOMBIE *Mustela felipei*

Belette de Don Felipe

Ltc 21,7-22,5 cm ; Q 11,1-12,2 cm ; P ~ 120-150 g

Très petit mustélidé uniformément brun très sombre, y compris la queue, mais le dessous est orange chamois, avec parfois une petite tache sombre sur la poitrine. Facilement confondue avec *M. frenata*, mais la queue n'est pas terminée de noir. Histoire naturelle et écologie presque inconnues. **Distribution et habitat** Confinée aux Andes, Colombie et nord de l'Équateur, où on ne la connaît que par 6 individus et 5 observations, toutes dans la forêt d'altitude, à 1 123-2 700 m, généralement dans un biotope riparien ou dans une vallée (probablement en raison de l'échantillonnage). **Écologie alimentaire** Inconnue. Présumée spécialiste des rongeurs, comme les autres mustélidés. **Comportement social et spatial** Inconnu. Toutes les observations concernent un animal solitaire. **Reproduction et démographie** Inconnues. **Statut et menaces** Son aire de répartition est très restreinte et elle est naturellement rare si l'on en croit sa très faible présence dans les inventaires et les collections, comparée par exemple à *M. frenata*. Inféodée aux habitats forestiers de moyenne altitude qui subissent de fortes pressions dans les Andes : exploitation du bois et conversion en terres agricoles ou pâturages. Les autochtones tuent les mustélidés pour leur prédation sur la volaille et les cobayes domestiques, mais on ne sait pas si la belette de Colombie est une de leurs victimes. Liste rouge VU.

LA BELETTE À LONGUE QUEUE *Mustela frenata*

Ltc ♀ 20,3-22,8 cm, ♂ 22,8-26 cm ; Q 7,6-15,2 cm ; P ♀ 80-250 g, ♂ 160-450 g

Mustélidé au corps allongé portant une queue disproportionnellement allongée. Pelage d'été brun-roux chaud à brun chocolat, dessous blanc crème à jaune vif. Les populations septentrionales muent en hiver pour virer au blanc pur ; la queue est toujours terminée de noir, en toutes régions et en toutes saisons. Les populations méridionales ne changent pas de couleur. En Amérique centrale, Mexique et sud des États-Unis, la face porte des dessins blancs ou jaunes caractéristiques. **Distribution et habitat** Sud du Canada, États-Unis, Mexique, Amérique centrale, Venezuela, Colombie, Équateur, Pérou, extrême nord-ouest du Brésil et nord de la Bolivie, dans presque tous les milieux, arctiques ou alpins à tropicaux, mais absente de l'intérieur des déserts. Plus abondante dans les forêts claires, brousses, pelouses ripariennes, prairies et marais. Occupe les habitats modifiés, notamment les coupes, clôtures, champs, cultures et pâturages. **Écologie alimentaire** Généraliste opportuniste, son régime est très varié, mais les rongeurs, lagomorphes et insectivores en forment l'essentiel. Ses proies les plus fréquentes sont les campagnols, souris à pattes blanches, rats du coton, néotomas, tamias, musaraignes, taupes, pikas, lapins, lapins des volcans (Mexique) et lièvres à raquettes (principalement les jeunes). Également oiseaux, reptiles (notamment serpents rois et serpents taupes), insectes et œufs ; important visiteur de nids dans certaines régions. Tue parfois d'autres petits carnivores, essentiellement d'autres petits mustélidés. S'attaque à la volaille ; une observation crédible de prédation sur des porcelets de 3 jours. Chasseur principalement nocturno-crépusculaire mais flexible ; devient plus diurne en hiver. N'hiberne pas. Elle chasse principalement à la vue et à l'odorat, elle fouille sans répit les terriers, creux, nids et troncs. La mise à mort est caractéristique : elle s'enroule autour de la victime et la mord à la nuque (petites proies) ou à la gorge pour l'étouffer. Les adultes capturent 3-4 proies par jour ; au Colorado, une population estimée à 8 000 individus tue tous les ans ~ 11 millions de proies (principalement des rongeurs). Charognard, elle fréquente aussi les décharges et cache ses surplus alimentaires. **Comportement social et spatial** Solitaire, sur des domaines vitaux durables qui se chevauchent, mais en se réservant le noyau central. Les adultes s'évitent sauf pendant la saison de reproduction, lorsque les mâles cherchent les femelles et repoussent les autres mâles. Des couples s'associent parfois en dehors de la saison de reproduction, par exemple pour partager un terrier. Le domaine vital des mâles englobe ceux d'une ou plusieurs femelles et, à la saison de reproduction, ils tentent d'agrandir ce territoire pour augmenter leurs chances de rencontrer des femelles : de 0,52 (♀) et 1,8 km² (♂) dans un habitat agricole fragmenté en Indiana, mais 0,1-0,24 km² pour les deux sexes dans un habitat plus favorable. Densités : 0,4-0,8 belette/km² (habitat rural) à 19-38/km² (chênaies et marais de bonne qualité). **Reproduction et démographie** Saisonnière. Accouplements en juillet-août (Amérique du Nord) ; naissances en avril-mai (de l'année suivante). Gestation de 205-337 jours, avec implantation différée (développement de l'embryon de 21-28 jours). Portées de 4-9, en moyenne 6. Sevrage vers 35-36 jours, indépendance à 3 mois. Les femelles sont sexuellement matures à 9-12 semaines ; les mâles se reproduisent normalement dans leur 2e année. MORTALITÉ Les taux sont mal connus, mais le renouvellement des populations est rapide, le fort taux de mortalité étant compensé par le fort taux de reproduction. La mortalité naturelle vient principalement de la prédation : rapaces, renards et coyotes. LONGÉVITÉ Rarement plus de 3 ans dans la nature. **Statut et menaces** C'est le mustélidé le plus largement répandu du Nouveau Monde et celui dont la tolérance est la plus grande en matière d'habitat. Les populations peuvent beaucoup fluctuer, et très rapidement, suivant l'abondance des proies. Les densités diminuent lorsque l'agriculture devient plus intensive, ce qui provoque des extinctions localisées lorsque le nombre de proies diminue. Le piégeage est légal en Amérique du Nord, mais elle ne fait plus l'objet d'une exploitation commerciale. Liste rouge LC.

LA BELETTE DES TROPIQUES *Mustela africana*

Ltc 24-38 cm ; Q 16-21 cm ; P ~ 100-300 g

Petit mustélidé au pelage uni, brun-roux à brun sombre, y compris la queue. Dessous clair chamois à crème, coupé d'une rayure brune du ventre à la poitrine ou jusqu'à la gorge ; chez certains individus, cette rayure est discontinue, en 2-3 segments. Histoire naturelle et écologie très mal connues. **Distribution et habitat** Confinée dans le bassin de l'Amazone en Bolivie, Brésil, sud de la Colombie, est de l'Équateur et est du Pérou. Toutes les observations ont été faites dans la forêt tropicale de plaine. **Écologie alimentaire** Inconnue. Présumée spécialiste des rongeurs, comme les autres mustélidés. Serait diurne : une observation à 10 heures du matin. **Comportement social et spatial** Inconnu. La plupart des observations concernent un animal solitaire ; une observation d'un groupe de 4, sans doute une femelle suitée. **Reproduction et démographie** Inconnues. **Statut et menaces** Statut de conservation inconnu pour l'essentiel. Son aire de répartition est vaste et une grande partie des habitats sont bien préservés ; elle a été observée dans quelques zones protégées. On ignore sa tolérance en matière d'habitat, mais la déforestation et la progression de l'agriculture et de l'élevage seraient les principales menaces. Liste rouge LC.

BELETTE DE COLOMBIE

BELETTE À LONGUE QUEUE

BELETTE DES TROPIQUES

Pour les cartes de répartition des espèces, veuillez consulter le site : www.panthera.org/carnivoreguide

LA BELETTE À VENTRE JAUNE *Mustela kathiah* — Planche 86

Ltc 20-29 cm ; Q 12,5-18 cm ; P ~ 150-300 g
Petit mustélidé brun-roux à marron sombre, dessous orange chamois ou jaunâtre, dessous de la face visiblement blanc. Les pieds peuvent être mouchetés de blanc. Histoire naturelle et écologie très mal connues. **Distribution et habitat** Sud-est de la Chine (~ 80 % de son aire), nord et est de l'Indochine, nord du Myanmar, et Himalaya, du Bhoutan au Cachemire. Il vit principalement dans les forêts tempérées, steppes et déserts, à 1 000-5 200 m. Présent dans des parcelles de forêts ou mosaïques de brousses très dégradées, comme à Hong Kong, du niveau de la mer à 200 m, ou dans le nord du Laos. **Écologie alimentaire** Inconnue. Présumé se nourrir de rongeurs et autres petits vertébrés et invertébrés, à l'instar des autres mustélidés. **Comportement social et spatial** Inconnu. Toutes les observations concernent des individus solitaires. **Reproduction et démographie** Inconnues. **Statut et menaces** Son statut de conservation est mal connu, mais l'espèce est présente dans des habitats très dégradés et des zones soumises à de fortes pressions de chasse, comme à proximité de la ville de Phongsaly (Laos), ce qui semble indiquer qu'il tolère la perte de son habitat et résiste aux pressions anthropiques. CITES Annexe III (Inde), Liste rouge LC.

LE PUTOIS À DOS RAYÉ *Mustela strigidorsa*

Ltc 25-32,5 cm ; Q 13-20,5 cm ; P 0,7-2 kg
Petit mustélidé acajou foncé à brun-roux sombre, fine rayure dorsale blanc argenté ou crème courant du sommet de la tête à la base de la queue. Joues et gorge blanc crème à jaune crème devenant une fine ligne jaune le long du ventre, jusqu'à l'aine. Histoire naturelle et écologie très mal connues. **Distribution et habitat** Nord-est de l'Inde, nord et centre du Myanmar, sud de la Chine, nord de la Thaïlande, nord et centre du Laos et du Vietnam. La plupart des observations proviennent de forêts sempervirentes de montagne jusqu'à 2 500 m, et biotopes associés : forêts secondaires et de bambous, ou brousse et pelouses. **Écologie alimentaire** Mal connue. Un putois a été observé attaquant un rat-bandicoot de trois fois sa taille, et un autre transportait ce que l'on a pensé être un rat à ventre blanc. Les autochtones racontent qu'il tue la volaille ; 2 putois vendus sur un marché laotien avaient apparemment été tués lors de visites de poulaillers et le seul individu capturé pour les études scientifiques avait été appâté avec un poulet vivant (nord-est de la Thaïlande). **Comportement social et spatial** Inconnu. Toutes les observations concernent des animaux solitaires. Apparaît très rarement dans les inventaires de faune sauvage, y compris dans les pièges photographiques, ce qui semble indiquer qu'il est naturellement rare, mais cela reste à confirmer. **Reproduction et démographie** Inconnues. **Statut et menaces** Son statut de conservation est mal connu. N'a aucune valeur économique et n'apparaît pas souvent sur les marchés, sinon en Chine où 3 000-4 000 animaux étaient prélevés annuellement dans les années 1970. Parfois tué pour sa prédation sur la volaille. Liste rouge LC.

LE PUTOIS À PIEDS NUS *Mustela nudipes*

Ltc 30-36 cm ; Q 24-26 cm ; P ~ 1 kg
Mustélidé très caractéristique par sa coloration orange vif à brun rougeâtre, cou généralement orange plus clair et tête blanc crème à orange clair. Moitié distale de la queue orange clair à blanche. Histoire naturelle et écologie très mal connues. **Distribution et habitat** Sumatra, Bornéo, péninsule malaise et sud de la Thaïlande ; mais les signalements sur Java sont erronés. Vit dans les forêts tropicales de plaine ou vallonnées, forêts à bruyères, forêts marécageuses, forêts de montagne et brousse de montagne, entre le niveau de la mer et 1 700 m. Parfois présent dans les habitats dégradés, notamment les plantations d'essences introduites ou les zones périurbaines. **Écologie alimentaire** Inconnue. Serait analogue à celle des autres petits *Mustela* : petits rongeurs, oiseaux, œufs et herptiles. **Comportement social et spatial** Inconnu. La plupart des observations concernent des animaux solitaires ou par 2, toujours au sol ou sur des objets au sol, rochers ou souches. **Reproduction et démographie** Inconnues. **Statut et menaces** Son statut de conservation est très mal connu. Il serait assez largement répandu, mais rarement signalé et difficile à observer. Il a été signalé dans des habitats dégradés, notamment les zones urbaines, signe d'une certaine tolérance aux pressions anthropiques ; sa présence en altitude le protège des fortes pressions qui pèsent sur la forêt de plaine dans la région de la Sonde. Liste rouge LC.

LE PUTOIS D'INDONÉSIE *Mustela lutreolina*

Ltc 29,7-321 cm ; Q 13,6-17 cm ; P 300-340 g
Petit mustélidé uniformément brun sombre, dessous un peu plus clair, avec parfois des régions blanc crème peu visibles sur le menton, la gorge, le haut de la poitrine et l'aine. Le pelage n'est pas autrement marqué. C'est l'un des carnivores les plus mal connus : 15 spécimens dans les collections et une seule observation dans la nature. Histoire naturelle et écologie très mal connues. **Distribution et habitat** Java et sud de Sumatra (incertain sur le reste de l'île), où il est confiné aux montagnes, à 1 000-3 000 m. Tous les signalements viennent des forêts de montagne, sauf une dans la brousse alpine au-dessus de la ligne des arbres à 3 000 m (mont Kerinci, Sumatra). **Écologie alimentaire** Inconnue. Son régime serait analogue à celui des autres petits *Mustela* : petits rongeurs, oiseaux, œufs et herptiles. **Comportement social et spatial** Inconnu. Toutes les observations concernent des animaux solitaires, à l'exception d'une seule fois où 4 animaux ont été vus à la queue leu leu, presque certainement une mère et ses 3 grands juvéniles. Apparaît très rarement dans les inventaires et pièges photographiques, ce qui semble indiquer qu'il est naturellement rare, mais cela reste à confirmer. **Reproduction et démographie** Inconnues **Statut et menaces** Son statut de conservation est très mal connu. Son habitat de forêt montagnarde subit de fortes pressions : exploitation illégale et transformation en plantations, par exemple de café. On ignore sa tolérance en matière d'habitat et son degré d'inféodation à la forêt intacte. Il n'est pas recherché pour le commerce de la fourrure et la chasse est moins une menace en montagne que dans la plaine. Liste rouge DD.

BELETTE
À VENTRE JAUNE

PUTOIS À DOS RAYÉ

PUTOIS À PIEDS NUS

PUTOIS D'INDONÉSIE

Pour les cartes de répartition des espèces, veuillez consulter le site : www.panthera.org/carnivoreguide

CRÂNES

Il est rare de trouver un crâne de carnivore, mais pour ceux qui ont la chance de passer beaucoup de temps dans la nature, les pages ci-dessous seront un précieux guide de détermination.

Les carnivores se distinguent à leurs dents jugales caractéristiques. Aux premiers temps de leur évolution, la dernière prémolaire supérieure et la première molaire inférieure se sont modifiées pour former des cisailles aplaties appelées carnassières. Celles-ci sont caractéristiques des véritables carnivores. Chez la plupart des mammifères qui ont évolué en mangeurs de viande, les molaires postérieures se sont aplaties pour pouvoir déchirer la viande. Chez les véritables carnivores, les carnassières sont situées au milieu de la rangée de dents, devant les molaires postérieures. Cette disposition a permis de libérer les molaires des Carnivora pour d'autres usages. Avec le temps, celles-ci sont devenues de plus en plus robustes chez différentes espèces, les bords tranchants se sont réduits, tandis que la surface de broyage s'élargissait, ce qui leur permettait de manger aussi des os, ainsi que des insectes, des graines et autres matières végétales.

Cette denture à double usage comprend donc des dents qui déchirent (les carnassières) et des dents qui broient (les molaires). Les chiens en sont l'exemple type et la plupart des carnivores actuels portent les deux types de dents. Ce type de denture permet la transition vers un régime alimentaire plus végétarien, les carnassières devenant de moins en moins coupantes et se rapprochant des molaires pour le broyage de matières végétales coriaces. Chez le grand panda et le panda roux, le tranchant des carnassières a complètement disparu et les deux espèces sont exclusivement végétariennes. L'évolution prend parfois une autre voie : les molaires postérieures rétrécissent progressivement jusqu'à perdre toute aptitude à broyer les aliments et toutes les dents sont des carnassières seulement aptes à déchirer la viande. Cette denture de supercarnivores est particulièrement évoluée chez les félins, et les félins actuels ont perdu toutes leurs molaires postérieures qui ne subsistent qu'à l'état de plots inutiles.

La gamme variée de combinaisons entre carnassières et molaires a donné aux carnivores une grande flexibilité évolutive qui leur a permis de dominer les autres groupes de mammifères primitifs qui utilisaient leurs molaires pour déchirer la viande ; la plupart de ces groupes ont disparu.

Bien qu'elles ne soient pas réservées aux carnivores, les canines sont les dents les plus caractéristiques et les plus emblématiques des crânes de carnivores. Elles servent essentiellement à agripper la proie et à la tuer, mais aussi à mordre en défense, notamment dans les combats territoriaux. Situées sur l'avant de la denture, les incisives, les plus petites des dents, servent essentiellement au toilettage de la fourrure et à quelques autres usages alimentaires comme plumer les oiseaux ou éplucher les fruits.

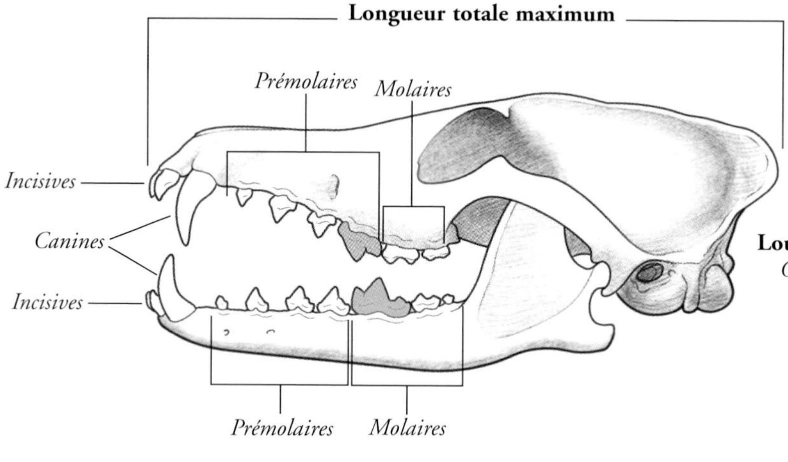

Loup d'Abyssinie
Canis simensis

Crâne

Crâne d'un loup d'Abyssinie illustrant les différentes catégories de dents présentes chez les carnivores. Chez les Carnivora, les carnassières typiques (ombrées) sont la dernière prémolaire supérieure et la première molaire inférieure. Les chiffres des illustrations ci-dessous indiquent la longueur du crâne pour chaque espèce (longueur totale maximum dans la nomenclature scientifique, soit la longueur entre les points les plus distants du crâne).

Planche 1

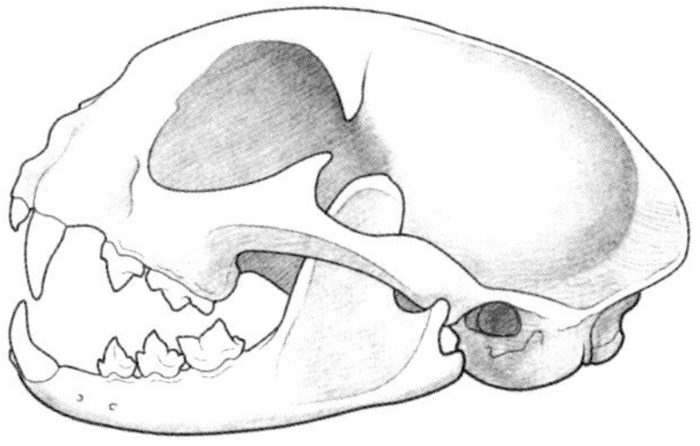

9-10 cm

Chat du désert de Chine
Felis bieti

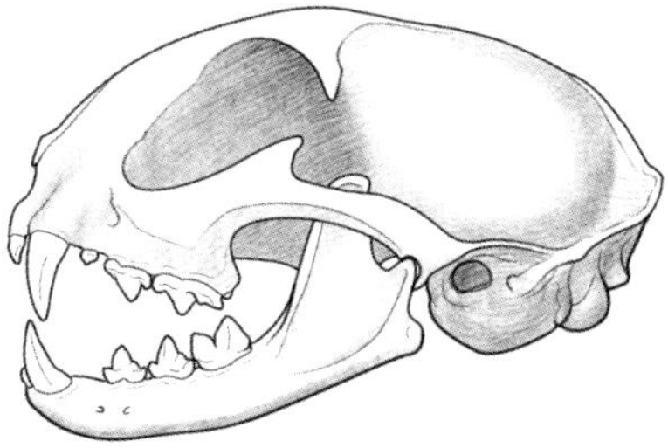

8-11,2 cm

Chat sauvage
Felis silvestris

Planche 2

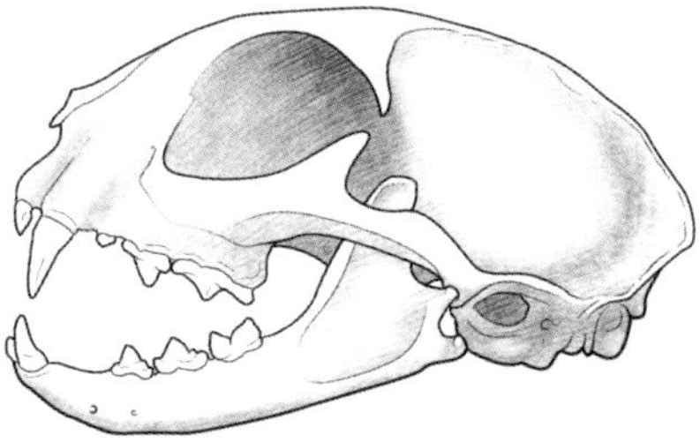

7,2-8,7 cm
Chat à pieds noirs
Felis nigripes

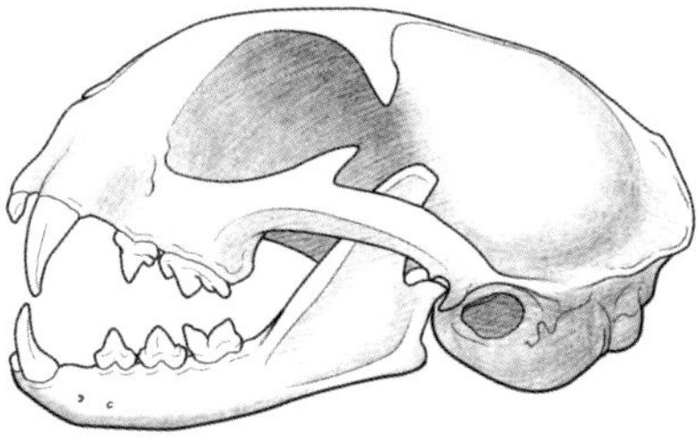

8-9,5 cm
Chat des sables
Felis margarita

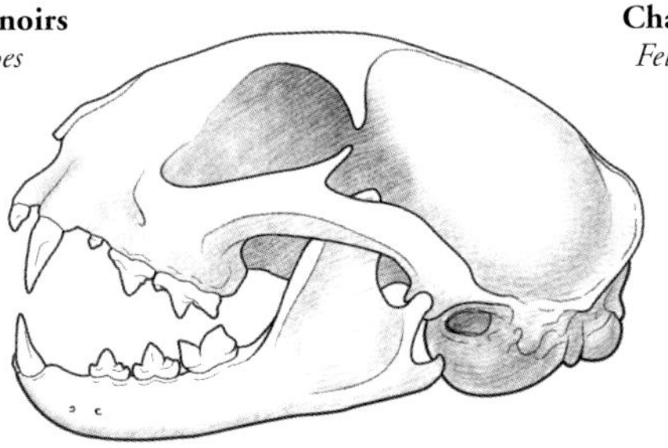

9,8-14 cm

Chat des marais
Felis chaus

Planche 3

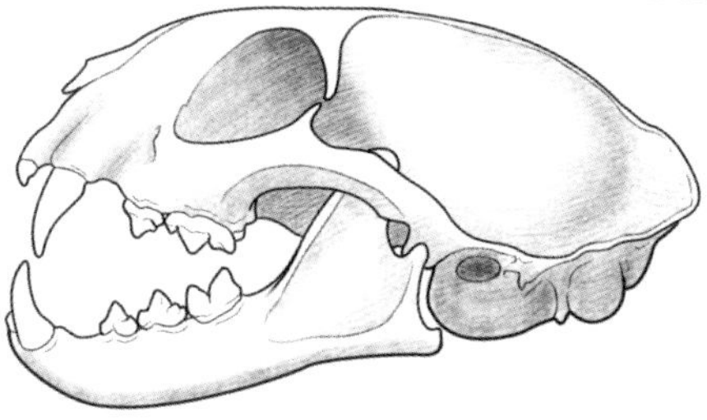

7,9-10,2 cm

Chat du Bengale
Prionailurus bengalensis

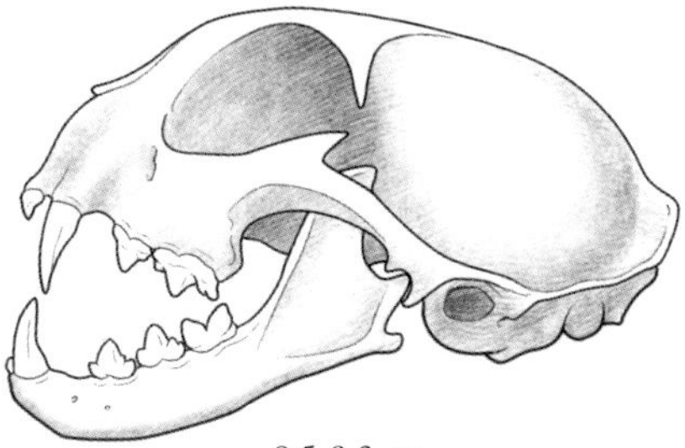

8,5-9,3 cm

Manul
Otocolobus manul

Planche 4

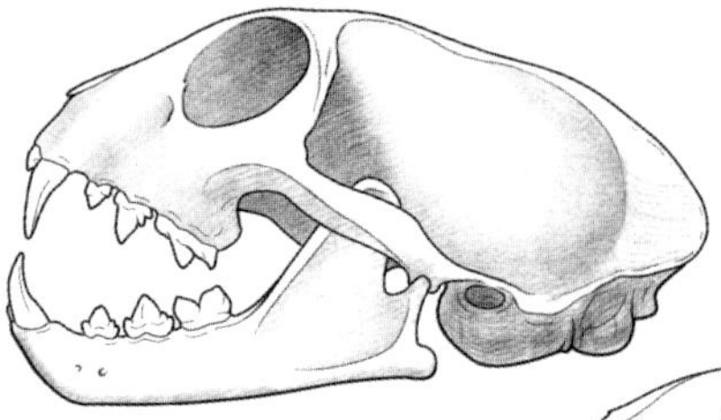

9-9,8 cm

Chat à tête plate
Prionailurus planiceps

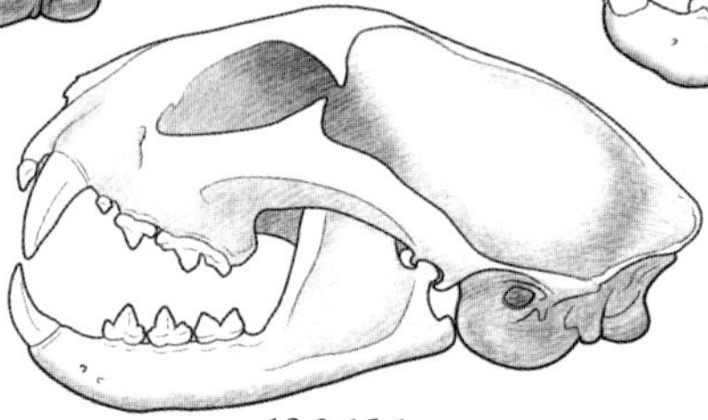

12,3-15,1 cm

Chat pêcheur
Prionailurus viverrinus

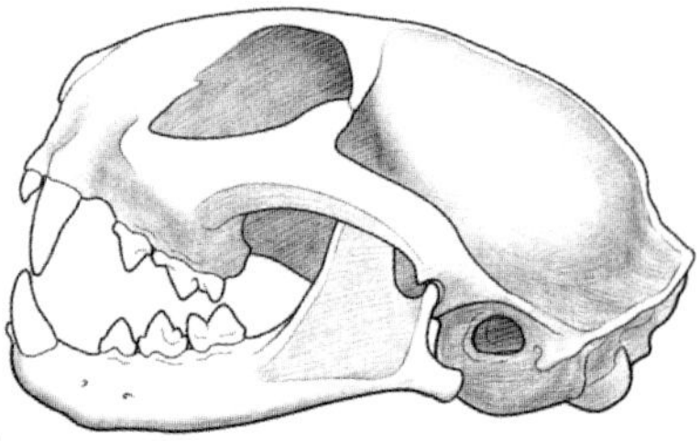

7,3-7,9 cm

Chat rougeâtre
Prionailurus rubiginosus

Planche 5

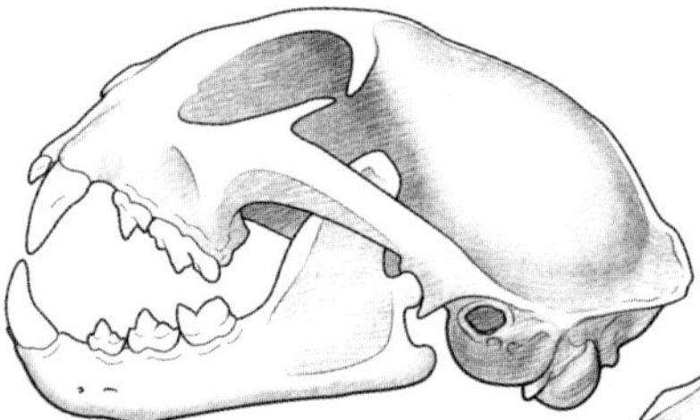

8,8-10,3 cm

Chat marbré
Pardofelis marmorata

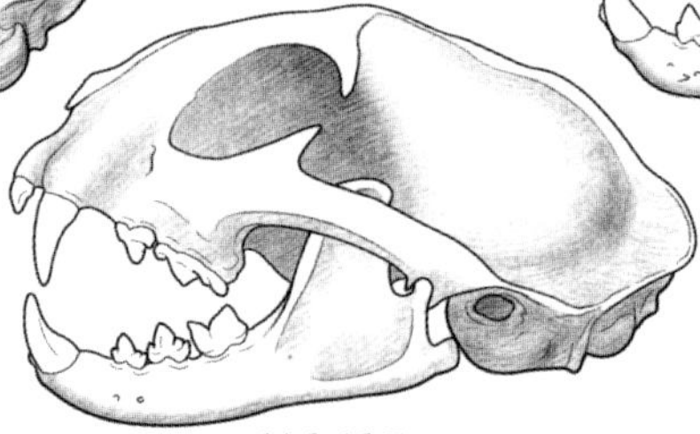

11,9-15,7 cm

Chat doré d'Asie
Pardofelis temminckii

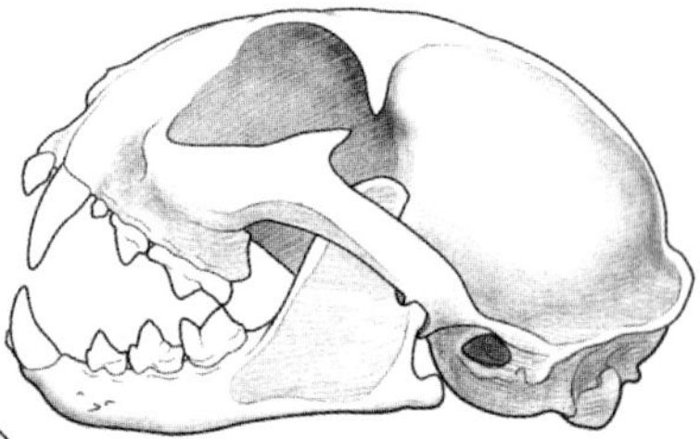

~ 8,5-10 cm

Chat doré de Bornéo
Pardofelis badia

Planche 6

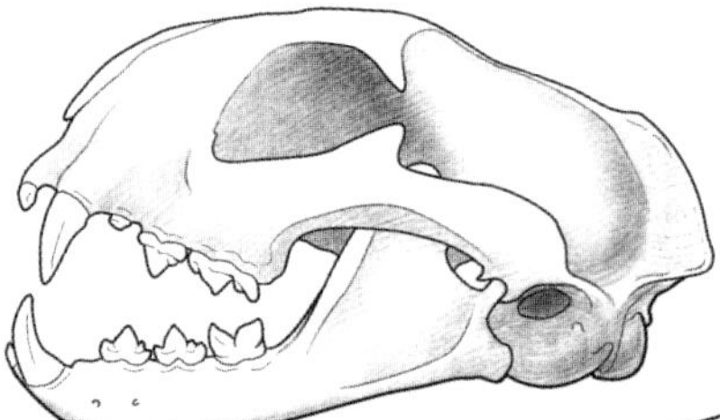

10,5-14 cm

Serval
Leptailurus serval

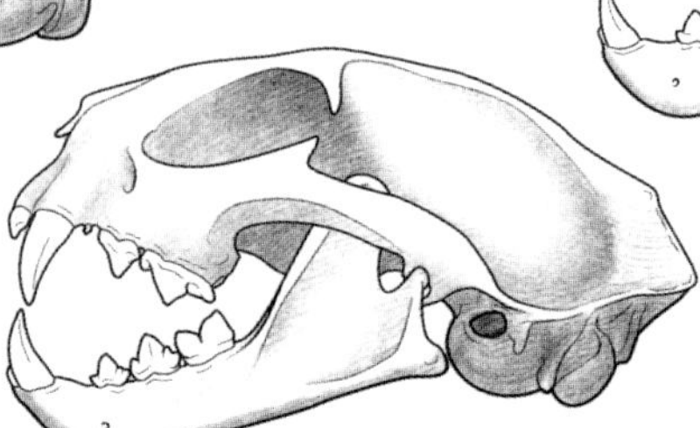

12,6-14,6 cm

Chat doré d'Afrique
Profelis aurata

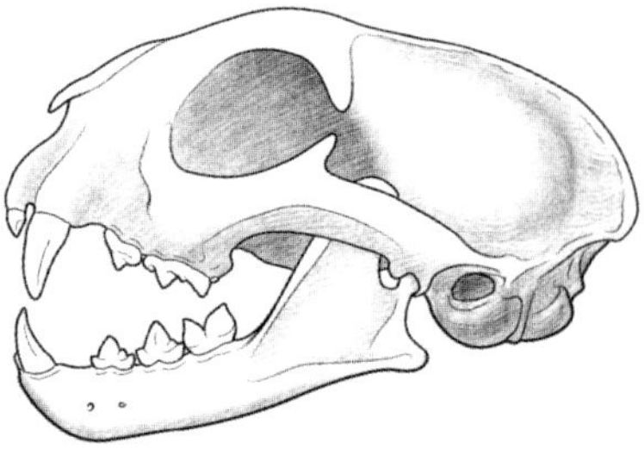

11-15 cm

Caracal
Caracal caracal

Planche 7

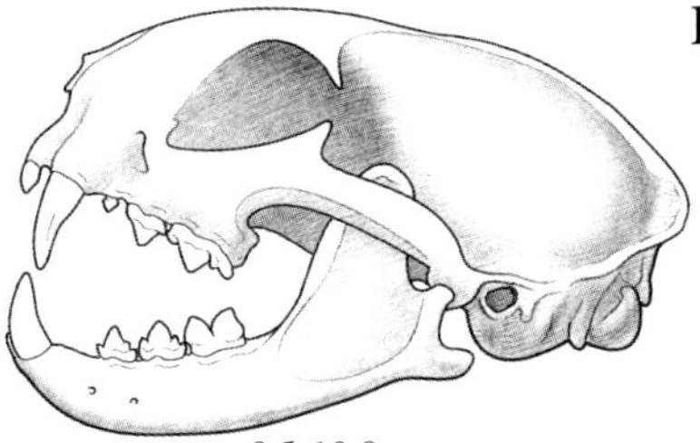

8,5-10,8 cm

Chat de Geoffroy
Leopardus geoffroyi

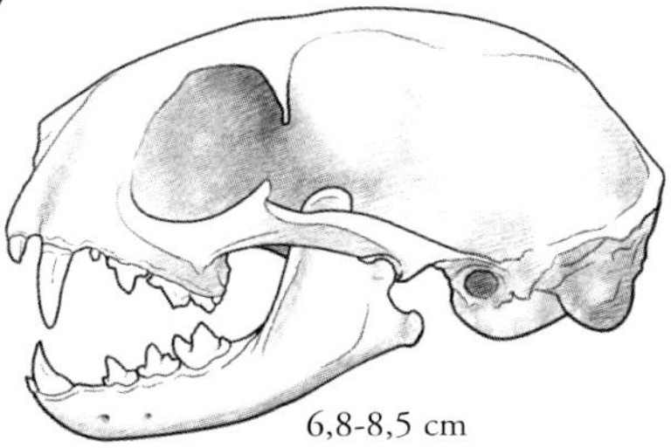

6,8-8,5 cm

Oncille
Leopardus tigrinus

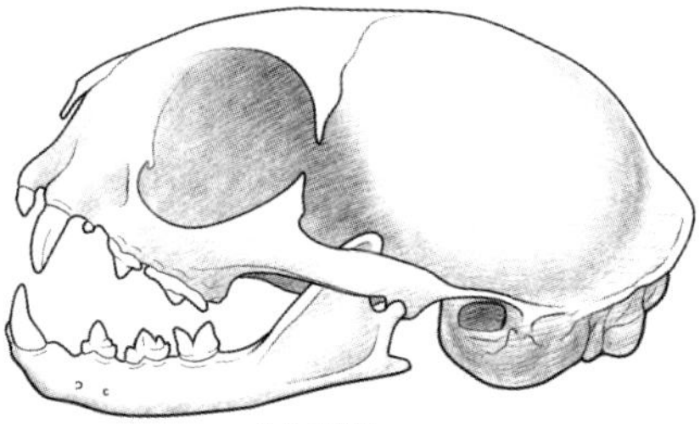

8,7-10,7 cm

Margay
Leopardus wiedii

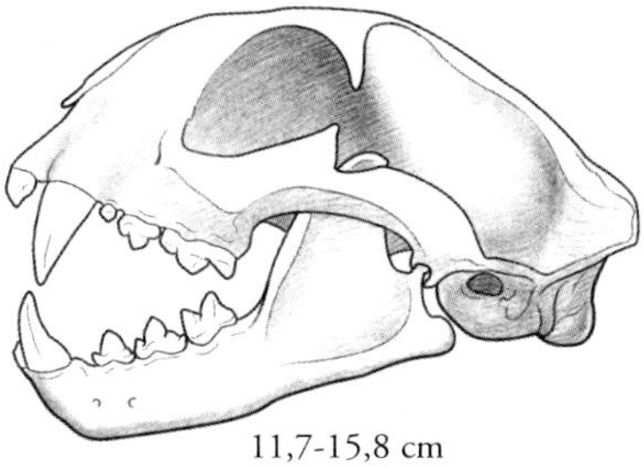

11,7-15,8 cm

Ocelot
Leopardus pardalis

Planche 8

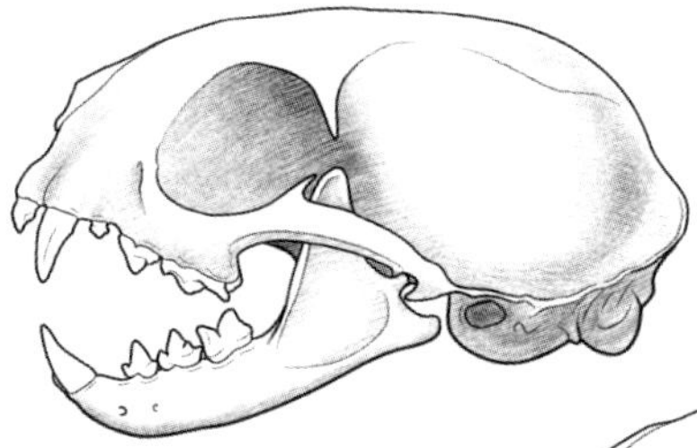

7,9-8,6 cm

Kodkod
Leopardus guigna

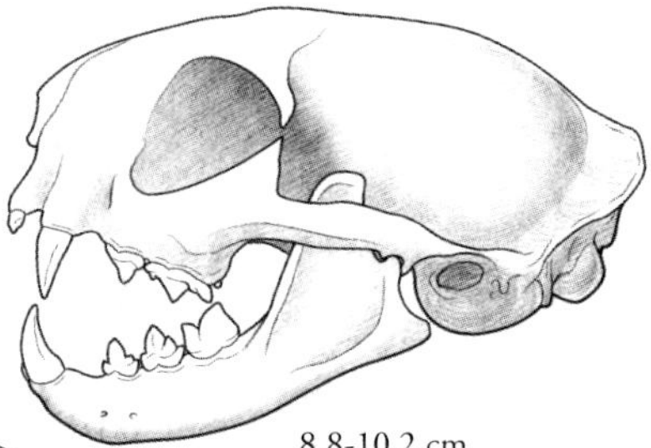

8,8-10,2 cm

Chat des pampas
Leopardus colocolo

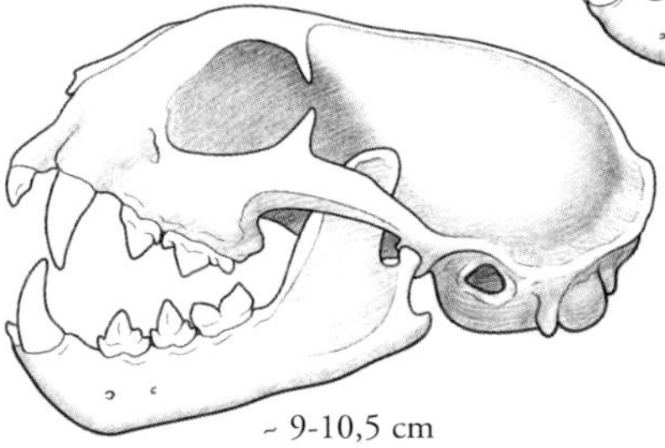

~ 9-10,5 cm

Chat des Andes
Leopardus jacobita

Planche 9

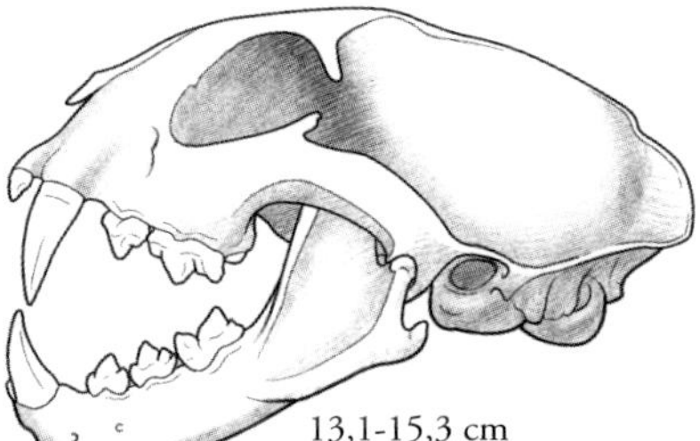

13,1-15,3 cm

Lynx d'Eurasie
Lynx lynx

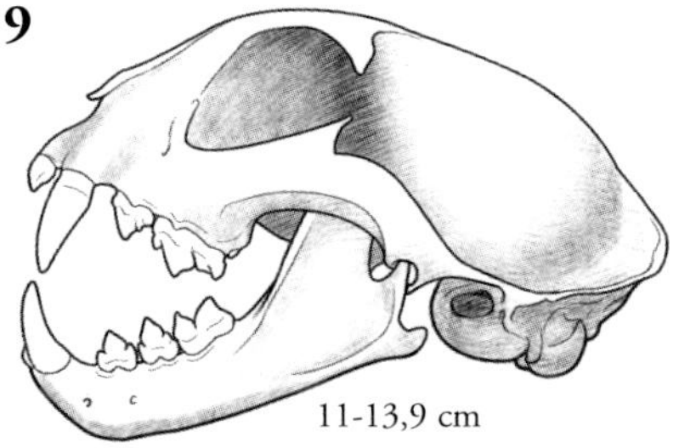

11-13,9 cm

Lynx pardelle
Lynx pardinus

Planche 10

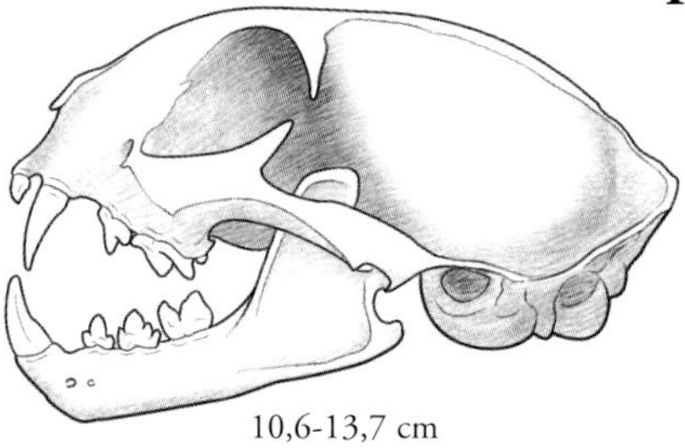

10,6-13,7 cm

Lynx roux
Lynx rufus

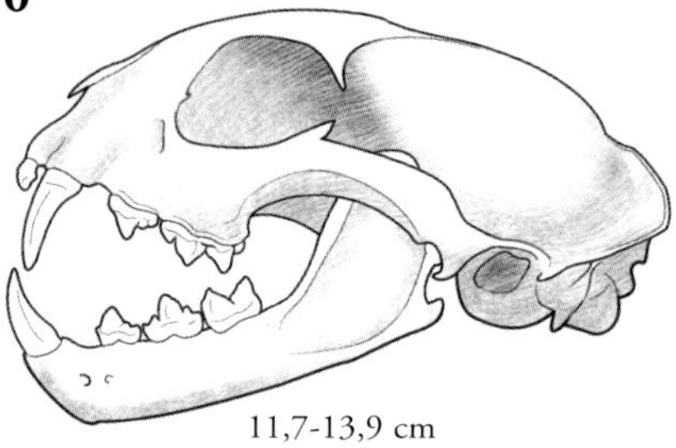

11,7-13,9 cm

Lynx du Canada
Lynx canadensis

Planche 11

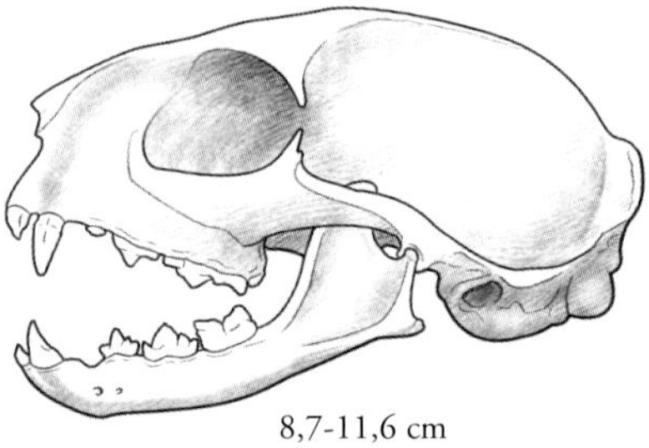

8,7-11,6 cm

Jaguarondi
Puma yagouaroundi

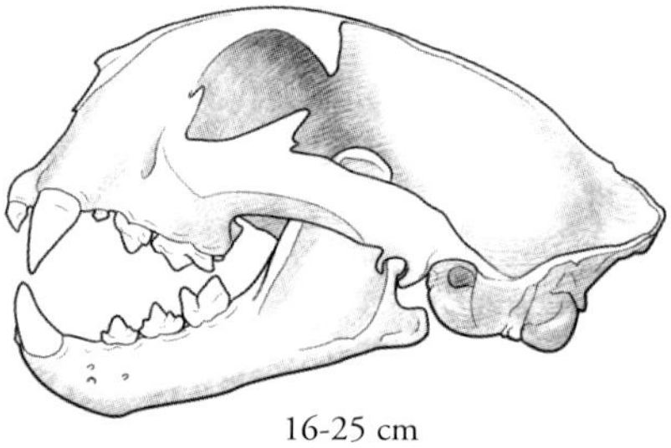

16-25 cm

Puma
Puma concolor

Planche 12

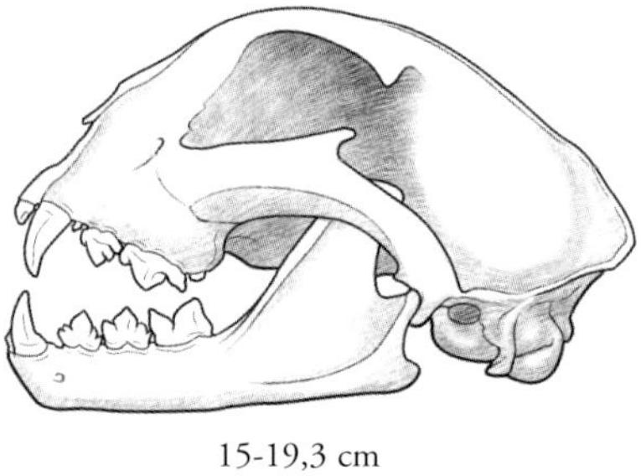

15-19,3 cm

Guépard
Acinonyx jubatus

Planche 13

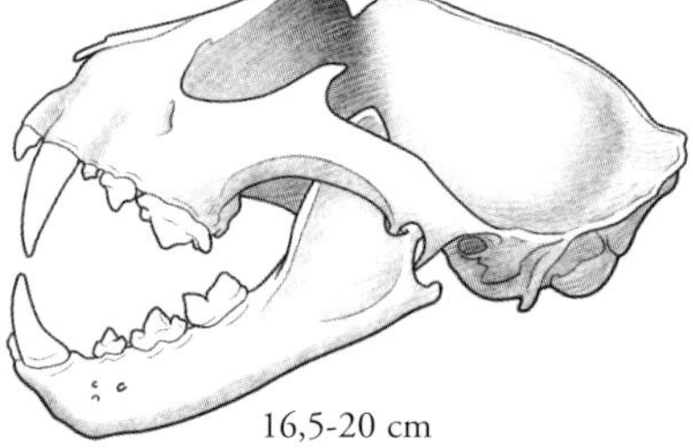

16,5-20 cm

Panthère des neiges
Panthera uncia

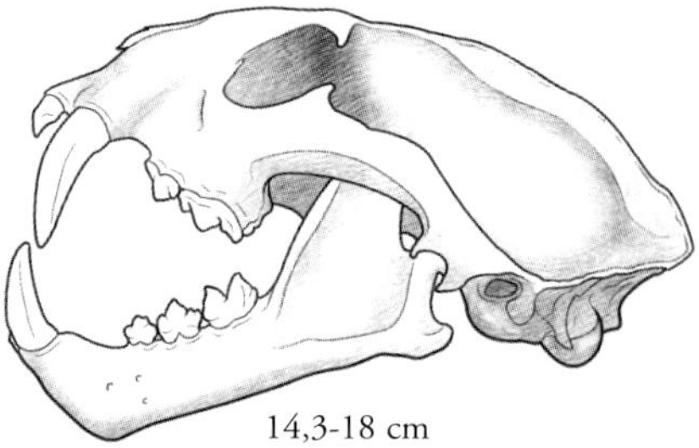

14,3-18 cm

Panthère longibande
Neofelis nebulosa, N. diardi

FELIDAE

Planche 14

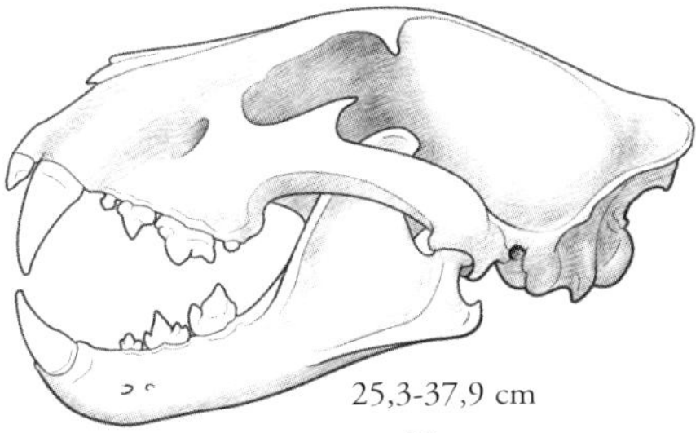

25,3-37,9 cm

Tigre
Panthera tigris

Planche 15

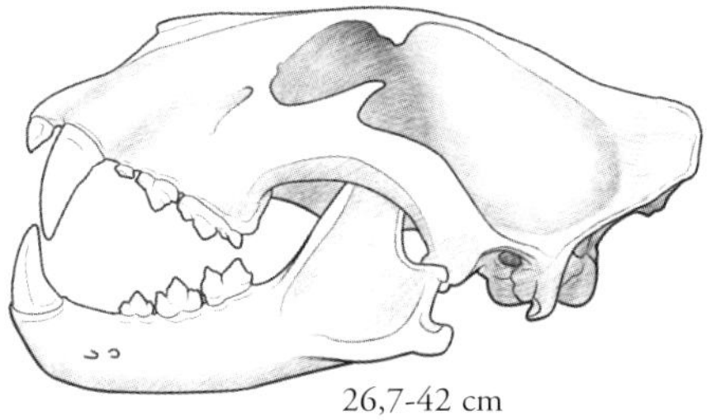

26,7-42 cm

Lion
Panthera leo

Planche 16

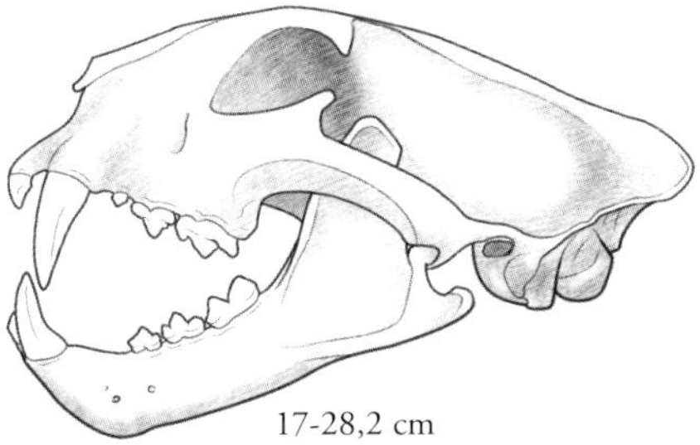

17-28,2 cm

Léopard
Panthera pardus

Planche 17

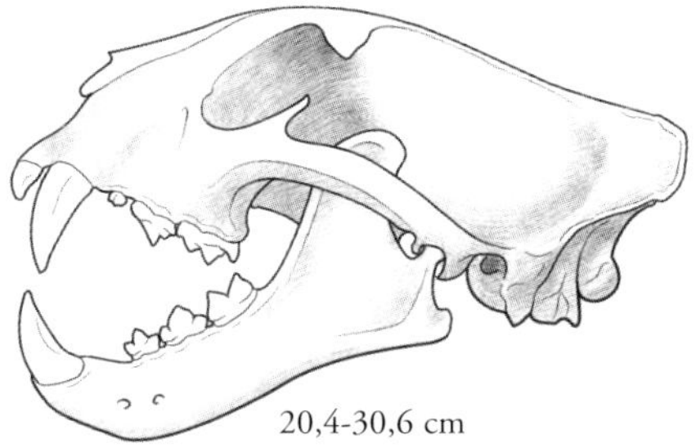

20,4-30,6 cm

Jaguar
Panthera onca

HYAENIDAE

Planche 18

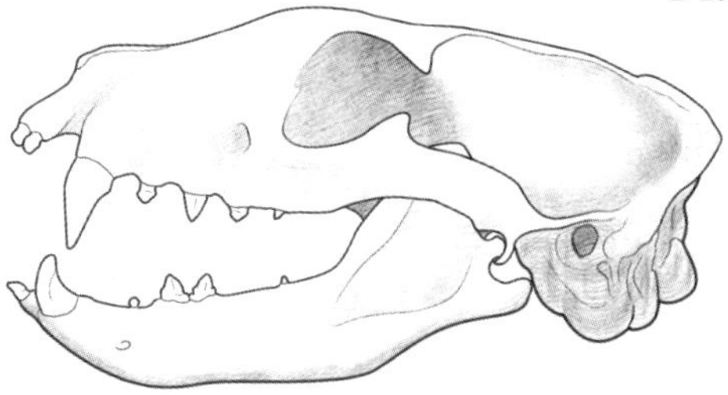

13,9-15,5 cm

Protèle
Proteles cristata

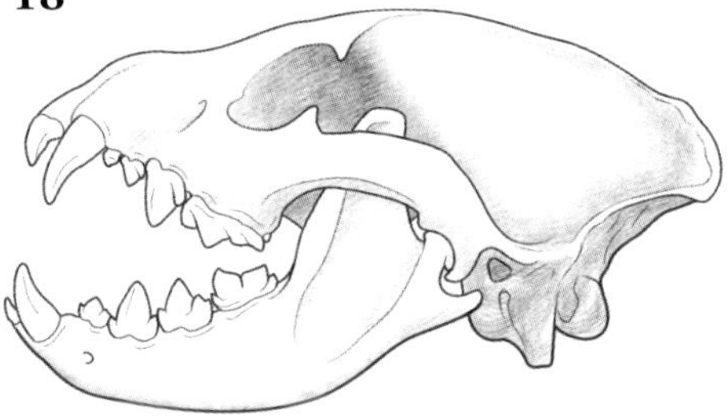

23,3-26,5 cm

Hyène rayée
Hyaena hyaena

Planche 19

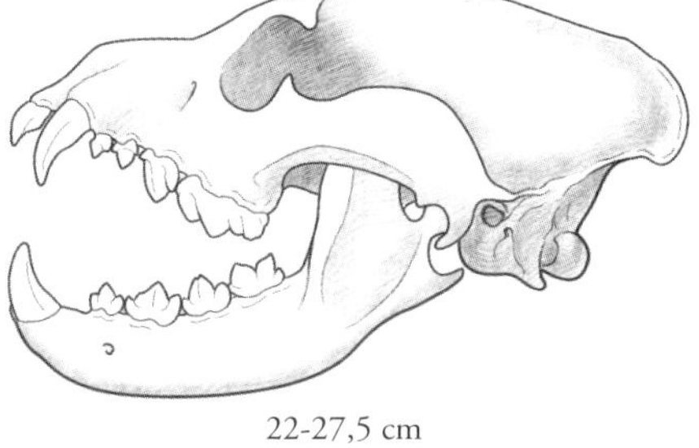

22-27,5 cm

Hyène brune
Parahyaena brunnea

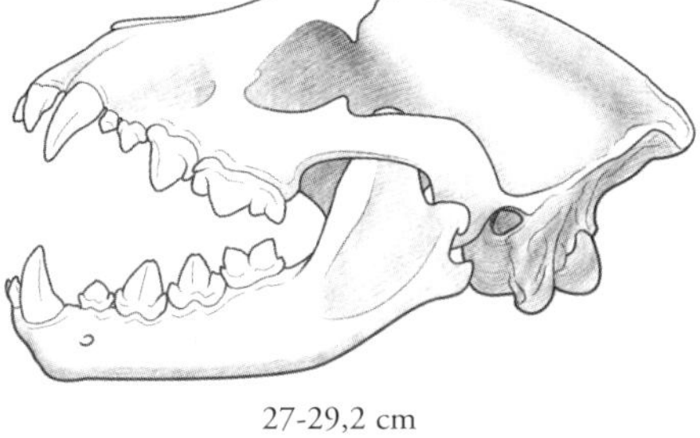

27-29,2 cm

Hyène tachetée
Crocuta crocuta

Planche 20

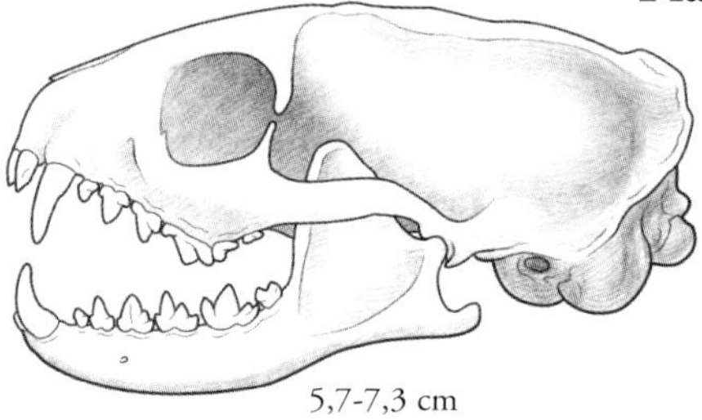

5,7-7,3 cm

Petite mangouste indienne
Herpestes auropunctatus

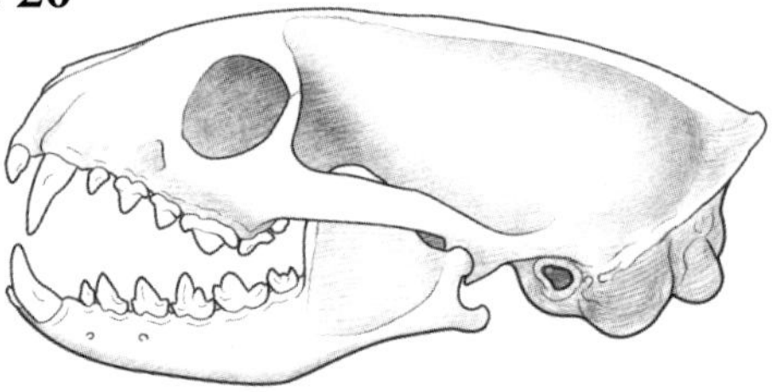

6,8-8,4 cm

Mangouste de Java
Herpestes javanicus

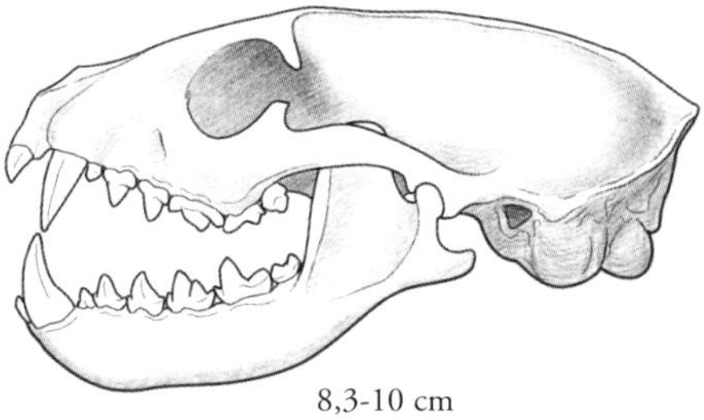

8,3-10 cm

Mangouste à queue courte
Herpestes brachyurus

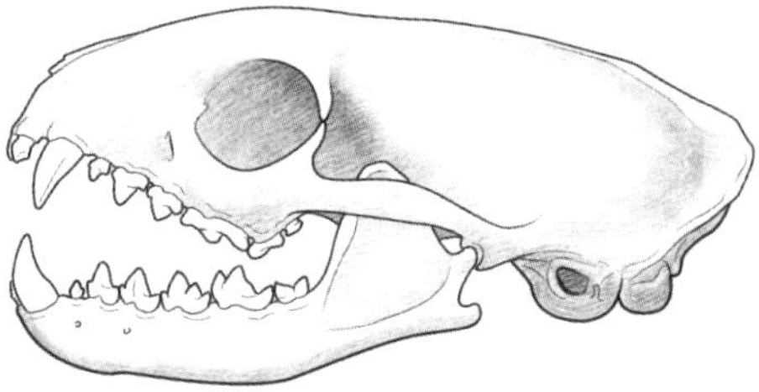

7,1-8,2 cm

Mangouste indienne grise
Herpestes edwardsii

Planche 21

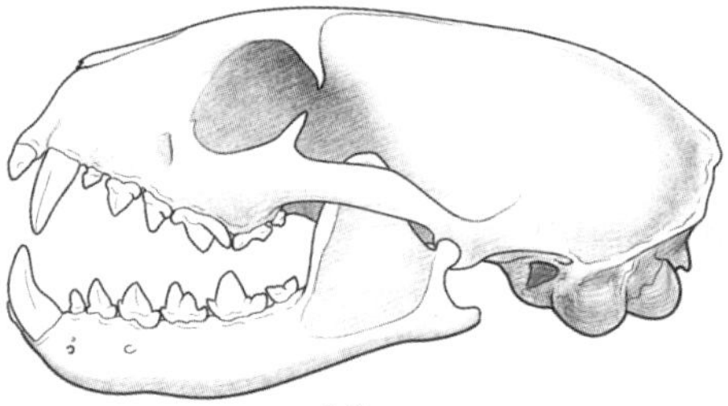

~ 8-9 cm

Mangouste à collier
Herpestes semitorquatus

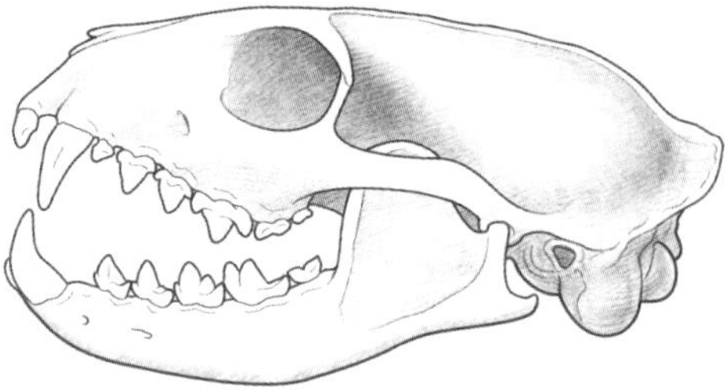

8,5-9,8 cm

Mangouste crabière
Herpestes urva

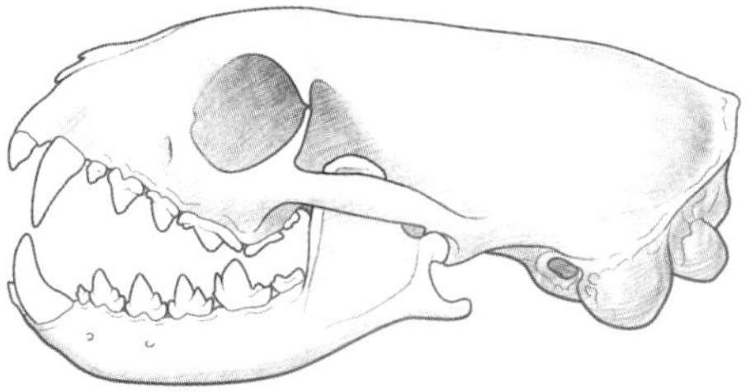

8-9 cm

Mangouste roussâtre
Herpestes smithii

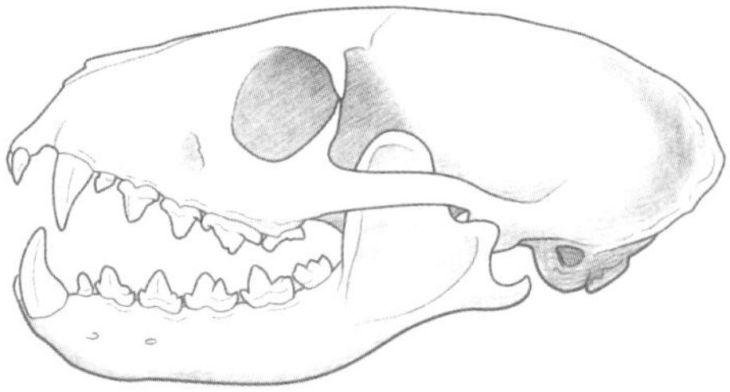

8-9 cm

Mangouste à cou rayé
Herpestes vitticollis

Planche 22

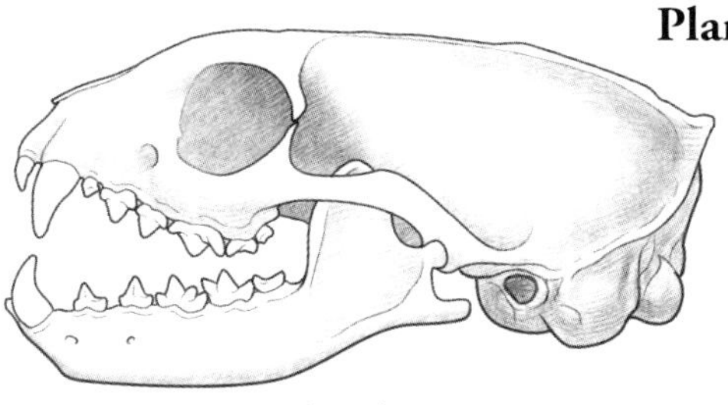

6,2-7,4 cm

Mangouste grise du Cap
Herpestes pulverulentus

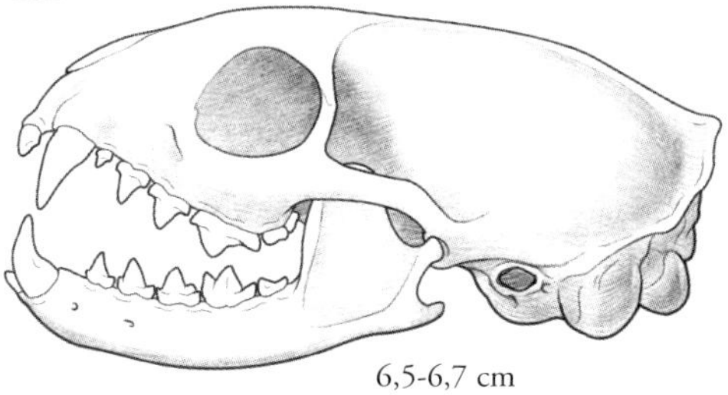

6,5-6,7 cm

Mangouste svelte
Herpestes sanguineus

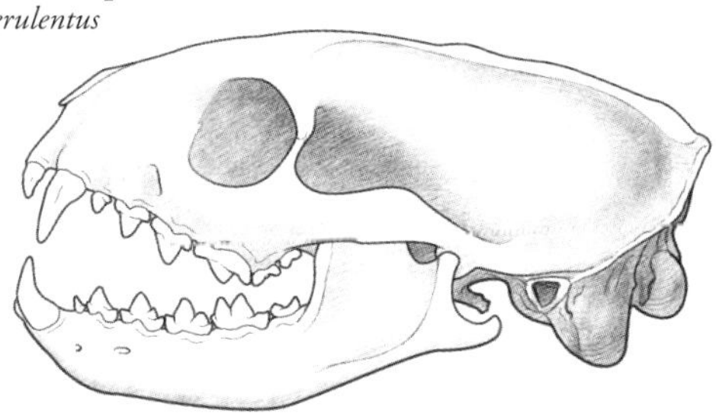

8,7-10,7 cm

Mangouste d'Égypte
Herpestes ichneumon

Planche 23

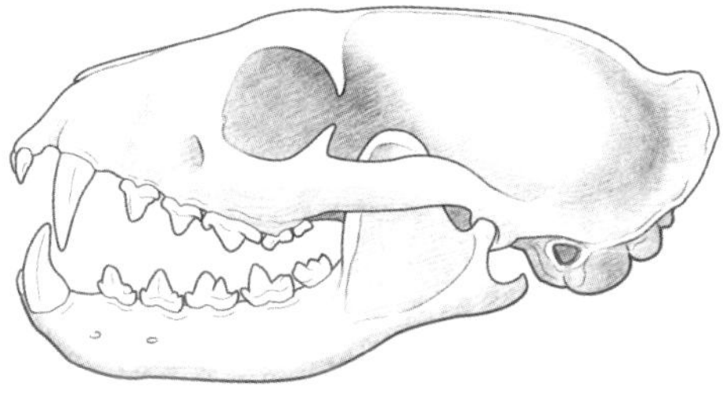

9,6-11,1 cm

Mangouste des marais
Atilax paludinosus

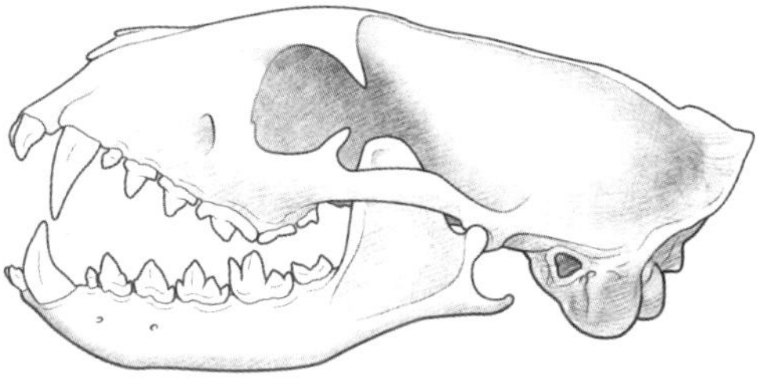

10,5-11,4 cm

Mangouste à long nez
Herpestes naso

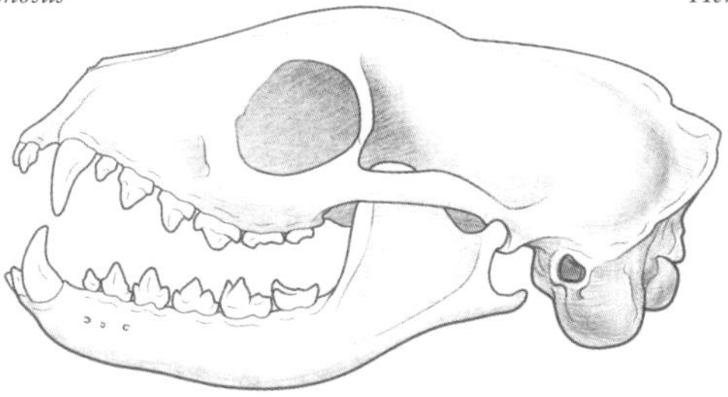

9,6-11,6 cm

Mangouste à queue blanche
Ichneumia albicauda

Planche 24

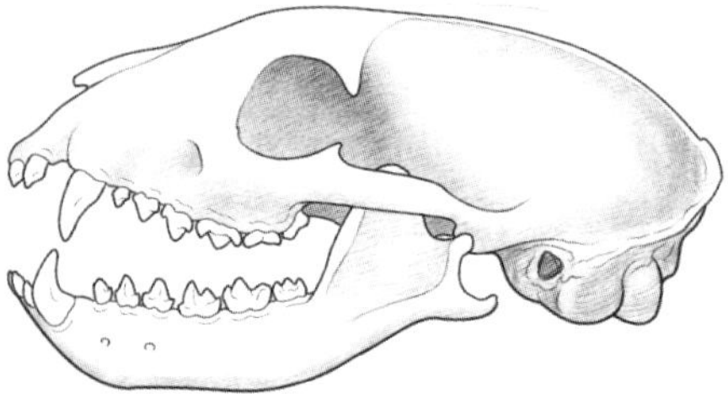

9,3-9,7 cm

Mangouste à queue touffue
Bdeogale crassicauda

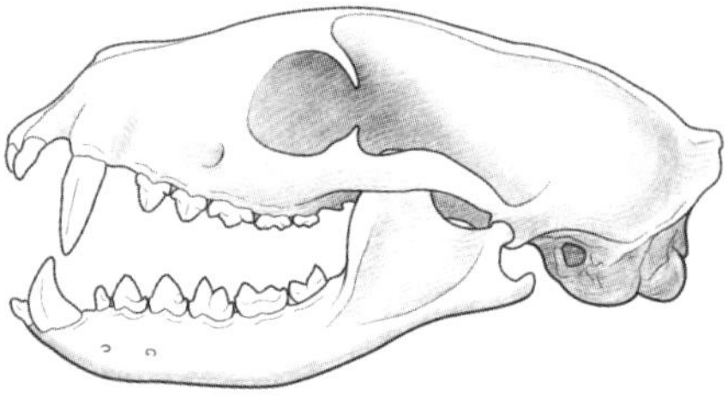

~ 9-11 cm

Mangouste de Jackson
Bdeogale jacksoni

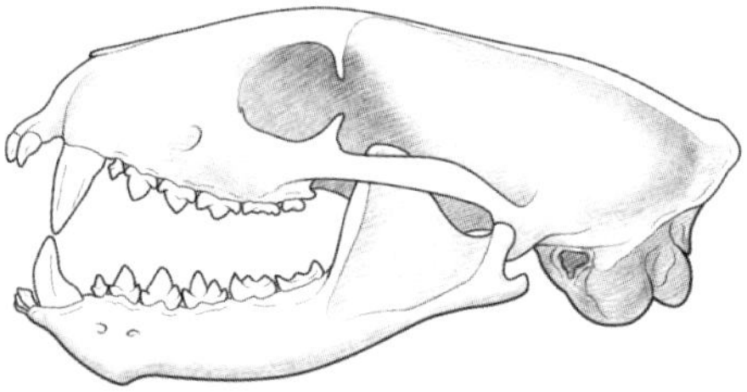

12-12,5 cm

Mangouste à pattes noires
Bdeogale nigripes

Planche 25

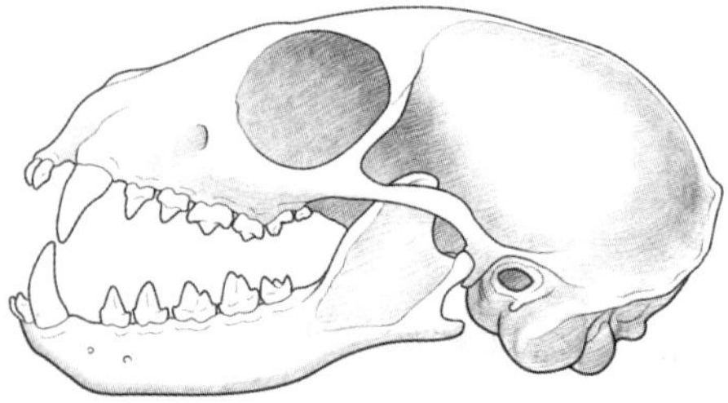

5,8-6,5 cm

Suricate
Suricata suricatta

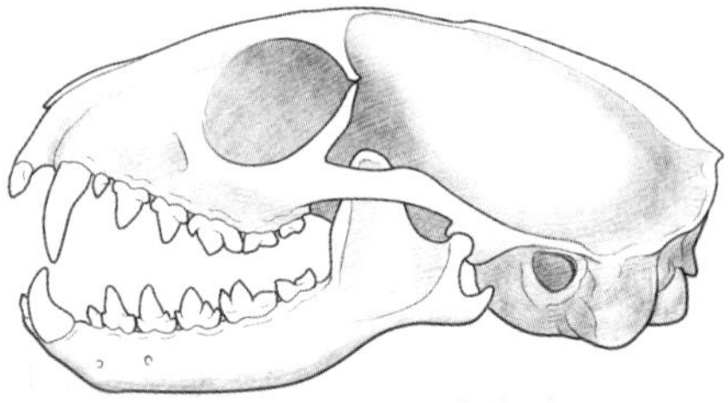

5,8-7,8 cm

Mangouste fauve
Cynictis penicillata

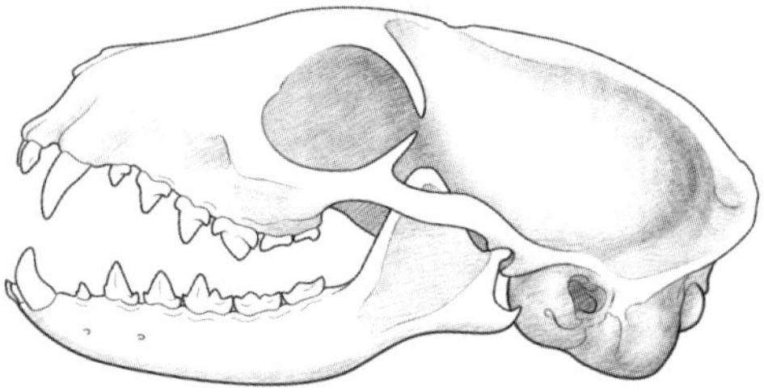

9 cm

Mangouste de Selous
Paracynictis selousi

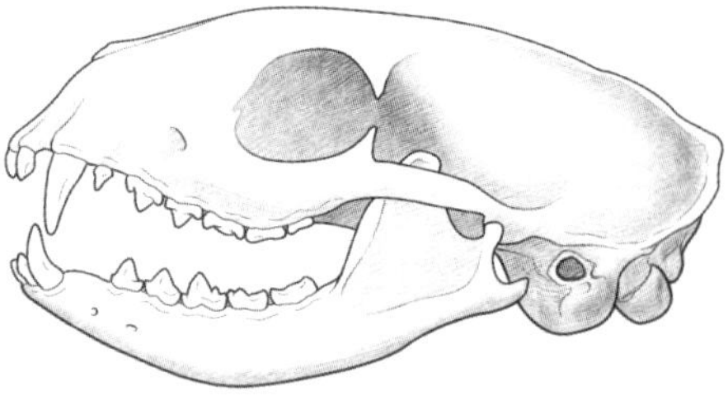

9 cm

Mangouste de Meller
Rhynchogale melleri

Planche 26

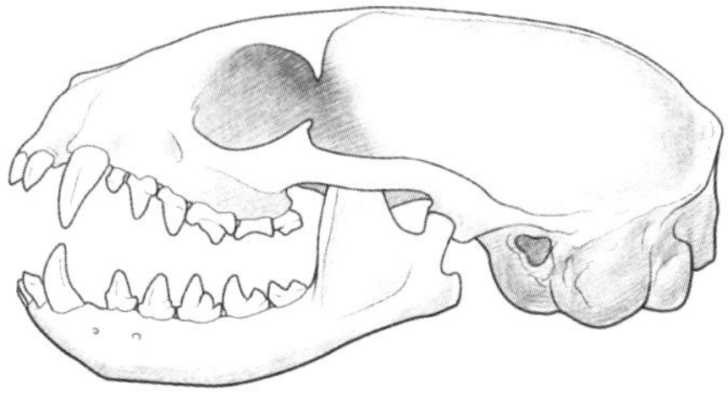

~ 6 cm

Mangouste de Dybowski
Dologale dybowskii

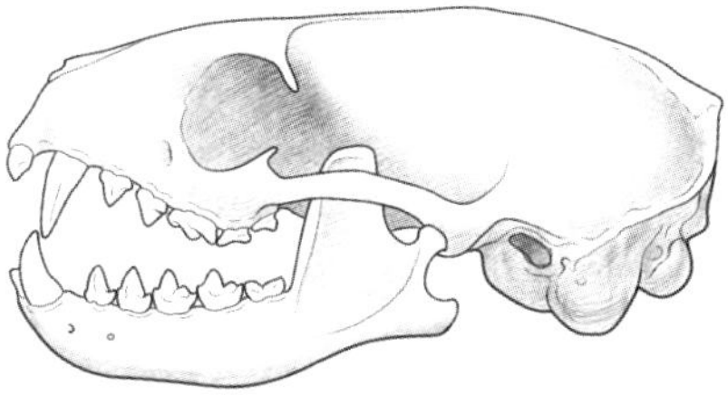

5-6 cm

Mangouste naine orientale
Helogale hirtula

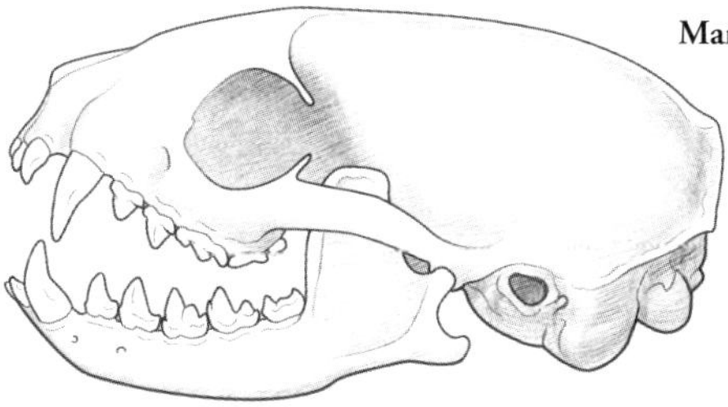

5-6 cm

Mangouste naine du Sud
Helogale parvula

Planche 27

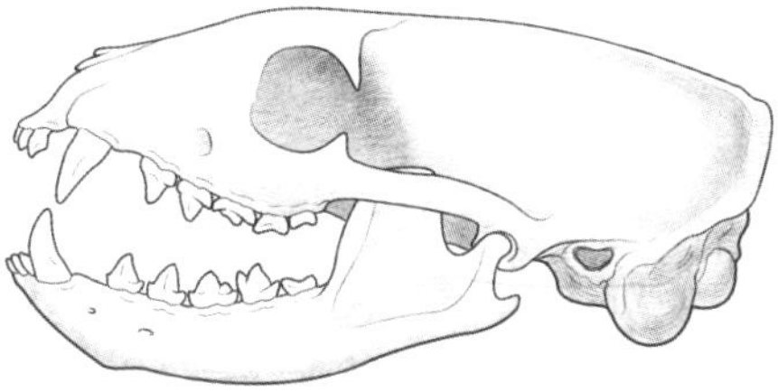

6,7-7,3 cm

Mangue de Gambie
Mungos gambianus

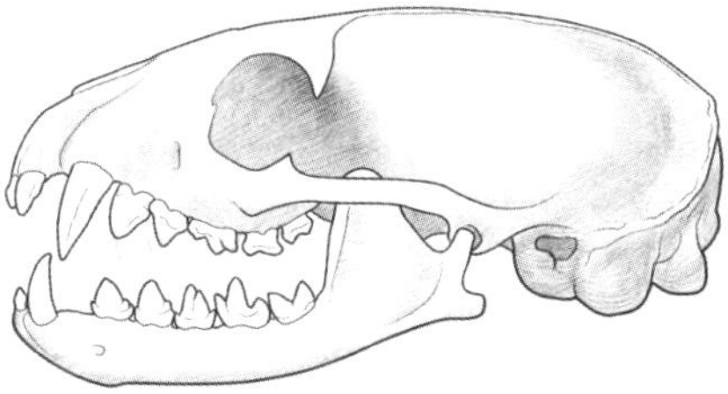

6,2-7,9 cm

Mangue rayée
Mungos mungo

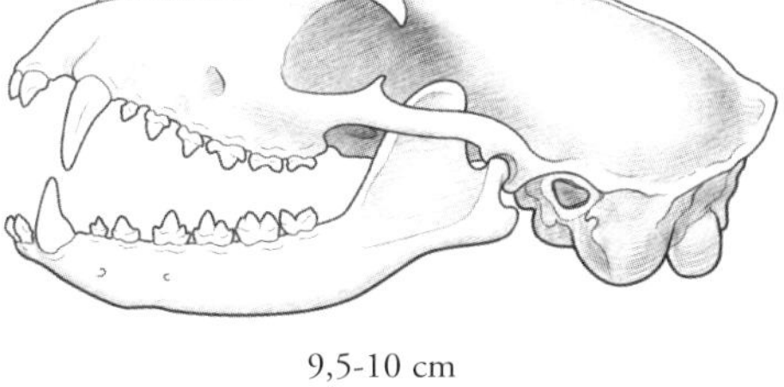

9,5-10 cm

Mangouste du Liberia
Liberiictis kuhni

HERPESTIDAE

Planche 28

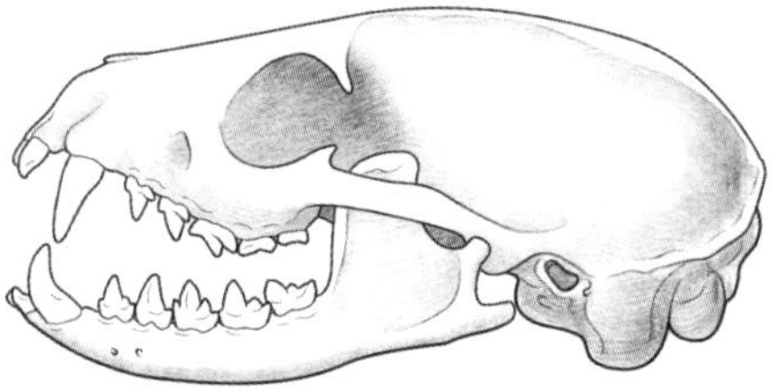

6-6,7 cm

Mangue d'Angola
Crossarchus ansorgei

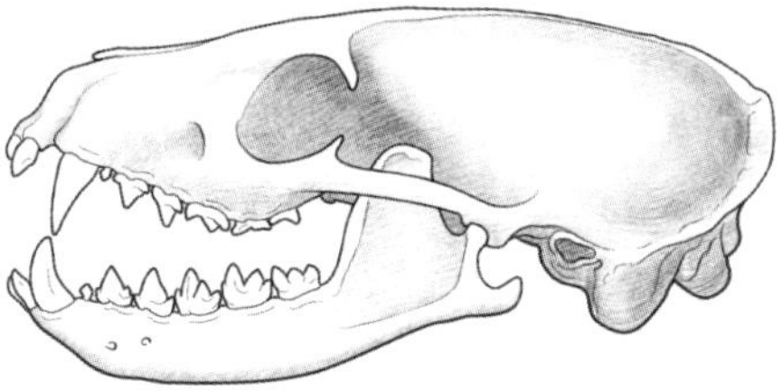

6,5-7 cm

Mangouste à tête plate
Crossarchus platycephalus

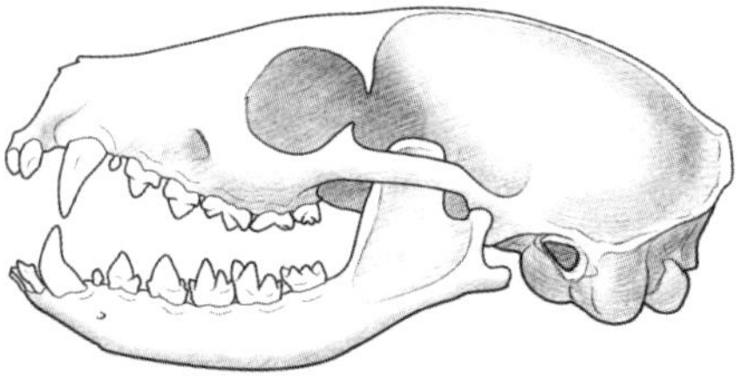

6,4-7,4 cm

Mangue brune
Crossarchus obscurus

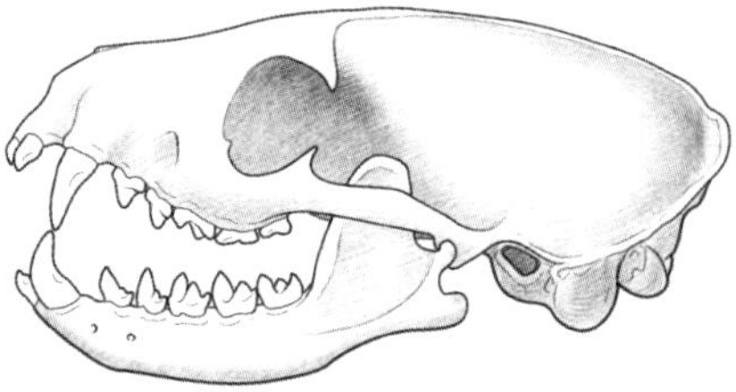

6,5-8 cm

Mangue du Congo
Crossarchus alexandri

EUPLERIDAE

Planche 29

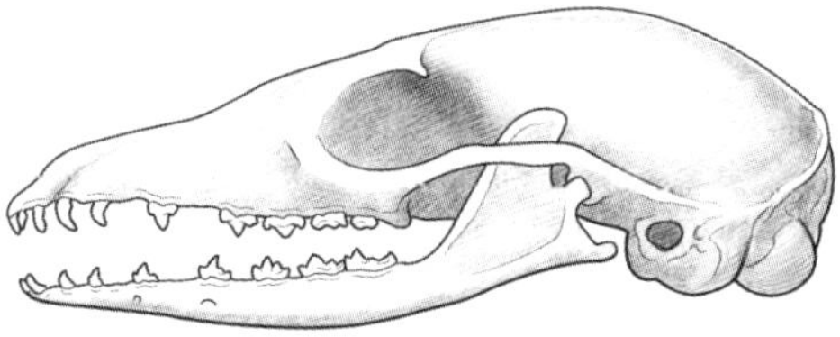

8,4-9,7 cm

Euplère de Goudot
Eupleres goudotii

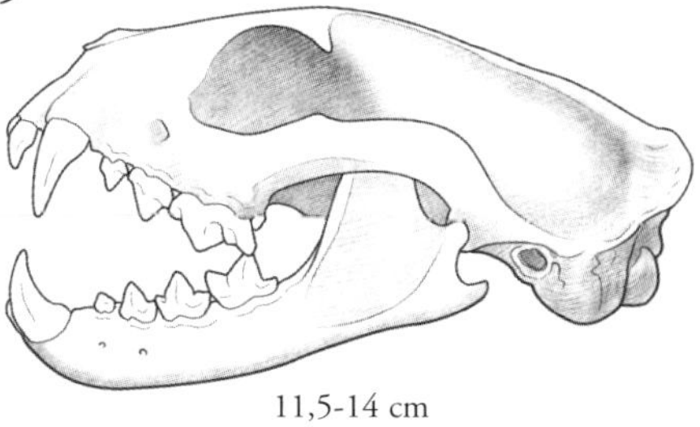

11,5-14 cm

Fossa
Cryptoprocta ferox

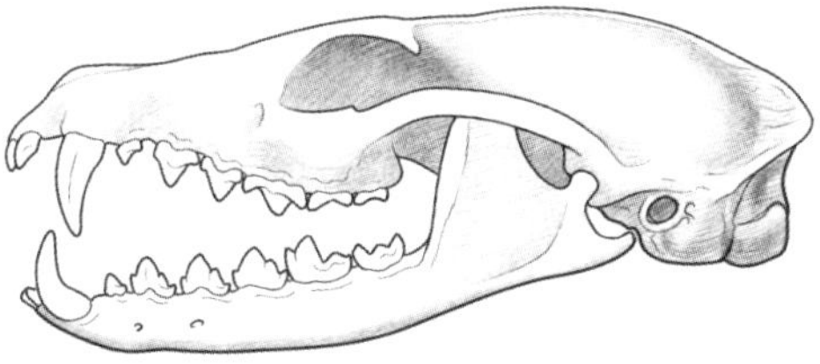

10,4-11 cm

Fossane
Fossa fossana

EUPLERIDAE

Planche 30

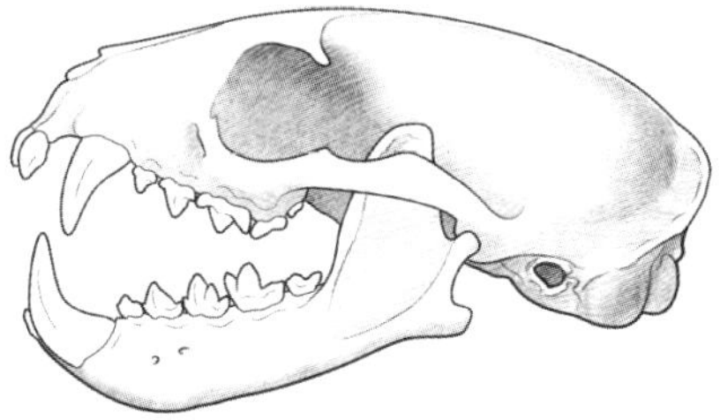

7,4 cm

Galidie à bandes
Galidictis fasciata

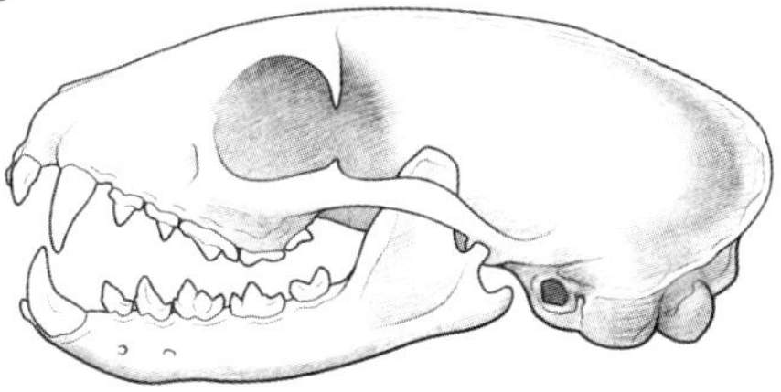

5,8-6 cm

Mangouste à dix raies
Mungotictis decemlineata

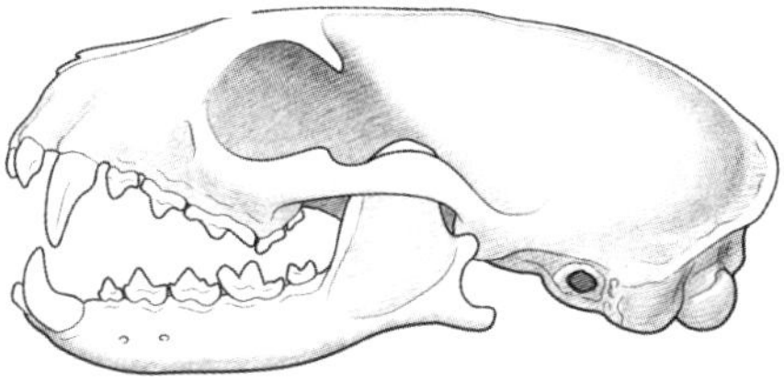

6,5-7,2 cm

Mangouste à queue annelée
Galidia elegans

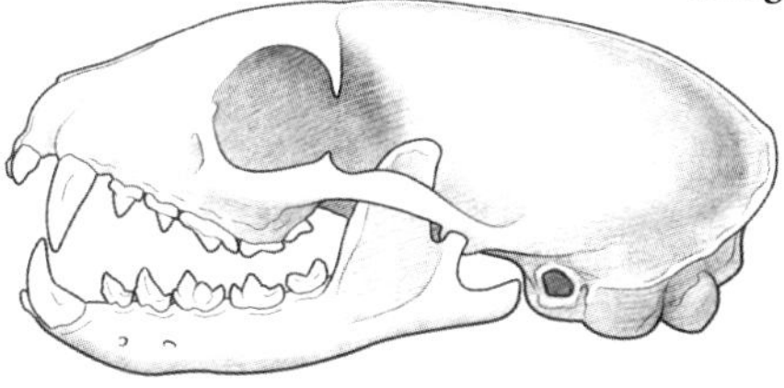

7 cm

Galidie unicolore
Salanoia concolor

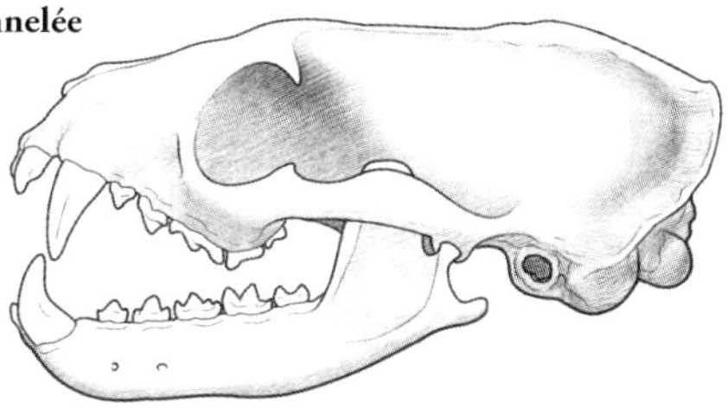

~ 7-8,5 cm

Galidie de Grandidier
Galidictis grandidieri

PRIONODONTIDAE et VIVERRIDAE

Planche 31

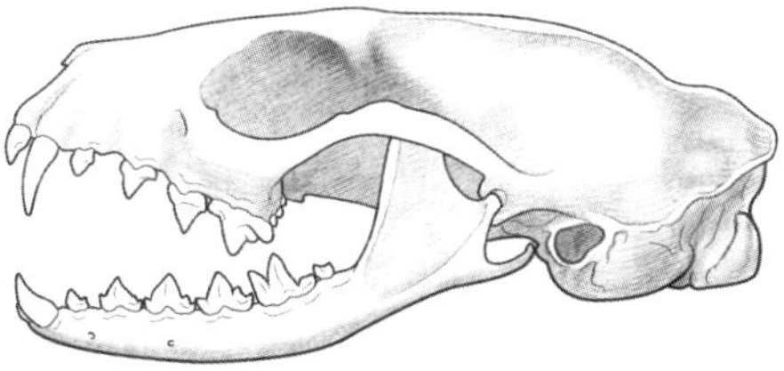

7,2-7,9 cm

Linsang rayé
Prionodon linsang

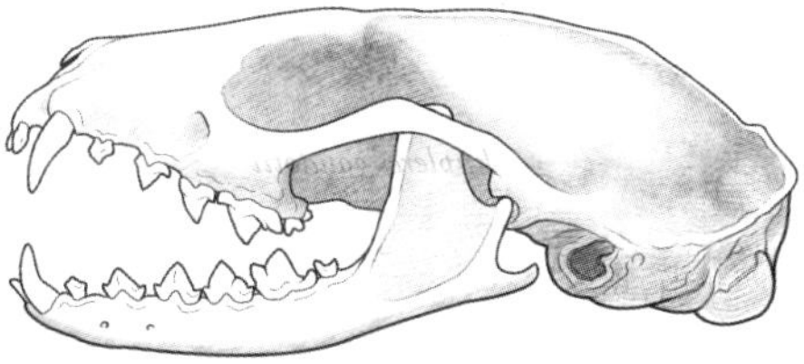

6,4-7,3 cm

Linsang tacheté
Prionodon pardicolor

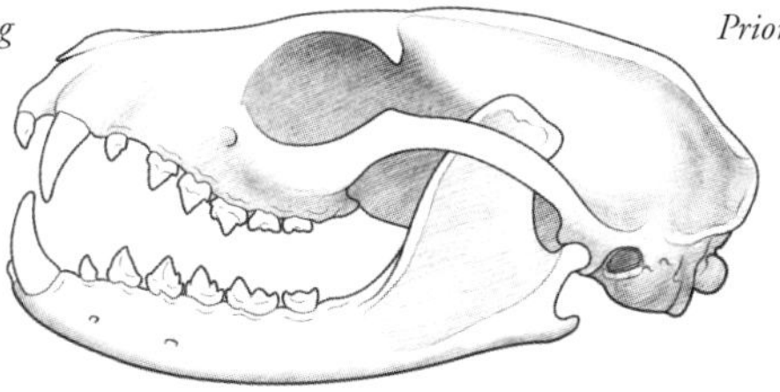

9,2-12 cm

Civette palmiste à trois bandes
Arctogalidia trivirgata

Planche 32

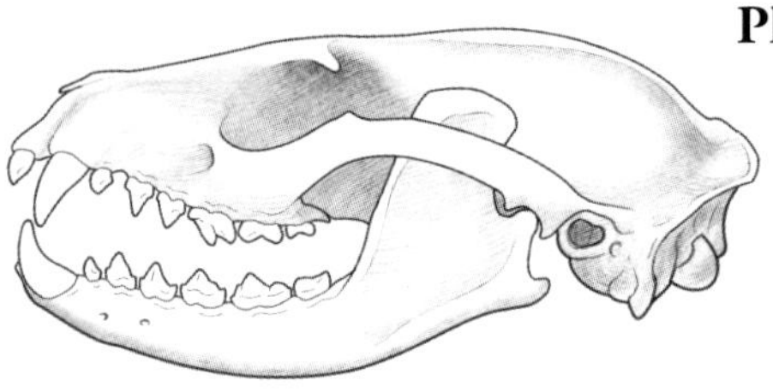

10-10,6 cm

Civette palmiste de Ceylan
Paradoxurus zeylonensis

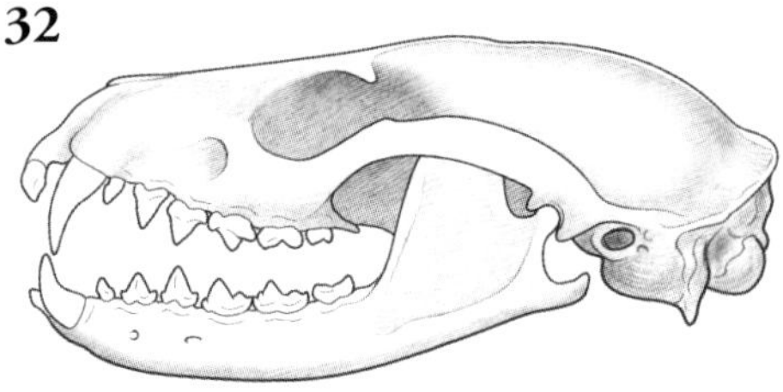

10,9-11,5 cm

Civette palmiste de Jerdon
Paradoxurus jerdoni

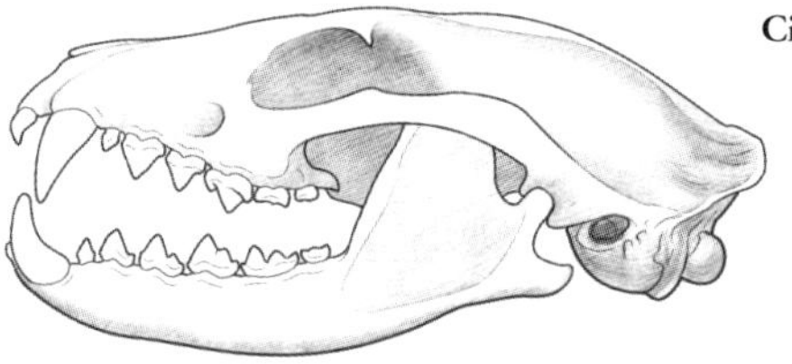

~ 11-14,5 cm

Civette palmiste des Célèbes
Macrogalidia musschenbroekii

Planche 33

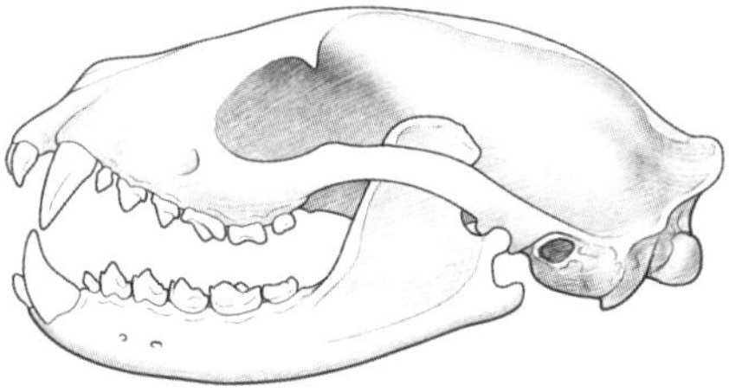

11,4-13,7 cm

Civette palmiste masquée
Paguma larvata

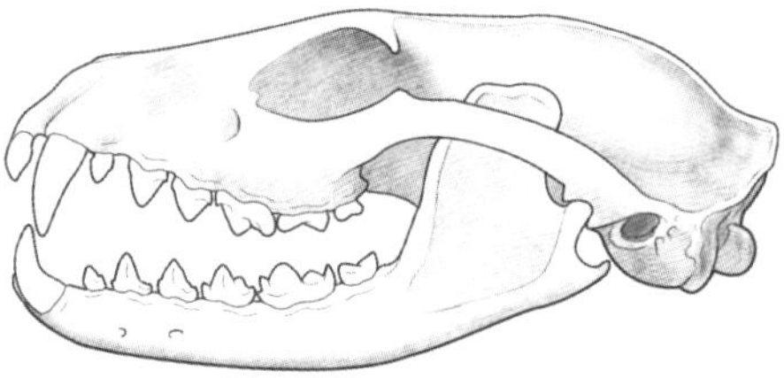

9,5-12 cm

Civette palmiste commune
Paradoxurus hermaphroditus

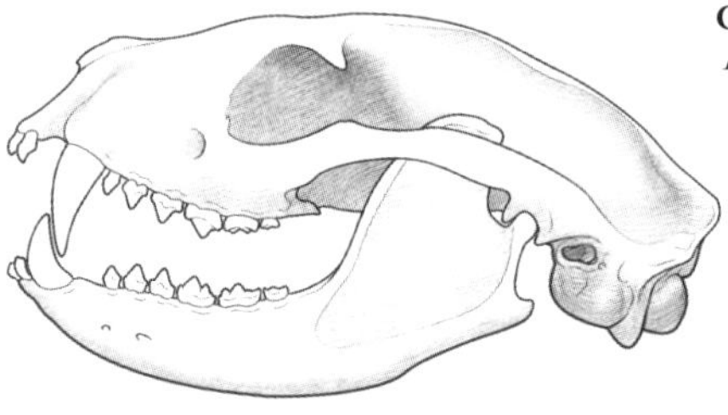

13-15,6 cm

Binturong
Arctictis binturong

Planche 34

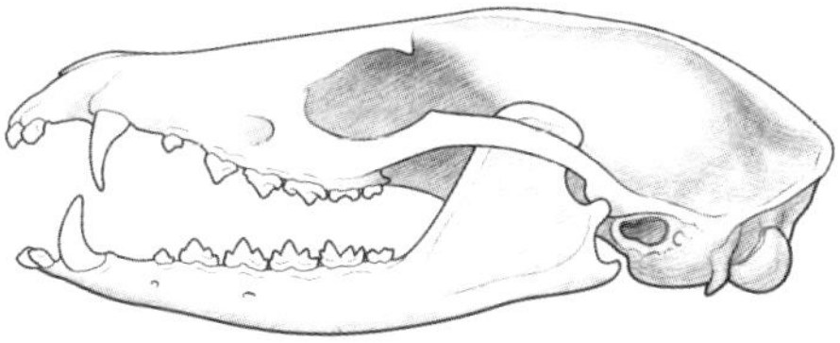

~ 9,5-11,3 cm

Civette palmiste d'Owson
Chrotogale owstoni

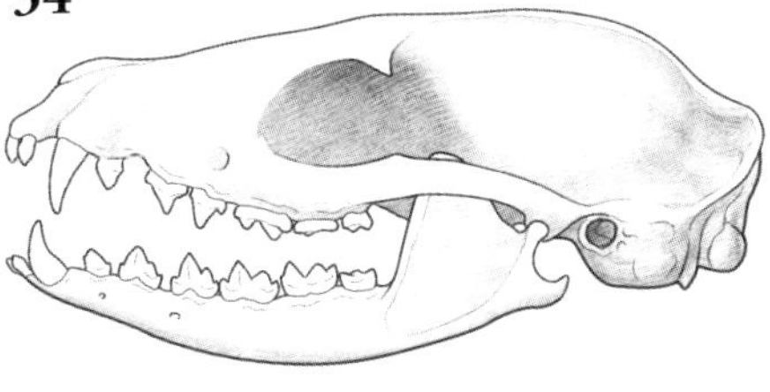

9,6-10,7 cm

Civette palmiste à bandes
Hemigalus derbyanus

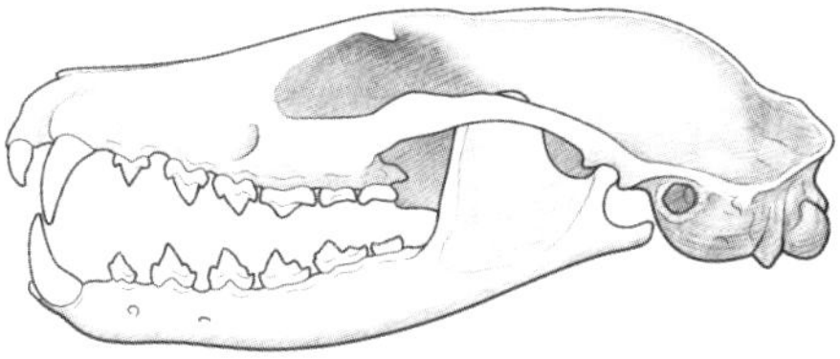

~ 9,5-10,5 cm

Civette de Hose
Diplogale hosei

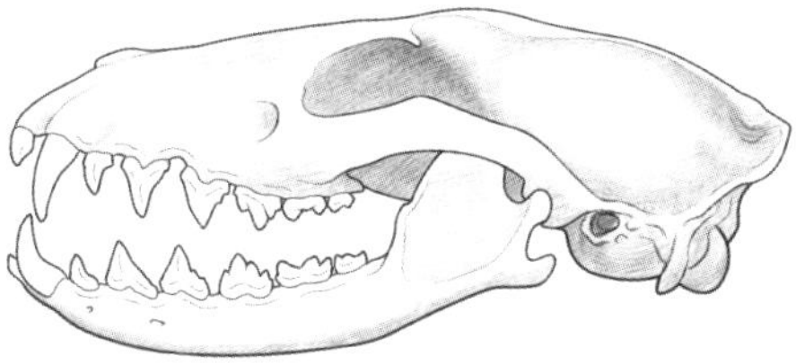

10,9-12,5 cm

Civette-loutre
Cynogale bennettii

Planche 35

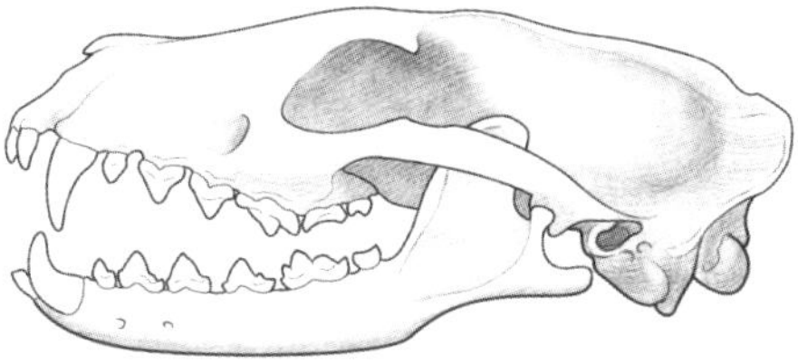

~ 14,5 cm

Civette de Malabar
Viverra civettina

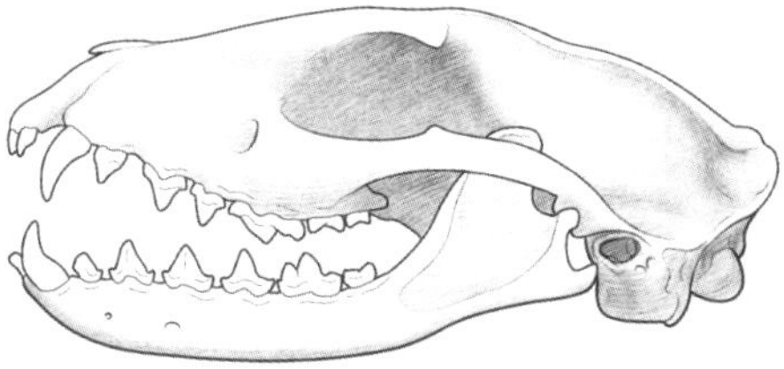

14-15 cm

Civette à grandes taches
Viverra megaspila

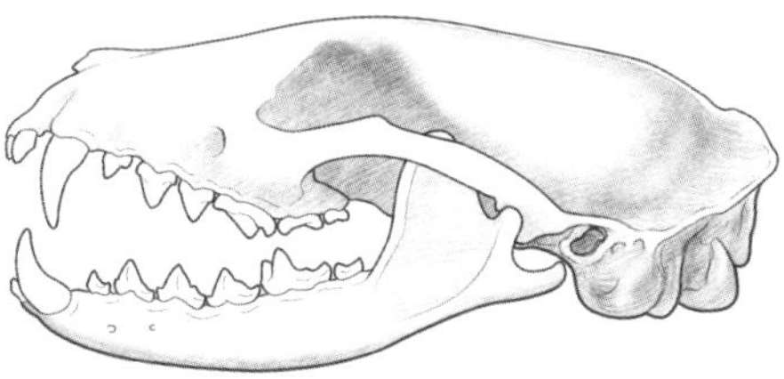

9,2-10,2 cm

Civette malaise
Viverra tangalunga

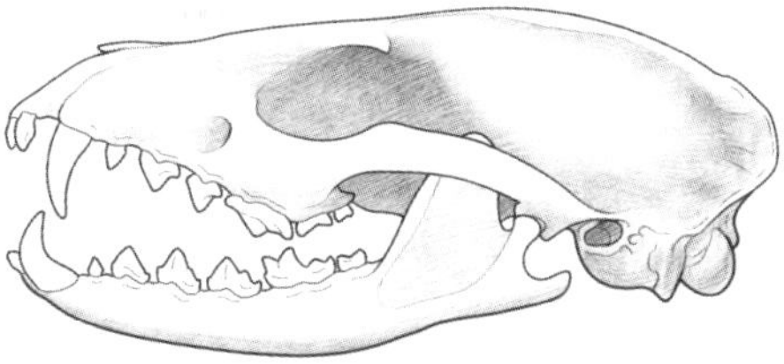

12,7-14,4 cm

Grande civette de l'Inde
Viverra zibetha

Planche 36

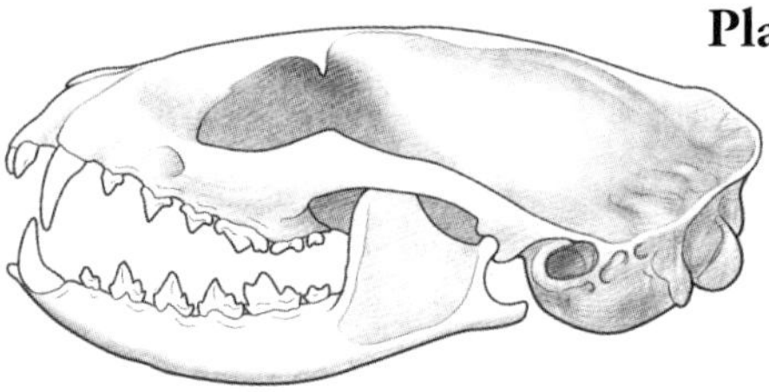

8,8-10,7 cm

Petite civette de l'Inde
Viverricula indica

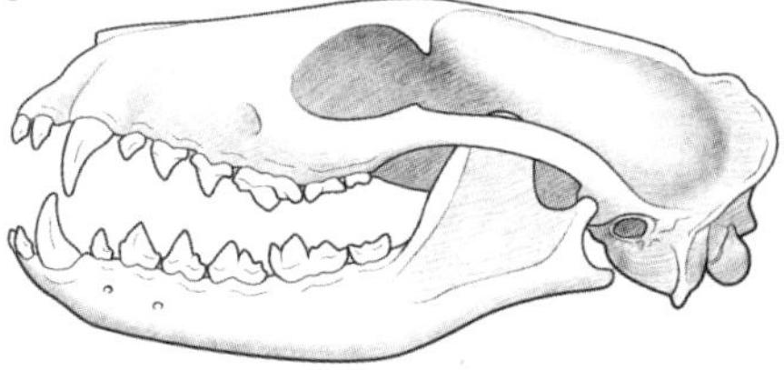

11,5-15,5 cm

Civette d'Afrique
Civettictis civetta

Planche 37

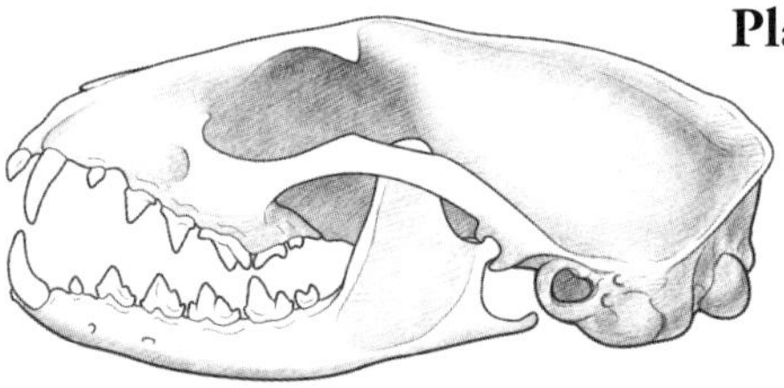

7,7-9 cm

Genette d'Éthiopie
Genetta abyssinica

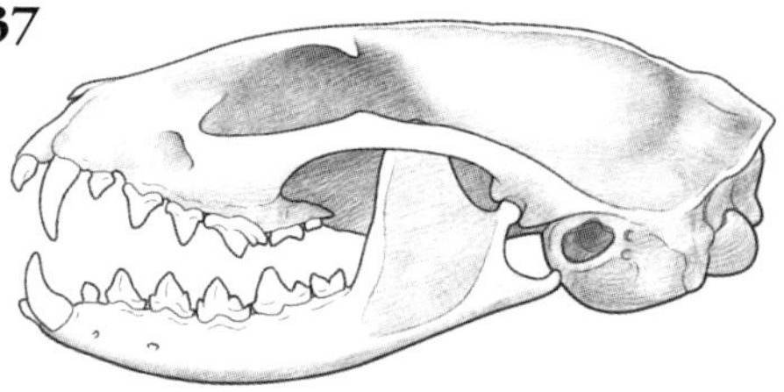

7,8-9,3 cm

Genette de Thierry
Genetta thierryi

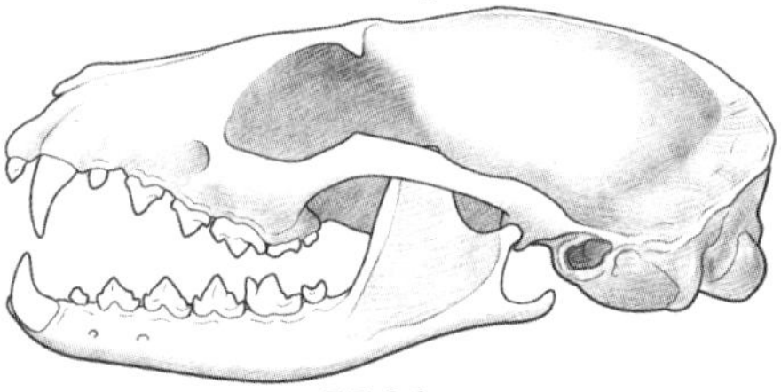

7,7-9,8 cm

Genette servaline
Genetta servalina

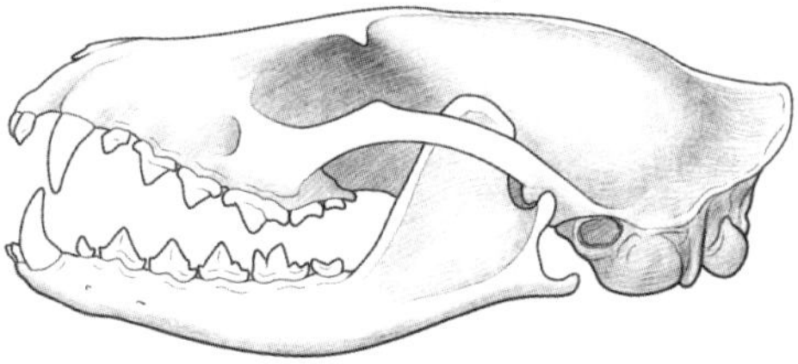

10,7-12,1 cm

Genette géante
Genetta victoriae

Planche 38

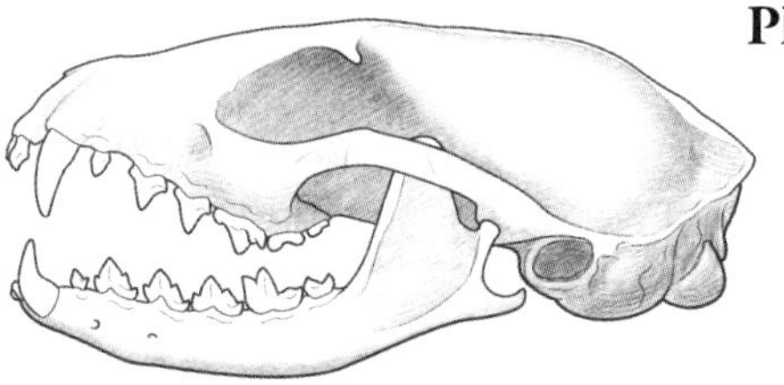

8,4-9,2 cm

Genette d'Europe
Genetta genetta

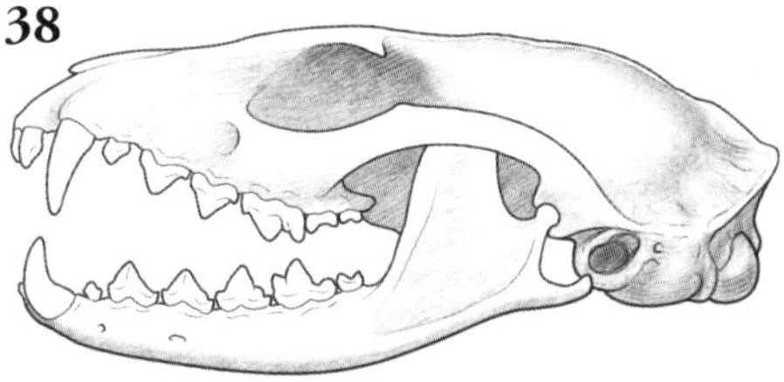

8,7-9,4 cm

Genette d'Angola
Genetta angolensis

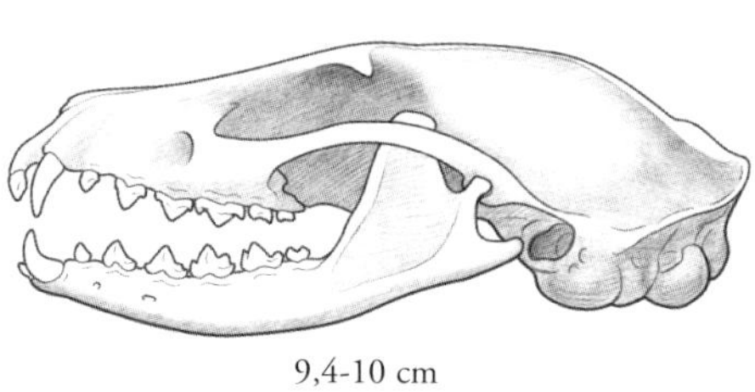

9,4-10 cm

Genette de Johnston
Genetta johnstoni

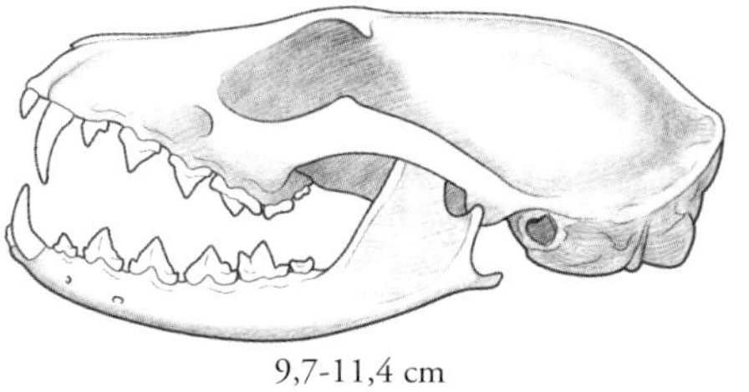

9,7-11,4 cm

Genette aquatique
Genetta piscivora

Planche 39

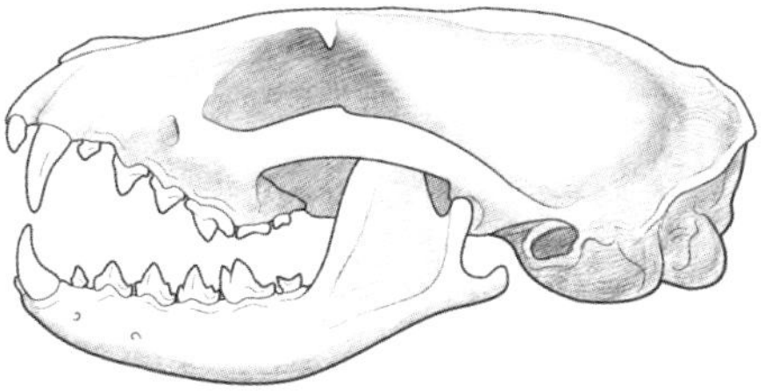

8,5-9,1 cm

Genette à taches rousses
Genetta maculata

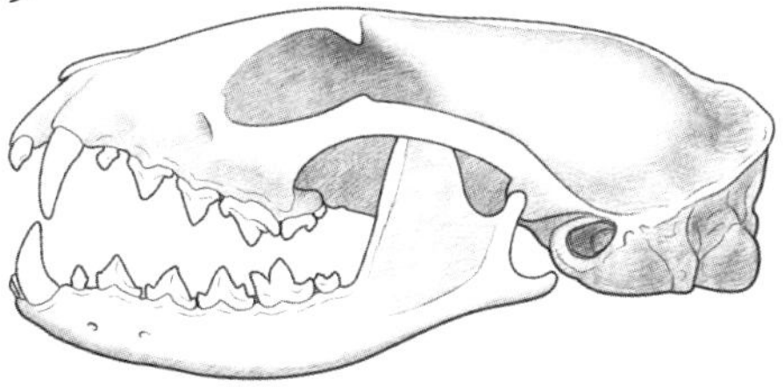

8,6-9,3 cm

Genette tigrine
Genetta tigrina

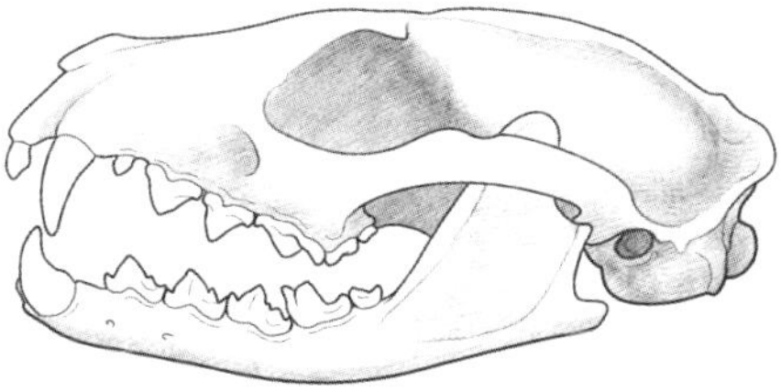

9,2-10,1 cm

Genette pardine
Genetta pardina

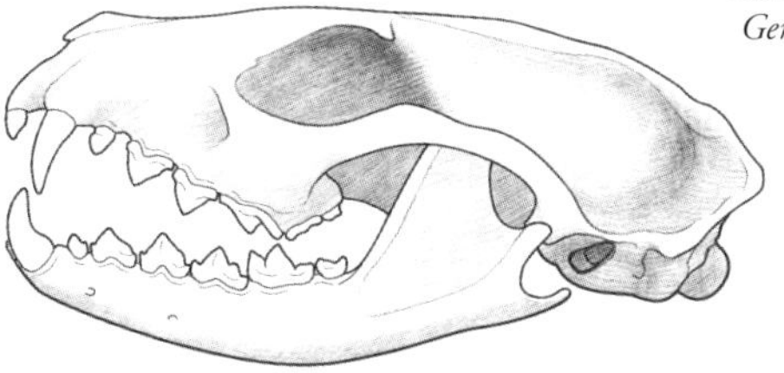

~ 9-10 cm

Genette royale
Genetta poensis

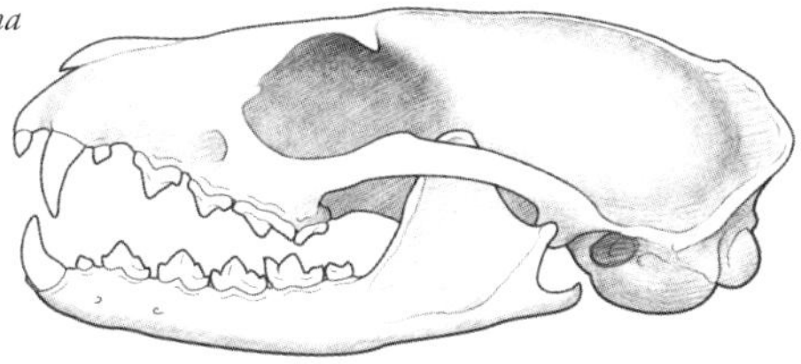

9,6-10,8 cm

Genette de Bourlon
Genetta bourloni

Planche 40

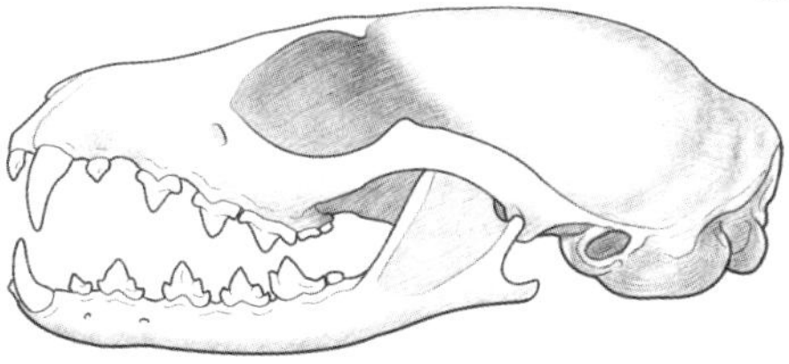

6,4-7,3 cm

Poyane d'Afrique centrale
Poiana richardsonii

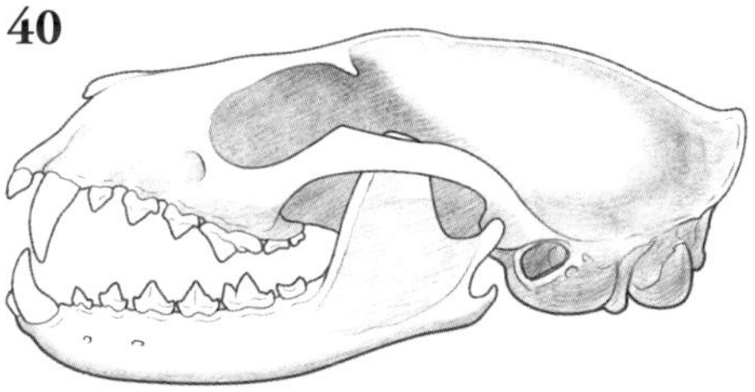

8,4-11,1 cm

Nandinie
Nandinia binotata

Planche 41

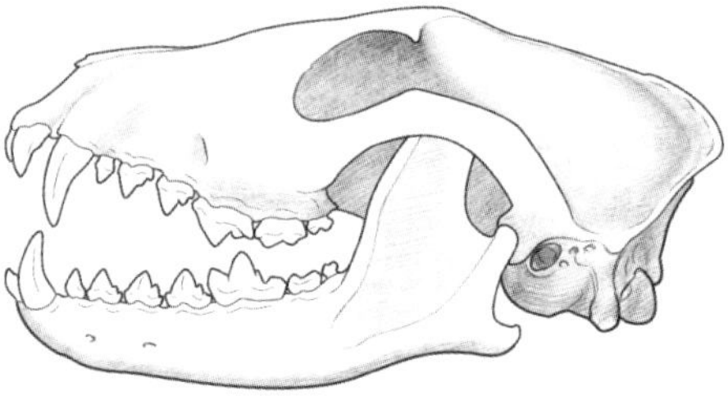

18,5-24 cm

Lycaon
Lycaon pictus

Planche 42

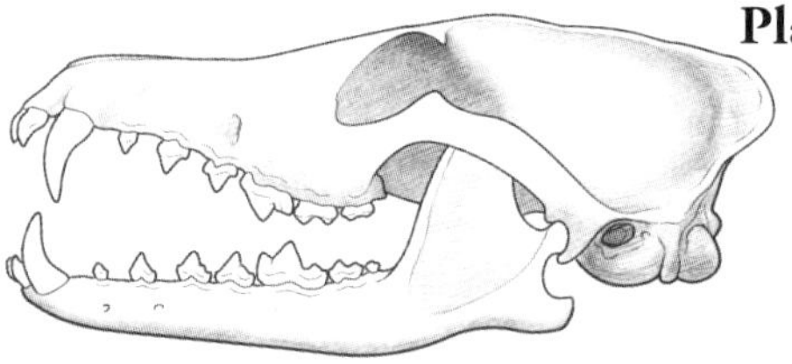

19,1-21 cm

Loup d'Abyssinie
Canis simensis

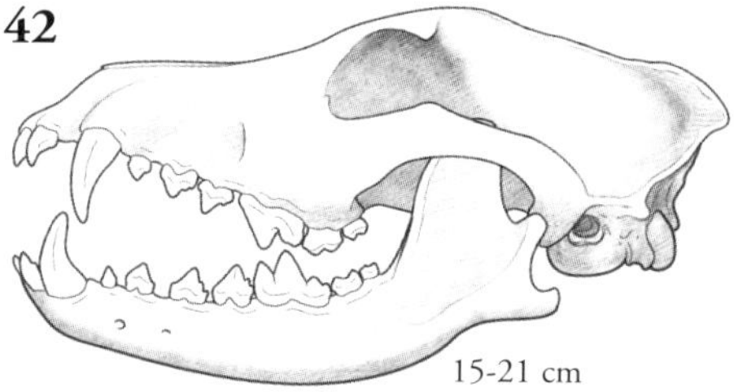

15-21 cm

Dingo
Canis lupus dingo

Planche 43

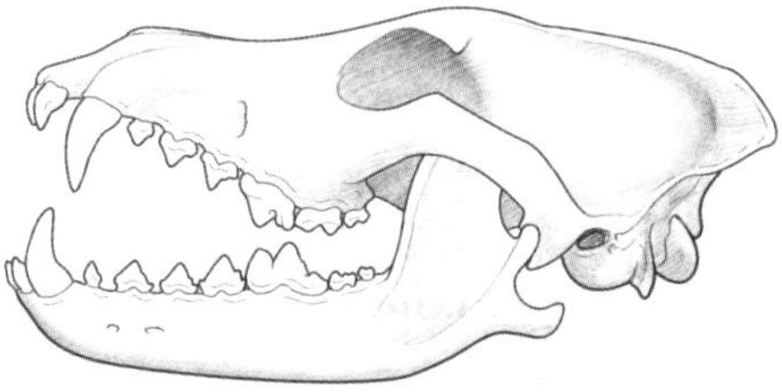

21,1-29,4 cm

Loup
Canis lupus

Planche 44

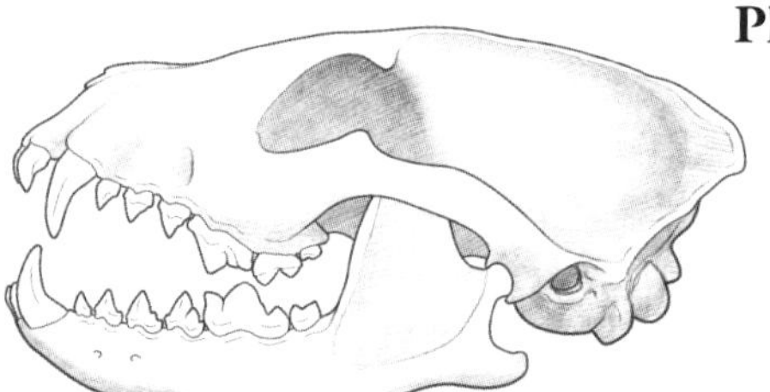

16,6-20 cm

Dhole
Cuon alpinus

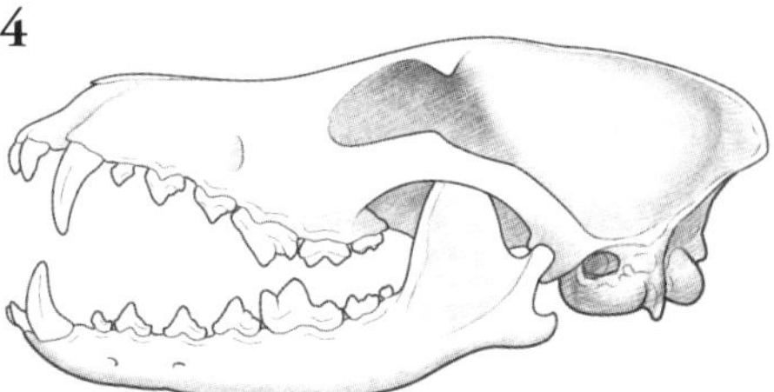

17-22 cm

Coyote
Canis latrans

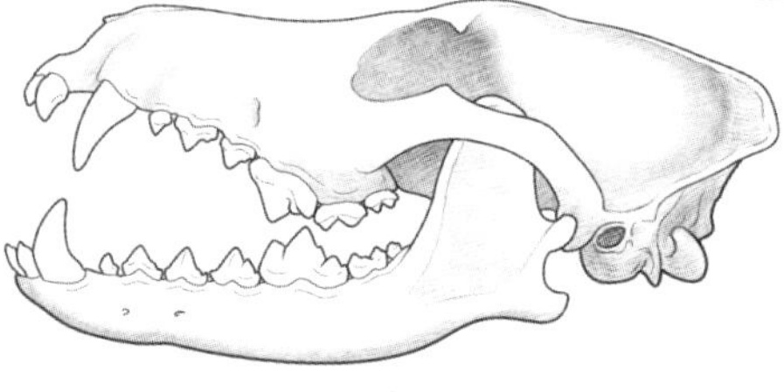

19,7-26,1 cm

Loup roux
Canis rufus

Planche 45

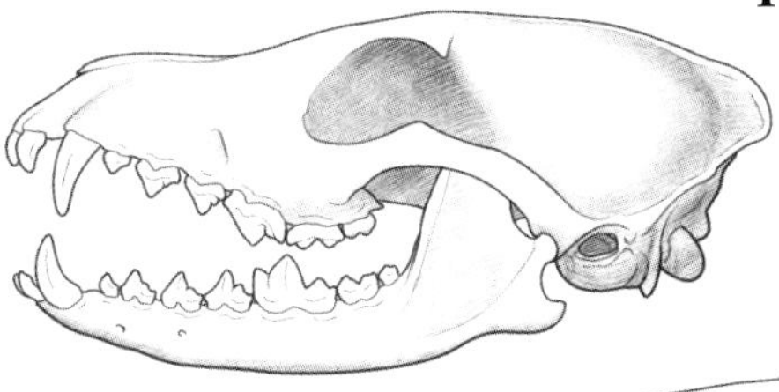

14,3-17,9 cm

Chacal doré
Canis aureus

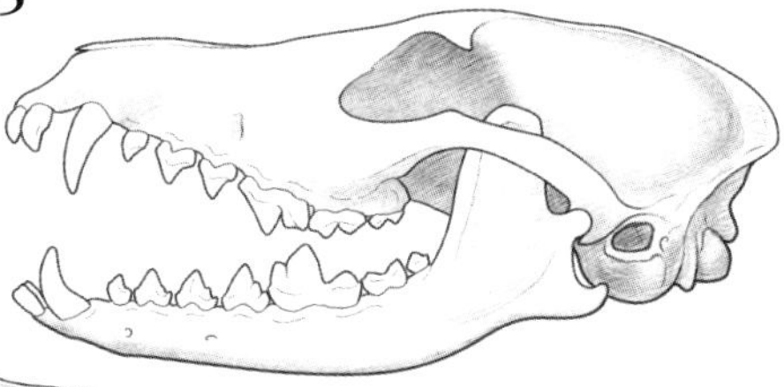

14,3-17 cm

Chacal à chabraque
Canis mesomelas

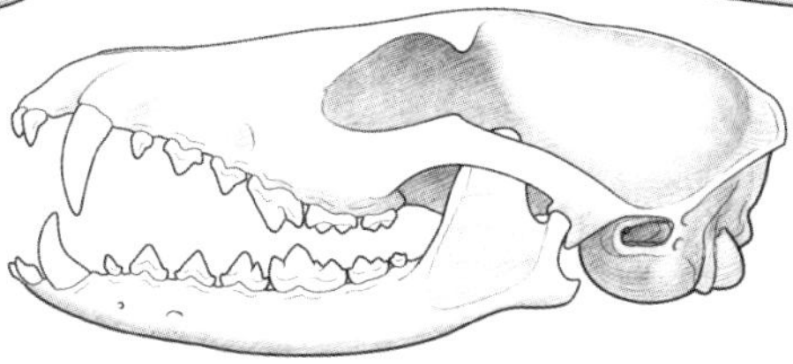

15-17,3 cm

Chacal à flancs rayés
Canis adustus

Planche 46

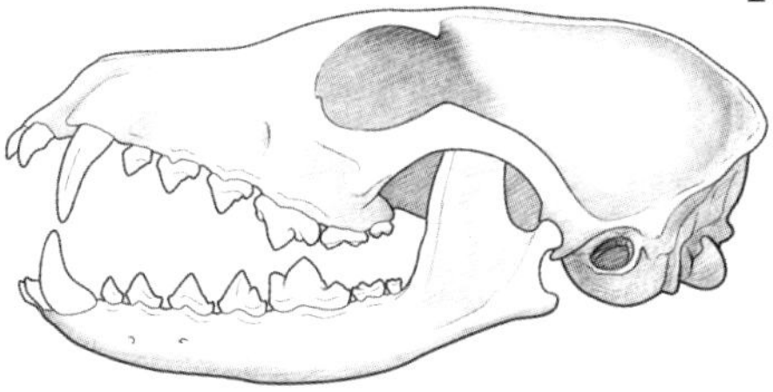

12-13,5 cm

Renard polaire
Alopex lagopus

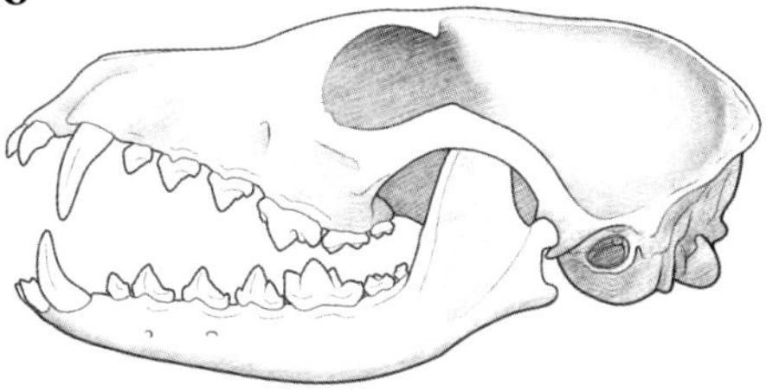

11,7-15,7 cm

Renard roux
Vulpes vulpes

Planche 47

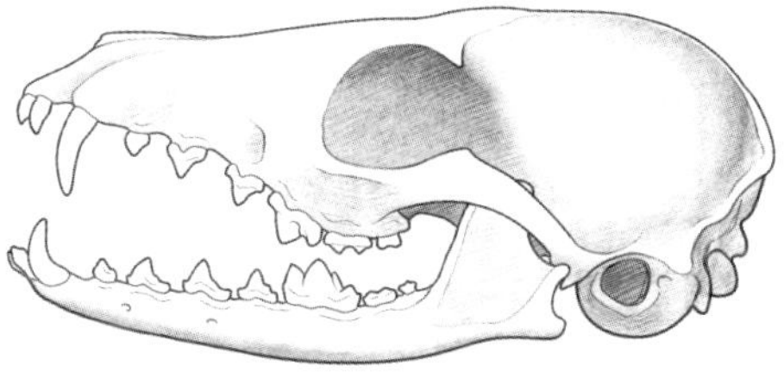

10-12 cm

Renard nain
Vulpes macrotis

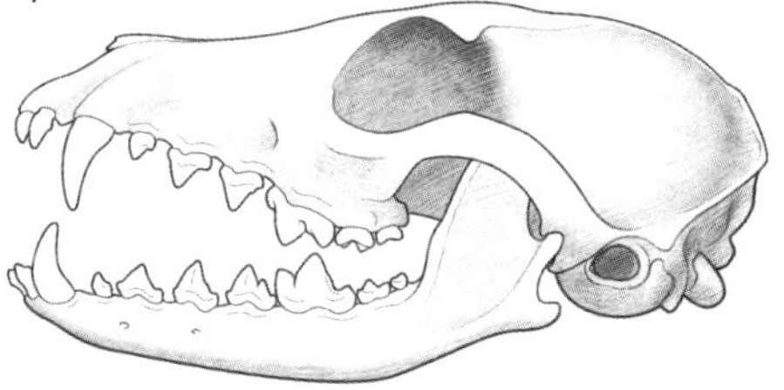

10,8-12 cm

Renard véloce
Vulpes velox

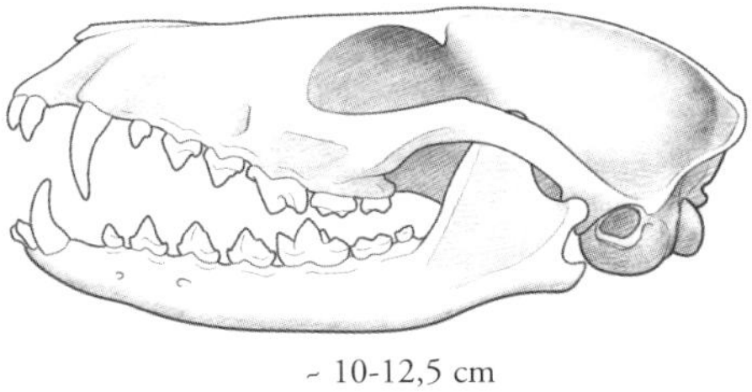

~ 10-12,5 cm

Renard du Bengale
Vulpes bengalensis

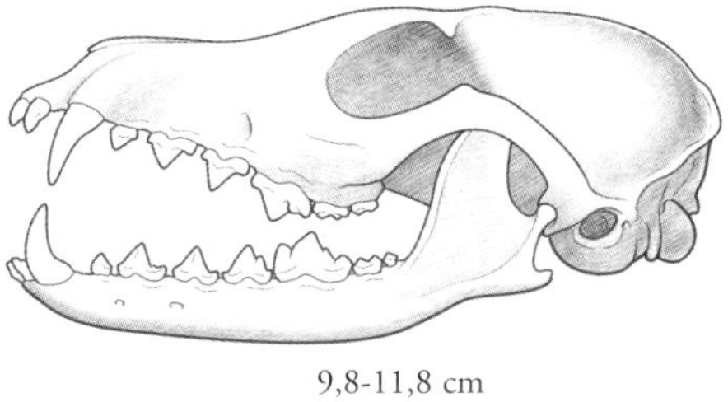

9,8-11,8 cm

Renard corsac
Vulpes corsac

Planche 48

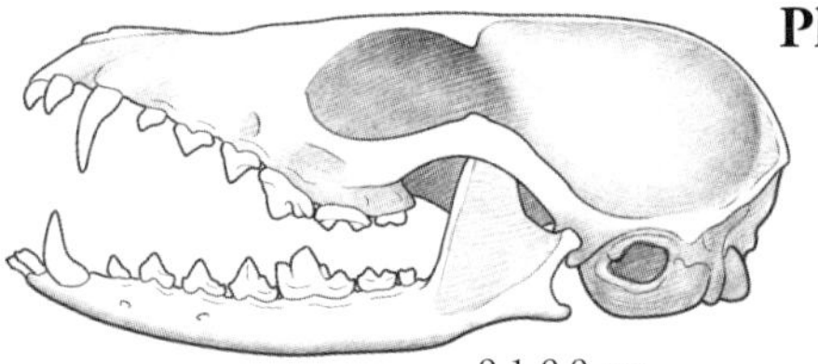

9,1-9,9 cm

Renard de Blanford
Vulpes cana

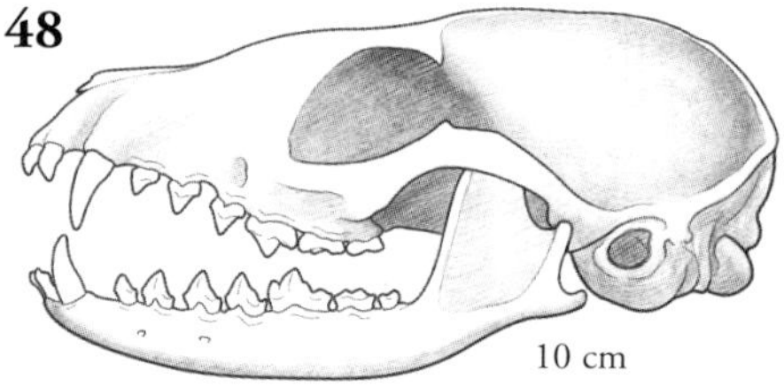

10 cm

Renard pâle
Vulpes pallida

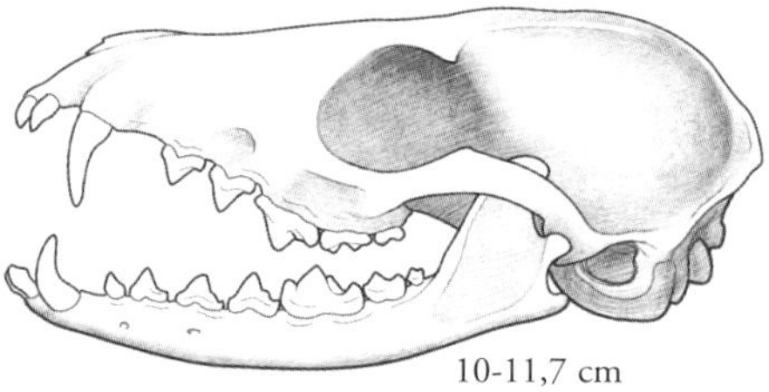

10-11,7 cm

Renard famélique
Vulpes ruepellii

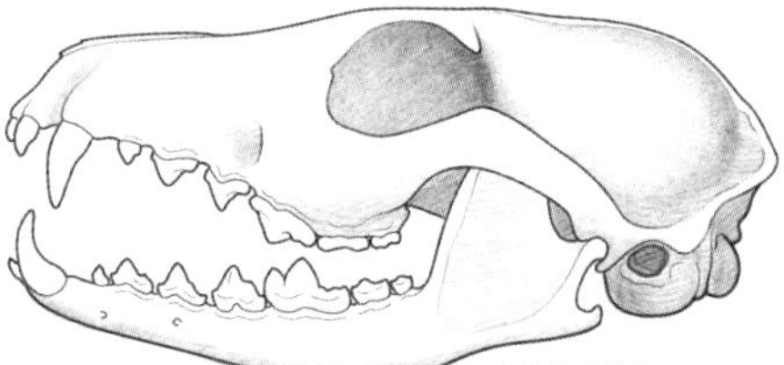

14,9-15,8 cm

Renard du Tibet
Vulpes ferrilata

Planche 49

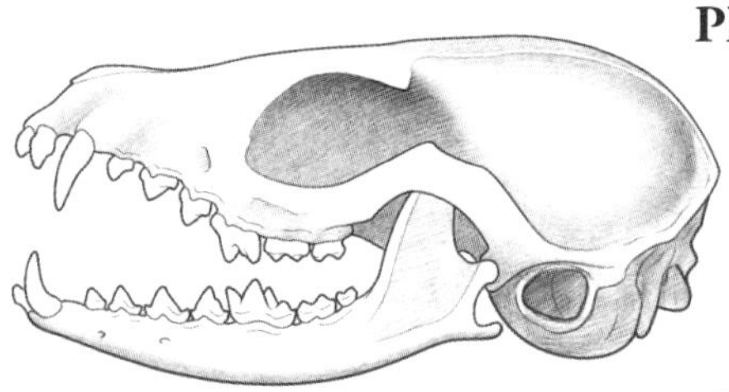

8,3-8,8 cm

Fennec
Vulpes zerda

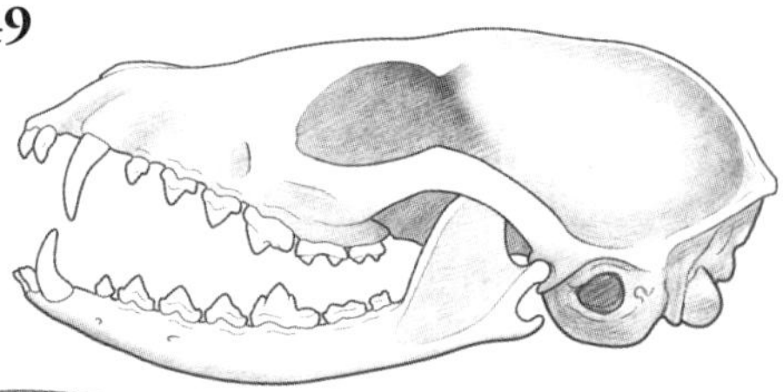

9,3-11,5 cm

Renard du Cap
Vulpes chama

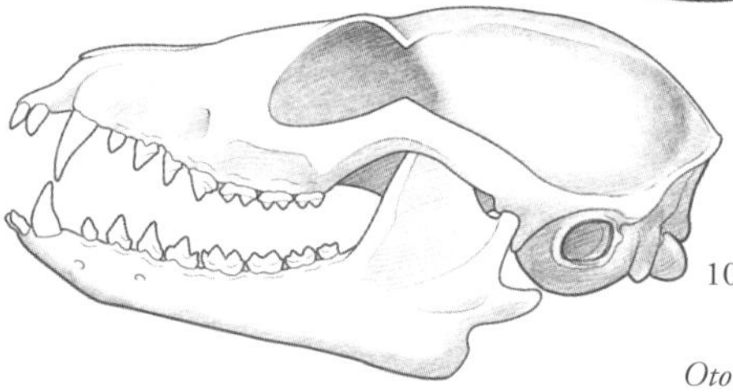

10,4-12,5 cm

Otocyon
Otocyon megalotis

Planche 50

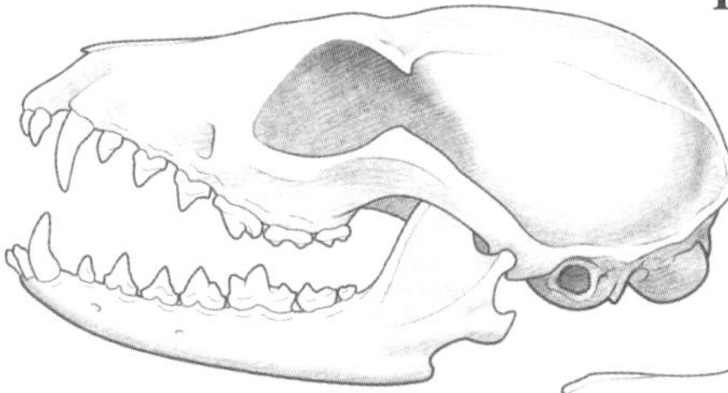

9,7-11 cm

Renard gris insulaire
Urocyon littoralis

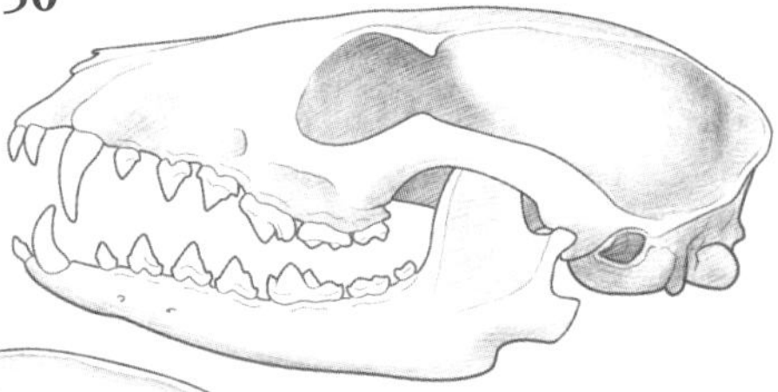

11,1-13,2 cm

Renard gris d'Amérique
Urocyon cinereoargenteus

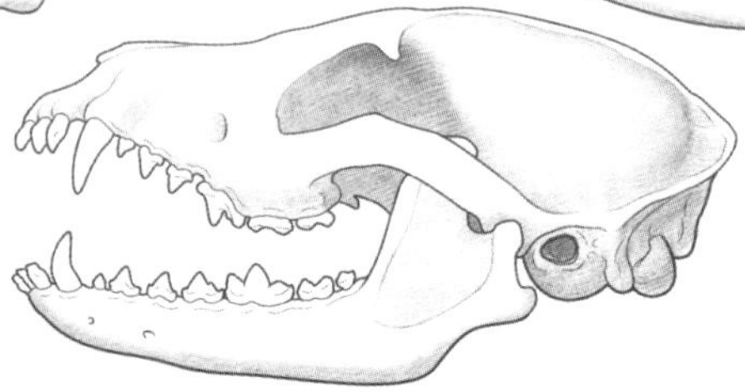

11-12,7 cm

Chien viverrin
Nyctereutes procyonoides

Planche 51

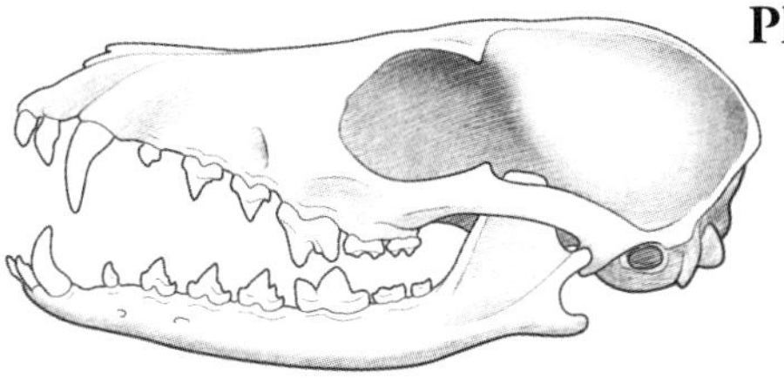

11-14 cm

Renard gris d'Argentine
Pseudalopex griseus

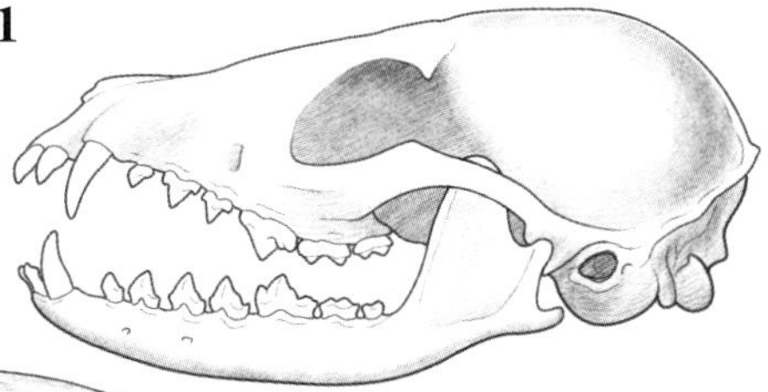

~ 11-13 cm

Renard de Séchura
Pseudalopex sechurae

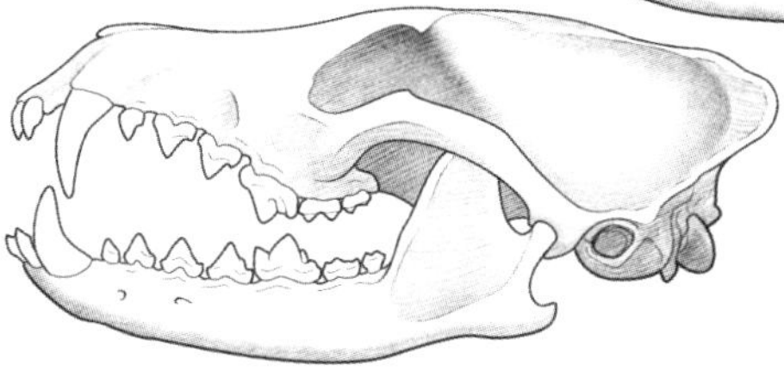

16-18,8 cm

Renard de Magellan
Pseudalopex culpaeus

Planche 52

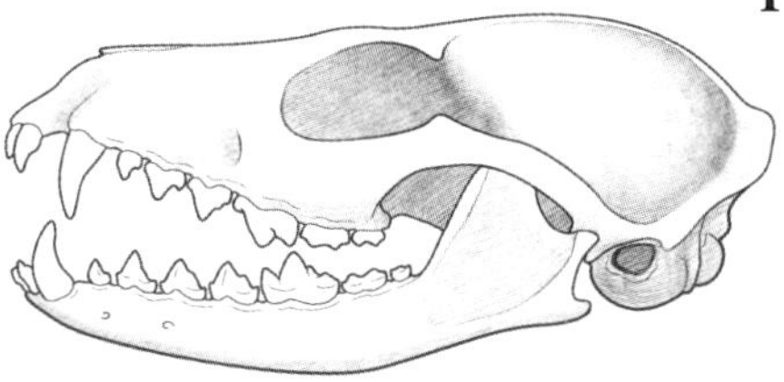

11,1-11,8 cm

Renard chenu
Pseudalopex vetulus

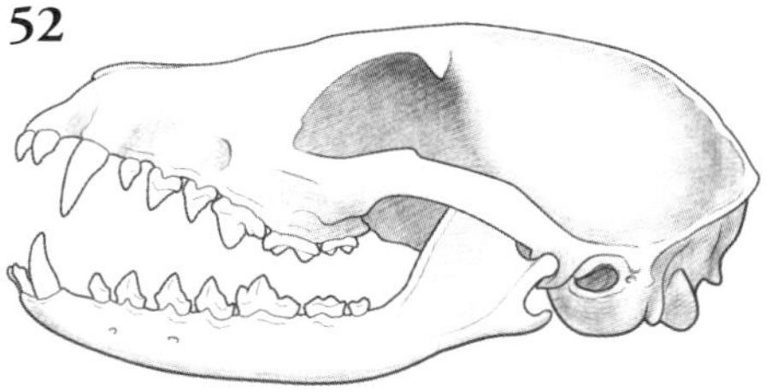

12,9-15,4 cm

Renard d'Azara
Pseudalopex gymnocercus

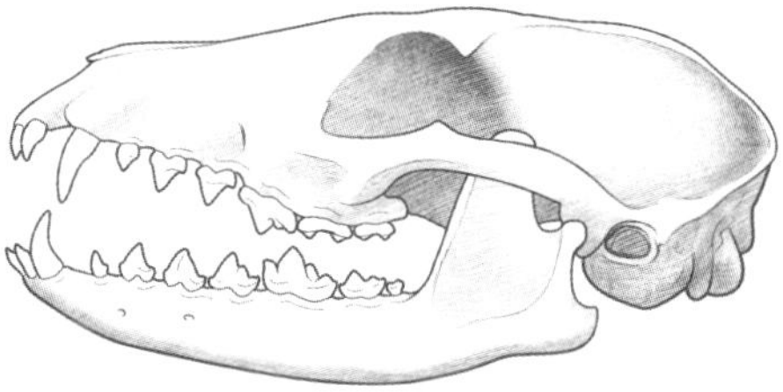

11,2-13,8 cm

Renard crabier
Cerdocyon thous

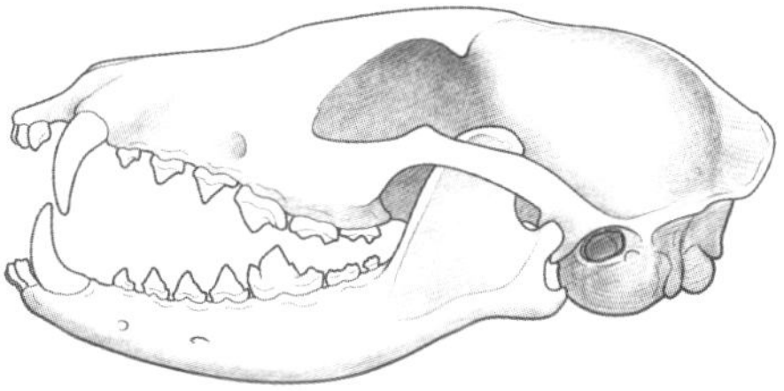

16,1-17,2 cm

Renard à petites oreilles
Atelocynus microtis

Planche 53

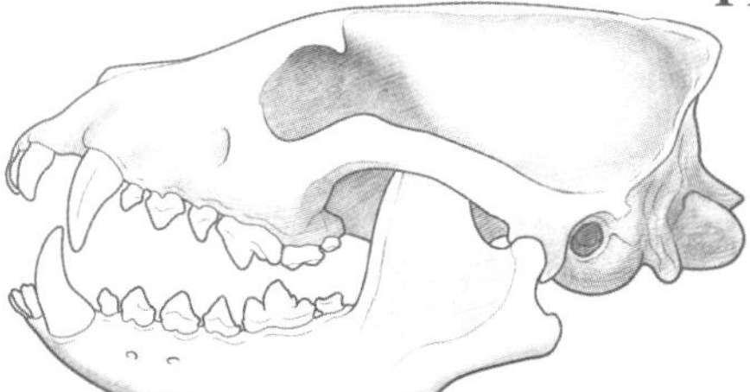

~ 11-13 cm

Chien des buissons
Speothos venaticus

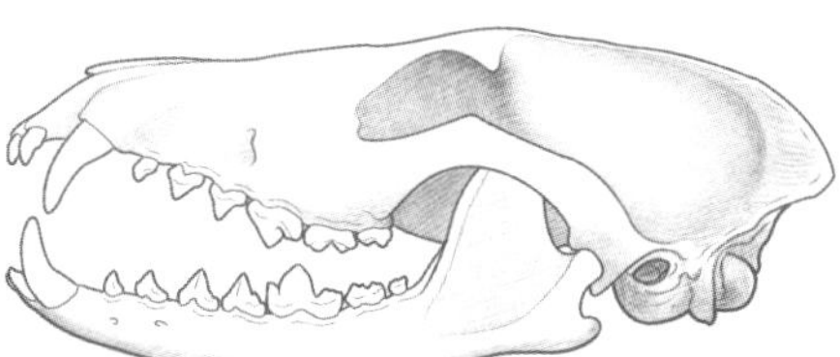

20-23,5 cm

Loup à crinière
Chrysocyon brachyurus

Planche 54

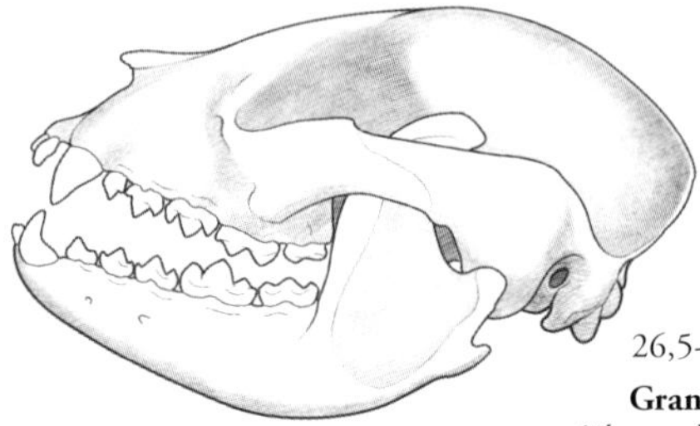

26,5-31,7 cm

Grand panda
Ailuropoda melanoleuca

Planche 55

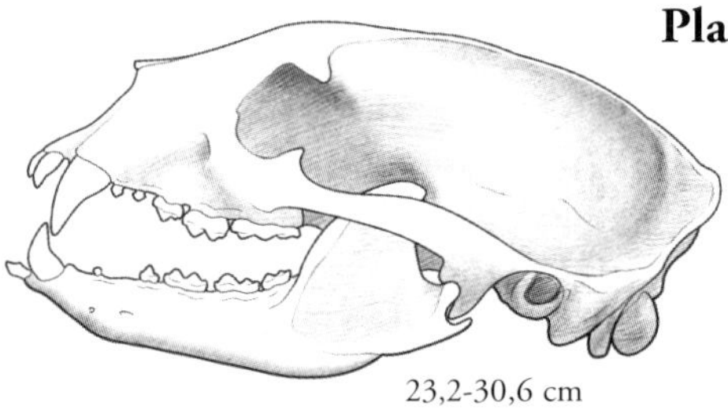

23,2-30,6 cm

Ours à collier
Ursus thibetanus

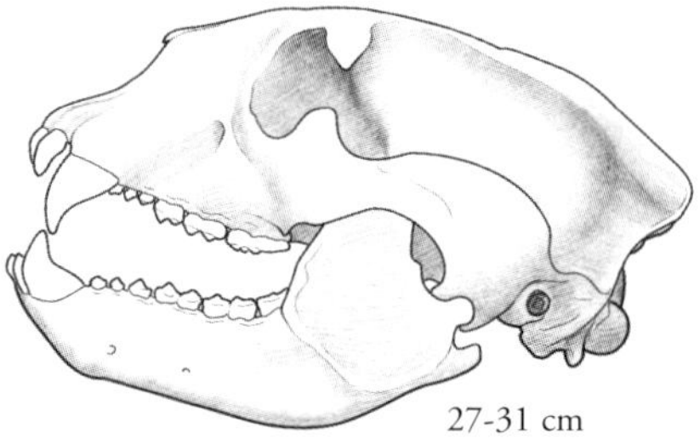

27-31 cm

Ours à lunettes
Tremarctos ornatus

Planche 56

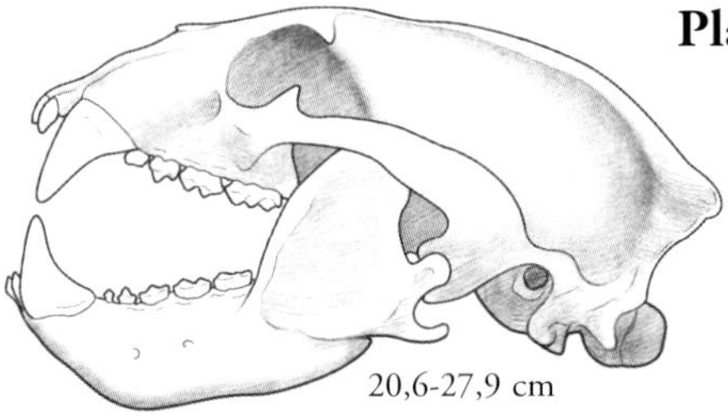

20,6-27,9 cm

Ours des cocotiers
Helarctos malayanus

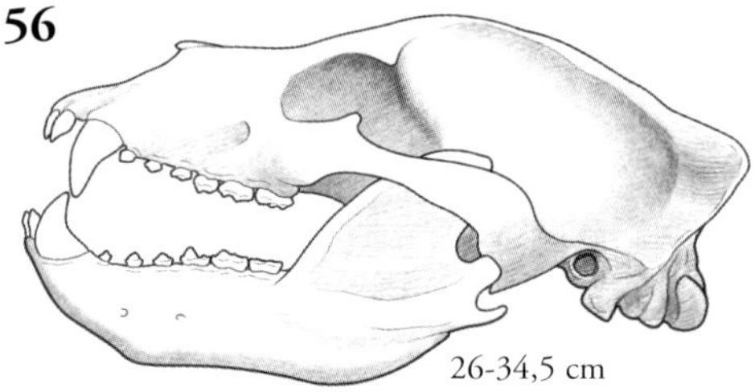

26-34,5 cm

Ours lippu
Melursus ursinus

Planche 57

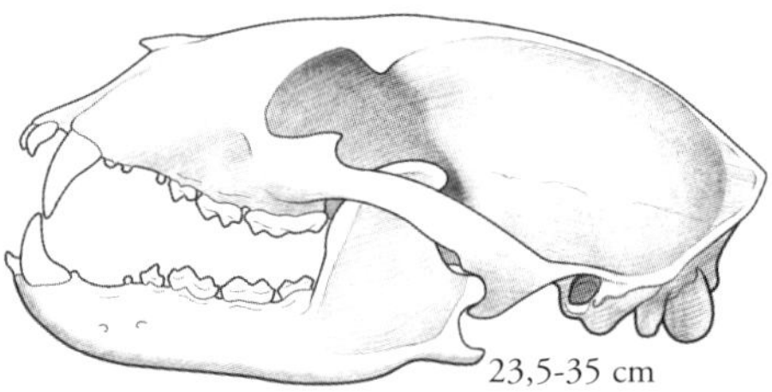

23,5-35 cm

Ours noir
Ursus americanus

Planche 58

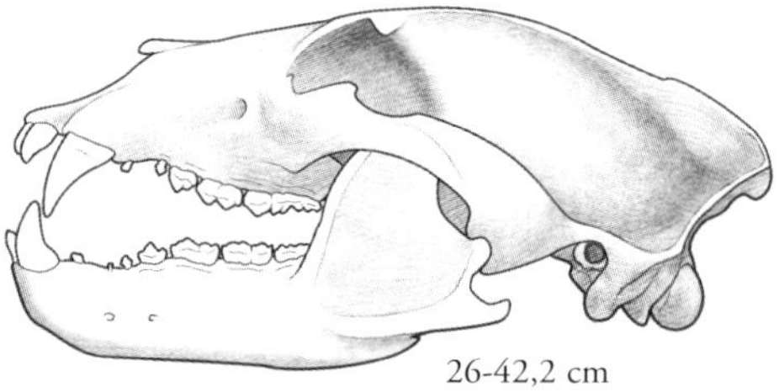

26-42,2 cm

Ours brun
Ursus arctos

Planche 59

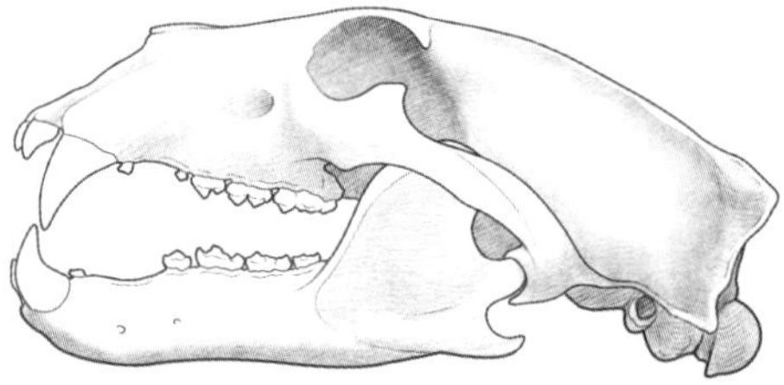

33,7-41 cm

Ours polaire
Ursus maritimus

Planche 60

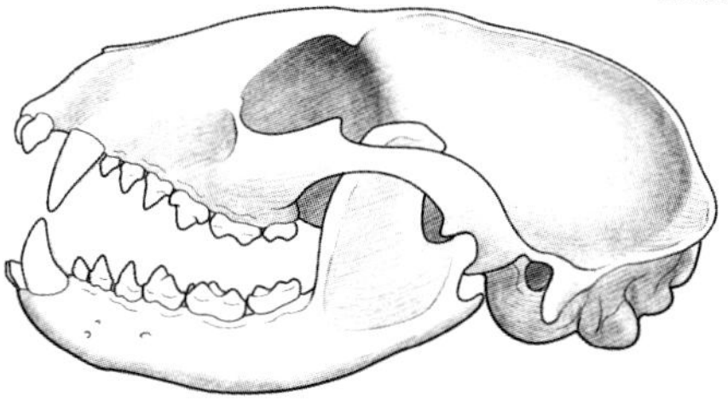

9,3-13,6 cm

Raton laveur
Procyon lotor

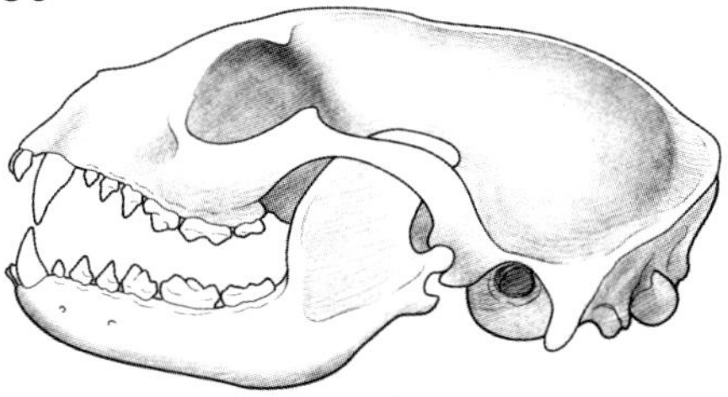

12,9-14,3 cm

Raton crabier
Procyon cancrivorus

Planche 61

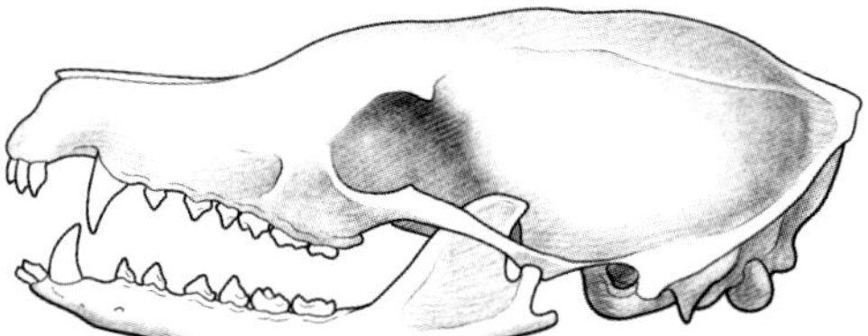

9,7-11,5 cm

Coati des montagnes
Nasuella olivacea

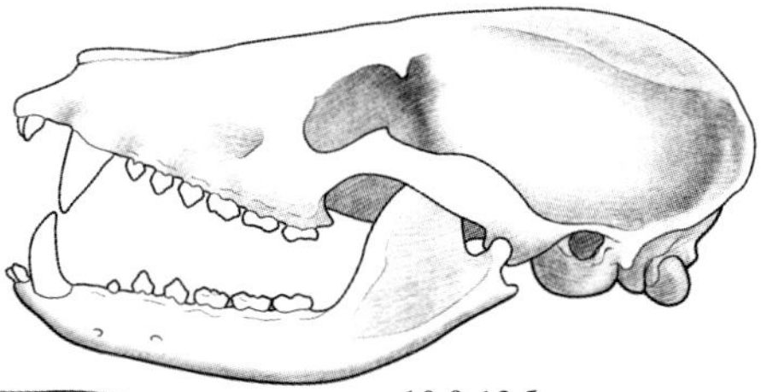

10,9-12,5 cm

Coati à queue annelée
Nasua nasua

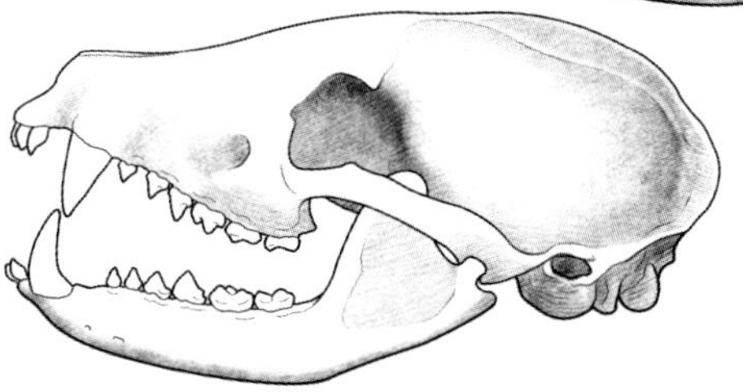

12-13,8 cm

Coati à nez blanc
Nasua narica

Planche 62

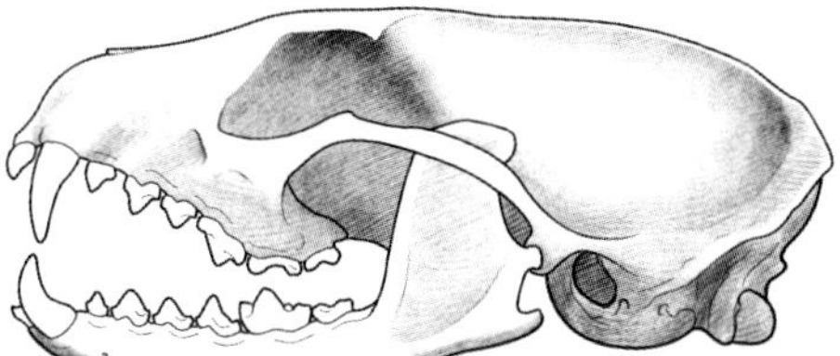

7-8,3 cm

Bassaris rusé
Bassariscus astutus

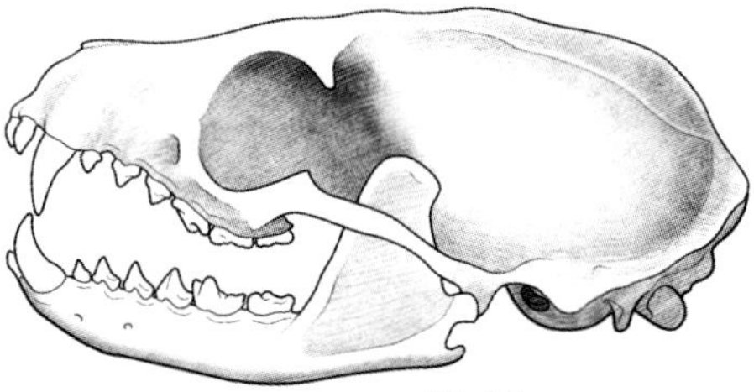

8.1-9.1 cm

Bassaris d'Amérique centrale
Bassariscus sumichrasti

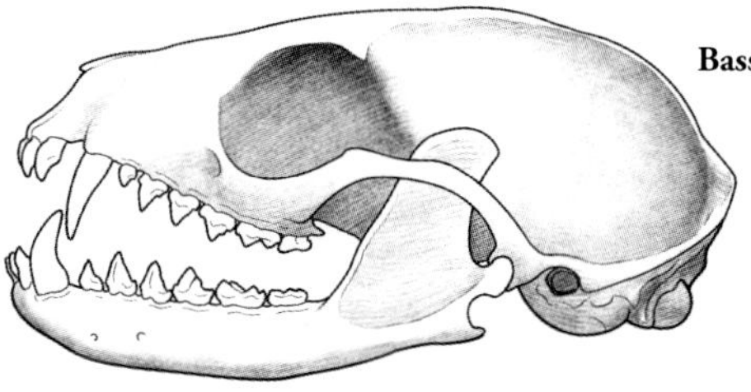

7,5-8,5 cm

Olingo commun
Bassaricyon gabbi

PROCYONIDAE et AILURIDAE

Planche 63

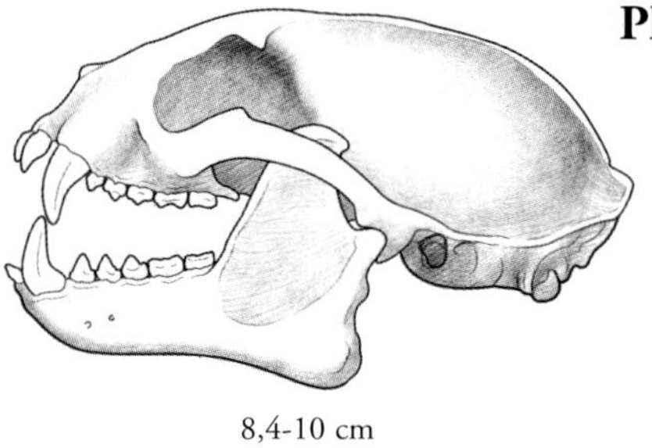

8,4-10 cm

Kinkajou
Potos flavus

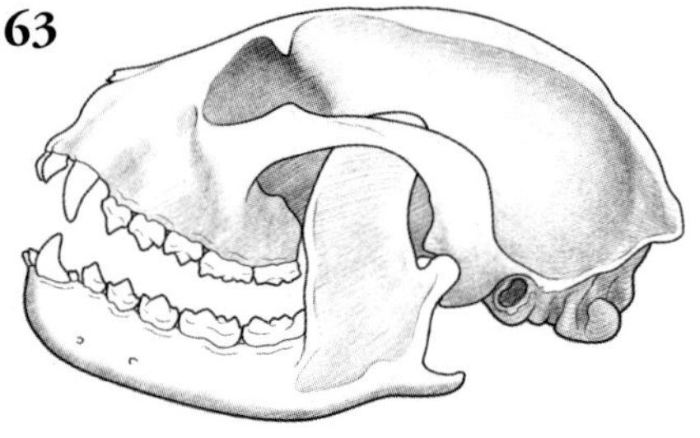

10,5-12,4 cm

Panda roux
Ailurus fulgens

MEPHITIDAE

Planche 64

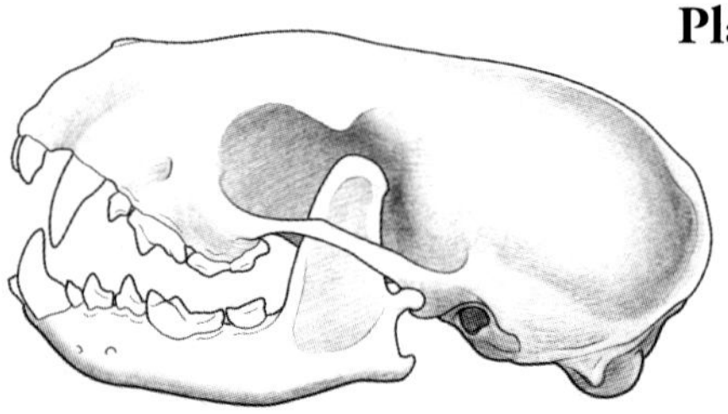

~ 5-7 cm

Mouffette de Patagonie
Conepatus humboldtii

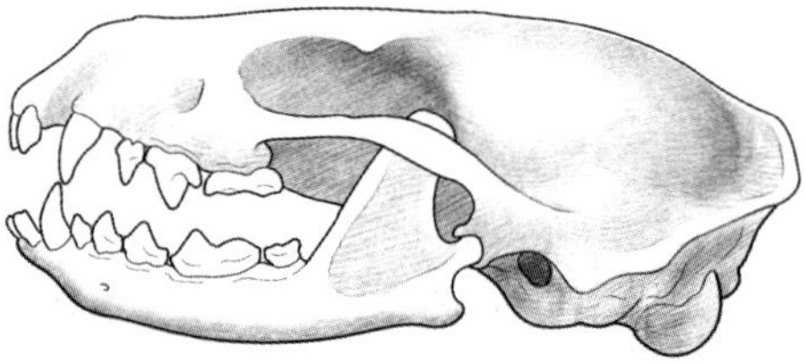

5,5-7,5 cm

Mouffette des Andes
Conepatus chinga

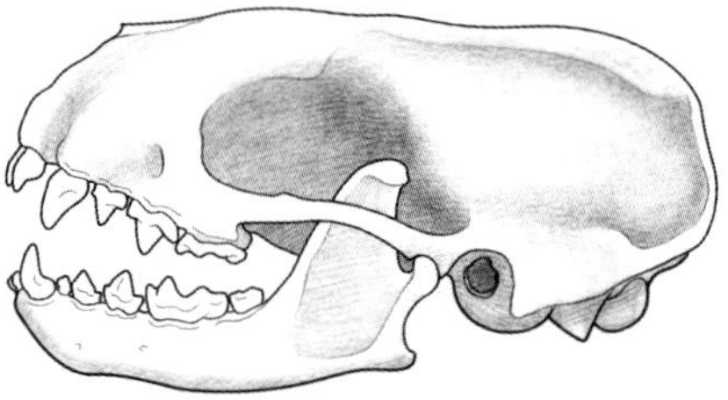

~ 6,5-8,5 cm

Mouffette d'Amazonie
Conepatus semistriatus

Planche 65

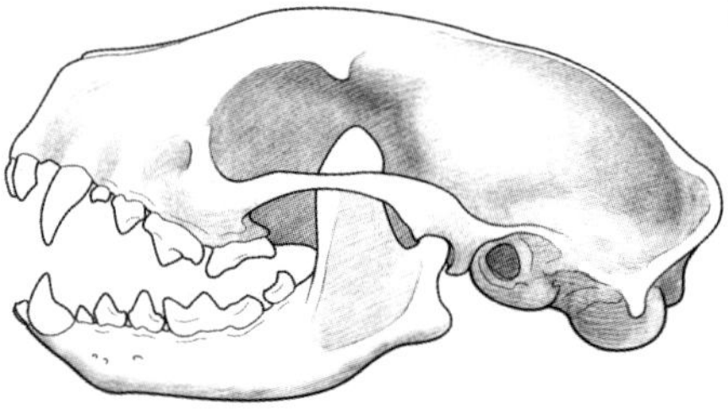

6,9-8,8 cm

Mouffette rayée
Mephitis mephitis

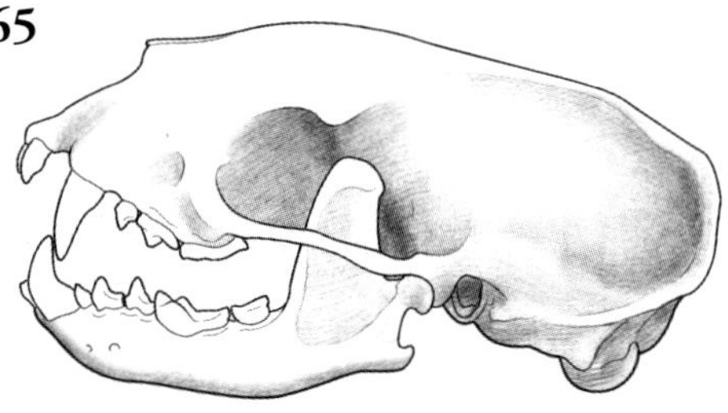

6,5-8,5 cm

Mouffette orientale à nez de cochon
Conepatus leuconotus

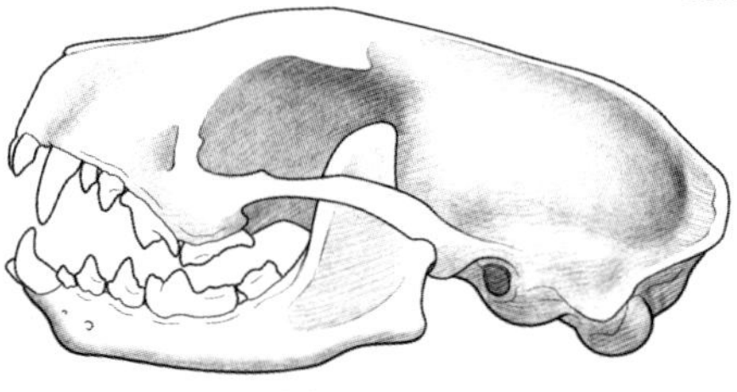

5,5-7,3 cm

Mouffette à capeline
Mephitis macroura

MEPHITIDAE

Planche 66

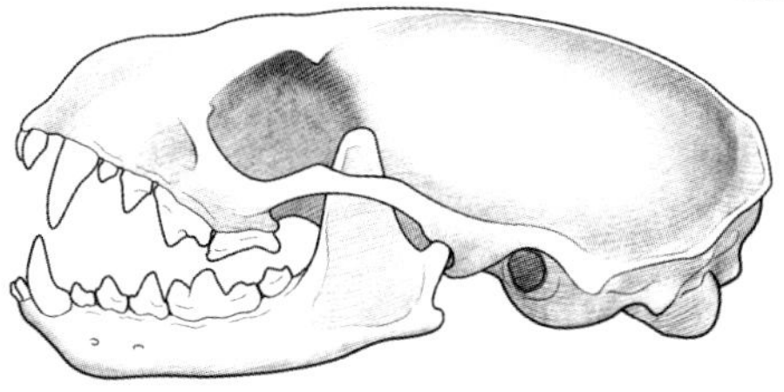

~ 4,9-6,4 cm

Mouffette tachetée orientale
Spilogale putorius

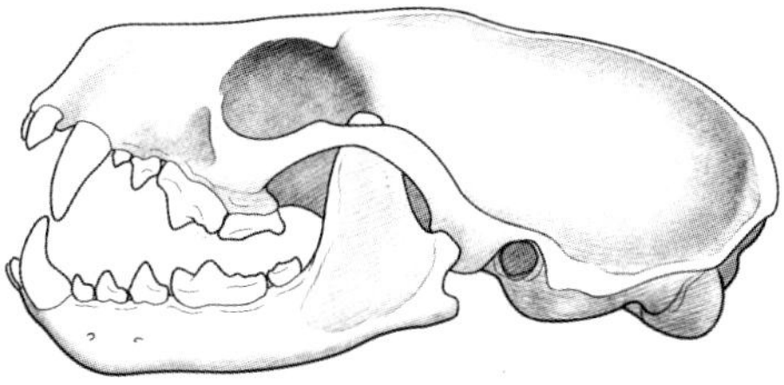

4,9-6,4 cm

Mouffette tachetée occidentale
Spilogale gracilis

Planche 67

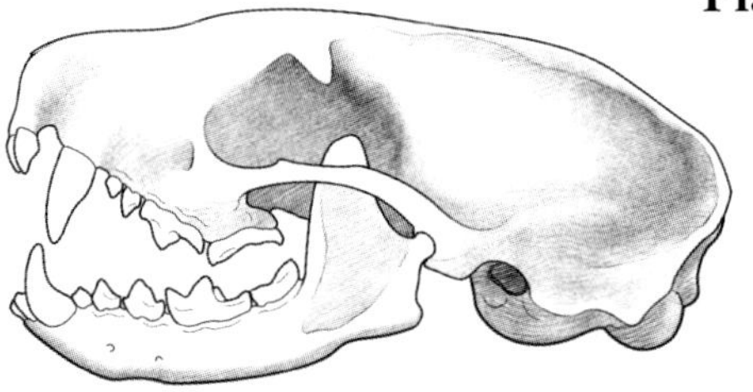

4,2-5 cm

Mouffette tachetée naine
Spilogale pygmaea

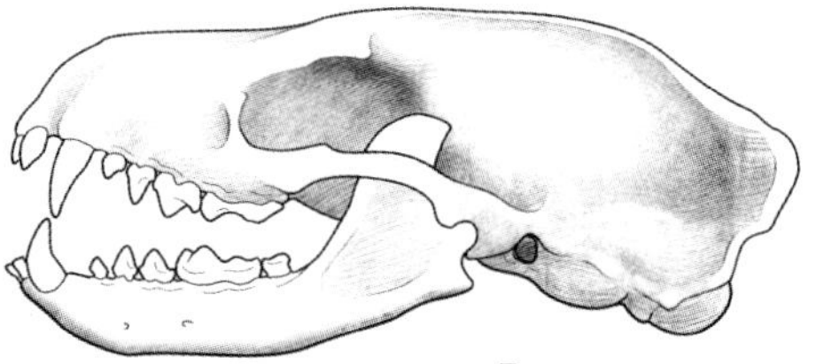

~ 7 cm

Blaireau de Palawan
Mydaus marchei

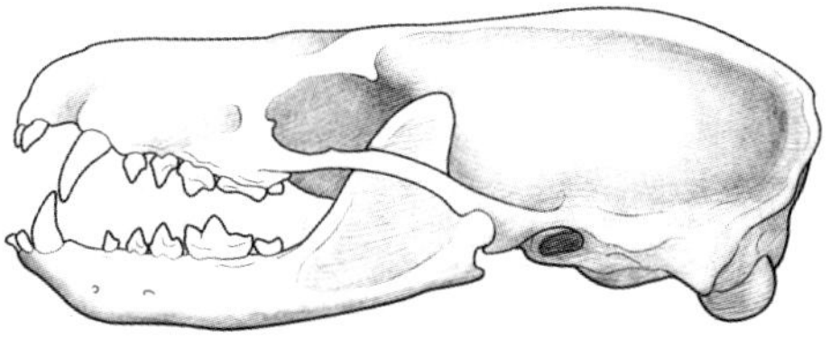

8,4-10,4 cm

Blaireau de Java
Mydaus javanensis

MUSTELIDAE

Planche 68

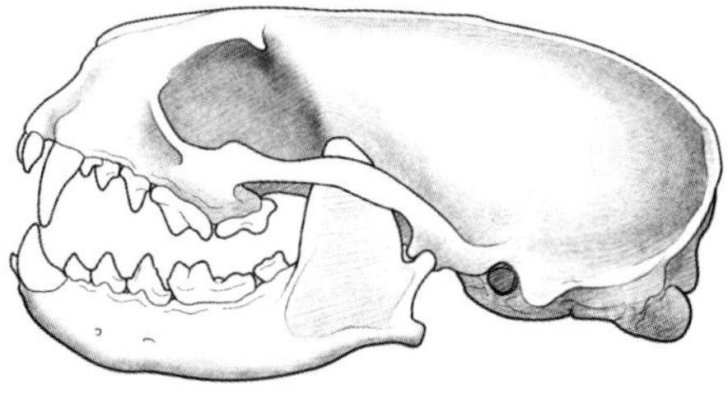

10-13 cm

Loutre du Canada
Lontra canadensis

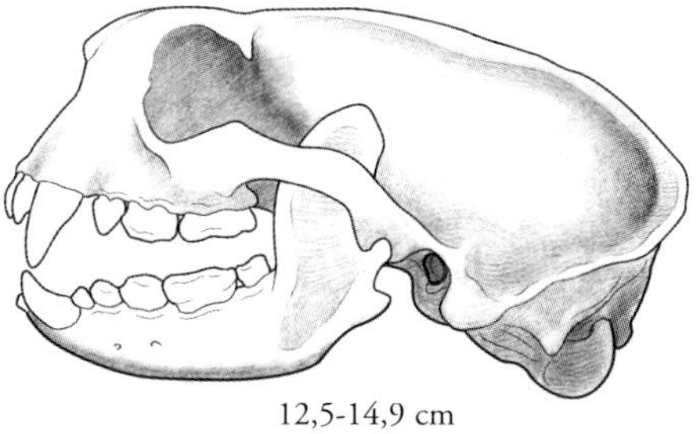

12,5-14,9 cm

Loutre de mer
Enhydra lutris

Planche 69

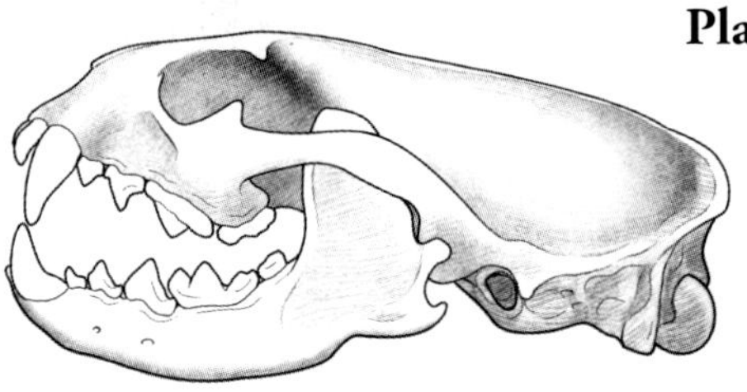

9-11,2 cm

Loutre marine
Lontra felina

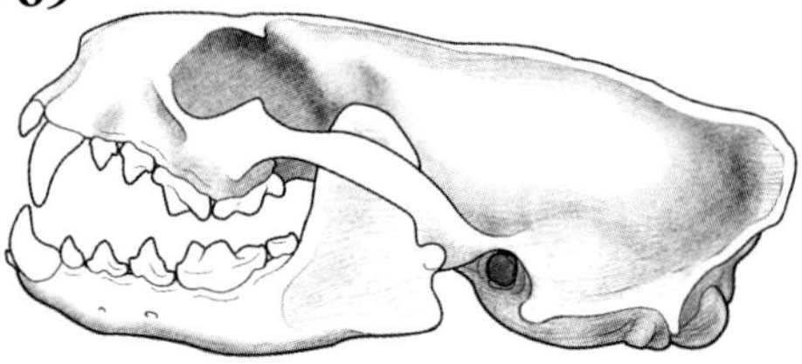

10,3-11,8 cm

Loutre du Chili
Lontra provocax

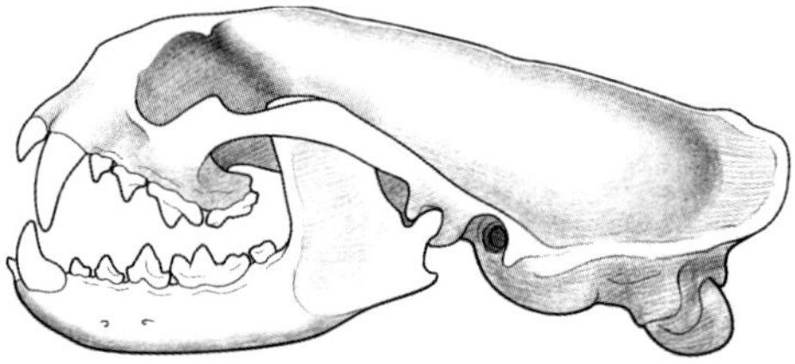

9,4-12 cm

Loutre néotropicale
Lontra longicaudis

Planche 70

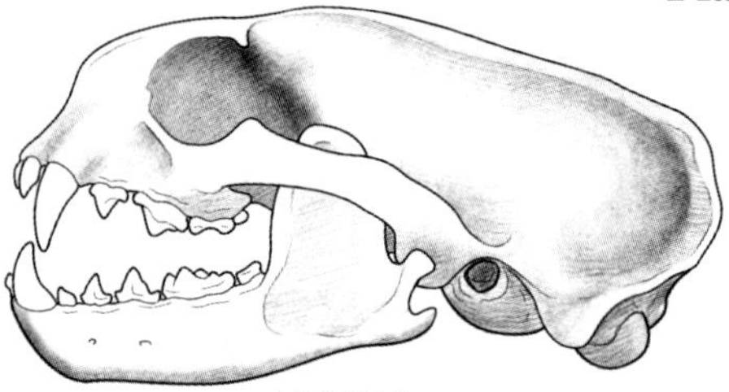

15,5-17,5 cm

Loutre géante
Pteronura brasiliensis

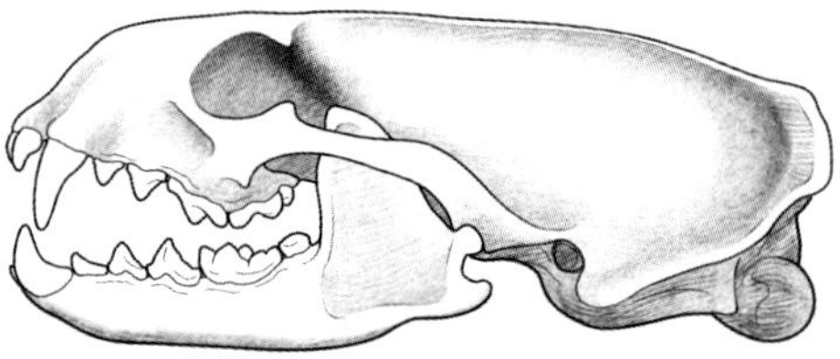

10-13 cm

Loutre d'Europe
Lutra lutra

Planche 71

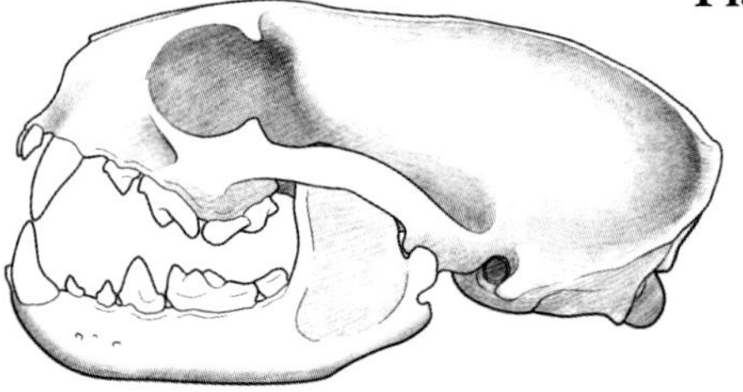

8,5-9,5 cm

Loutre cendrée
Aonyx cinereus

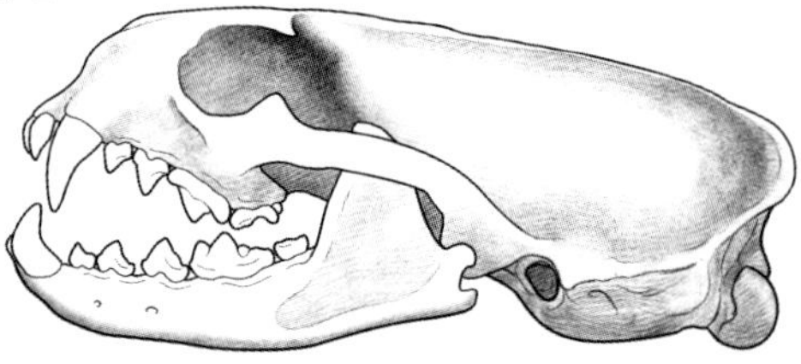

10-12 cm

Loutre de Sumatra
Lutra sumatrana

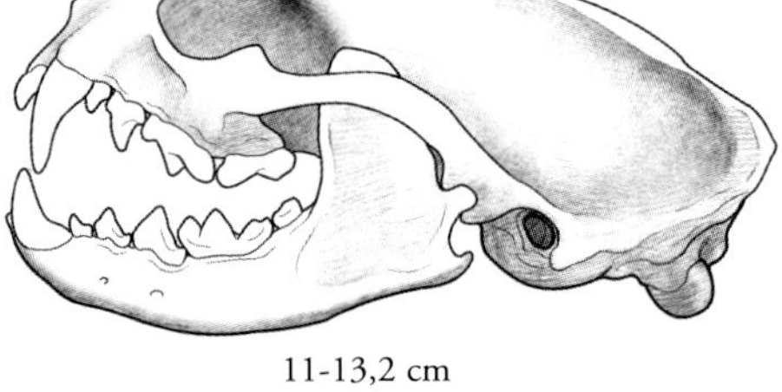

11-13,2 cm

Loutre indienne
Lutrogale perspicillata

Planche 72

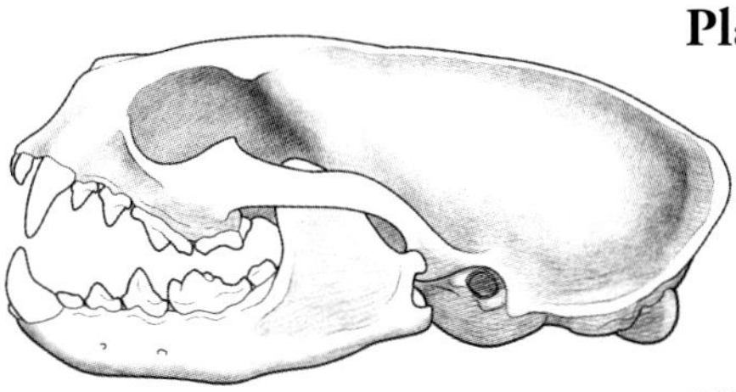

9,4-11,2 cm

Loutre à cou tacheté
Lutra maculicollis

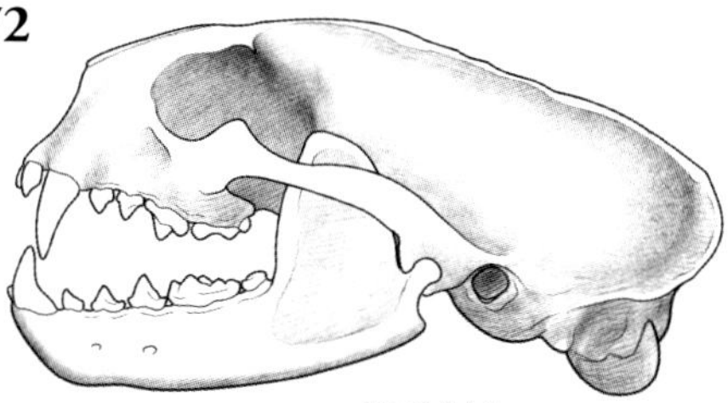

12,5-14,5 cm

Loutre à joues blanches du Cap
Aonyx capensis

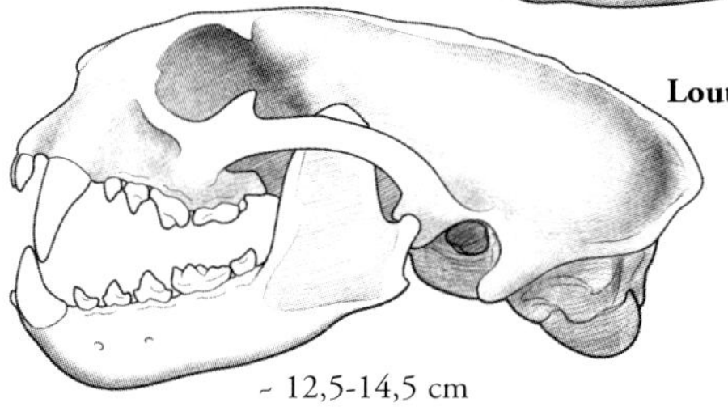

~ 12,5-14,5 cm

Loutre à joues blanches du Congo
Aonyx congicus

Planche 73

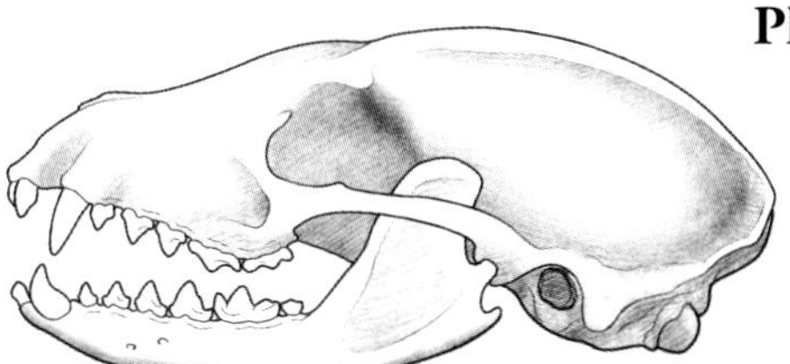

7,4-8,3 cm

Blaireau-furet de Chine
Melogale moschata

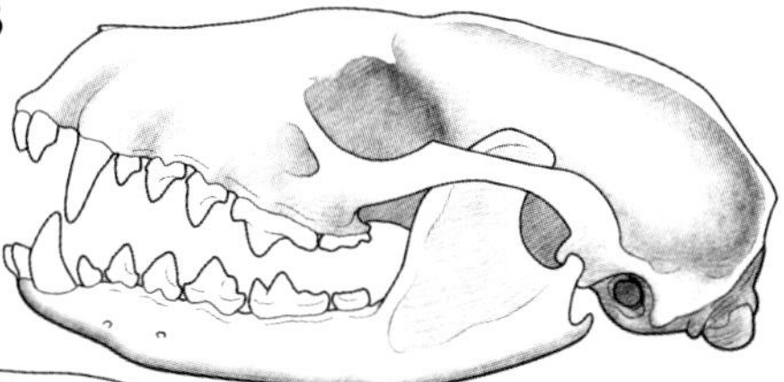

7,6-8,9 cm

Blaireau-furet indien
Melogale personata

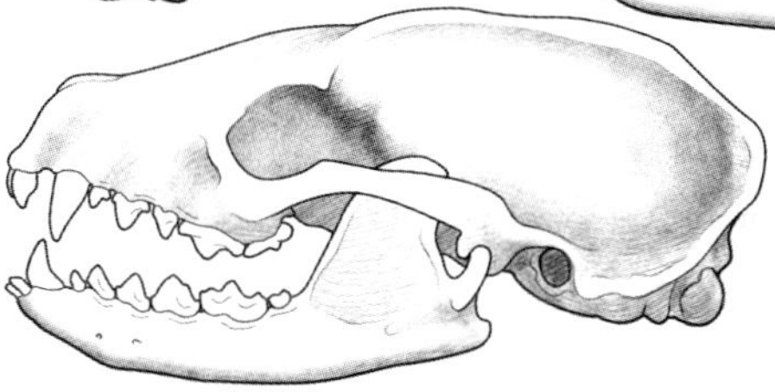

~ 7,4-8,5 cm

Blaireau-furet de Java
Melogale orientalis

Planche 74

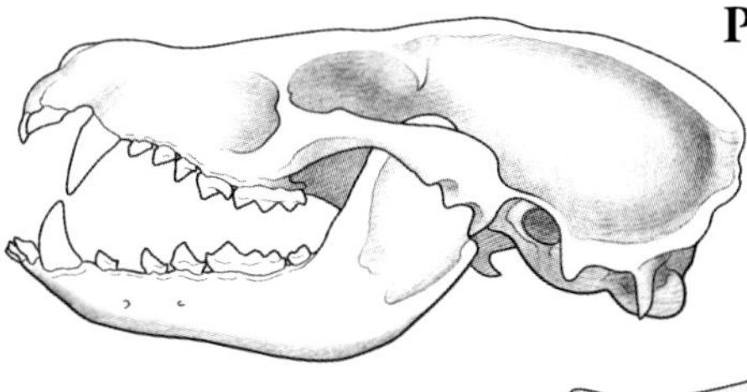

11-13,3 cm

Balisaur de Sumatra
Arctonyx hoevenii

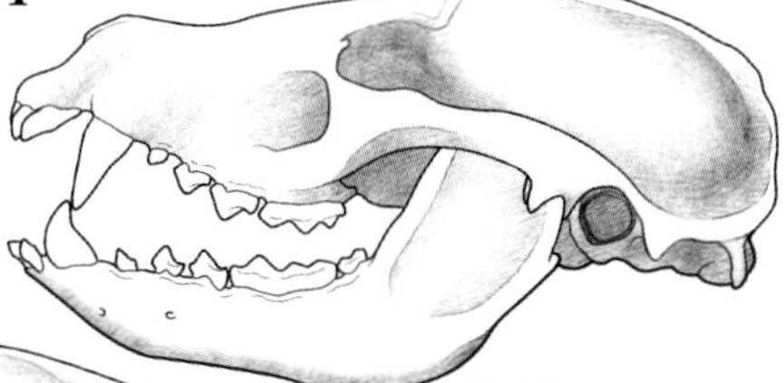

12-15,1 cm

Balisaur à gorge blanche
Arctonyx ablogularis

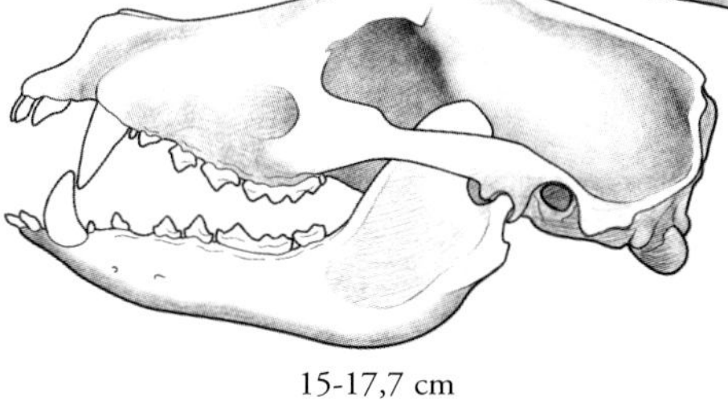

15-17,7 cm

Grand balisaur
Arctonyx collaris

Planche 75

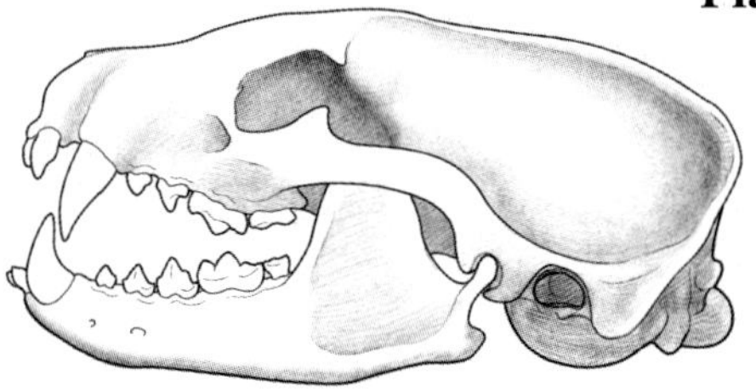

10,5-13,2 cm

Blaireau américain
Taxidea taxus

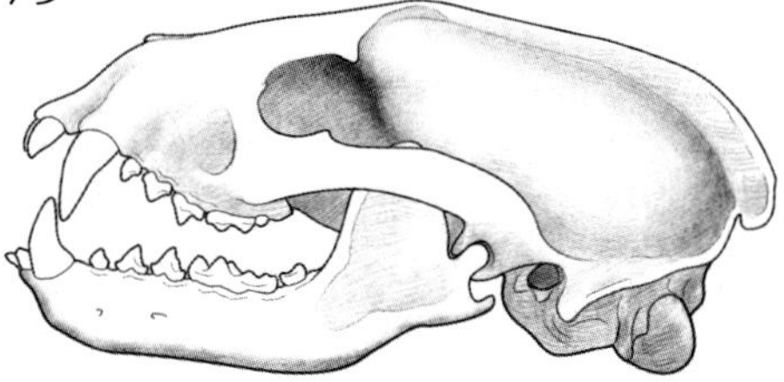

11,6-14,7 cm

Blaireau d'Eurasie
Meles meles

Planche 76

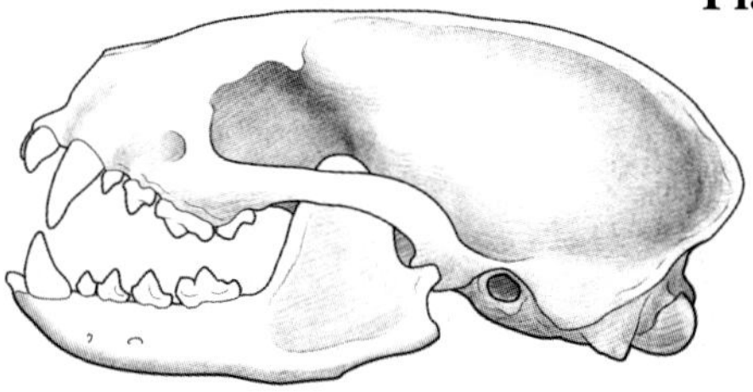

11,2-15,6 cm

Ratel
Mellivora capensis

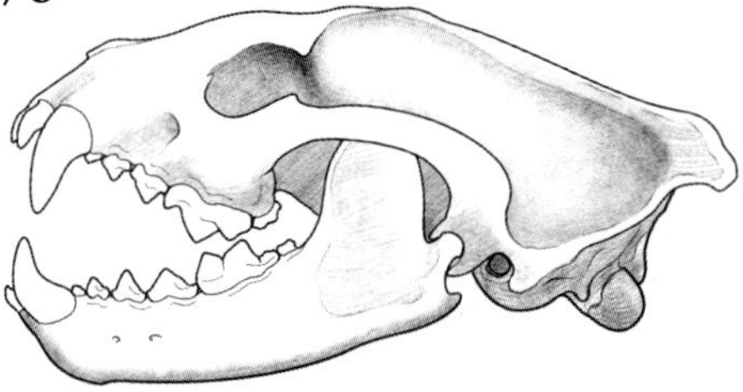

13,6-17,5 cm

Glouton
Gulo gulo

Planche 77

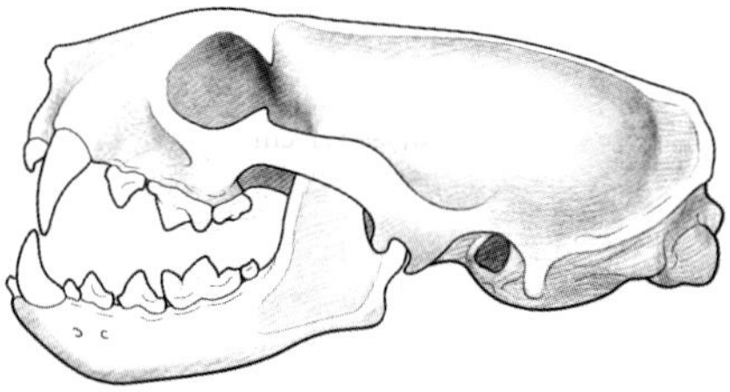

~ 4,8-5,7 cm

Belette de Patagonie
Lyncodon patagonicus

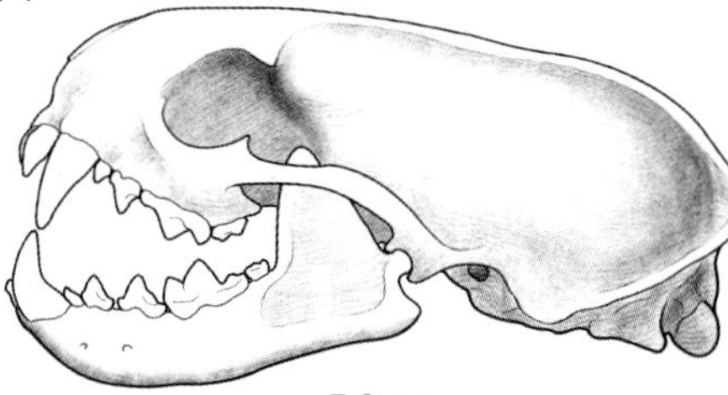

7-9 cm

Petit grison
Galictis cuja

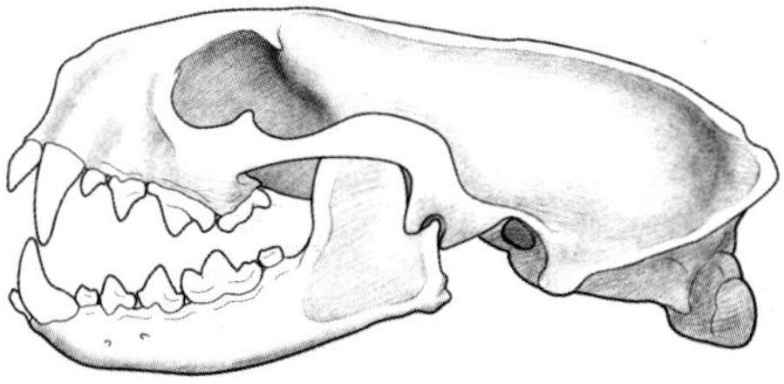

8,9-10,8 cm

Grand grison
Galictis vittata

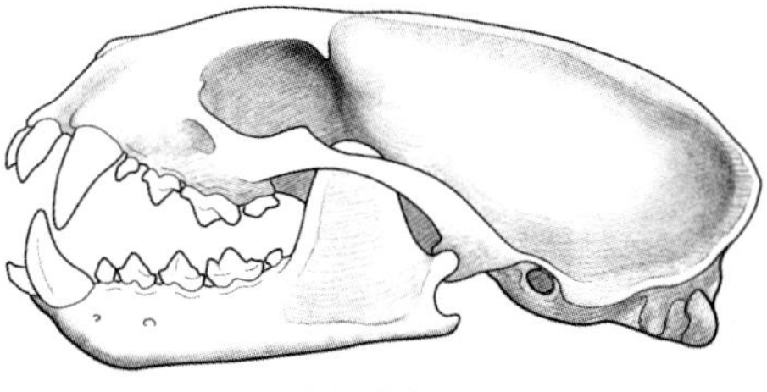

10,3-12,5 cm

Tayra
Eira barbara

Planche 78

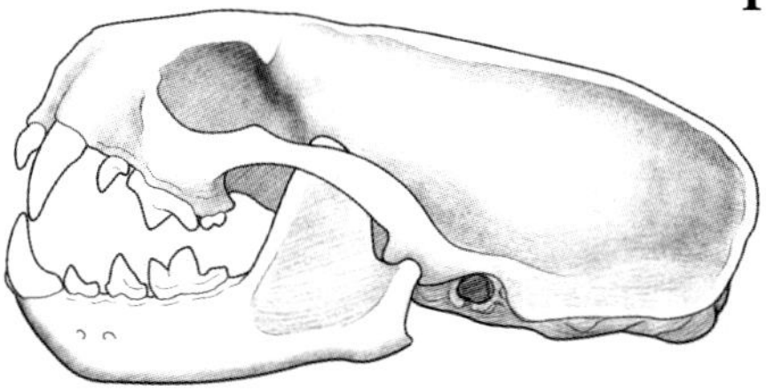

4,8-5,7 cm

Zorille à nuque blanche
Poecilogale albinucha

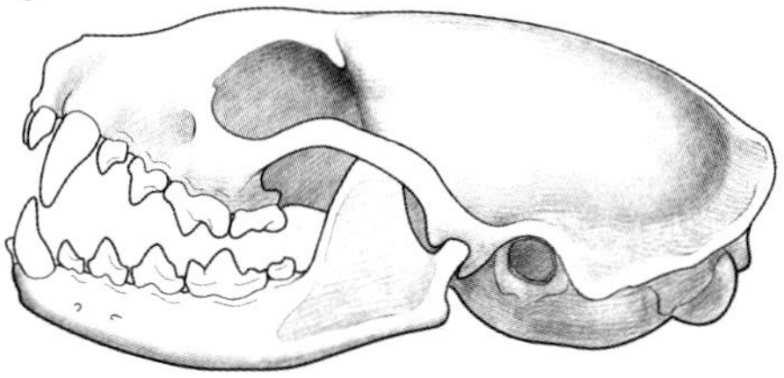

5,2-6 cm

Zorille de Libye
Ictonyx libyca

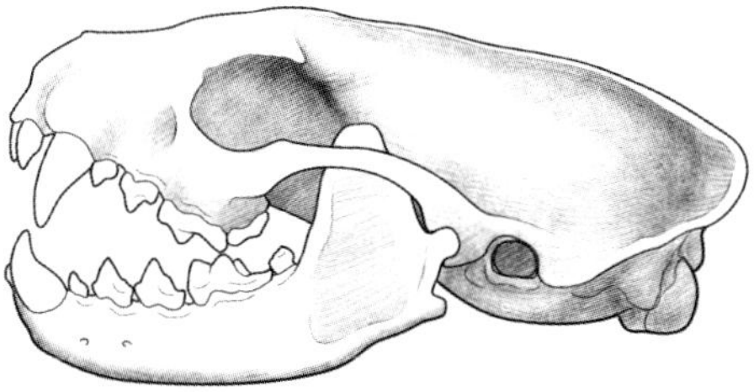

5,9-6,8 cm

Zorille commune
Ictonyx striatus

Planche 79

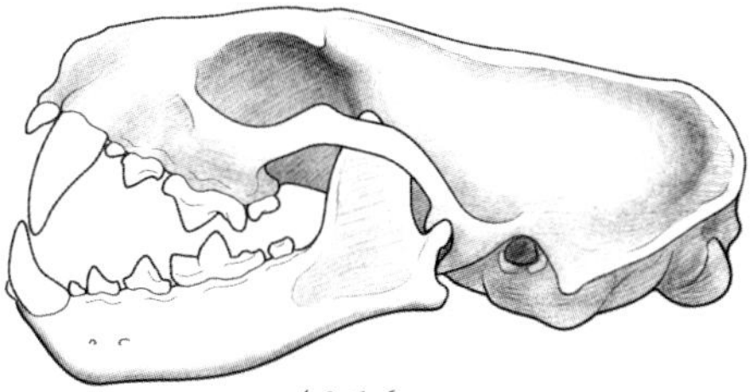

4,8-5,6 cm

Putois marbré
Vormela peregusna

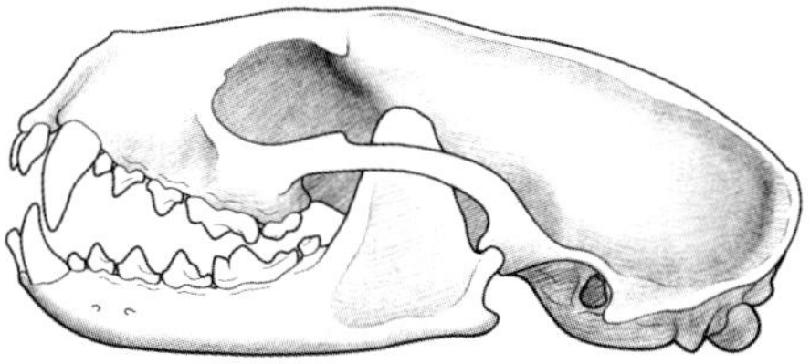

8,9-11,1 cm

Martre à gorge jaune
Martes flavigula

Planche 80

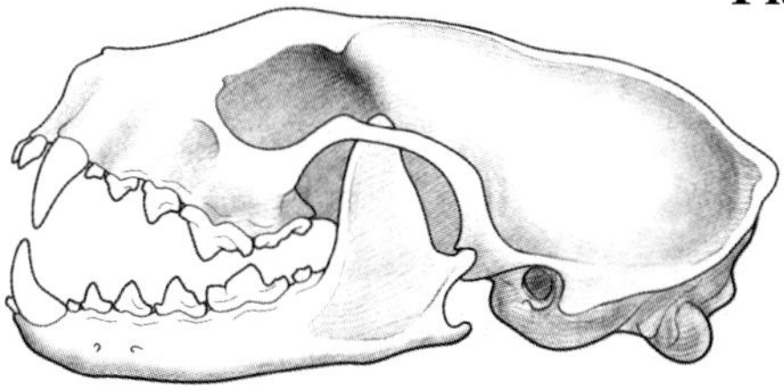

7,8-8,7 cm

Fouine
Martes foina

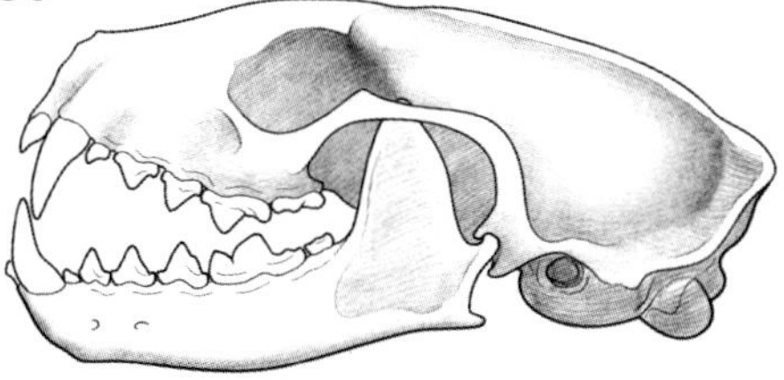

7,5-8,8 cm

Martre commune
Martes martes

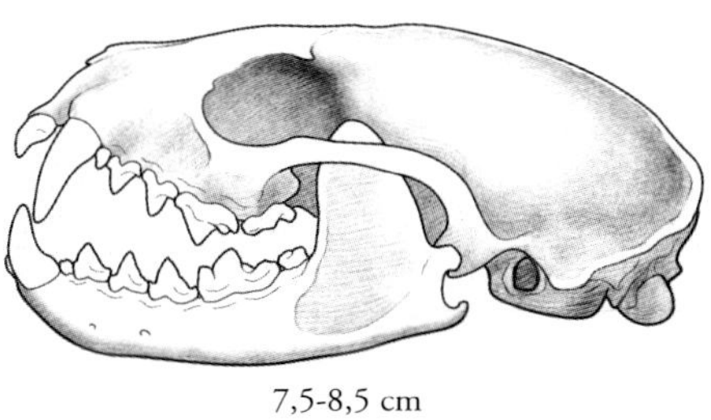

7,5-8,5 cm

Martre du Japon
Martes melampus

Planche 81

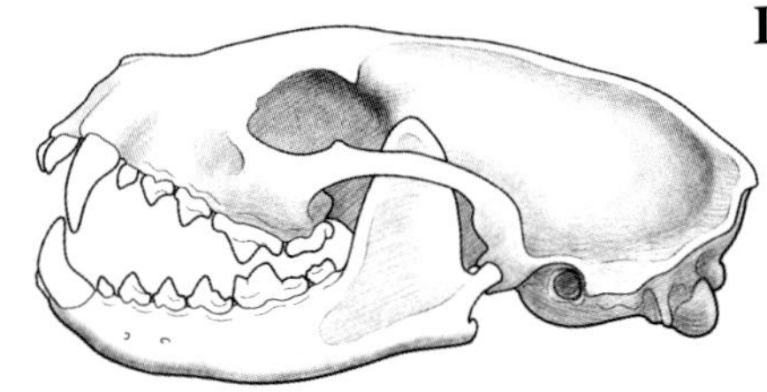

9,9-13,5 cm

Martre de Pennant
Martes pennanti

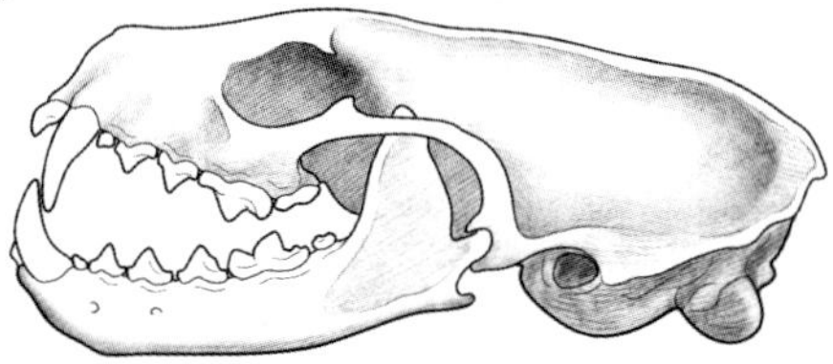

7,9-9,5 cm

Zibeline
Martes zibellina

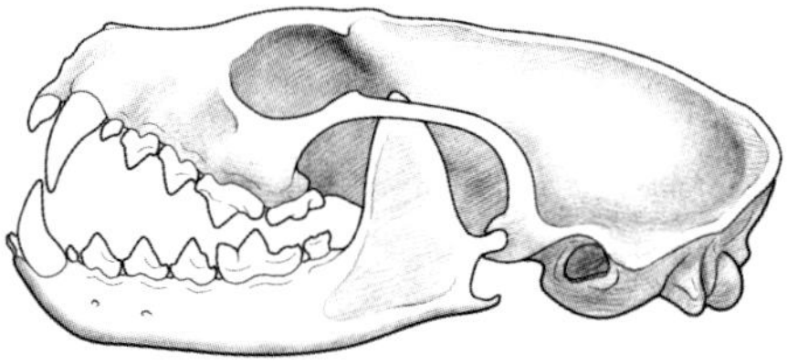

6,8-8,8 cm

Martre d'Amérique
Martes americana

Planche 82

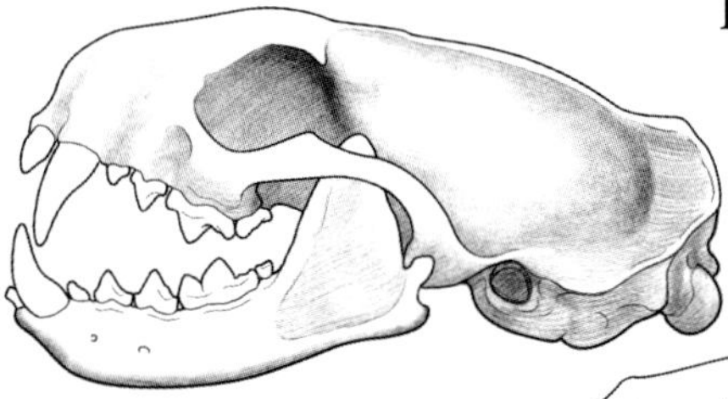

5,7-7 cm

Putois à pieds noirs
Mustela nigripes

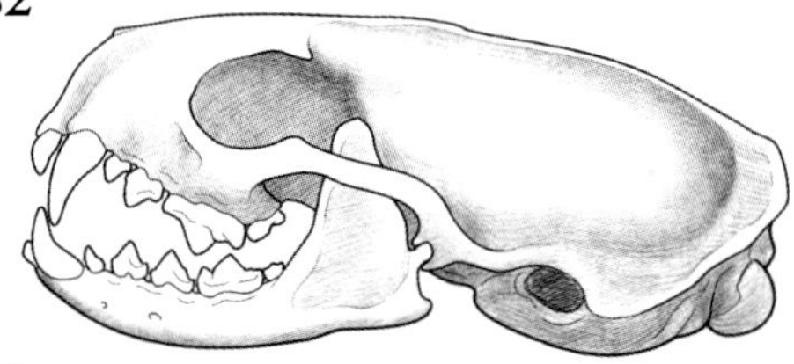

5,6-6,7 cm

Putois de Sibérie
Mustela sibirica

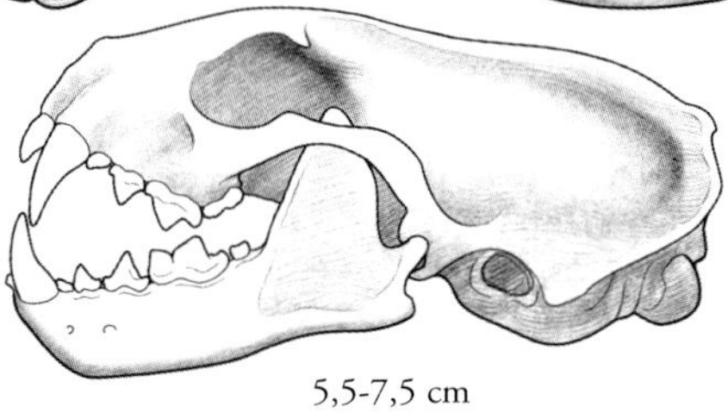

5,5-7,5 cm

Putois des steppes
Mustela eversmanii

Planche 83

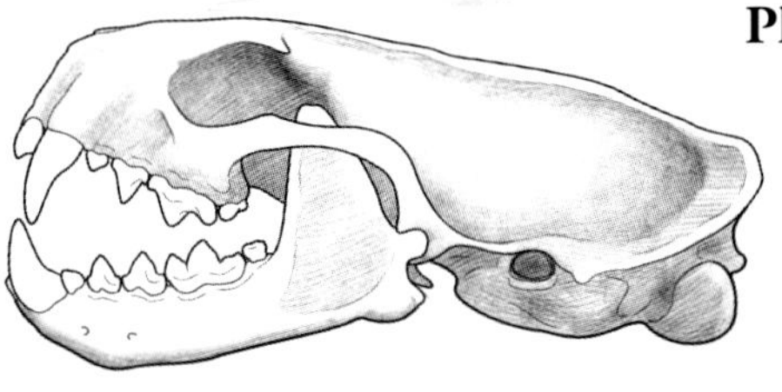

5,4-6,7 cm

Vison d'Europe
Mustela lutreola

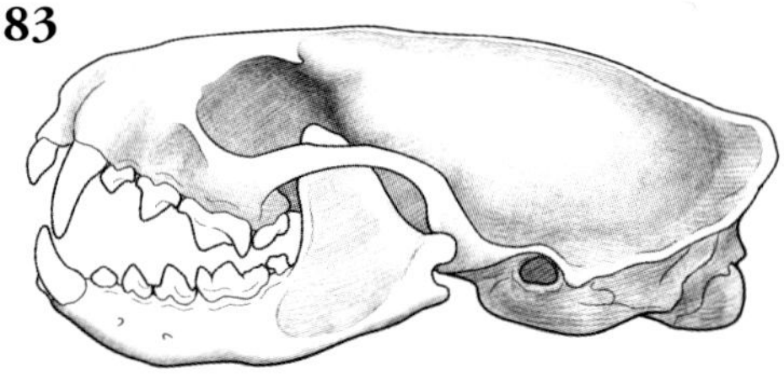

5,3-7,1 cm

Vison d'Amérique
Neovison vison

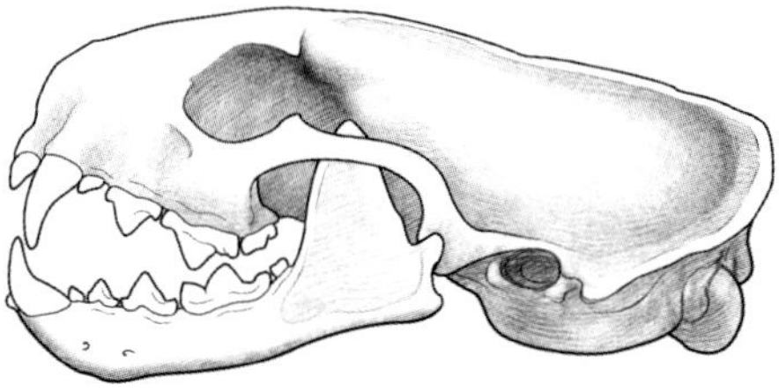

5,1-7 cm

Putois d'Europe
Mustela putorius

Planche 84

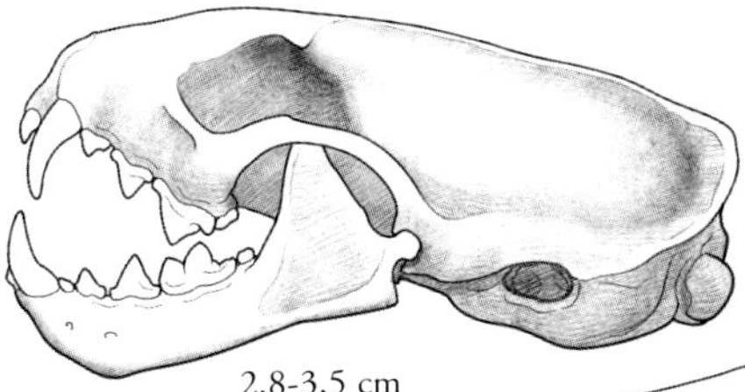

2,8-3,5 cm

Belette
Mustela nivalis

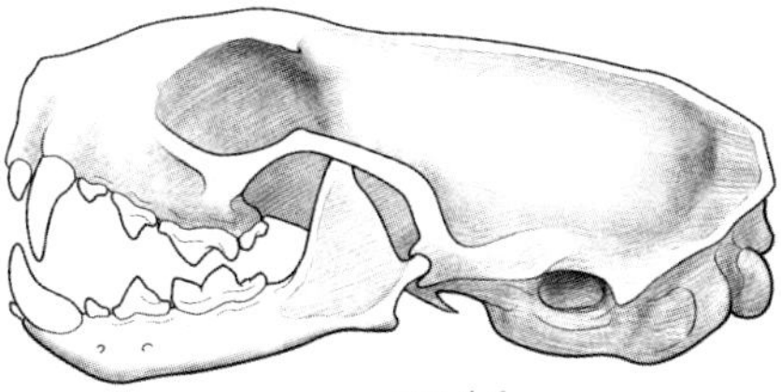

3,3-4,6 cm

Hermine
Mustela erminea

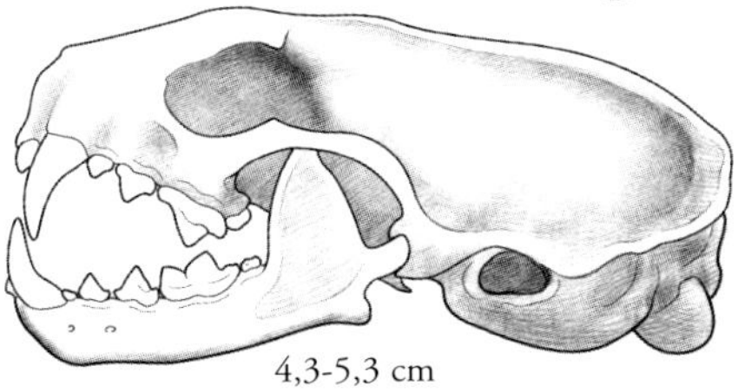

4,3-5,3 cm

Putois des montagnes
Mustela altaica

Planche 85

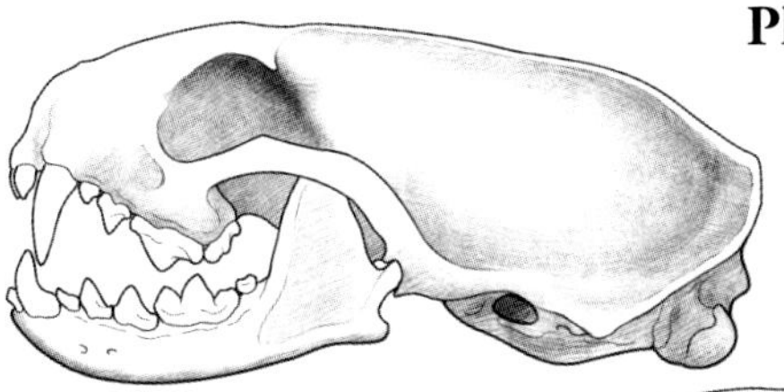

~ 3,8-4,5 cm

Belette de Colombie
Mustela felipei

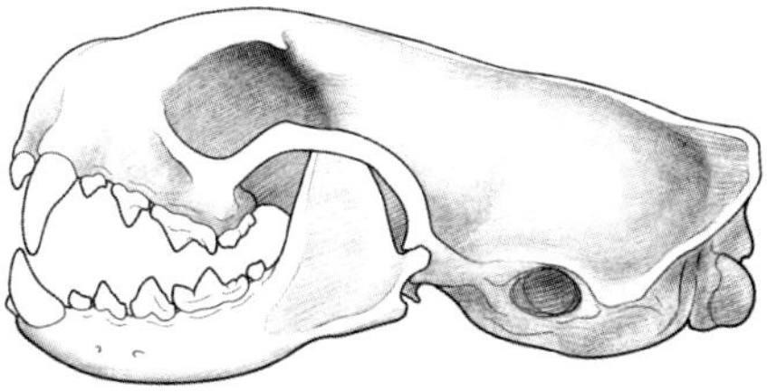

3,8-5,6 cm

Belette à longue queue
Mustela frenata

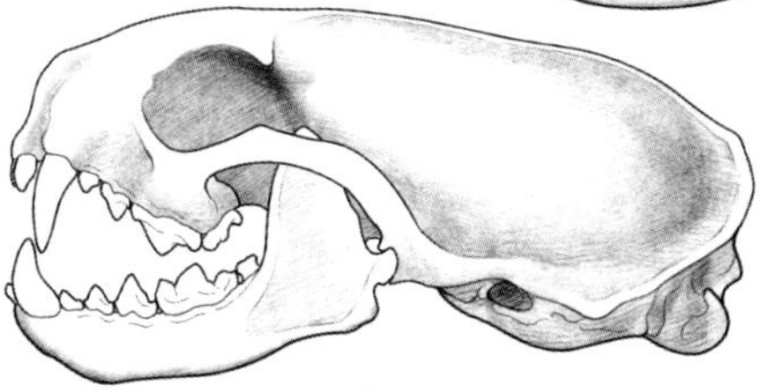

~ 4-5 cm

Belette des tropiques
Mustela africana

Planche 86

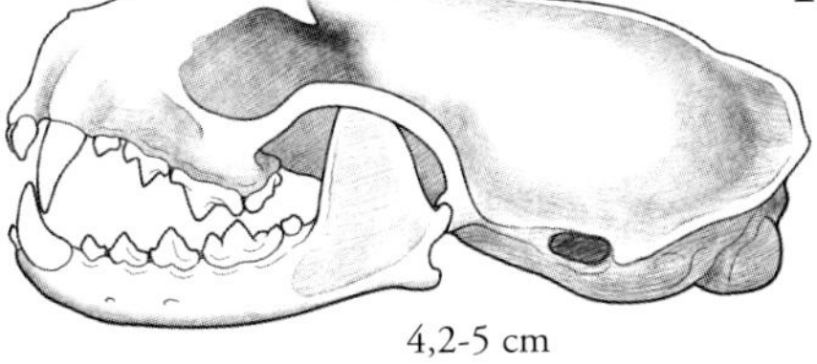

4,2-5 cm

Belette à ventre jaune
Mustela kathiah

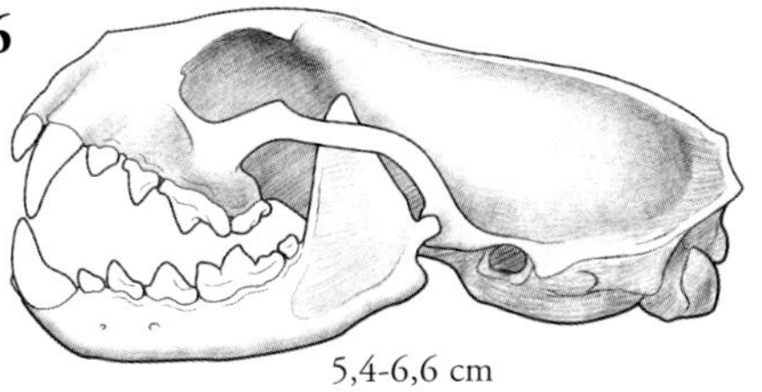

5,4-6,6 cm

Putois à dos rayé
Mustela strigidorsa

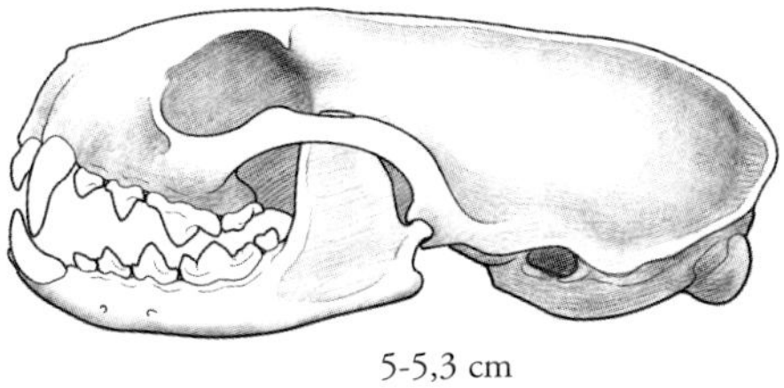

5-5,3 cm

Putois à pieds nus
Mustela nudipes

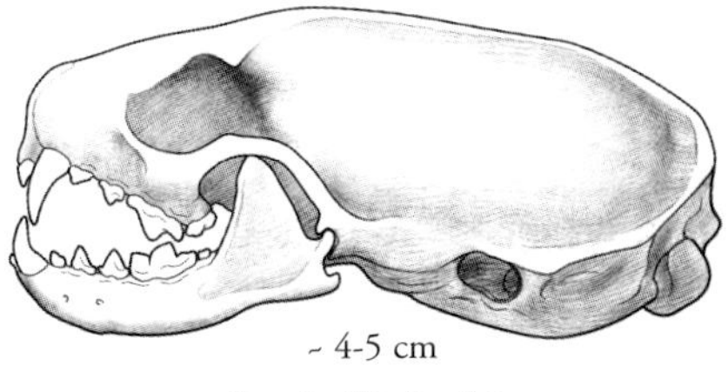

~ 4-5 cm

Putois d'Indonésie
Mustela lutreolina

EMPREINTES

Les empreintes de carnivores sont beaucoup plus fréquentes que les crânes (p. 188). La probabilité d'en trouver est même plus grande que celle de voir l'animal lui-même. Les pages ci-dessous décrivent les empreintes de divers carnivores. Pour de nombreuses espèces, il n'a jamais été possible de relever des empreintes dans la nature, mais toutes les familles sont représentées ici, à l'exception des Nandiniidae.

Les carnivores sont digitigrades, ils marchent sur l'extrémité des doigts (félidés, genettes et canidés), ou plantigrades, c'est-à-dire qu'ils marchent sur l'ensemble du pied, y compris le talon (ours et ratons).

- Sur les empreintes des espèces digitigrades, seuls apparaissent les coussinets des doigts, y compris les griffes lorsque celles-ci ne sont pas rétractiles, et le coussinet plantaire, l'équivalent de la partie charnue située à la base des doigts de la main de l'homme. Chez la plupart des carnivores féliformes, le coussinet plantaire est trilobé, alors qu'il est bilobé chez les caniformes (mais il y a des exceptions dans les deux groupes).
- Sur les empreintes des espèces plantigrades apparaît le coussinet métacarpien (ou le coussinet métatarsien), situé sous le poignet ou le talon, lequel fusionne souvent entièrement ou partiellement avec le coussinet plantaire, formant une longue empreinte (à laquelle s'ajoute celle des doigts), semblable à celle de l'homme (voir les empreintes d'ours dans les pages suivantes).

La plupart des carnivores féliformes et des canidés portent 5 doigts au pied antérieur et 4 au pied postérieur. Chez les digitigrades, comme les félidés, hyènes, canidés, quelques herpestidés et viverridés, le 5e doigt du pied antérieur, l'ergot, ne touche pas le sol et n'apparaît pas sur l'empreinte. Chez certaines espèces, ce doigt a complètement disparu ; le lycaon est le seul canidé dépourvu d'ergot. La plupart des carnivores caniformes et la plupart des eupléridés portent 5 doigts aux pieds antérieurs et postérieurs.

L'empreinte des griffes apparaît normalement chez les espèces qui ne peuvent les rétracter, c'est-à-dire la majorité des espèces caniformes, les hyénidés, et beaucoup de viverridés, d'herpestidés et d'eupléridés. Les empreintes des félins (à l'exception du guépard), des genettes, poyanes et bassaris (Procyionidae) ne portent pas de traces de griffes, sauf lorsque le substrat est très meuble, ou quand l'animal court.

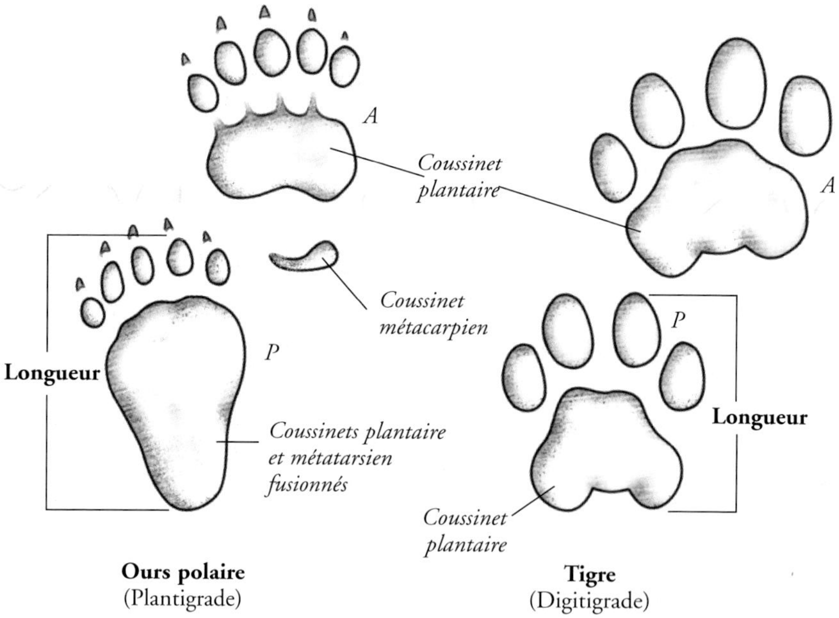

Empreintes

Empreintes typiques de carnivores plantigrades (ours polaire) et digitigrades (tigre) de pieds antérieurs (A) et postérieurs (P). Les chiffres indiqués ci-dessous mesurent la longueur de l'empreinte de la pointe du doigt médian à l'arrière du coussinet métacarpien ou métatarsien ; seules figurent normalement les mensurations des empreintes des pieds antérieurs (marquées d'un A), mais lorsque apparaissent celles des pieds postérieurs, elles sont marquées d'un P.

Planche 1

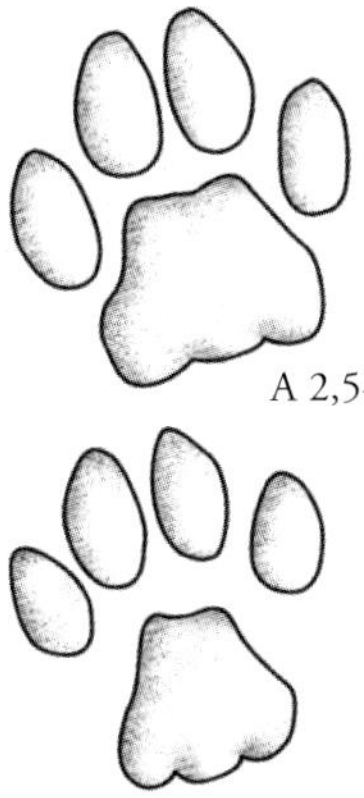

Chat sauvage d'Afrique
Felis silvestris lybica

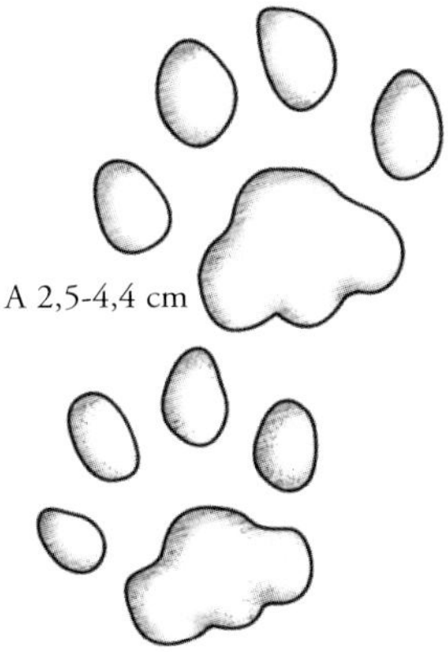

Chat sauvage d'Europe
Felis silvestris silvestris

Planche 2

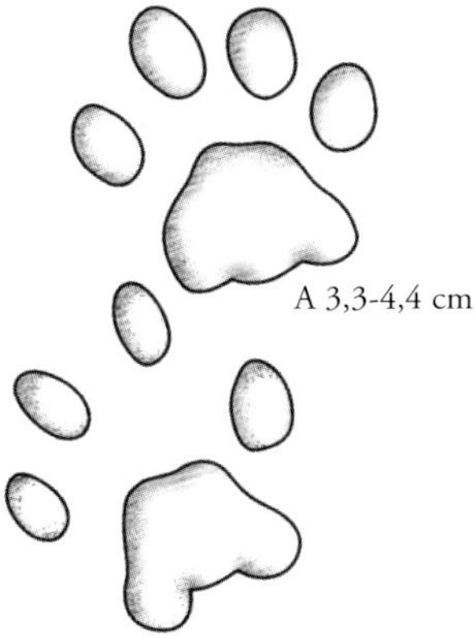

Chat des marais
Felis chaus

Planche 3

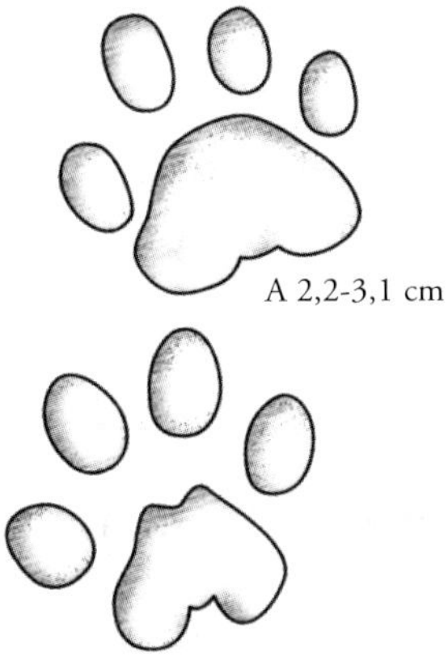

Chat du Bengale
Prionailurus bengalensis

Planche 4

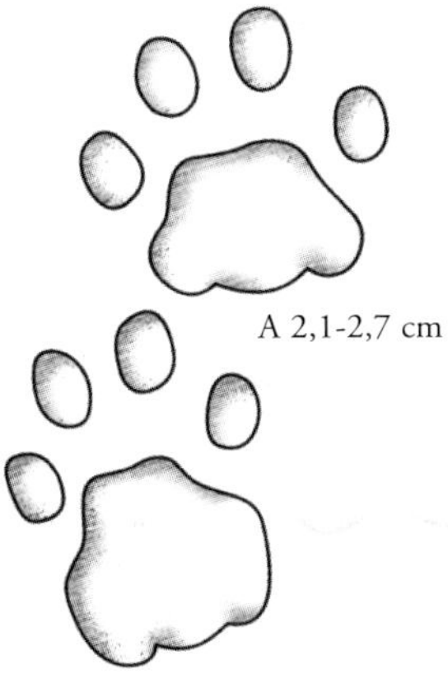

Chat à tête plate
Prionailurus planiceps

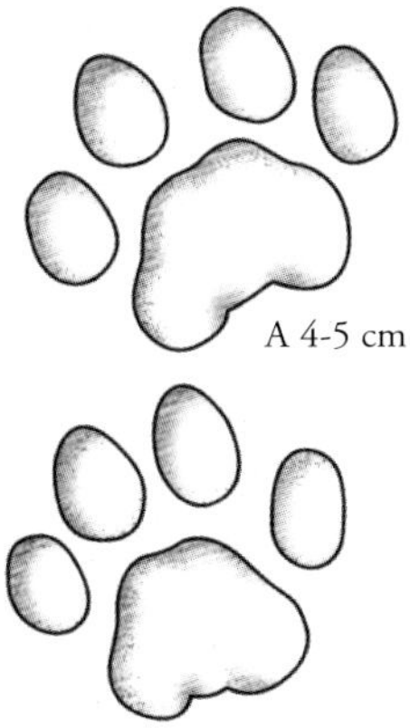

Chat pêcheur
Prionailurus viverrinus

Planche 5

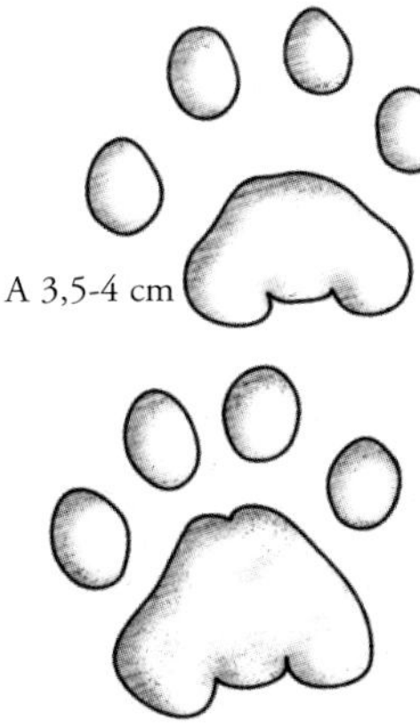

Chat marbré
Pardofelis marmorata

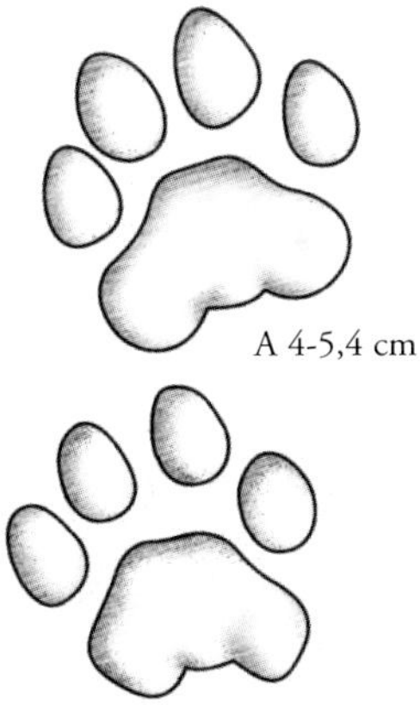

Chat doré d'Asie
Pardofelis temminckii

Planche 6

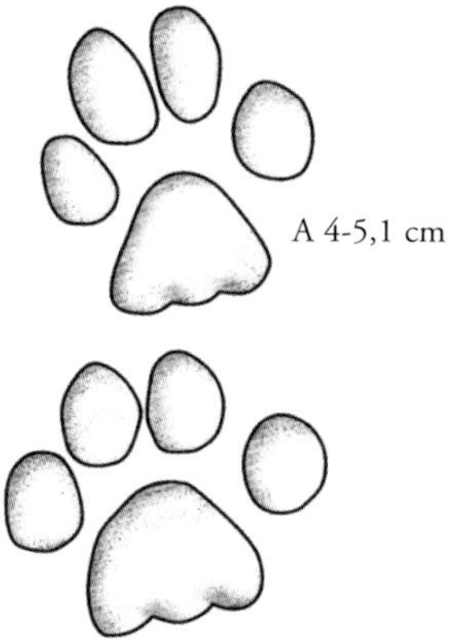

Serval
Leptailurus serval

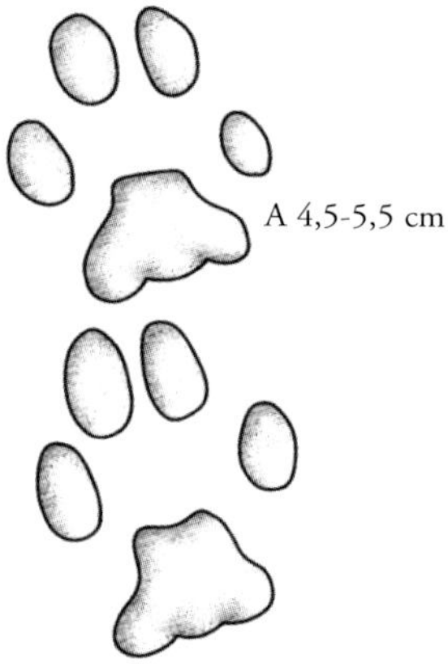

Caracal
Caracal caracal

Planche 7

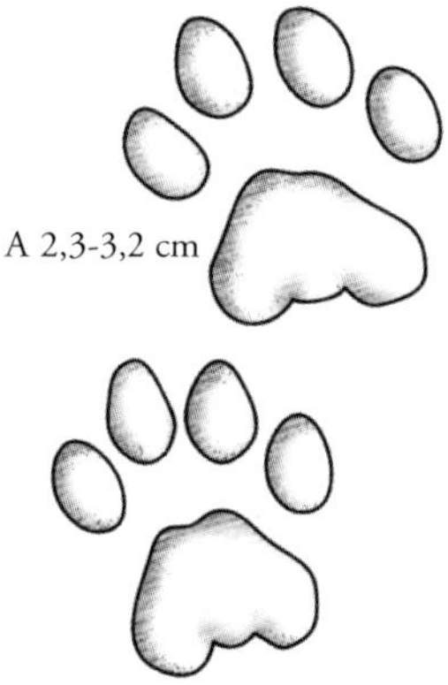

Margay
Leopardus wiedii

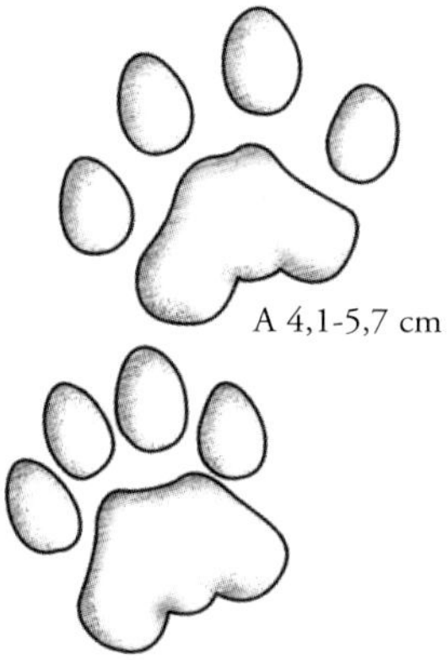

Ocelot
Leopardus pardalis

Planche 9

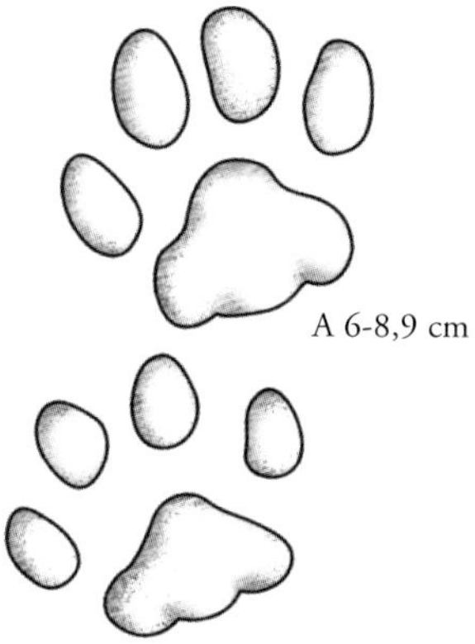

Lynx d'Eurasie
Lynx lynx

Planche 10

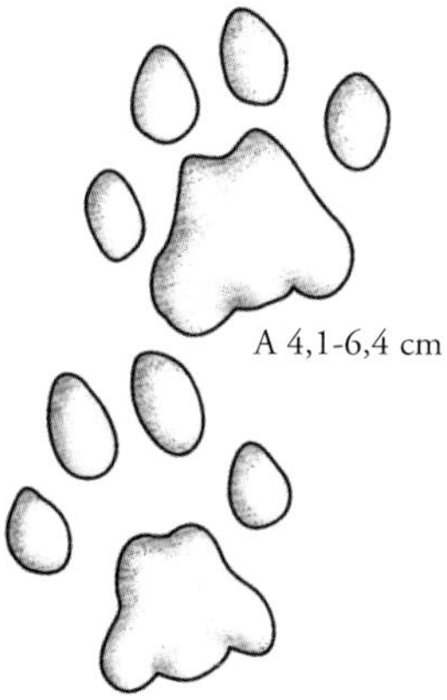

Lynx roux
Lynx rufus

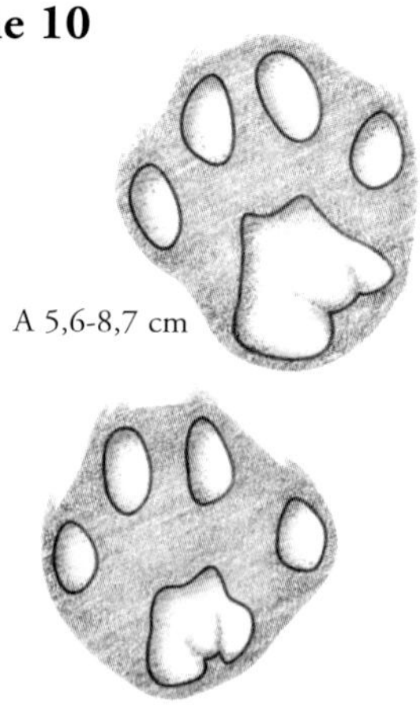

Lynx du Canada
Lynx canadensis

Planche 11

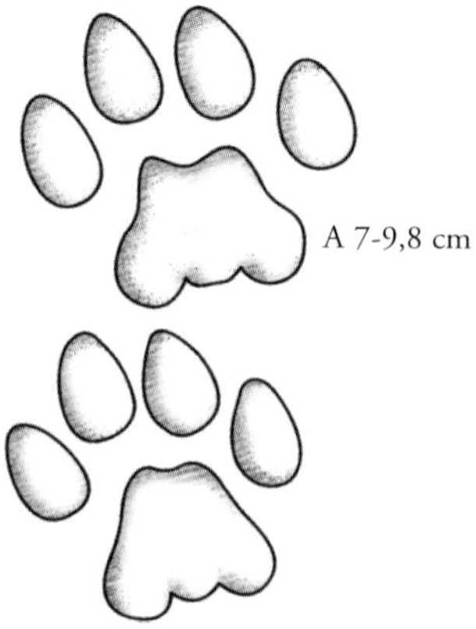

Puma
Puma concolor

Planche 12

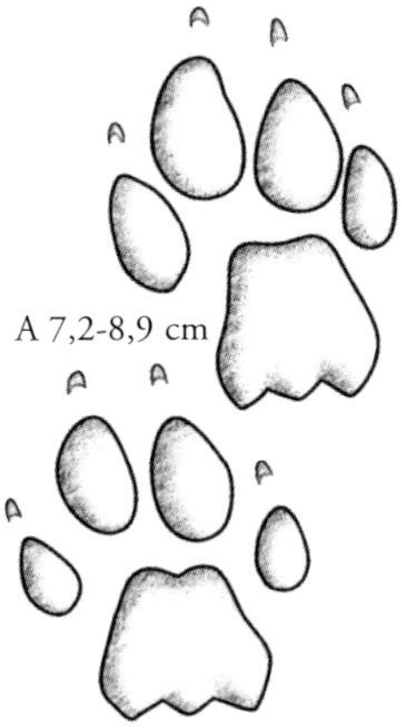

A 7,2-8,9 cm

Guépard
Acinonyx jubatus

Planche 13

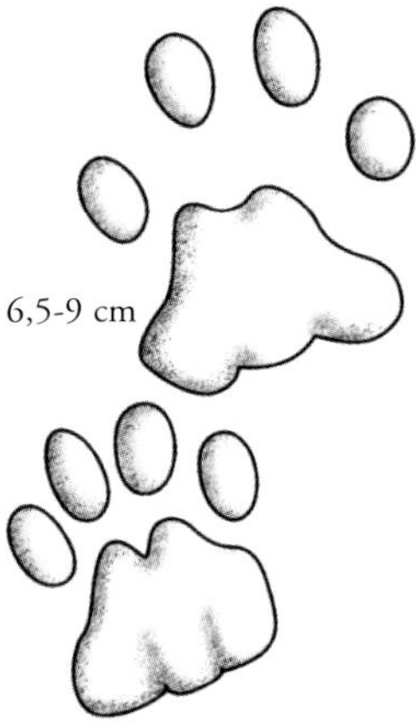

A 6,5-9 cm

Panthère des neiges
Panthera uncia

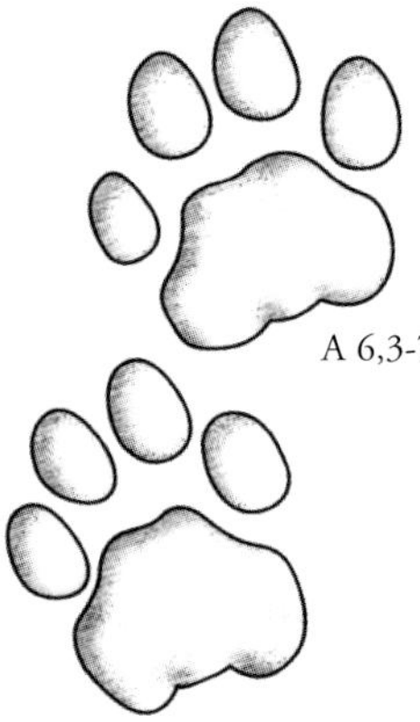

A 6,3-7,8 cm

Panthère longibande
Neofelis nebulosa, N. diardi

Planche 14

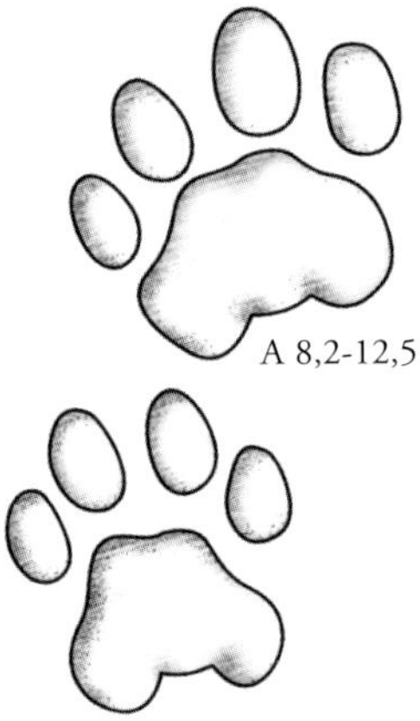

A 8,2-12,5 cm

Tigre
Panthera tigris

Planche 15

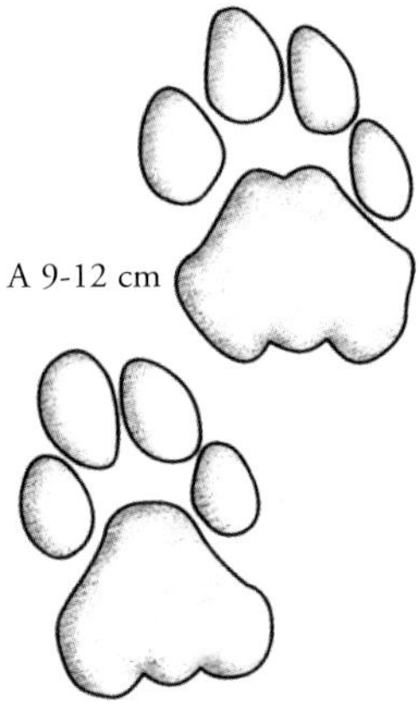

A 9-12 cm

Lion
Panthera leo

Planche 16

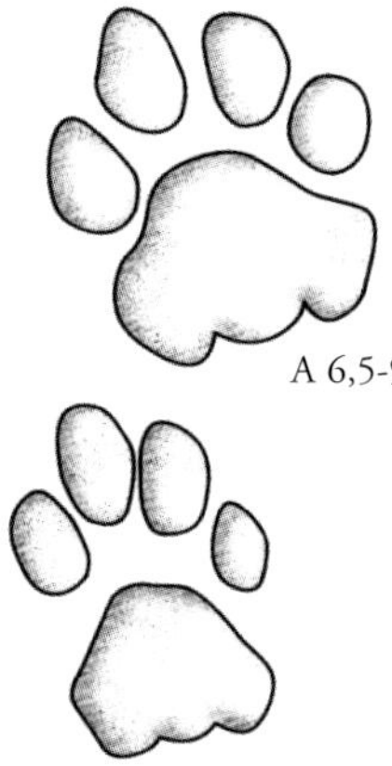

A 6,5-9 cm

Léopard
Panthera pardus

Planche 17

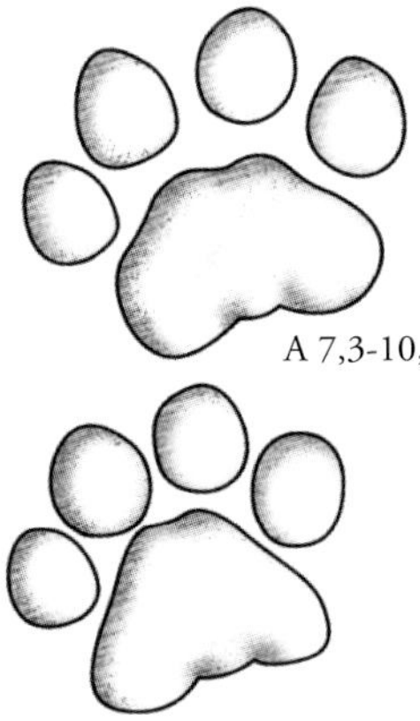

A 7,3-10,2 cm

Jaguar
Panthera onca

HYAENIDAE

Planche 18

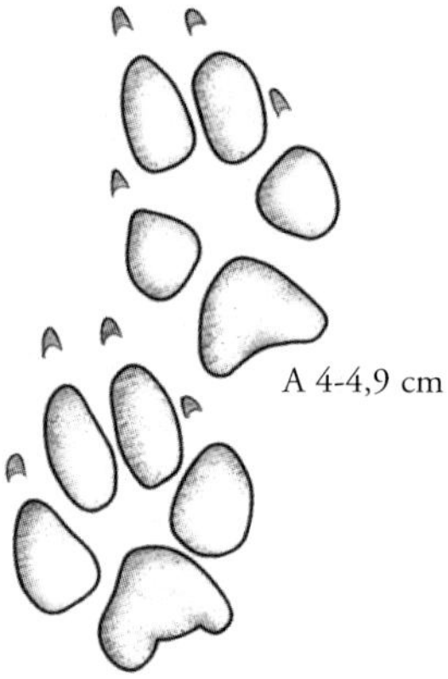

Protèle
Proteles crsistata

Planche 19

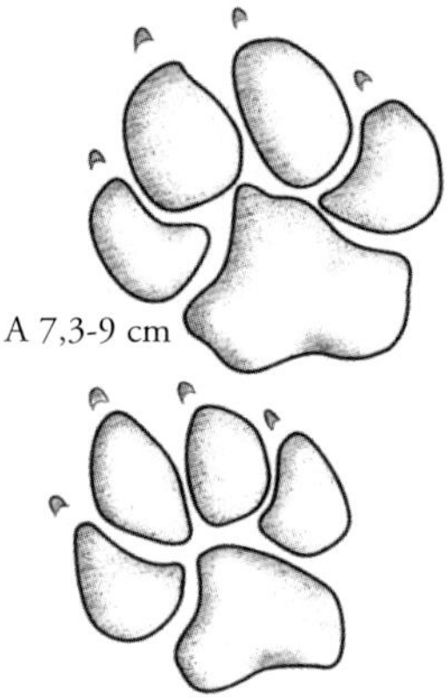

Hyène brune
Parahyaena brunnea

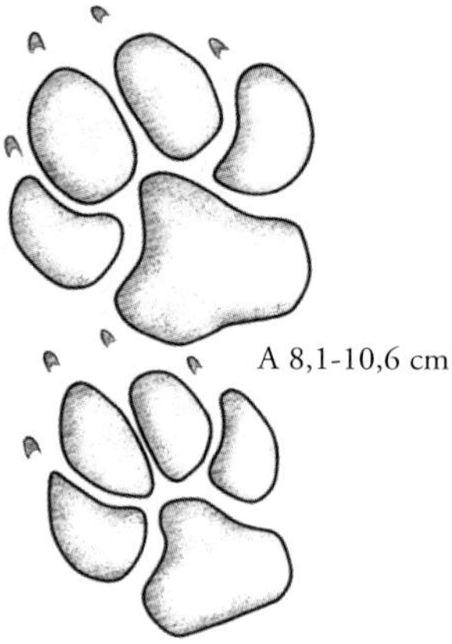

Hyène tachetée
Crocuta crocuta

HERPESTIDAE

Planche 20

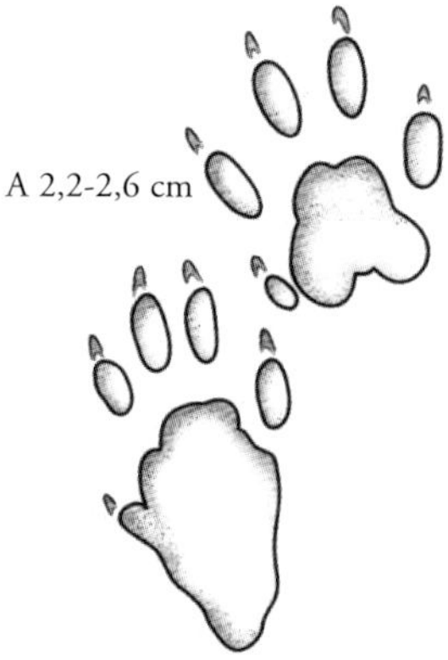

Petite mangouste indienne
Herpestes auropunctatus

Planche 21

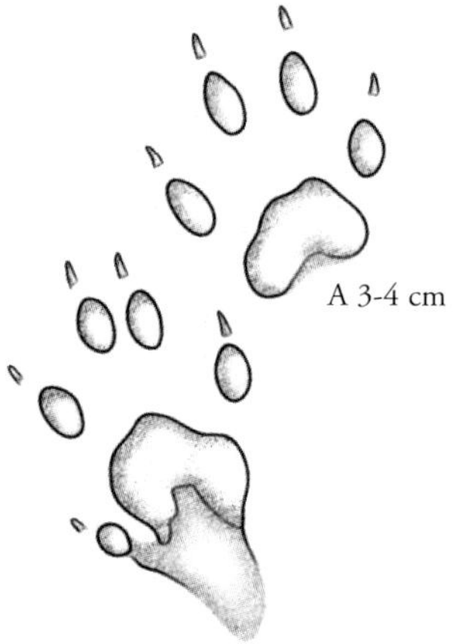

Mangouste crabière
Herpestes urva

Planche 22

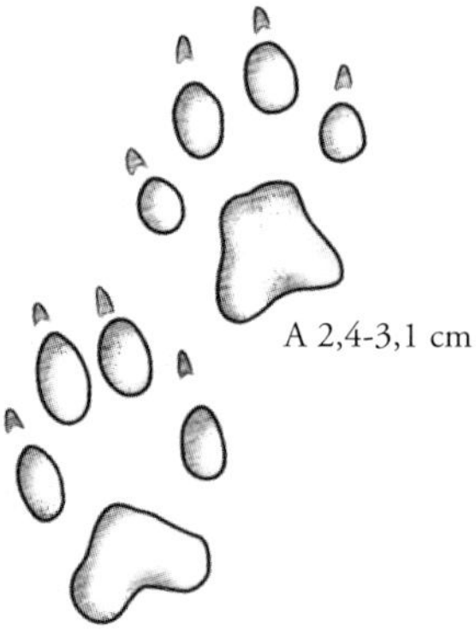

Mangouste grise du Cap
Herpestes pulverulentus

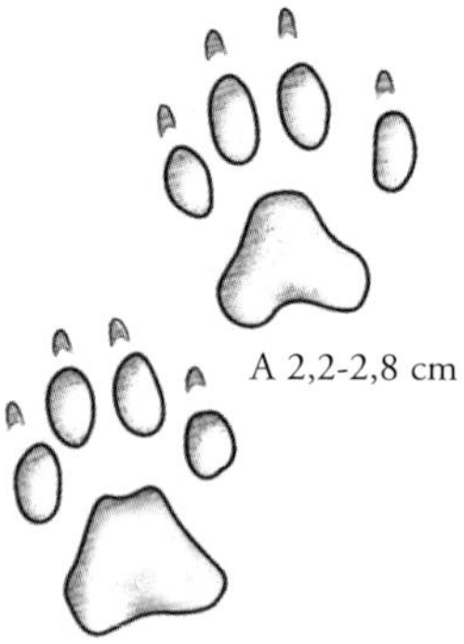

Mangouste svelte
Herpestes sanguineus

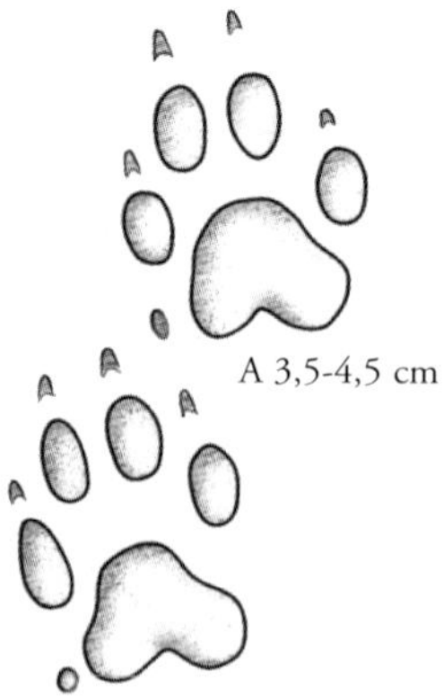

Mangouste d'Égypte
Herpestes ichneumon

HERPESTIDAE

Planche 23

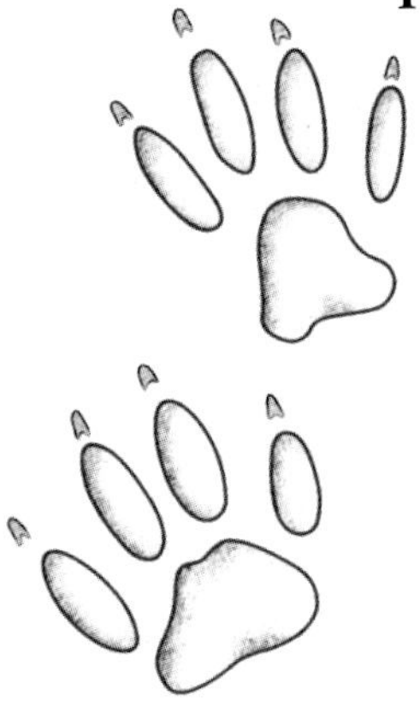

Mangouste des marais
Atilax paludinosus

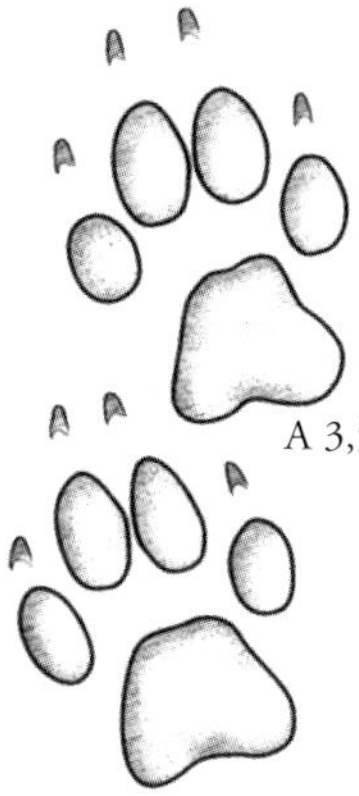

Mangouste à queue blanche
Ichneumia albicauda

Planche 25

Mangouste fauve
Cynictis penicillata

Planche 26

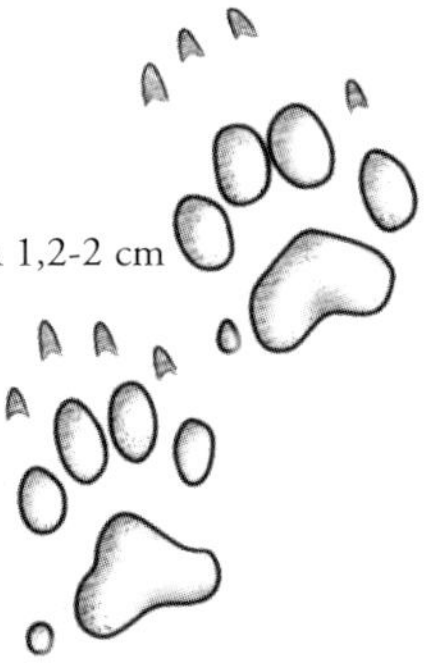

Mangouste naine du Sud
Helogale parvula

Planche 27

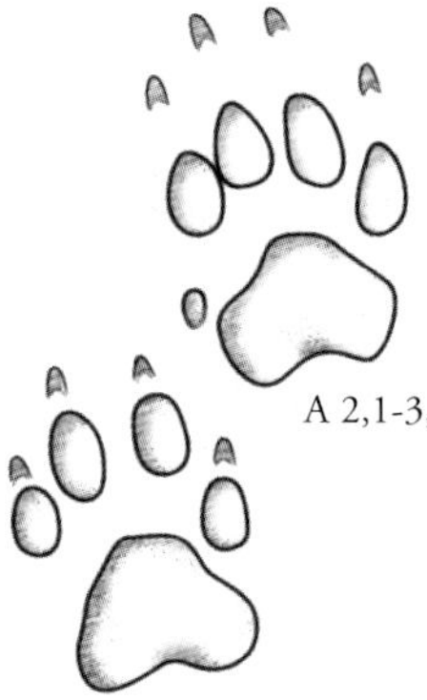

Mangue rayée
Mungos mungo

EUPLERIDAE

Planche 29

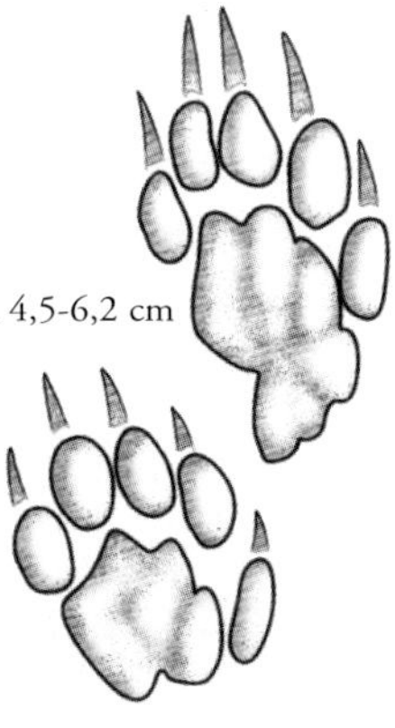

Euplère de Goudot
Eupleres goudotii

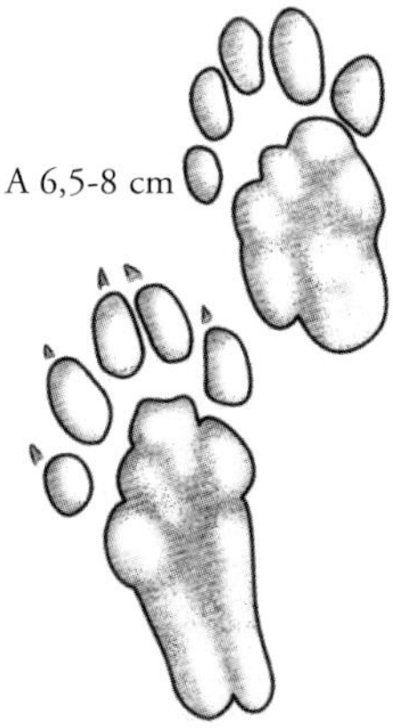

Fossa
Cryptoprocta ferox

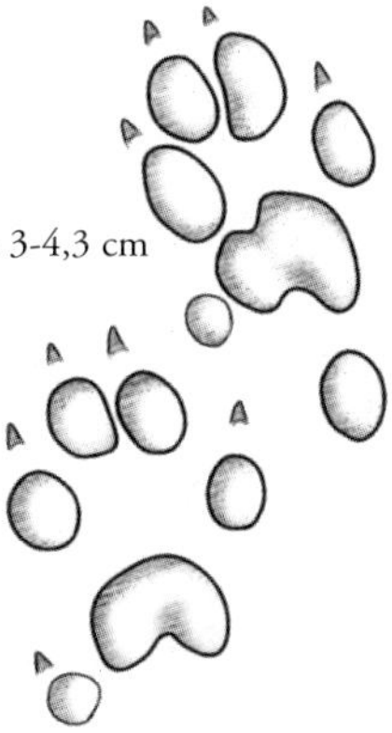

Fossane
Fossa fossana

EUPLERIDAE

Planche 30

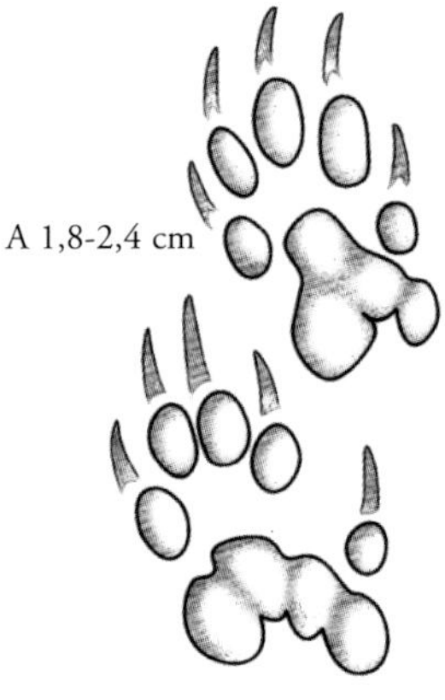

Mangouste à dix raies
Mungotictis decemlineata

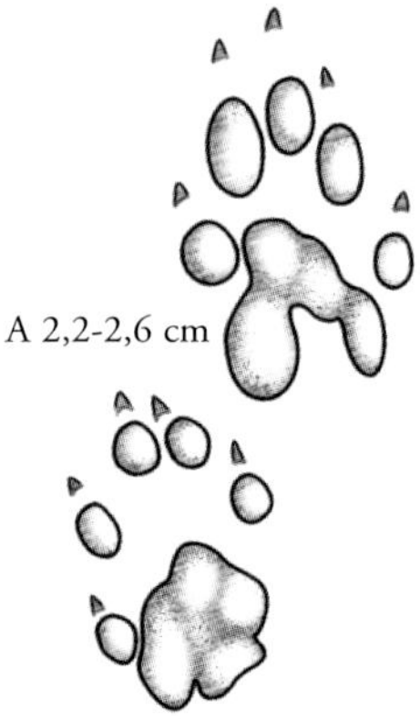

Mangouste à queue annelée
Galidia elegans

PRIONODONTIDAE et VIVERRIDAE

Planche 31

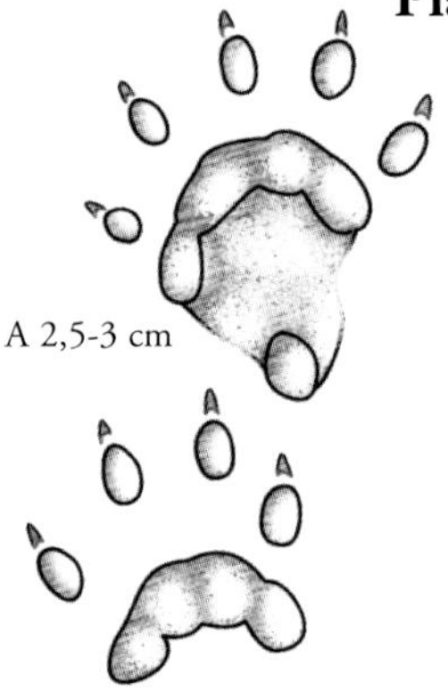

Linsang rayé *Prionodon linsang*
Linsang tacheté *Prionodon pardicolor*

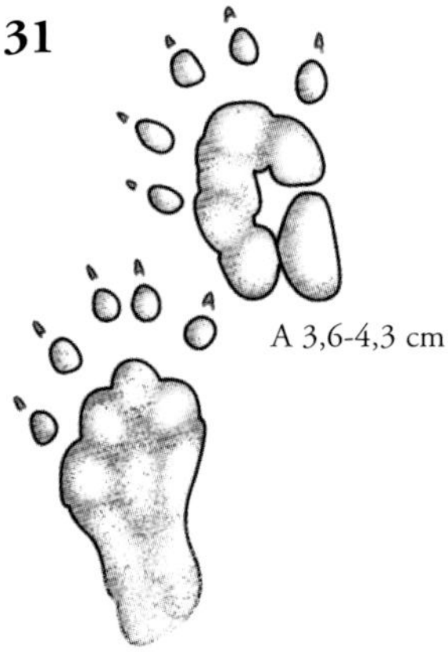

Civette palmiste à trois bandes
Arctogalidia trivirgata

Planche 33

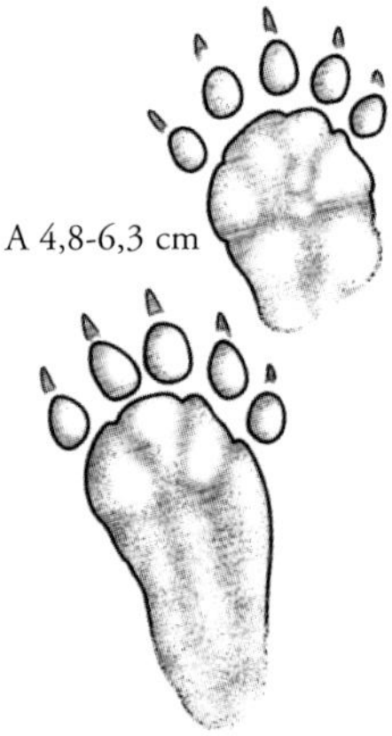

Civette palmiste masquée
Paguma larvata

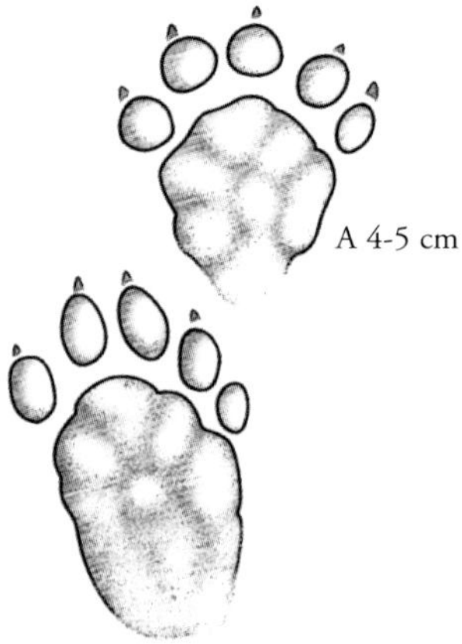

Civette palmiste commune
Paradoxurus hermaphroditus

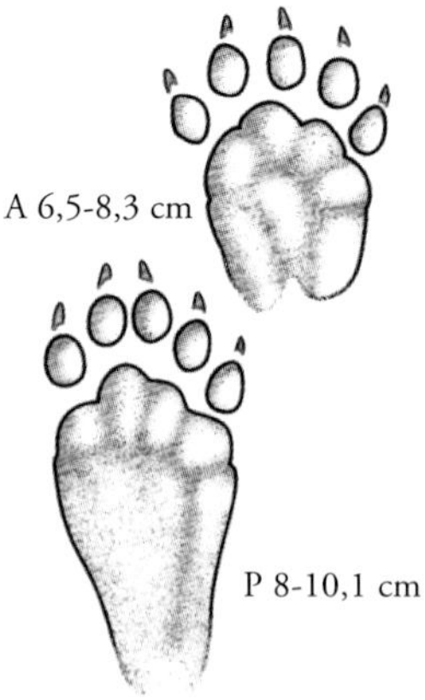

Binturong
Arctictis binturong

VIVERRIDAE

Planche 34

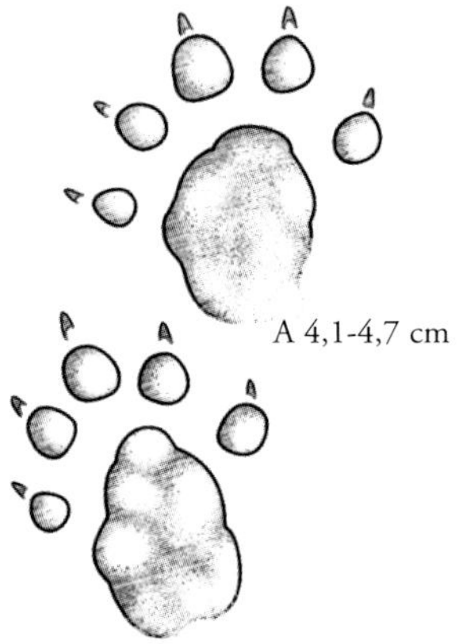

Civette palmiste d'Owson *Chrotogale owstoni*
Civette palmiste à bandes *Hemigalus derbyanus*

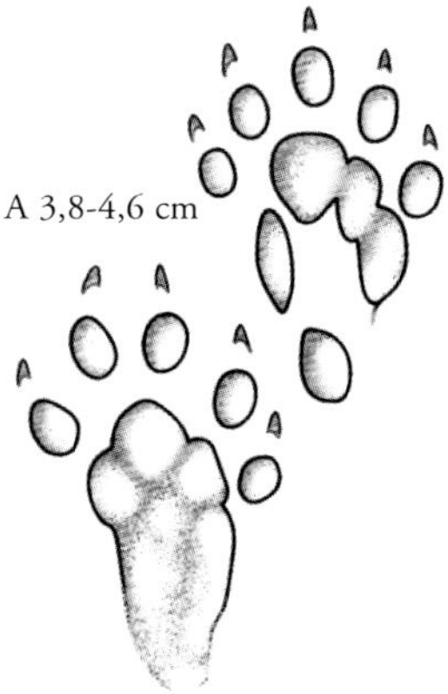

Civette-loutre
Cynogale bennettii

Planche 35

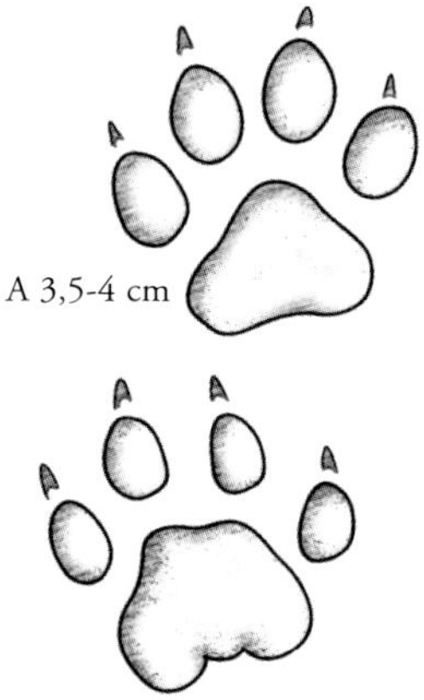

Grande civette de l'Inde
Viverra zibetha

Planche 36

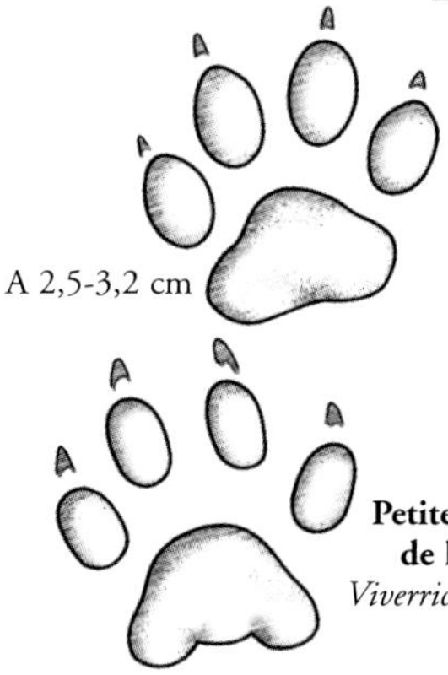

Petite civette de l'Inde
Viverricula indica

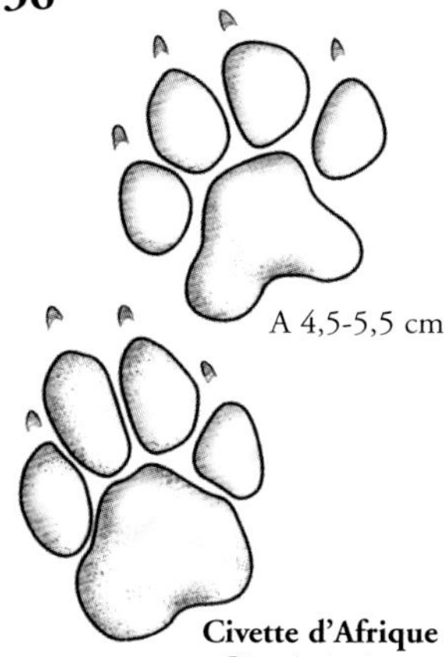

Civette d'Afrique
Civettictis civetta

Planche 39

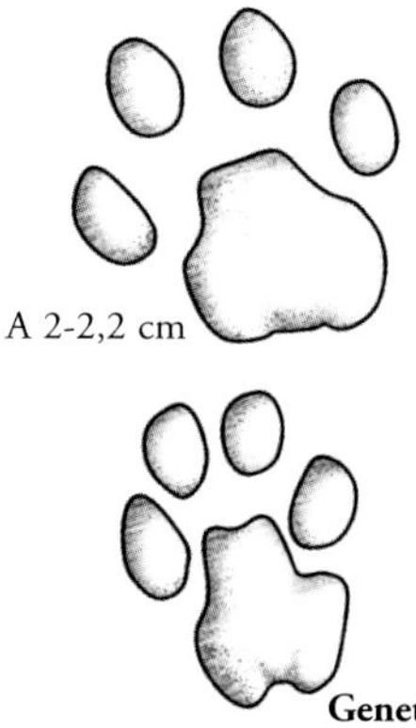

Genette tigrine
Genetta tigrina

CANIDAE

Planche 41

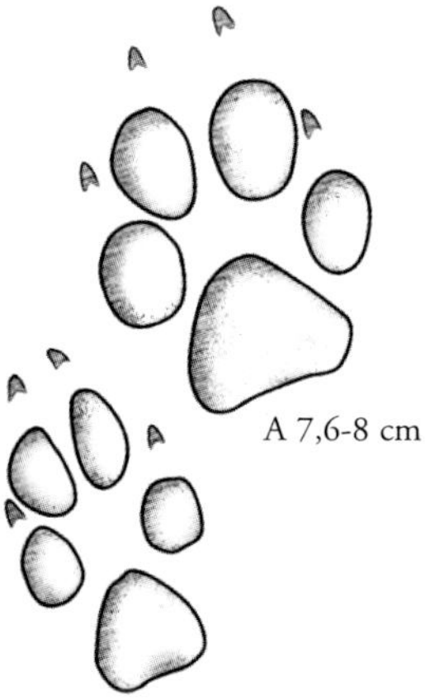

Lycaon
Lycaon pictus

Planche 43

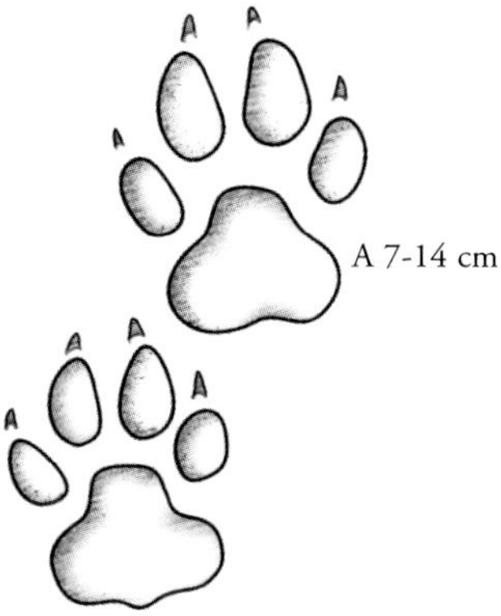

Loup
Canis lupus

Planche 44

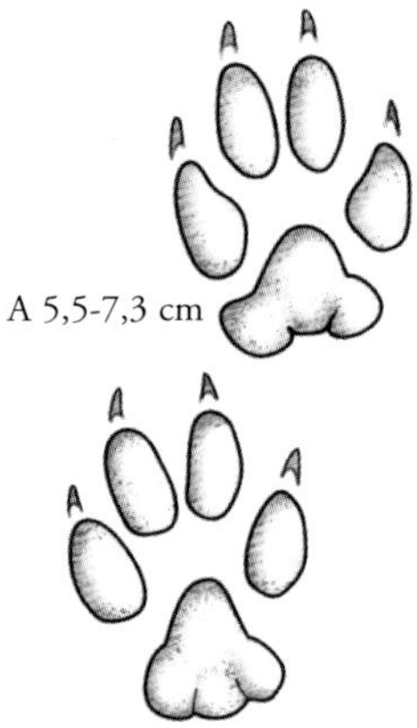

Dhole
Cuon alpinus

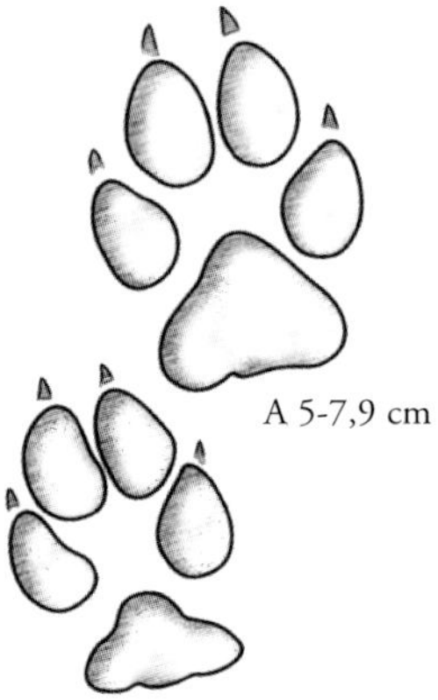

Coyote
Canis latrans

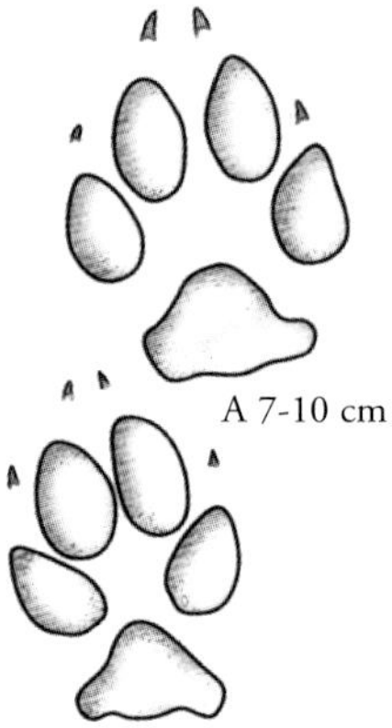

Loup roux
Canis rufus

Planche 45

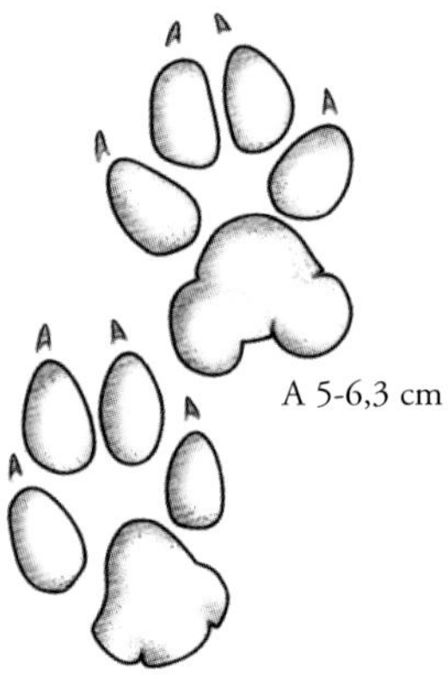

Chacal doré
Canis aureus

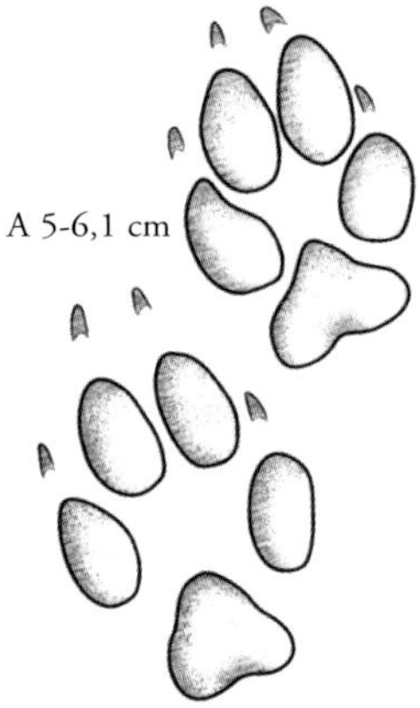

Chacal à chabraque
Canis mesomelas

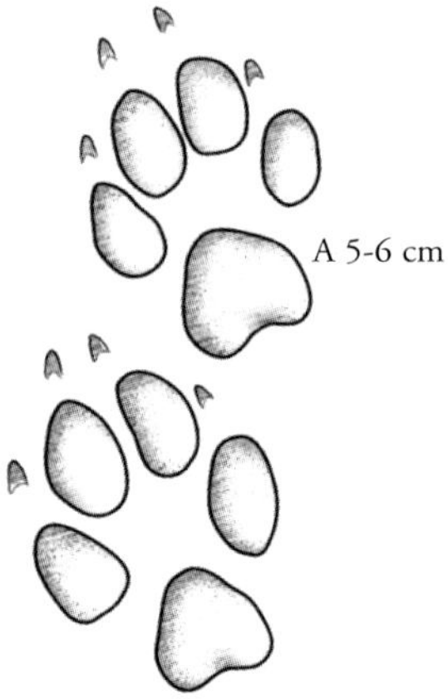

Chacal à flancs rayés
Canis adustus

Planche 46

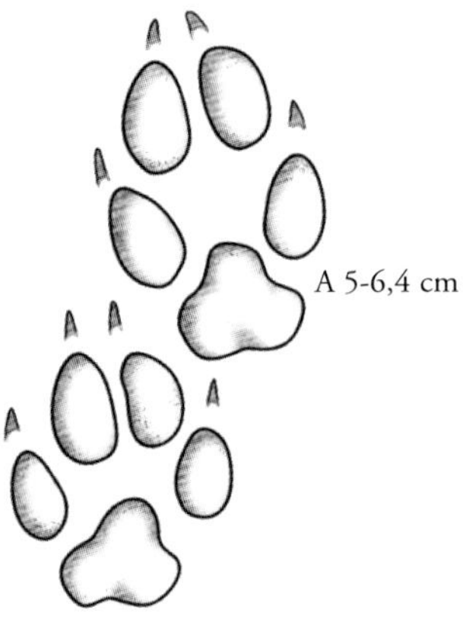

Renard polaire
Alopex lagopus

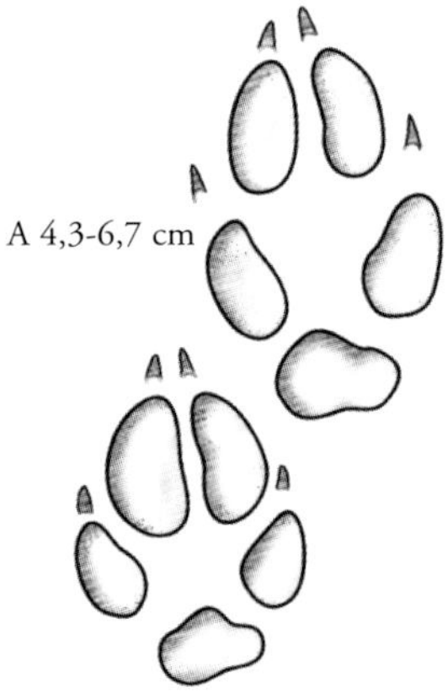

Renard roux
Vulpes vulpes

Planche 47

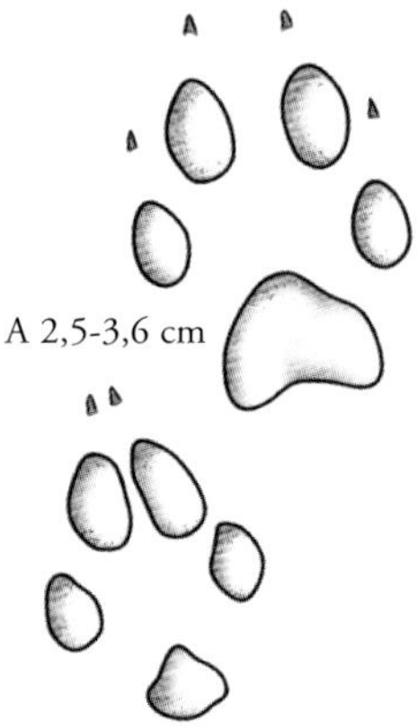

Renard véloce
Vulpes velox

Planche 49

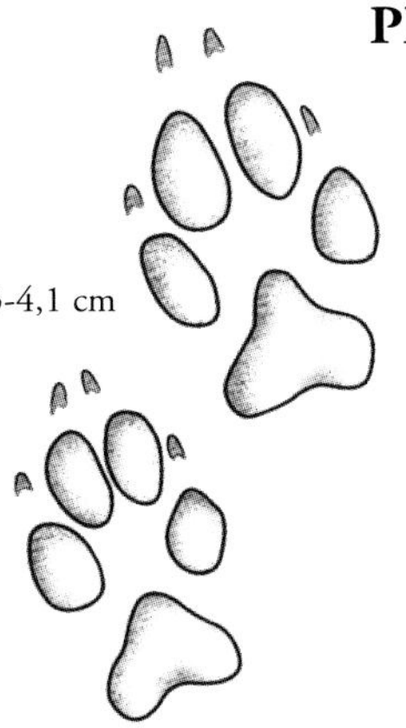

Renard du Cap
Vulpes chama

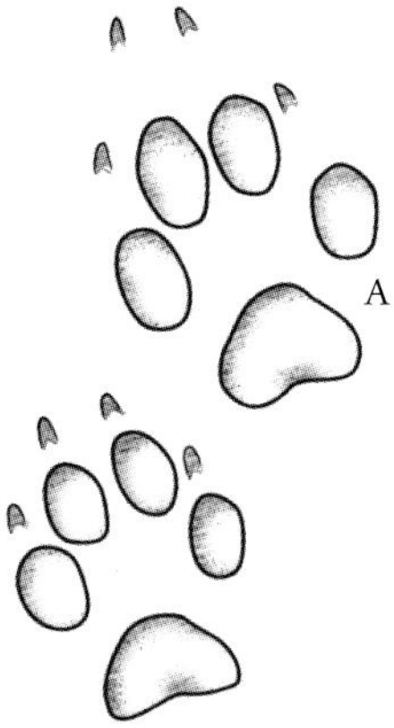

Otocyon
Otocyon megalotis

Planche 50

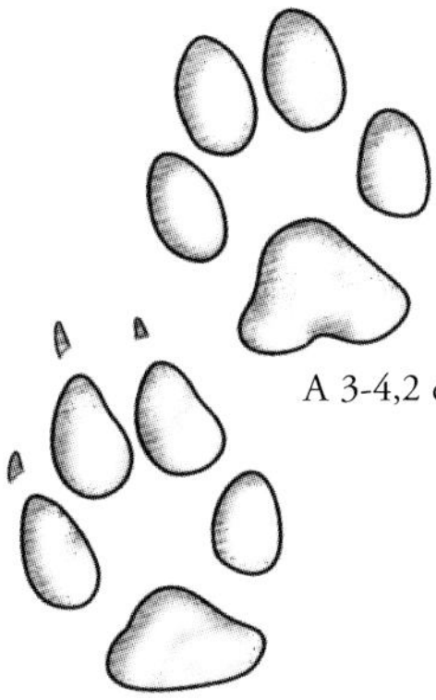

Renard gris d'Amérique
Urocyon cinereoargenteus

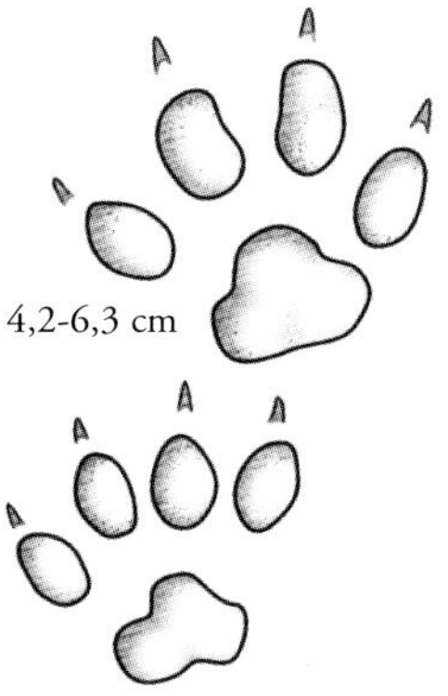

Chien viverrin
Nyctereutes procyonoides

Planche 53

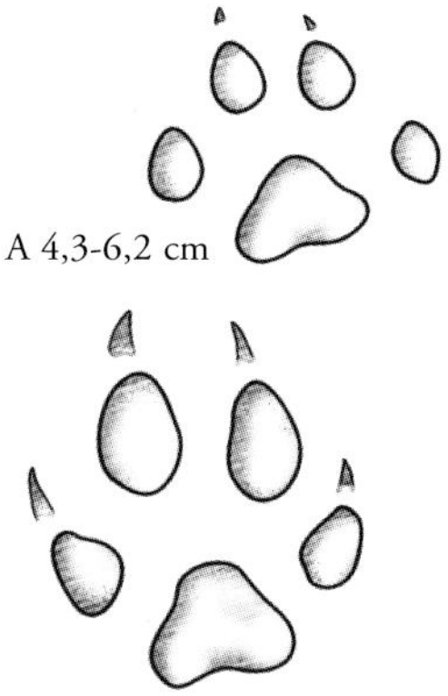

Chien des buissons
Speothos venaticus

URSIDAE (Pour les ours, les mesures s'entendent jusqu'au bout des griffes.)

Planche 54

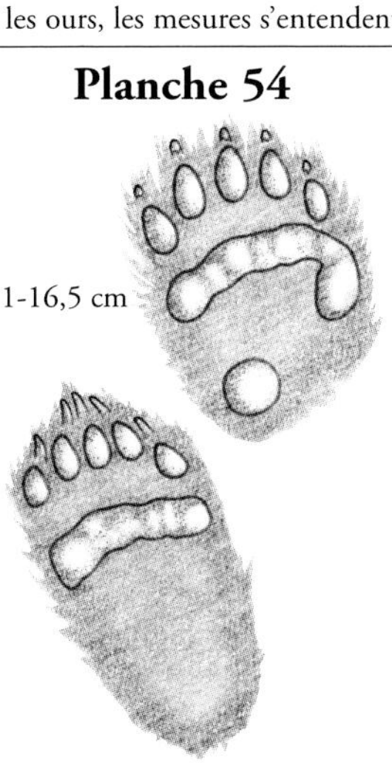

Grand panda
Ailuropoda melanoleuca

Planche 55

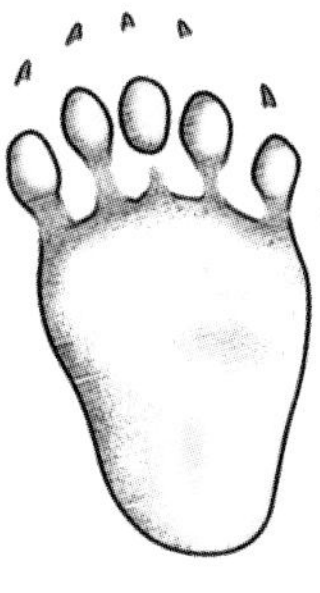

Pattes avant similaires à celles des autres ours

Ours à collier
Ursus thibetanus

URSIDAE

Planche 56

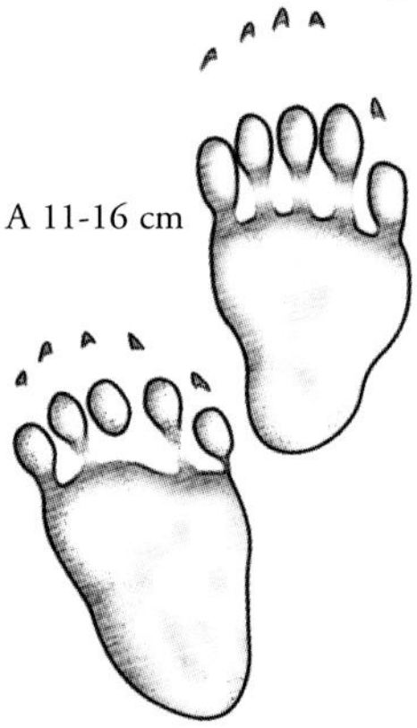

A 11-16 cm

Ours des cocotiers
Helarctos malayanus

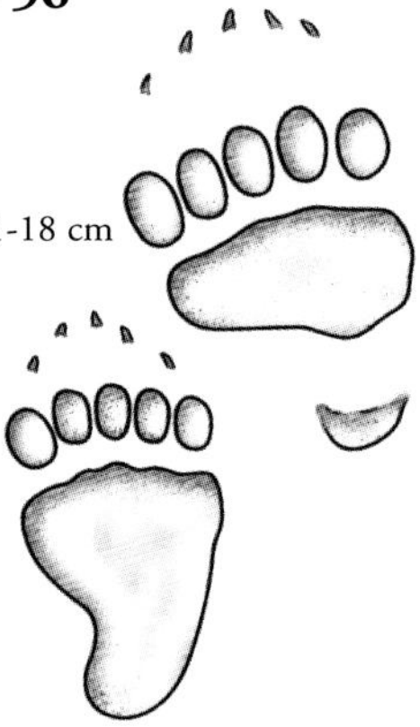

A 11-18 cm

Ours lippu
Melursus ursinus

Planche 57

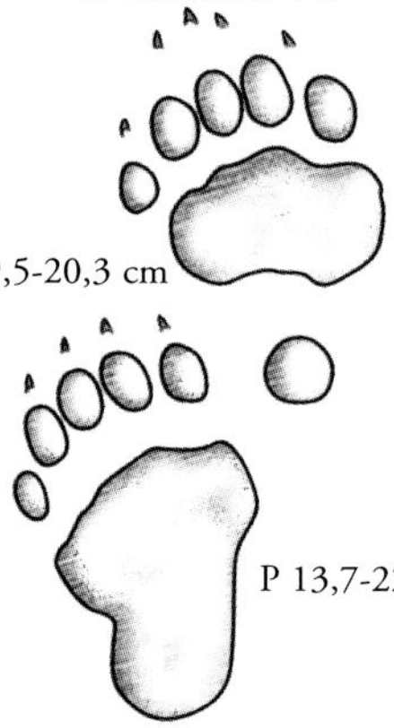

A 9,5-20,3 cm

P 13,7-22,5 cm

Ours noir
Ursus americanus

Planche 58

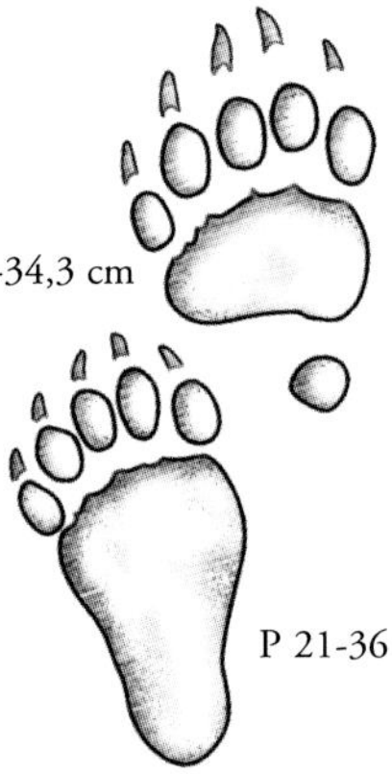

A 17,8-34,3 cm

P 21-36 cm

Ours brun
Ursus arctos

Planche 59

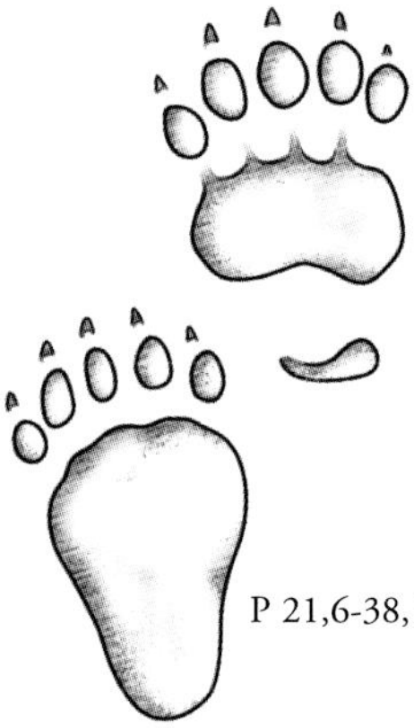

A 15,2-35,6 cm

P 21,6-38,1 cm

Ours polaire
Ursus maritimus

PROCYONIDAE

Planche 60

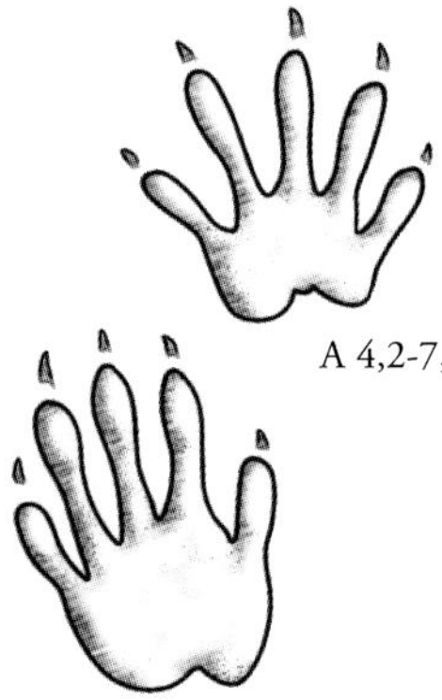

A 4,2-7,6 cm

Raton laveur
Procyon lotor

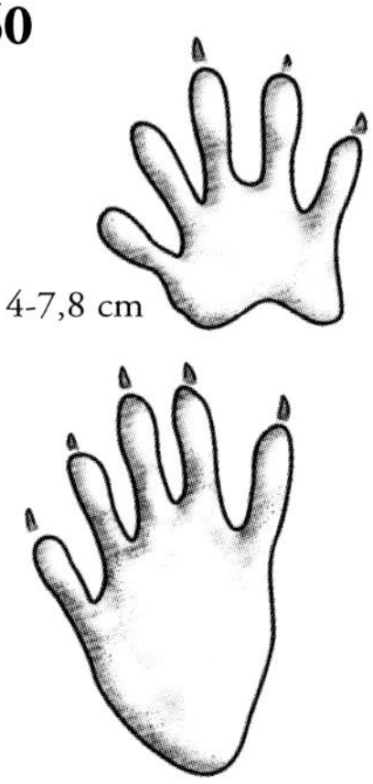

A 4-7,8 cm

Raton crabier
Procyon cancrivorus

Planche 61

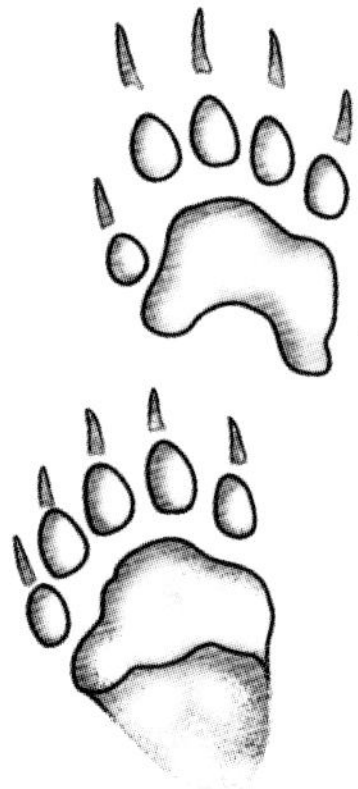

A 5-7,5 cm

Coati à nez blanc
Nasua narica

PROCYONIDAE et AILURIDAE

Planche 62

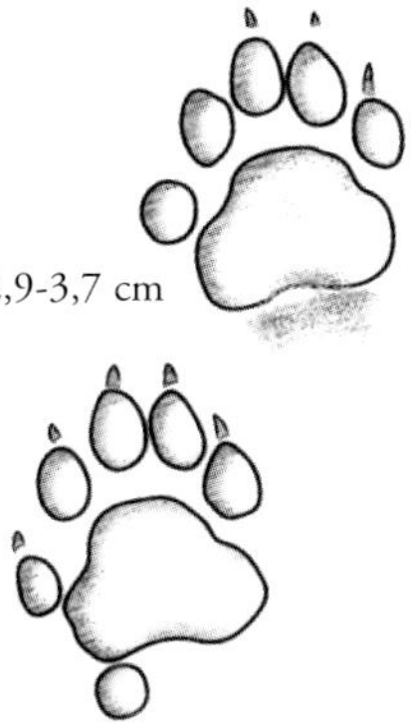

Bassaris rusé
Bassariscus astutus

Planche 63

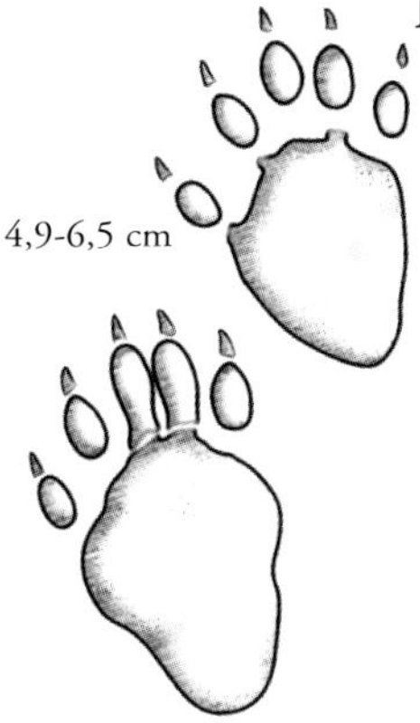

Kinkajou
Potos flavus

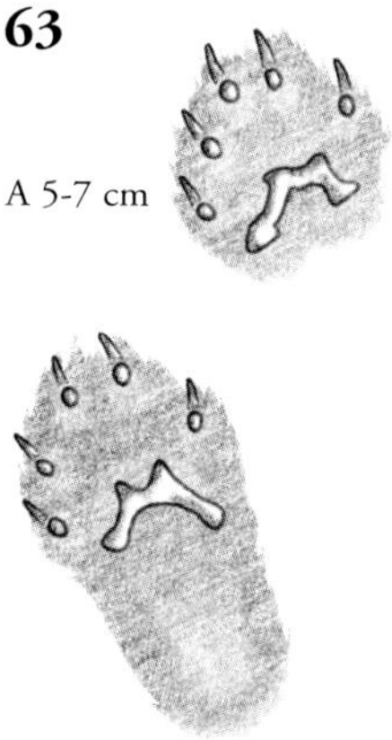

Panda roux
Ailurus fulgens

MEPHITIDAE

Planche 65

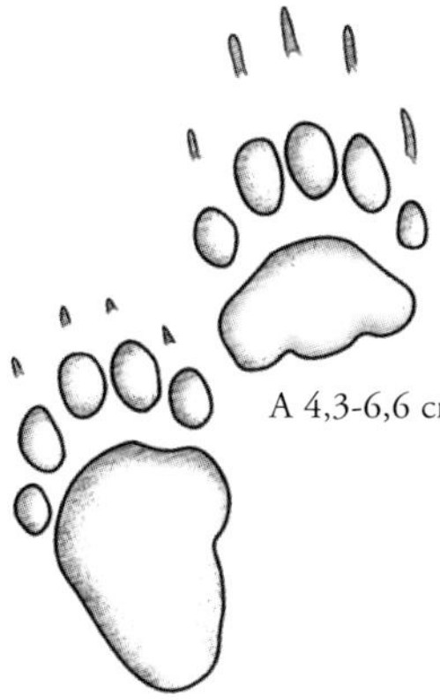

Mouffette orientale à nez de cochon
Conepatus leuconotus

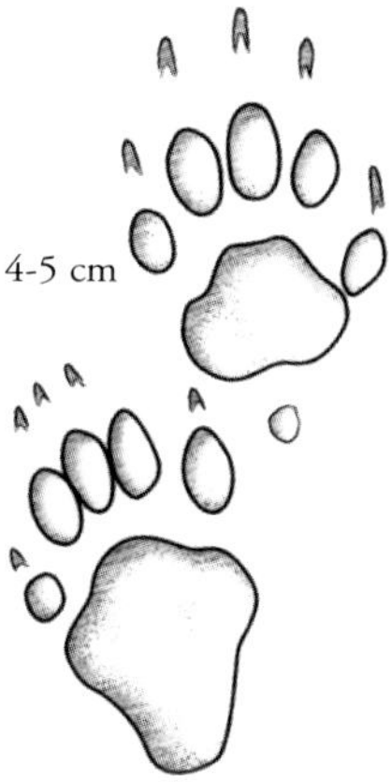

Mouffette rayée
Mephitis mephitis

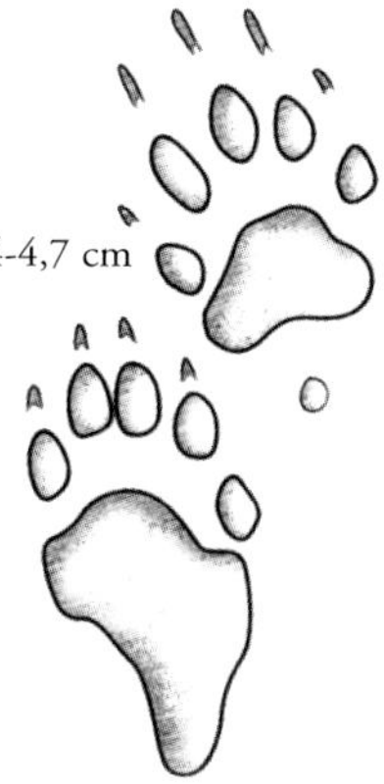

Mouffette à capeline
Mephitis macroura

Planche 66

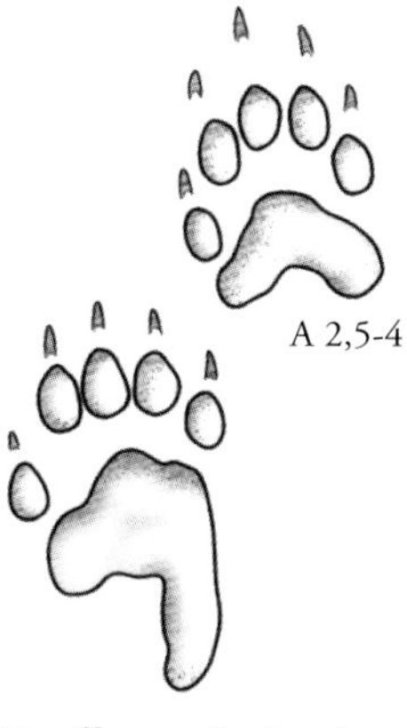

Mouffette tachetée orientale
Spilogale putorius

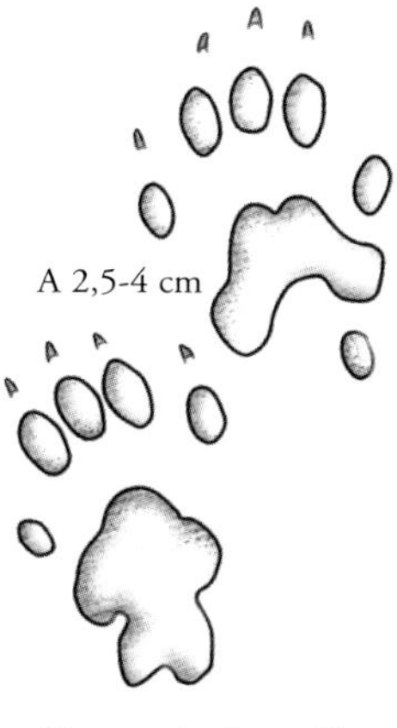

Mouffette tachetée occidentale
Spilogale gracilis

Planche 67

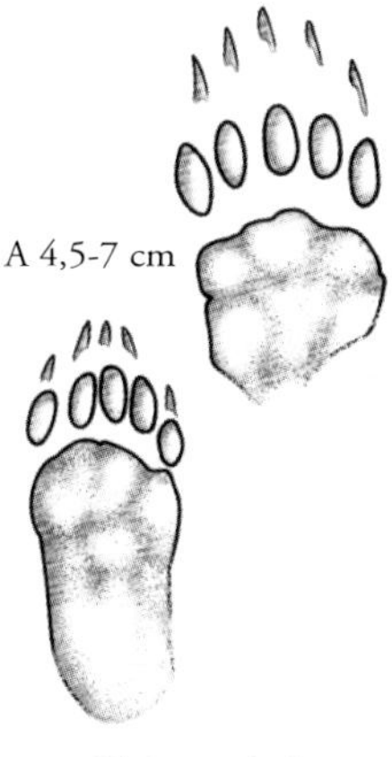

Blaireau de Java
Mydaus javanensis

Planche 68

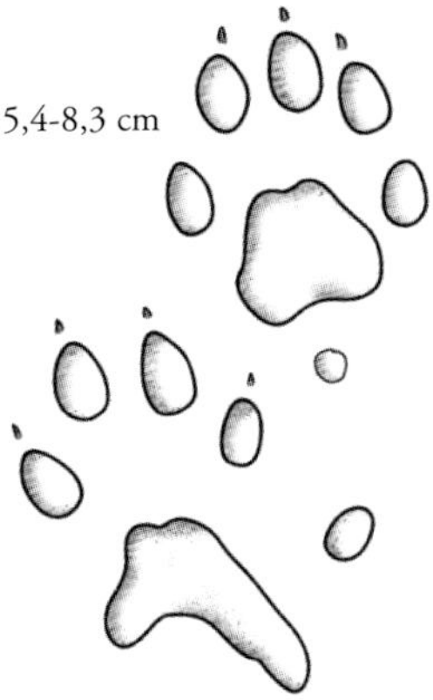

Loutre du Canada
Lontra canadensis

Planche 69

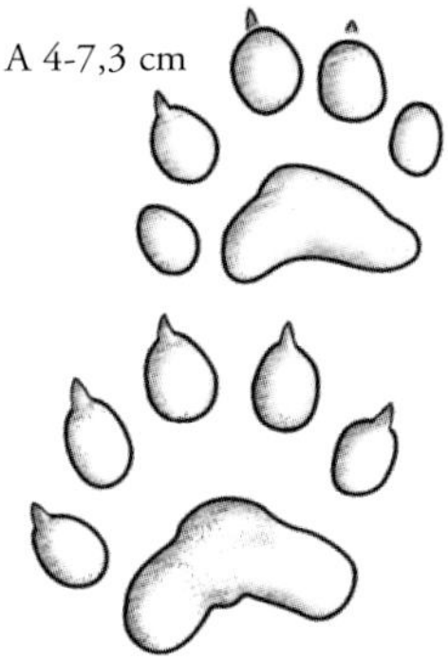

Loutre néotropicale
Lontra longicaudis

Planche 70

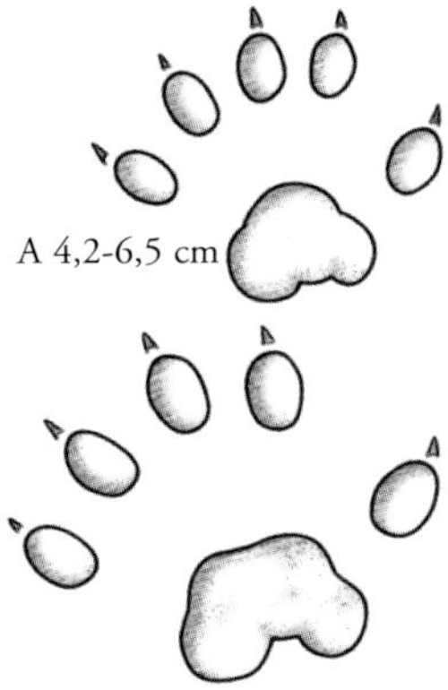

Loutre d'Europe
Lutra lutra

Planche 71

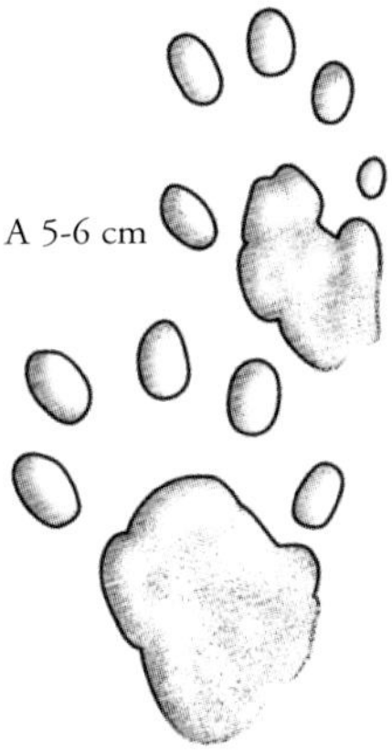

Loutre cendrée
Aonyx cinereus

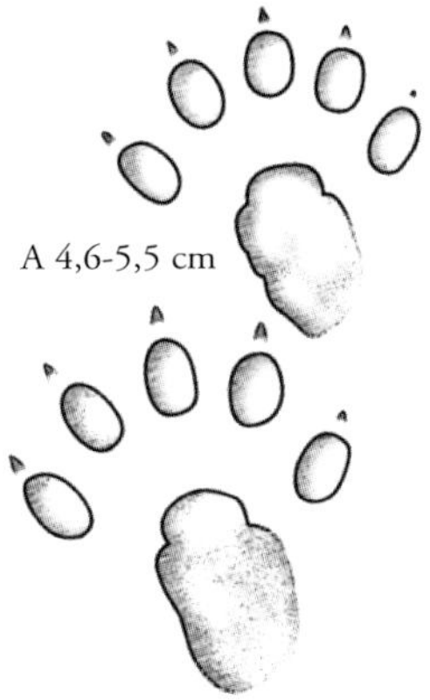

Loutre de Sumatra
Lutra sumatrana

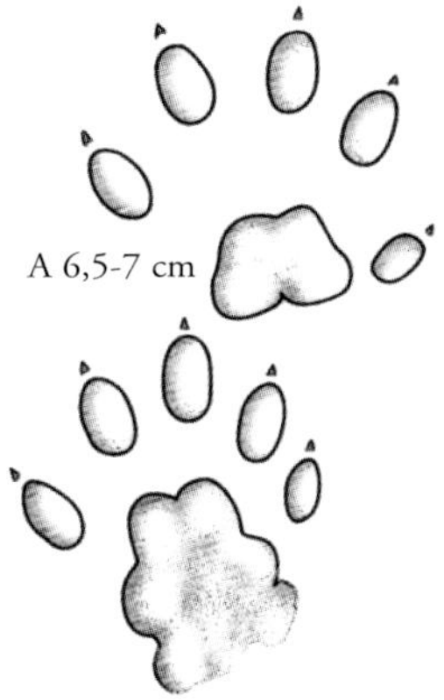

Loutre indienne
Lutrogale perspicillata

Planche 72

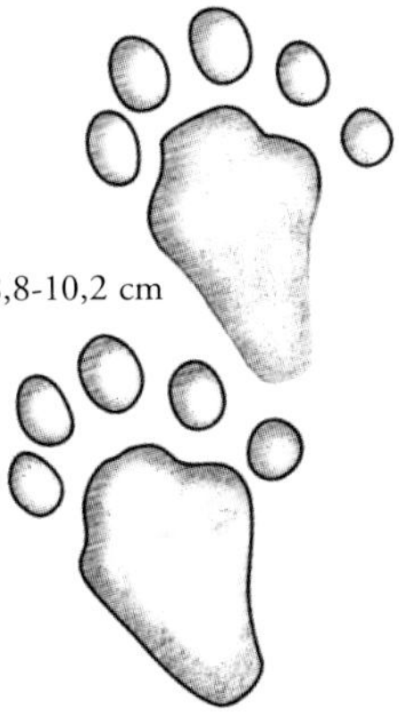

Loutre à joues blanches du Cap
Aonyx capensis

Planche 73

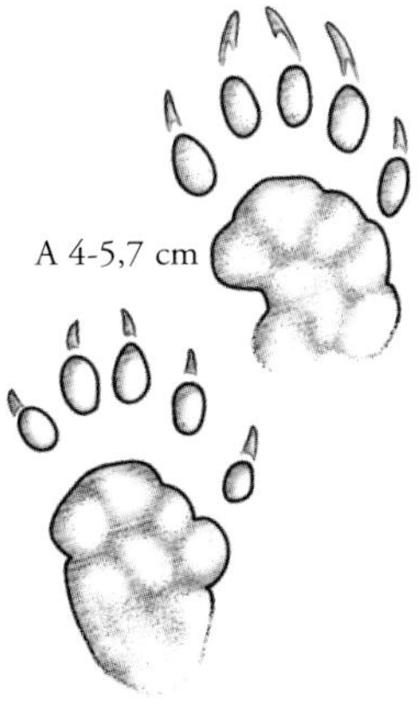

Blaireau-furet d'Everett
Melogale everetti

Planche 74

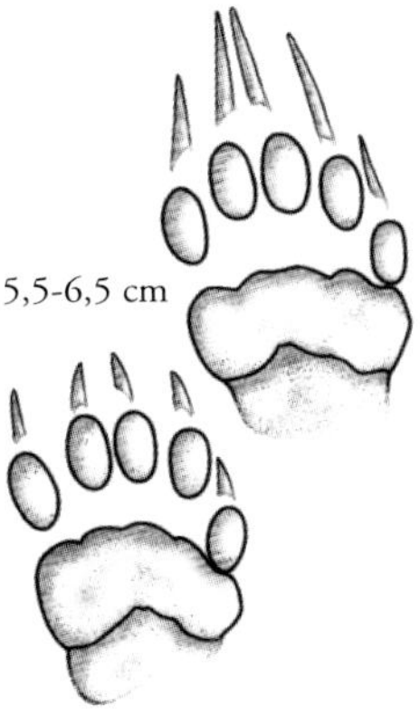

Grand balisaur
Arctonyx collaris

Planche 75

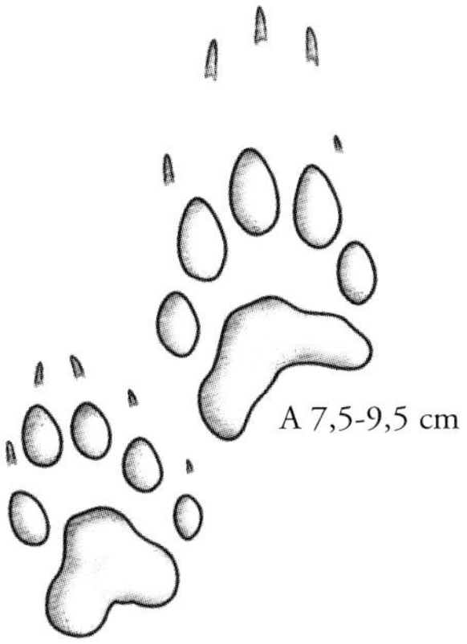

Blaireau américain
Taxidea taxus

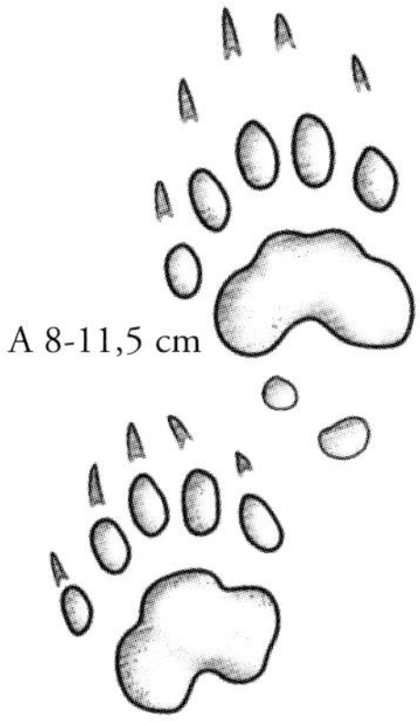

Blaireau d'Eurasie
Meles meles

Planche 76

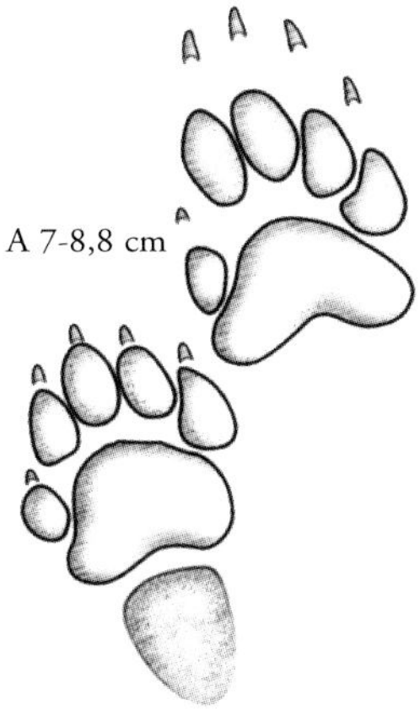

Ratel
Mellivora capensis

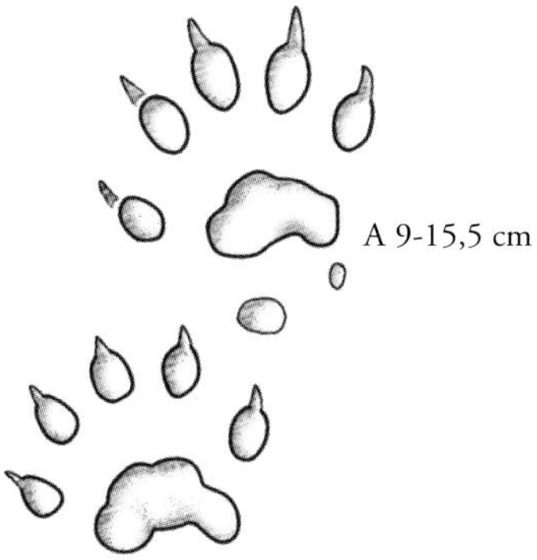

Glouton
Gulo gulo

Planche 77

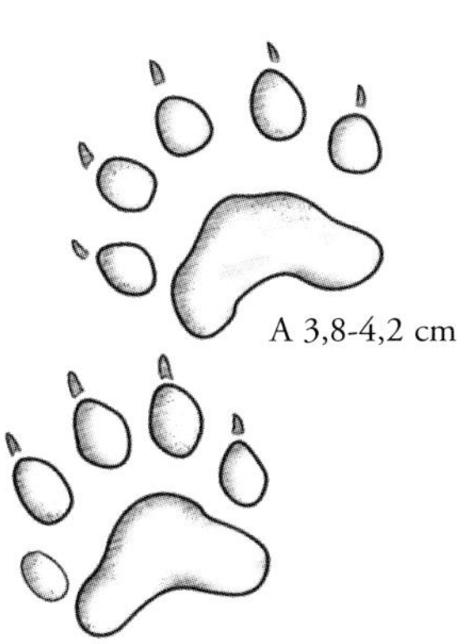

Grand grison
Galictis vittata

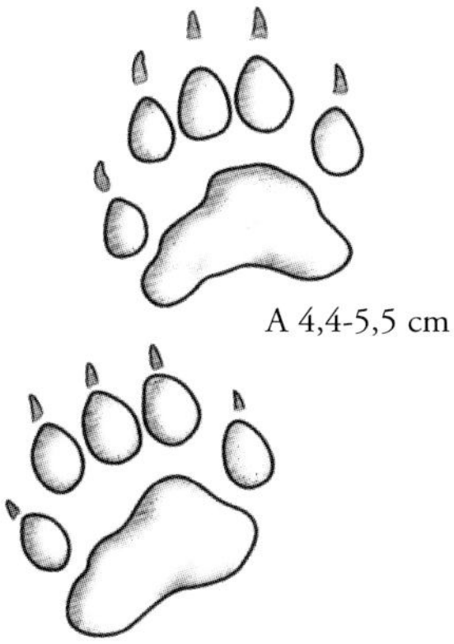

Tayra
Eira barbara

Planche 79

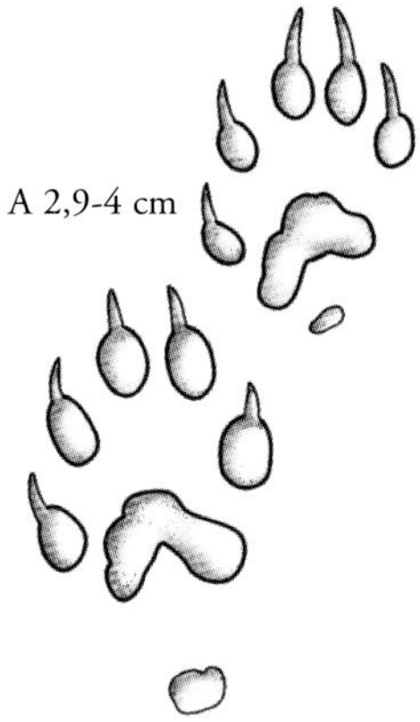

Putois marbré
Vormela peregusna

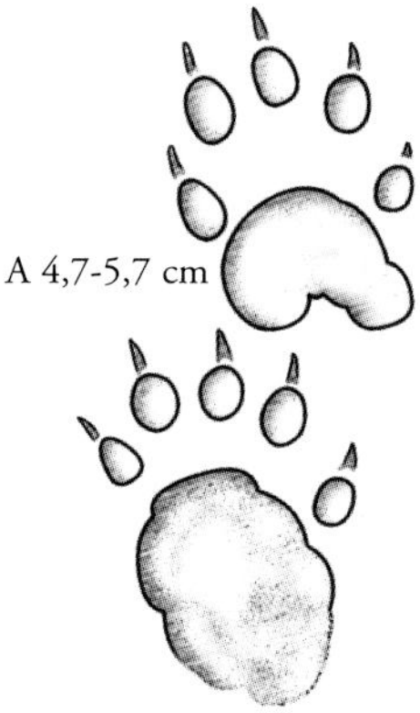

Martre à gorge jaune
Martes flavigula

Planche 80

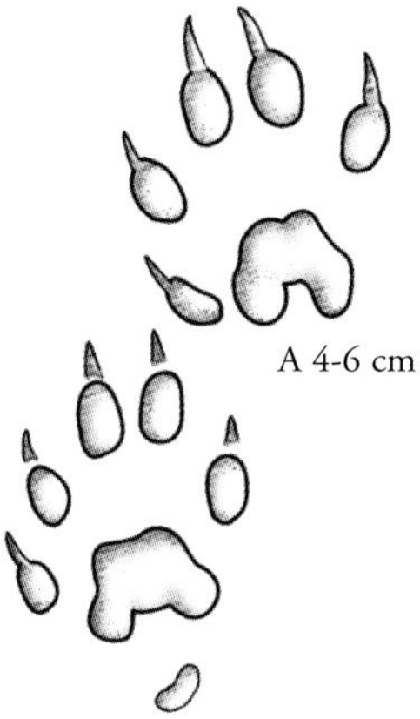

Fouine
Martes foina

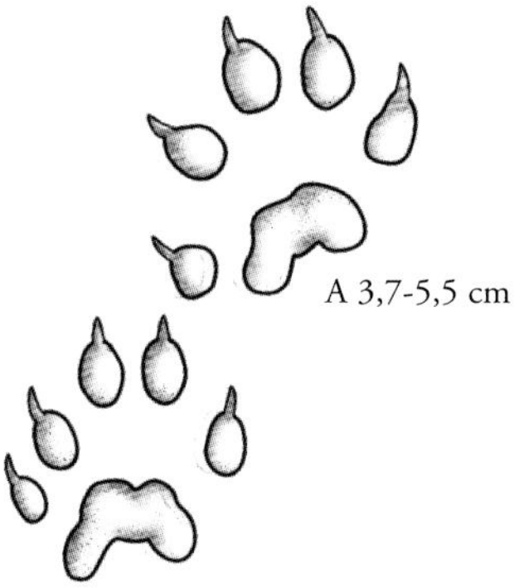

Martre commune
Martes martes

Planche 81

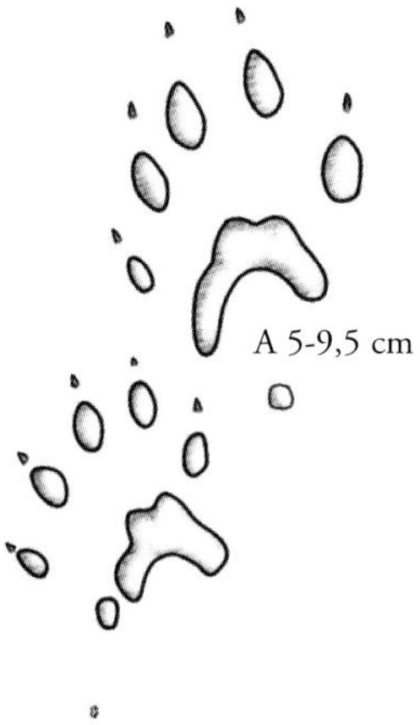

Martre de Pennant
Martes pennanti

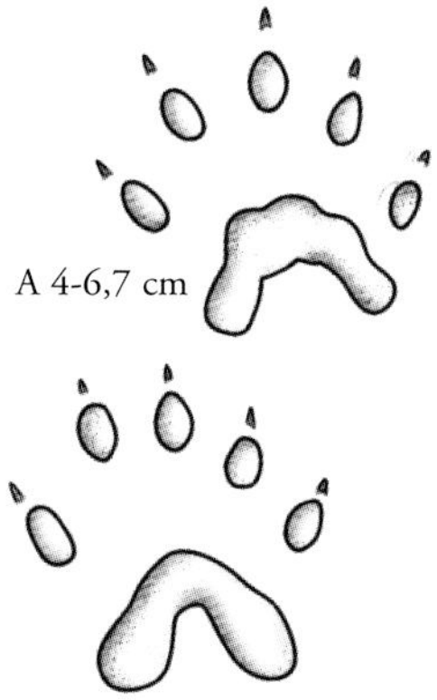

Martre d'Amérique
Martes americana

Planche 82

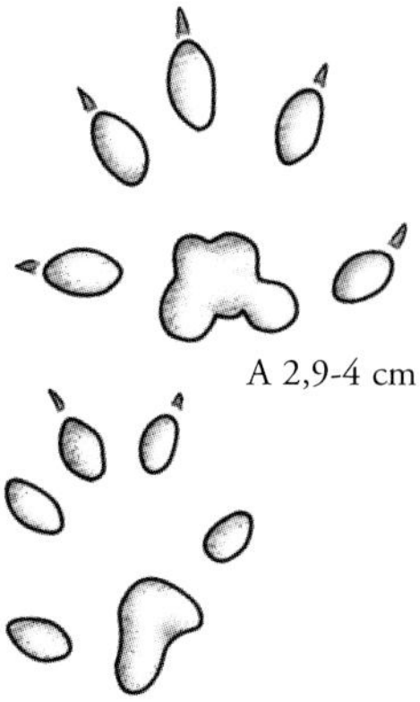

Putois à pieds noirs
Mustela nigripes

MUSTELIDAE

Planche 83

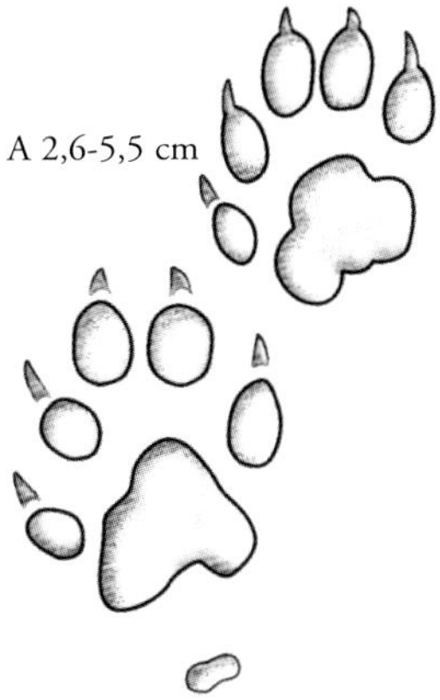

Vison d'Europe
Mustela lutreola

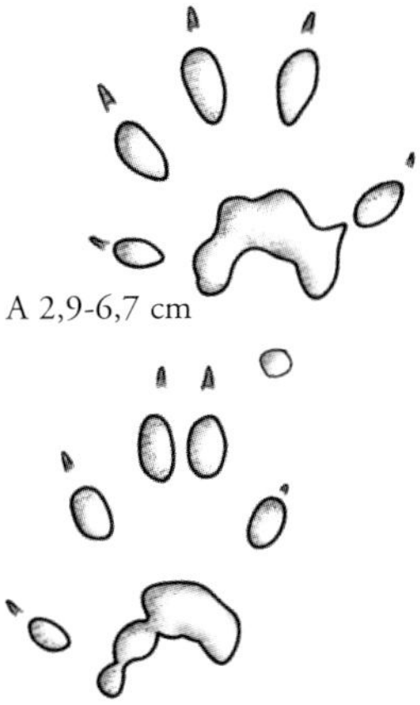

Vison d'Amérique
Neovison vison

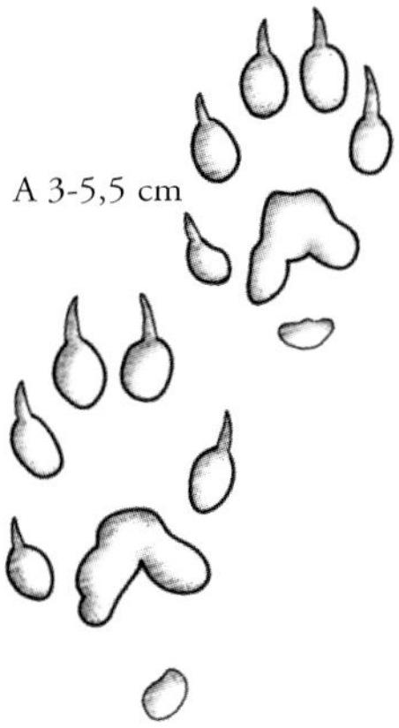

Putois d'Europe
Mustela putorius

Planche 84

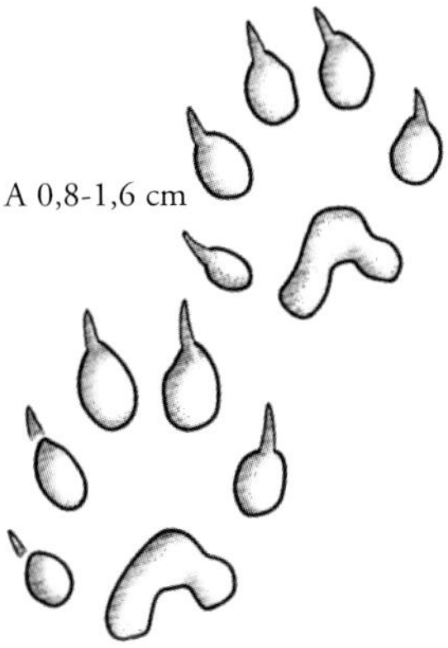

Belette
Mustela nivalis

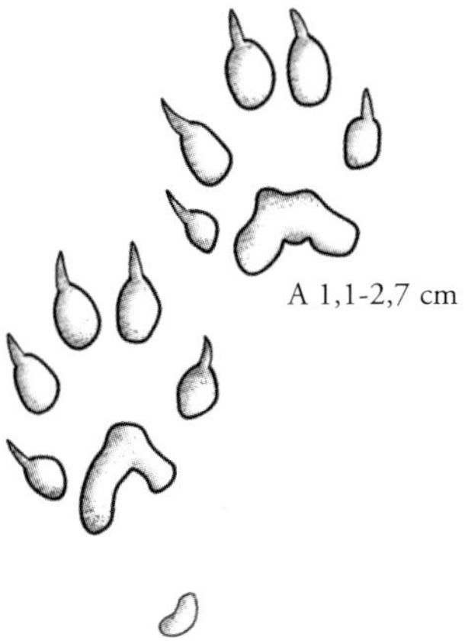

Hermine
Mustela erminea

Planche 85

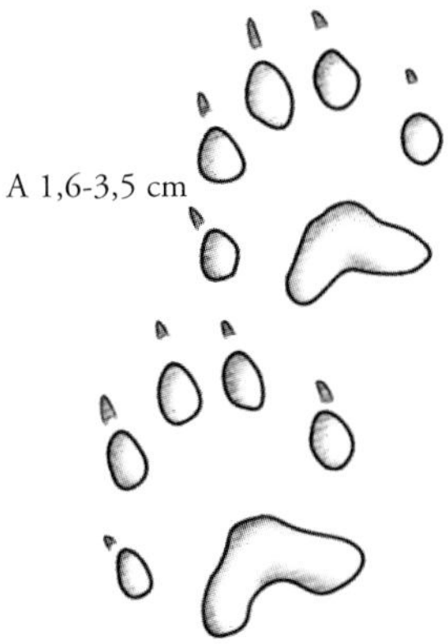

Belette à longue queue
Mustela frenata

Planche 86

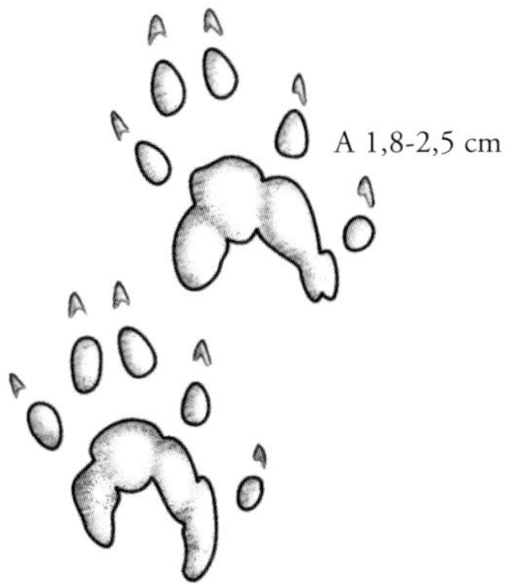

Putois à pieds nus
Mustela nudipes

albinisme Absence totale ou partielle de pigmentation de la peau, des plumes, des poils et des yeux due à une diminution de l'aptitude à produire la mélanine ; généralement un caractère génétique récessif. Les albinos ont les poils blancs et les yeux et la peau roses.

altiplano Haut plateau situé en Amérique du Sud, au plus large des Andes, formé de pelouses et déserts froids et arides.

anthropique Tout effet, processus ou objet résultant de l'action de l'homme ; les menaces anthropiques sont celles créées par les hommes.

aposématisme Phénomène d'adaptation destiné à éviter la prédation, généralement une coloration spécifique signalant que l'organisme concerné n'est pas consommable ; par exemple, la coloration noir et blanc des mouffettes.

aquatique Qui passe la majeure partie de sa vie dans l'eau.

arachnide Membre de la classe des arthropodes (Arachnida) dotés de 8 pattes (chez certains, la paire antérieure est convertie en palpeurs) : araignées, scorpions, acariens, tiques et solifuges.

arboricole Qui vit principalement ou exclusivement dans les arbres.

arthropode Invertébré doté d'un squelette externe (exosquelette) ; le corps est segmenté et les membres sont articulés : insectes, araignées, scorpions et crustacés.

caniforme Qualifie les carnivores du sous-ordre des Caniformia, qui ressemblent aux chiens : Canidae, Ursidae, Otariidae, Phocidae, Odobenidae, Procyonidae, Ailuridae, Mephitidae, Mustelidae et la famille éteinte des Amphicyonidae. Ils n'ont généralement pas les griffes protractiles et ce sont des plantigrades (à l'exception des Canidae).

canines (ou crocs) Dents relativement allongées, pointues, situées sur le devant de la mâchoire et souvent les plus grosses de la bouche des mammifères. Elles servent surtout à tuer, agripper et dévorer la proie, mais ce sont aussi des armes dans les combats entre congénères ou contre d'autres prédateurs.

carnassière Chez les Carnivora, ce sont des dents modifiées : dernière (4e) prémolaire supérieure et 1re molaire inférieure, agissant en cisailles pour couper les tissus.

carnivore exclusif Animal dont la survie dépend entièrement des éléments nutritifs contenus dans la viande. Il est physiologiquement incapable de digérer les matières végétales qui ne sont consommées que pour leurs qualités émétiques et non nutritives.

carnivore Organisme se nourrissant essentiellement de tissus animaux, par prédation ou comportement de charognard. Dans la terminologie scientifique, un carnivore est un mammifère appartenant à l'ordre des Carnivora.

cathéméral Actif aussi bien le jour que la nuit, sans préférence marquée.

caudal Se rapportant à la queue.

cerrado Savane tropicale aride du Brésil, principalement dans les États de Goiás et Minas Gerais.

chaco Biotope semi-aride dominé par la savane sèche et la forêt d'épineux, dans l'ouest du Paraguay, sud-est de la Bolivie et nord-ouest de l'Argentine.

charognard Prédateur qui dévore des carcasses ou charognes d'animaux qu'il n'a pas tuées lui-même, ou qui n'ont pas été tuées par son groupe social.

clade Groupe taxonomique formé d'organismes présentant des caractères semblables et descendant d'un ancêtre commun. Il ne s'agit pas d'un niveau de classification taxonomique (comme pour l'espèce), mais indique une plus grande proximité entre deux ou plusieurs taxons par rapport à d'autres.

conspécifique Appartenant à la même espèce.

crépusculaire Actif principalement au crépuscule et à l'aube.

crustacés Vaste groupe d'arthropodes généralement rassemblés dans le sous-embranchement des Crustacea : homards, écrevisses, crabes, bernacles, crevettes et krill.

décidu Qualifie les plantes qui perdent leur feuillage à certaines saisons.

diapause embryonnaire (implantation différée) Phénomène par lequel le développement de l'embryon est interrompu peu de temps après la conception en différant son implantation dans l'utérus. L'embryon est maintenu dans un état de dormance tant qu'il n'est pas attaché à la muqueuse utérine, retardant la gestation de 1 an au plus. On pense qu'elle permet de maximiser le succès reproducteur en évitant que les accouplements et naissances aient lieu pendant les hivers rigoureux et/ou lors de sécheresses prolongées.

digitigrade Chez les mammifères terrestres, qualifie un animal qui marche sur l'extrémité des « doigts », c'est-à-dire sur les phalanges distales et intermédiaires, comme les félidés et les canidés.

dispersion Processus par lequel les animaux quittent leur territoire natal pour chercher un territoire inoccupé et s'y installer. Chez les carnivores, ce sont généralement de jeunes adultes qui ont été chassés du territoire de leur mère ou de leur groupe social.

distal Se dit généralement d'un appendice, celui qui est le plus éloigné du corps ; par exemple, la vertèbre distale de la queue est située à son extrémité.

diurne Actif principalement le jour.

domaine vital Zone occupée par un individu, un couple ou un groupe, nécessaire à la satisfaction de ses besoins de base : nourriture et reproduction. Domaines vitaux et territoires sont souvent équivalents mais, contrairement au territoire, le domaine vital n'est pas nécessairement activement défendu contre les intrus.

ergot 5e doigt (intérieur) du pied de nombreux mammifères (et quelques autres vertébrés) en lieu et place du pouce de l'homme. Chez les digitigrades, il n'entre pas en contact avec le sol quand l'animal est debout. Organe vestige sans utilité chez de nombreuses espèces.

érythrisme Production anormalement élevée de pigments rouges (ou orange) colorant la fourrure ou la peau d'un animal.

espèce Souvent définie comme un groupe d'organismes dont les membres peuvent se reproduire entre eux et engendrer une descendance féconde. Cette définition est effectivement adéquate dans beaucoup de cas, mais des mesures plus précises, comme la similarité des ADN, la morphologie ou la niche écologique sont également utilisées.

féliforme Qualifie les carnivores du sous-ordre des Feliformia, ceux qui ressemblent aux félins : Felidae, Hyaenidae, Herpestidae, Eupleridae, Prionodontidae, Viverridae, Nandiniidae et la famille éteinte des Nimravidae. Les griffes protractiles et la locomotion digitigrade sont plus fréquentes que chez les caniformes.

féral Un organisme féral est celui qui a échappé à la domestication et est retourné (partiellement ou totalement) à l'état sauvage.

forêt modifiée Forêt qui a été fortement perturbée par l'action des hommes : coupes, exploitation du bois, brûlis.

forêt secondaire Forêt qui a repoussé ou qui est en train de repousser après un épisode naturel ou anthropique qui l'avait détruite (incendie ou exploitation forestière). Elle est plus jeune que la forêt primaire et n'a pas la structure des forêts anciennes caractérisée par une canopée plus épaisse.

forêt valdivienne Forêt tropicale tempérée, située sur la côte occidentale de l'Amérique du Sud, principalement au Chili, mais jusqu'en Argentine.

forme En zoologie, c'est le terme utilisé pour décrire de faibles variations chez les animaux.

frugivore Organisme qui se nourrit essentiellement de fruits, par exemple le kinkajou.

fynbos (« fine brousse » en afrikaans) Formation végétale de landes, caractéristique et très diversifiée, limitée à une étroite bande située à l'ouest du Cap (Afrique du Sud).
genre Niveau inférieur de la classification (taxon) des organismes fossiles ou vivants.
haret À propos des chats uniquement, pour désigner ceux qui, anciennement domestiqués, sont retournés à l'état sauvage.
herbivore Organisme qui se nourrit de plantes.
herptile « Mot-valise » rassemblant les reptiles (classe des Reptilia) et les amphibiens (classe des Amphibia).
hibernation État d'inactivité et de dépression métabolique chez les animaux, caractérisé par la réduction de la température interne et le ralentissement de la respiration et du métabolisme. Permet de survivre à la disette (généralement l'hiver) en métabolisant plus lentement les réserves de graisse.
hyperphagie Littéralement « prise excessive d'aliments ». Ce comportement se manifeste lors de la période précédant l'hibernation pendant laquelle les animaux se préparent à l'hiver en mangeant continuellement pour accumuler des réserves de graisse.
incisives (du latin *incidere*, « couper ») Dents du devant chez les mammifères hétérodontes (dotés de différents types de dents), qui servent principalement à l'alimentation, à la toilette et à la défense.
invertébré Animal sans colonne vertébrale. 95 % des espèces sont des invertébrés, des organismes simples, comme les éponges ou les vers plats, aux animaux plus complexes que sont les arthropodes et les mollusques.
kératine Matière essentielle formant la couche externe de la peau des vertébrés, ainsi que des poils, cornes, plumes, sabots, ongles, griffes et becs.
kleptoparasitisme Comportement alimentaire consistant à voler les proies ou nourritures tuées, trouvées ou préparées par d'autres, y compris le vol des aliments mis en réserve dans les caches.
kopje Monticule rocheux, arête rocheuse ou petite montagne isolée s'élevant brutalement sur la plaine.
lagomorphe Membres de l'ordre des Lagomorpha (littéralement « en forme de lièvre ») formé de 2 familles : les Leporidae (lièvres et lapins) et les Ochotonidae (pikas).
leucisme État génétique caractérisé par une pigmentation insuffisante chez les animaux et les hommes. Contrairement à l'albinisme (défaut de la production de pigments), le leucisme rend la peau inapte à porter les cellules pigmentaires. Les animaux leucites sont blancs ou de couleur claire, et leurs yeux sont pigmentés (contrairement aux albinos) ; ce sont, par exemple, les « tigres blancs ».
marquage odorant Comportement animal permettant de délimiter les frontières du territoire, généralement par le dépôt de sécrétions très odorantes en des lieux en évidence.
marron À propos des chevaux uniquement, pour désigner ceux qui, anciennement domestiqués, sont retournés à l'état sauvage.
mélanisme Pigmentation sombre, en relief, de la peau, des plumes, des poils et des yeux, causée par un excès de mélanine ; il s'agit généralement d'un caractère génétique récessif. Les individus mélaniques sont noirs ou presque noirs. Le mélanisme est fréquent chez les carnivores, principalement les félidés, viverridés, herpestidés et canidés.
mésique Modérément alimenté en eau ; par exemple, un milieu mésique est relativement bien arrosé.
miombo Type de forêt semi-aride à *Brachystegia* en Afrique centrale et australe.
molaires Dents de mammifères situées à l'arrière de la mâchoire, souvent de structure complexe. Chez les carnivores, elles servent surtout à écraser la nourriture, des noix aux os.
mollusque Embranchement d'animaux invertébrés : escargots, limaces, calmars, pieuvres, seiches, huîtres, coques et moules.
morphe En biologie, désigne un regroupement de deux ou plusieurs phénotypes nettement différents au sein de la même population d'une espèce.
myrmécophagie Comportement alimentaire défini par la consommation de termites et/ou fourmis.
nocturne Actif principalement la nuit.
nocturno-crépusculaire Actif du crépuscule jusqu'à l'aube.
œstrus Période du cycle reproducteur d'une femelle pendant laquelle elle est réceptive aux avances du mâle pour l'accouplement et l'ovulation (laquelle est parfois stimulée par la copulation).
ongulés Plusieurs groupes d'animaux traditionnellement rassemblés en un seul parce qu'ils marchent sur la pointe des doigts (généralement un sabot) qui portent tout leur poids. Ce sont tous les mammifères à sabot, comme les cervidés, antilopes, chevaux, bovidés, girafes, chameaux, lamas, tapirs, rhinocéros, hippopotames et éléphants.
paramo Écosystème néotropical andin de vallées glaciaires et pelouses humides entrecoupées de lacs, tourbières, fourrés et parcelles de forêt.
piège photographique Appareil à déclenchement automatique servant à photographier les animaux sauvages, généralement à des fins d'inventaire ou de suivi.
plantigrade Désigne des mammifères qui marchent à plat au sol, sur les métacarpes ou les métatarses, de sorte que l'ensemble du pied est en contact avec le sol ; par exemple, les hommes et les ursidés.
protractile Appliqué aux griffes, désigne la capacité à sortir celles-ci de l'étui où elles se trouvent au repos. Plus approprié que le terme « rétractile » qui désigne la phase de repos, alors que celui de « protractile » suggère le mouvement.
proximal Généralement appliqué à un appendice du corps, c'est la partie d'un organe la plus proche de son point d'attache ; par exemple, la vertèbre proximale de la queue est située à la base de cette dernière.
pullulations Cycle d'abondance et de pénurie par lequel la reproduction de certaines espèces est rapide en période d'abondance de nourriture, suivie d'un déclin tout aussi rapide en période de disette, aboutissant à un effondrement des populations. C'est un trait naturel chez beaucoup d'espèces, la plus connue étant le lièvre à raquettes.
riparien Se rapporte aux habitats entre terre et cours d'eau.
sempervirent Qualifie les plantes dont le feuillage persiste en toutes saisons.
sous-espèce (abrégé en ssp.) Niveau taxinomique inférieur à l'espèce. Une sous-espèce n'existe pas seule : soit une espèce ne compte aucune sous-espèce soit elle en a au moins deux.
supercarnivore Généralement défini comme une espèce dont le régime alimentaire est composé à plus de 70 % de tissus animaux ; le reste est composé d'autres nourritures : champignons, fruits et autres matières végétales.
sympatrique Se dit de deux ou plusieurs espèces voisines présentes dans la même région.
terpènes Composés organiques défensifs produits par une grande variété de plantes et quelques insectes, comme les termites ou les papilionidés, visant à éviter la prédation.
terrestre Qui vit principalement ou exclusivement au sol.
territoire Zone occupée par un individu, un couple ou un groupe d'animaux dont les frontières sont délimitées et qui est défendu contre les autres membres de la même espèce. C'est en quelque sorte un domaine vital activement défendu.
vertébrés Animaux appartenant au sous-embranchement des Vertebrata, dotés d'une colonne vertébrale : poissons, amphibiens, reptiles, oiseaux et mammifères.
vocalisation Production de cris par le passage de l'air sur les cordes vocales, servant aux animaux à communiquer avec leurs congénères ou d'autres espèces.

BIBLIOGRAPHIE

Ce guide a été élaboré à partir de milliers d'articles scientifiques, de rapports et de thèses et seules les sources les plus importantes figurent ci-dessous.

Bailey, T.N. 2005. *The African Leopard : Ecology and Behaviour of a Solitary Felid.* The Blackburn Press.
Bekoff, M. 2001. *Coyote : Biology, Behaviour and Management.* The Blackburn Press.
Brown, D.E. & Lopez-Gonzales, C.A. 2001. *Borderland Jaguars : Tigres de la Frontera.* University of Utah Press.
Caro, T.M. 1994. *Cheetahs of the Serengeti Plains : Group Living in an Asocial Species.* University of Chicago Press.
Clark, T.P., Curlee, A.P., Minta, S.C. & Kareiva, P.M. 1999. *Carnivores in Ecosystems : The Yellowstone Experience.* Yale University Press.
Craighead, J.J., Sumner, J.S. & Mitchell, J.A. 1995. *The Grizzly Bears of Yellowstone : Their Ecology in the Yellowstone Ecosystem, 1959-1992.* Island Press.
Creel, S. & Creel, N. 2002. *The African Wild Dog : Behaviour, Ecology and Conservation.* Princeton University Press.
Divyabhanusinh, 2002. *The End of a Trail : the Cheetah in India.* Oxford University Press.
Ewer, R.F. 1986. *The Carnivores.* Cornell University Press
Feldhamer, G.A., Thompson, B.C. & Chapman, J.A. *Wild Mammals of North America : Biology, Management and Conservation.* Johns Hopkins University Press.
Gehrt, S.D., Riley, S.P.D. & Cypher, B.L. 2010. *Urban Carnivores Ecology, Conflict, and Conservation.* Johns Hopkins University Press.
Gittleman, J.L. 1989-1996. *Carnivore Behavior, Ecology and Evolution.* Vol. 1 (1989), Vol. 2 (1996). Cornell University Press.
Gittleman, J.L., Fun, S.M., MacDonald, D.W. & Wayne, R.K. 2001. *Carnivore Conservation.* Cambridge University Press.
Glatston, A.R. 2010. *Red Panda Biology and Conservation of the First Panda.* William Andrew Publishing.
Glatston, A.R. 1994. *The Red Panda, Olingos, Coatis, Raccoons and their Relatives : An Action Plan for the Conservation of Procyonids and Ailurids.* IUCN.
Goswami, A. & Friscia, A. 2010. *Carnivoran Evolution : New Views on Phylogeny, Form and Function.* Cambridge University Press.
Griffiths, H.I. 2000. *Mustelids in a Modern World : Management and Conservation Aspects of Small Carnivore and Human Interactions.* Backhuys.
Hamilton, G. 2008. *Arctic Fox Life at the Top of the World.* A & C Black.
Hatler, D.F. 2008. *Carnivores of British Columbia.* Royal British Columbia Museum.
Hayward, M.W. & Somers, M.J. *The Reintroduction of Top-order Predators.* Wiley-Blackwell Publishing.
Heptner, V.G. & Sludskii, A.A. 1992. *Mammals of the Soviet Union, Carnivora, Vol. II, Part 1a : Sirenia and Carnivora Sea Cows, Wolves and Bears, Vol. II, Part 1b : Weasels ; Additional Species, Vol. II, Part 2 : Hyaenas and Cats.* E.J. Brill.
Hoogesteijn, R. & Mondolfi, E. 1992. *The Jaguar.* Armitano Editores C.A.
Hornocker, M. & Negri, S. 2009. *Cougar Ecology and Conservation.* University of Chicago Press.
Jackson, P. & Nowell, K. 1996. *Wild Cats Status Survey and Conservation Action Plan.* IUCN.
Kingdon, J. 1977. *East African Mammals : An Atlas of Evolution in Africa. Volume IIIA Carnivores.* University of Chicago Press.
Kingdon, J.S. & Hoffmann, M. In press. *The Mammals of Africa 5 : Carnivora, Pholidota, Perissodactyla.* Academic Press.
King, C. & Powell, R.A. 2007. *The Natural History of Weasels and Stoats : Ecology, Behaviour and Management.* Oxford University Press.
Kruuk, H. 2006. *Otters : Ecology, Behaviour and Conservation.* Oxford University Press.
Kruuk, H. 2002. *Hunter and Hunted : Relationships between Carnivores and People.* Cambridge University Press.
Krystufek, B., Flajsman, B. & Griffiths, H.I. 2003. *Living with Bears : a Large European Carnivore in a Shrinking World.* MK Trgovina d.d.
Leydet, F. 1988. *The Coyote : Defiant Songdog of the West.* University of Oklahoma Press.
Lindburg, D. & Baragona, K. 2004. *Giant Pandas : Biology and Conservation.* University of California Press.
Logan, K.A. & Sweanor, L.L. 2001. *Desert Puma : Evolutionary Ecology and Conservation of an Enduring Carnivore.* Island Press.
Macdonald, D.W. & Loveridge, A.J. 2010. *The Biology and Conservation of Wild Felids.* Oxford University Press.
Macdonald, D.W. & Sillero-Zubiri, C. 2004. *The Biology and Conservation of Wild Canids.* Oxford University Press.
Macdonald, D.W. 1992. *The Velvet Claw.* BBC Books.
Mech, L.D. 1981. *The Wolf : The Ecology and Behavior of an Endangered Species.* University of Minnesota Press.
Mech, L.D. & Boitani, L. 2003. *Wolves : Behavior, Ecology, and Conservation.* Chicago University Press.
Mills, M.G.L. 1990. *Kalahari Hyaenas : Comparative Behavioural Ecology of Two Species.* The Blackburn Press.
Mills, M.G.L. & Hofer, H. 1998. *Hyaenas : Status Survey and Conservation Action Plan.* IUCN.
Nowak, R.M. 2005. *Walker's Carnivores of the World.* Johns Hopkins University Press.
Nowell, K. & Jackson P. 1996. *Wild Cats : Status Survey and Conservation Action Plan.* IUCN.
Ray, J.C., Hunter, L. & Zigouris, J. 2005. *Setting Conservation and Research Priorities for Larger African Carnivores.* Wildlife Conservation Society.
Ray, J.C., Redford, K.H., Steneck, R.S. & Berger, J. 2005. *Large Carnivores and the Conservation of Biodiversity.* Island Press.
Rosevear, D.R. 1974. *Carnivores of West Africa.* The British Museum.
Ruggiero, L.F., Aubry, K.B., Buskirk, S.W., Koehler, G.M., Krebs, C., McKelvey, K.S. & Squires, J.R. 2006. *Ecology and Conservation of Lynx in the United States.* University Press of Colorado.
Schaller, G.B. 1972. *The Serengeti Lion : A Study of Predator-Prey Relations.* University of Chicago Press.
Schaller, G.B., Jinchu, H., Wenshi, P. & Jing, Z. 1985. *Giant Pandas of Wolong.* University of Chicago Press.
Schreiber, A., Wirth, R., Riffel, M. & van Rompaey, H. 1989. *Weasels, Civets, Mongooses and their Relatives : An Action Plan for the Conservation of Mustelids and Viverrids.* IUCN.
Sillero-Zubiri, C., Hoffmann, M. & Macdonald, D.W. 2004. *Canids : Foxes, Wolves, Jackals and Dogs Status Survey and Conservation Action Plan.* IUCN.
Seidensticker, J., Christie, S. & Jackson, P. *Riding the Tiger : Tiger Conservation in Human-dominated Landscapes.* Cambridge University Press.
Seidensticker, J. & Lumpkin, S. 2004. *Smithsonian Answer Book : Cats.* Smithsonian Books.
Servheen, C., Herrero, S. & Peyton, B. 1999. *Bears : Status Survey and Conservation Action Plan.* IUCN.
Skinner, J.D. & Chimimba, C.T. 2006. *The Mammals of the Southern African Subregion.* Cambridge University Press.

Sovada, M.A., Ludwig, N. & Carbyn, L.N. 2003. *The Swift Fox : Ecology and Conservation of Swift Foxes in a Changing World.* Canadian Plains Research Center.

Sunquist, M. & Sunquist, F. 2002. *Wild Cats of the World.* University of Chicago Press.

Tilson, R. & Nyhus, P. 2010. *Tigers of the World : The Science, Politics and Conservation of* Panthera tigris. Academic Press.

Turner, A. & Anton, M. 1997. *The Big Cats and Their Fossil Relatives : an Illustrated Guide to Their Evolution and Natural History.* Columbia University Press.

Wang, X. & Tedford, R.H. 2008. *Dogs : Their Fossil Relatives and Evolutionary History.* Columbia University Press.

Wilson, D.E. & Mittermeier, R.A. 2009. *Handbook of Mammals of the World, Vol. 1 : Carnivores.* Lynx Edicions.

Zeveloff, S.I. 2002. *Raccoons : A Natural History.* Smithsonian Institution Press.

Autres sources

UICN/CSE Groupes de spécialistes

Toutes les familles de carnivores sont couvertes par les groupes de spécialistes qui produisent d'excellents plans d'action, lettres d'information et bulletins : www.iucn.org/about/work/programmes/species/about_ssc/specialist_groups/ (en anglais)

Carnivore Ecology & Conservation

Excellent précis des connaissances se rapportant aux carnivores compilées par le biologiste Guillaume Chapron, spécialiste des carnivores : www.carnivoreconservation.org (en anglais)

Espèces de mammifères

Site proposant des monographies sur la biologie des mammifères et qui couvre de nombreuses espèces de carnivores : www.science.smith.edu/departments/Biology/VHAYSSEN/msi/ (en anglais)

INDEX

Les chiffres en **gras** font référence aux numéros des planches.

Acinonyx jubatus **12**, 38, 192, 221
Ailuridae 6, 11, 140-141, 210, 229
Ailuropoda melanoleuca **54**, 122, 208, 227
Ailurus fulgens **63**, 140, 210, 229
Alopex lagopus **46**, 106, 205, 226
Aonyx capensis **72**, 158, 213, 230
Aonyx cinereus **71**, 156, 212, 230
Aonyx congicus **72**, 158, 213
Arctictis binturong **33**, 80, 200, 224
Arctictis whitei voir Binturong
Arctogalidia trivirgata **31**, 76, 199, 224
Arctonyx ablogularis **74**, 162, 213
Arctonyx collaris **74**, 162, 213, 230
Arctonyx hoevenii **74**, 162, 213
Atelocynus microtis **52**, 118, 207
Atilax paludinosus **23**, 60, 195, 223
Balisaur à gorge blanche **74**, 162, 213
Balisaur de Sumatra **74**, 162, 213
Bassaricyon alleni **62**, 138
Bassaricyon gabbii **62**, 138, 209
Bassaricyon medius **62**, 138
Bassaris d'Amérique centrale **62**, 138, 209
Bassariscus astutus **62**, 138, 209, 229
Bassariscus sumichrasti **62**, 138, 209
Bassaris nord-américain *voir* Bassaris rusé
Bassaris rusé **62**, 138, 209, 229
Bdeogale crassicauda **24**, 62, 196
Bdeogale jacksoni **24**, 62, 196
Bdeogale nigripes **24**, 62, 196
Bdeogale omnivora voir Mangouste à queue touffue
Belette **84**, 6, 182, 217, 233
Belette à longue queue **85**, 184, 217, 233
Belette à ventre jaune *voir* Putois à ventre jaune
Belette de Don Felipe *voir* Belette de Colombie
Belette de Colombie **85**, 184, 217
Belette de Patagonie **77**, 168, 214
Belette des tropiques **85**, 184, 217
Binturong **33**, 80, 200, 224
Blaireau américain **75**, 164, 214, 231
Blaireau d'Eurasie **75**, 164, 214, 231
Blaireau d'Everett *voir* Mélogale de Bornéo
Blaireau de Java **67**, 148, 211, 229
Blaireau de Palawan **67**, 148, 211
Blaireau-furet d'Everett **73**, 160, 230
Blaireau-furet de Chine **73**, 160, 213
Blaireau-furet de Java **73**, 160, 213
Blaireau-furet indien **73**, 160, 213
Blaireau oriental **73**, 160, 213
Bobcat *voir* Lynx roux
Canidae 6, 10, 96-121, 204-207, 226-227
Canis adustus **45**, 104, 205, 226
Canis aureus **45**, 104, 205, 226
Canis latrans **44**, 102, 204, 226
Canis lupus **43**, 100, 204, 225
Canis lupus dingo **42**, 98, 204
Canis lupus familiaris 10
Canis lyacon 10
Canis mesomelas **45**, 104, 205, 226
Canis rufus **44**, 102, 204, 226
Canis simensis **42**, 98, 204
Caracal **6**, 26, 190, 220
Caracal caracal **6**, 26, 190, 220
Cerdocyon thous **52**, 118, 207
Chacal à chabraque **45**, 104, 205, 226
Chacal à flancs rayés **45**, 104, 205, 226
Chacal doré **45**, 10, 104, 205, 226
Chat à pieds noirs **2**, 18, 189
Chat à tête plate **4**, 22, 190, 219
Chat bai *voir* Chat doré de Bornéo
Chat d'Iriomote *voir* Chat du Bengale
Chat de Geoffroy **7**, 28, 191
Chat de l'Amour *voir* Chat du Bengale
Chat de la jungle *voir* Chat des marais
Chat de mer *voir* Loutre marine
Chat de Mongolie *voir* Chat du désert de Chine
Chat de Pallas *voir* Manul
Chat des Andes **8**, 30, 191
Chat des marais **2**, 18, 189, 219
Chat des montagnes chinoises *voir* Chat du désert de Chine
Chat des pampas **8**, 30, 191
Chat des sables **2**, 18, 189
Chat des steppes *voir* Manul
Chat de Temminck *voir* Chat doré d'Asie
Chat domestique 7, 16
Chat doré d'Afrique **6**, 26, 190
Chat doré d'Asie **5**, 24, 190, 219
Chat doré de Bornéo **5**, 24, 190
Chat du Bengale **3**, 20, 189, 219
Chat du désert de Chine **1**, 7, 16, 189
Chat du Pantanal *voir* Colocolo
Chat marbré **5**, 24, 190, 219
Chat pêcheur **4**, 22, 190, 219
Chat rougeâtre **4**, 22, 190
Chat sauvage **1**, 7, 16, 189, 219
Chat tigre *voir* Oncille
Chat viverrin *voir* Chat pêcheur
Chien des buissons **53**, 118, 120, 207, 227
Chien domestique 10, 100
Chien viverrin **50**, 114, 206, 227
Chrotogale owstoni **34**, 82, 201, 225
Chrysocyon brachyurus **53**, 120, 207
Chungungo *voir* Loutre marine
Civette à bandes *voir* Linsang rayé
Civette à grandes taches **35**, 9, 84, 201
Civette d'Afrique **36**, 86, 202, 225
Civette de Hose **34**, 82, 201
Civette de Malabar **35**, 9, 84, 201
Civette indienne *voir* Petite civette de l'Inde
Civette-loutre **34**, 82, 201, 225
Civette malaise **35**, 84, 201
Civette malgache *voir* Fossane
Civette palmiste masquée **33**, 80, 200, 224
Civette palmiste à bandes **34**, 82, 201, 225
Civette palmiste à masque *voir* Civette palmiste masquée
Civette palmiste à trois bandes **31**, 76, 199, 224
Civette palmiste commune **33**, 80, 200, 224
Civette palmiste d'Afrique *voir* Nandinie
Civette palmiste d'Owson **34**, 82, 201, 225
Civette palmiste de Ceylan **32**, 78, 200
Civette palmiste de Jerdon **32**, 78, 200
Civette palmiste des Célèbes **32**, 78, 200
Civette palmiste hermaphrodite *voir* Civette palmiste commune
Civette rasse *voir* Petite civette de l'Inde
Civettictis civetta **36**, 86, 202, 225
Coati à nez blanc **61**, 136, 209, 228
Coati à queue annelée **61**, 136, 209
Coati commun *voir* Coati à queue annelée
Coati des montagnes **61**, 11, 136, 209
Coati roux *voir* Coati à queue annelée
Colocolo *voir* Chat des pampas
Conepatus chinga **64**, 142, 210
Conepatus humboldtii **64**, 142, 210
Conepatus leuconotus **65**, 144, 210, 229

Conepatus mesoleucus voir Mouffette orientale à nez de cochon
Conepatus semistriatus **64**, 142, 210
Cougar *voir* Puma
Coyote **44**, 102, 204, 226
Crocuta crocuta **19**, 52, 193, 222
Crossarchus alexandri **28**, 70, 198
Crossarchus ansorgei **28**, 70, 198
Crossarchus obscurus **28**, 70, 198
Crossarchus platycephalus **28**, 70, 198
Cryptoprocta ferox **29**, 72, 198, 223
Cuon alpinus **44**, 102, 204, 226
Cynictis penicillata **25**, 64, 196, 223
Cynogale bennettii **34**, 82, 201, 225
Cynogale lowei voir Civette-loutre de Sumatra
Dhole **44**, 10, 12, 102, 204, 226
Dingo **42**, 10, 98, 204
Diplogale hosei **34**, 82, 201
Dologale dybowskii **26**, 66, 197
Dusicyon australis 13
Eira barbara **77**, 168, 214, 231
Enhydra lutris **68**, 150, 211
Euplère de Goudot **29**, 9, 72, 198, 223
Eupleres goudotii **29**, 9, 72, 198, 223
Eupleres major 9, 72
Eupleridae 6, 8-9, 72-75, 198-9, 223-224
Falanouc de l'Ouest 9
Falanouc géant 9
Falanouc *voir* Euplère de Goudot
Felidae 6, 7, 16-49, 189-193, 219-221
Felis bieti **1**, 16, 189
Felis catus 7
Felis chaus **2**, 18, 189, 219
Felis margarita **2**, 18, 189
Felis nigripes **2**, 18, 189
Felis silvestris **1**, 16, 189, 219
Felis silvestris cafra voir Chat sauvage
Felis silvestris catus 7, 16
Felis silvestris lybica voir Chat sauvage
Felis silvestris ornata voir Chat sauvage
Felis silvestris silvestris voir Chat sauvage
Fennec **49**, 112, 206
Fossa **29**, 13, 72, 198, 223
Fossa fossana **29**, 72, 198, 223
Fossane **29**, 72, 198, 223
Fouine **80**, 174, 215, 232
Furet domestique **83**, 178, 180
Furet *voir* Putois d'Europe
Galictis cuja **77**, 168, 214
Galictis vittata **77**, 168, 214, 231
Galidia elegans **30**, 74, 199, 224
Galidictis fasciata **30**, 74, 199
Galidictis grandidieri **30**, 74, 199
Galidie à bandes **30**, 74, 199
Galidie de Durrell 9, 74
Galidie de Grandidier **30**, 74, 199
Galidie rayée *voir* Galidie à bandes
Galidie unicolore **30**, 74, 199
Genetta abyssinica **37**, 88, 202
Genetta angolensis **38**, 90, 202
Genetta bourloni **39**, 92, 203
Genetta cristata **37**, 88
Genetta felina voir Genette d'Europe
Genetta genetta **38**, 90, 202
Genetta johnstoni **38**, 90, 202
Genetta maculata **39**, 92, 203
Genetta pardina **39**, 92, 203
Genetta piscivora **38**, 90, 202
Genetta poensis **39**, 92, 203
Genetta servalina **37**, 88, 202
Genetta thierryi **37**, 88, 202
Genetta tigrina **39**, 92, 203, 225
Genetta victoriae **37**, 88, 202
Genette à crête *voir* Genette servaline à crête
Genette à taches rousses **39**, 92, 203
Genette aquatique **38**, 90, 202
Genette commune *voir* Genette d'Europe
Genette d'Angola **38**, 90, 202
Genette d'Éthiopie **37**, 88, 202
Genette d'Europe **38**, 9, 90, 202
Genette de Bourlon **39**, 92, 203
Genette de Johnston **38**, 90, 202
Genette de Madagascar *voir* Fossane
Genette de Thierry **37**, 88, 202
Genette géante **37**, 88, 202
Genette pardine **39**, 92, 203
Genette royale **39**, 92, 203
Genette servaline à crête **37**, 88, 202
Genette tigrine **39**, 92, 203, 225
Glouton **76**, 13, 166, 214, 231
Grand balisaur **74**, 162, 213, 230
Grand grison **77**, 168, 214, 231
Grand panda **54**, 11, 122, 208, 227
Grande civette de l'Inde **35**, 84, 201, 225
Grison allemand *voir* Grand grison
Grizzly *voir* Ours brun
Guépard **12**, 38, 192, 221
Gulo gulo **76**, 166, 214, 231
Helarctos malayanus **56**, 126, 208, 228
Helogale hirtula **26**, 66, 197
Helogale parvula **26**, 66, 197, 223
Hemigalus derbyanus **34**, 82, 201, 225
Hermine **84**, 12, 182, 217, 233
Herpestes auropunctatus **20**, 54, 194, 222
Herpestes brachyurus **20**, 54, 194
Herpestes edwardsii **20**, 54, 194
Herpestes flavescens **22**, 58
Herpestes fuscus **21**, 56
Herpestes hosei voir Mangouste à queue courte
Herpestes ichneumon **22**, 58, 195, 222
Herpestes javanicus **20**, 54, 194
Herpestes naso **23**, 60, 195
Herpestes nigrata voir Mangouste flavescente
Herpestes ochraceus **22**, 58
Herpestes pulverulentus **22**, 58, 195, 222
Herpestes sanguineus **22**, 58, 195, 222
Herpestes semitorquatus **21**, 56, 194
Herpestes smithii **21**, 56, 194
Herpestes urva **21**, 56, 194, 222
Herpestes vitticollis **21**, 56, 194
Herpestidae 6, 8, 54-71, 194-198, 222-223
Hyaena hyaena **18**, 50, 193
Hyaenidae 6, 8, 50-53, 193, 222
Hyène brune **19**, 8, 52, 193, 222
Hyène rayée **18**, 8, 50, 193
Hyène tachetée **19**, 8, 52, 193, 222
Ichneumia albicauda **23**, 60, 195, 223
Ictonyx libyca **78**, 170, 215
Ictonyx striatus **78**, 170, 215
Isatis *voir* Renard polaire
Jaguar **17**, 14, 48, 193, 221
Jaguarondi **11**, 36, 192
Kinkajou **63**, 11, 140, 210, 229
Kodiak *voir* Ours brun
Kodkod **8**, 30, 191
Léopard **16**, 12, 40, 46, 193, 221
Leopardus colocolo **8**, 30, 191
Leopardus geoffroyi **7**, 28, 191
Leopardus guigna **8**, 30, 191
Leopardus jacobita **8**, 30, 191
Leopardus pardalis **7**, 28, 191, 220
Leopardus tigrinus **7**, 28, 191
Leopardus wiedii **7**, 28, 191, 220
Leptailurus serval **6**, 26, 190, 220
Liberiictis kuhni **27**, 68, 197
Linsang rayé **31**, 76, 199, 224
Linsang tacheté **31**, 76, 199, 224
Lion **15**, 7, 44, 193, 221
Lion des montagnes *voir* Puma
Lontra canadensis **68**, 150, 211, 230
Lontra felina **69**, 152, 212
Lontra longicaudis **69**, 152, 212, 230
Lontra provocax **69**, 152, 212
Loup **43**, 10, 13, 100, 204, 225
Loup à crinière **53**, 120, 207
Loup africain 10
Loup d'Abyssinie **42**, 13, 98, 204
Loup d'Arabie *voir* Loup
Loup de l'Arctique, *voir* Loup
Loup des Falkland 13
Loup du Mexique *voir* Loup
Loup du Tibet *voir* Loup
Loup roux **44**, 102, 204, 226
Loutre à cou tacheté **72**, 158, 213
Loutre à joues blanches du Cap **72**, 158, 213, 230
Loutre à joues blanches du Congo **72**, 158, 213
Loutre cendrée **71**, 156, 212, 230
Loutre commune *voir* Loutre d'Europe
Loutre d'Argentine *voir* Loutre du Chili
Loutre d'Europe **70**, 154, 212, 230
Loutre de la Plata *voir* Loutre néotropicale
Loutre de mer **68**, 150, 211
Loutre de Patagonie *voir* Loutre du Chili
Loutre de rivière *voir* Loutre du Canada
Loutre de Sumatra **71**, 156, 212, 230
Loutre du Canada **68**, 150, 211, 230
Loutre du Chili **69**, 152, 212
Loutre géante **70**, 154, 212
Loutre indienne **71**, 156, 212, 230
Loutre marine **69**, 152, 212
Loutre néotropicale **69**, 152, 212, 230
Lutra lutra **70**, 154, 212, 230
Lutra maculicollis **72**, 158, 213
Lutra nippon voir Loutre d'Europe
Lutra sumatrana **71**, 156, 212, 230
Lutrogale perspicillata **71**, 156, 212, 230
Luwak *voir* Civette palmiste commune
Lycaon **41**, 10, 13, 14, 96, 204, 218, 225
Lycaon pictus **41**, 96, 204, 225
Lyncodon patagonicus **77**, 168, 214
Lynx boréal *voir* Lynx d'Europe
Lynx canadensis **10**, 34, 192, 220
Lynx d'Amérique du Nord *voir* Lynx du Canada
Lynx d'Espagne *voir* Lynx pardelle
Lynx d'Eurasie **9**, 32, 191, 220
Lynx du Canada **10**, 34, 192, 220
Lynx lynx **9**, 32, 191, 220
Lynx pardelle **9**, 32, 191
Lynx pardinus **9**, 32, 191
Lynx roux **10**, 14, 34, 192, 220
Lynx rufus **10**, 34, 192, 220
Macrogalidia musschenbroekii **32**, 78, 200
Mangouste à collier **21**, 56, 194
Mangouste à cou rayé **21**, 56, 194
Mangouste à dix raies **30**, 74, 199, 224
Mangouste à long nez **23**, 60, 195
Mangouste à pattes noires **24**, 62, 196

Mangouste à queue annelée **30**, 74, 199, 224
Mangouste à queue blanche **23**, 60, 195, 223
Mangouste à queue courte **20**, 54, 194
Mangouste à queue touffue **24**, 62, 196
Mangouste à tête plate **28**, 70, 198
Mangouste brune *voir* Mangue brune
Mangouste brune de l'Inde **21**, 56
Mangouste crabière **21**, 56, 194, 222
Mangouste d'Abyssinie **22**, 58
Mangouste d'Edwards *voir* Mangouste indienne grise
Mangouste de Dybowski **26**, 66, 197
Mangouste d'Égypte **22**, 8, 58, 195, 222
Mangouste de Jackson **24**, 62, 196
Mangouste de Java **20**, 54, 194
Mangouste de Malabar *voir* Mangouste brune de l'Inde
Mangouste de Meller **25**, 64, 196
Mangouste de Selous **25**, 64, 196
Mangouste des marais **23**, 60, 195, 223
Mangouste du Liberia **27**, 68, 197
Mangouste fauve **25**, 64, 196, 223
Mangouste flavescente **22**, 58
Mangouste grise du Cap **22**, 58, 195, 222
Mangouste indienne grise **20**, 54, 194
Mangouste naine du Sud **26**, 66, 197, 223
Mangouste naine orientale **26**, 66, 197
Mangouste roussâtre **21**, 56, 194
Mangouste svelte **22**, 58, 195, 222
Mangue brune **28**, 70, 198
Mangue d'Angola **28**, 70, 198
Mangue de Gambie **27**, 68, 197
Mangue du Congo **28**, 70, 198
Mangue rayée **27**, 8, 68, 197, 223
Manul **3**, 20, 189
Margay **7**, 28, 191, 220
Martes americana **81**, 176, 216, 232
Martes flavigula **79**, 172, 215, 232
Martes foina **80**, 174, 215, 232
Martes gwatkinsii **79**, 172
Martes martes **80**, 174, 215, 232
Martes melampus **80**, 174, 215
Martes pennanti **81**, 176, 216, 232
Martes zibellina **81**, 176, 216
Martre à gorge jaune **79**, 172, 215, 232
Martre commune **80**, 174, 215, 232
Martre d'Amérique **81**, 176, 216, 232
Martre de Pékan *voir* Martre de Pennant
Martre de Pennant **81**, 176, 216, 232
Martre du Japon **80**, 174, 215
Martre du Nilgiri **79**, 172
Meles anakuma voir Blaireau d'Eurasie
Meles leucurus voir Blaireau d'Eurasie
Meles meles **75**, 164, 214, 231
Mellivora capensis **76**, 166, 214, 231
Melogale everetti **73**, 160, 230
Melogale moschata **73**, 160, 213
Melogale orientalis **73**, 160, 213
Melogale personata **73**, 160, 213
Melursus ursinus **56**, 126, 208, 228
Mephitidae 6, 12, 142-149, 211, 229
Mephitis macroura **65**, 144, 210, 229
Mephitis mephitis **65**, 144, 210, 229
Monarchus tropicalis 13
Mouffette à capeline **65**, 144, 210, 229
Mouffette d'Amazonie **64**, 142, 210
Mouffette de Patagonie **64**, 142, 210
Mouffette des Andes **64**, 142, 210
Mouffette orientale à nez de cochon **65**, 144, 210, 229
Mouffette rayée **65**, 144, 210, 229
Mouffette tachetée méridionale **66**, 146
Mouffette tachetée naine **67**, 148, 211
Mouffette tachetée occidentale **66**, 146, 211, 229
Mouffette tachetée orientale **66**, 146, 211, 229
Mungos gambianus **27**, 68, 197
Mungos mungo **27**, 68, 197, 223
Mungotictis decemlineata **30**, 74, 199, 224
Mustela africana **85**, 184, 217
Mustela altaica **84**, 182, 217
Mustela erminea **84**, 182, 217, 233
Mustela eversmannii **82**, 178, 216
Mustela felipei **85**, 184, 217
Mustela frenata **85**, 184, 217, 233
Mustela itatsi voir Putois de Sibérie
Mustela kathiah **86**, 186, 217
Mustela lutreola **83**, 180, 216, 233
Mustela lutreolina **86**, 186, 217
Mustela nigripes **82**, 178, 216, 232
Mustela nivalis **84**, 182, 217, 233
Mustela nudipes **86**, 186, 217, 233
Mustela putorius **83**, 180, 216, 233
Mustela sibirica **82**, 178, 216
Mustela strigidorsa **86**, 186, 217
Mustela subpalmata voir Belette commune
Mustelidae 6, 12, 150-187, 211-217, 230-233
Mydaus javanensis **67**, 148, 211, 229
Mydaus marchei **67**, 148, 211
Nandinia binotata **40**, 94, 203
Nandinie **40**, 9, 94, 203
Nandiniidae 6, 9, 94, 203
Nasua narica **61**, 136, 209, 228
Nasua nasua **61**, 136, 209
Nasua nelsoni voir Coati à nez blanc
Nasuella meridensis voir Coati des montagnes
Nasuella olivacea **61**, 136, 209
Neofelis diardi **13**, 40, 192, 221
Neofelis nebulosa **13**, 40, 192, 221
Neovison macrodon 13, 180
Neovison vison **83**, 180, 216, 233
Nyctereutes procyonoides **50**, 114, 206, 227
Ocelot **7**, 28, 191, 220
Olingos **62**, 138, 209
Once *voir* Panthère des neiges
Oncille **7**, 28, 191
Otarie du Japon 13
Otocolobus manul **3**, 20, 189
Otocyon **49**, 112, 206, 227
Otocyon megalotis **49**, 112, 206, 227
Ours à collier **55**, 124, 208, 227
Ours à lunettes **55**, 11, 124, 208
Ours blanc *voir* Ours polaire
Ours brun **58**, 11, 130, 208, 228
Ours des Andes *voir* Ours à lunettes
Ours des cocotiers **56**, 14, 126, 208, 228
Ours du Tibet *voir* Ours à collier
Ours lippu **56**, 126, 208, 228
Ours malais *voir* Ours des cocotiers
Ours noir **57**, 11, 128, 208, 228
Ours noir d'Asie *voir* Ours à collier
Ours polaire **59**, 6, 11, 132, 208, 228
Paguma larvata **33**, 80, 200, 224
Pagume *voir* Civette palmiste masquée
Panda roux **63**, 11, 140, 210, 229
Panthera leo **15**, 44, 193, 221
Panthera onca **17**, 48, 193, 221
Panthera pardus **16**, 46, 193, 221
Panthera tigris **14**, 42, 193, 221
Panthera uncia **13**, 40, 192, 221
Panthère de Diard **13**, 40, 192, 221
Panthère de Floride *voir* Puma
Panthère des neiges **13**, 13, 40, 192, 221
Panthère nébuleuse **13**, 40, 192, 221
Panthère noire *voir* Léopard
Panthère *voir* Léopard
Paracynictis selousi **25**, 64, 196
Paradoxurus hermaphroditus **33**, 80, 200, 224
Paradoxurus jerdoni **32**, 78, 200
Paradoxurus lignicolor voir Civette palmiste commune
Paradoxurus zeylonensis **32**, 78, 200
Parahyaena brunnea **19**, 52, 193, 222
Pardofelis badia **5**, 24, 190
Pardofelis marmorata **5**, 24, 190, 219
Pardofelis temminckii **5**, 24, 190, 219
Petit grison 77, 168, 214
Petit panda *voir* Panda roux
Petite civette de l'Inde **36**, 86, 202, 225
Petite mangouste indienne **20**, 54, 194, 222
Phoque tropical 13
Poecilogale albinucha **78**, 170, 215
Poiana leightoni **40**, 94
Poiana richardsonii **40**, 94, 203
Poiane *voir* Poyane d'Afrique centrale
Potos flavus **63**, 140, 210, 229
Poyane d'Afrique centrale **40**, 94, 203
Poyane de l'Afrique occidentale **40**, 94
Prionailurus bengalensis **3**, 20, 189, 219
Prionailurus planiceps **4**, 22, 190, 219
Prionailurus rubiginosus **4**, 22, 190
Prionailurus viverrinus **4**, 22, 190, 219
Prionodon linsang **31**, 76, 199, 224
Prionodon pardicolor **31**, 76, 199, 224
Prionodontidae 6, 9, 76-77, 199, 224
Procyon cancrivorus **60**, 134, 209, 228
Procyon gloveralleni voir Raton laveur
Procyon lotor **60**, 134, 209, 228
Procyon maynardi voir Raton de l'île de Cozumel
Procyon minor voir Raton de l'île de Cozumel
Procyon pygmaeus **60**, 134
Procyonidae 11, 134-141, 209-210, 228-229
Profelis aurata **6**, 26, 190
Protèle **18**, 8, 50, 193, 222
Proteles cristata **18**, 50, 193, 222
Pseudalopex culpaeus **51**, 116, 207
Pseudalopex fulvipes **51**, 116
Pseudalopex griseus **51**, 116, 207
Pseudalopex gymnocercus **52**, 118, 207
Pseudalopex sechurae **51**, 116, 207
Pseudalopex vetulus **52**, 118, 207
Pteronura brasiliensis **70**, 154, 212
Puma **11**, 36, 192, 220
Puma concolor **11**, 36, 192, 220
Puma yagouaroundi **11**, 36, 192
Putois à dos rayé **86**, 186, 217
Putois à pieds noirs **82**, 178, 216, 232
Putois à pieds nus **86**, 186, 217, 233
Putois à ventre jaune **86**, 186, 217
Putois d'Europe **83**, 180, 216, 233
Putois d'Indonésie **86**, 186, 217
Putois de Sibérie **98**, 178, 216
Putois des montagnes **84**, 182, 217
Putois des steppes **82**, 178, 216

Putois marbré **79**, 172, 215, 232
Ratel **76**, 166, 214, 231
Raton crabier **60**, 134, 209, 228
Raton de l'île de Cozumel **60**, 134
Raton laveur **60**, 11, 134, 209, 228
Renard à petites oreilles **52**, 118, 207
Renard arctique *voir* Renard polaire
Renard argenté *voir* Renard roux
Renard bleu *voir* Renard polaire
Renard blond des sables *voir* Renard pâle
Renard chenu **52**, 118, 207
Renard commun *voir* Renard roux
Renard corsac **47**, 108, 205
Renard crabier **52**, 118, 207
Renard d'Azara **52**, 118, 207
Renard de Blanford **48**, 110, 206
Renard de Darwin **51**, 116
Renard de Magellan **51**, 116, 207
Renard de Rüppell *voir* Renard famélique
Renard de Séchura **51**, 116, 207
Renard du Bengale **47**, 108, 205
Renard du Cap **49**, 112, 206, 227
Renard du Tibet **48**, 110, 206
Renard famélique **48**, 110, 206
Renard gris d'Amérique **50**, 114, 206, 227
Renard gris d'Argentine **51**, 116, 207
Renard gris des pampas *voir* Renard d'Azara
Renard gris insulaire **50**, 114, 206
Renard nain **47**, 108, 205
Renard pâle **48**, 110, 206
Renard polaire **46**, 14, 106, 205, 226
Renard roux **46**, 106, 205, 226
Renard véloce **47**, 108, 205, 226
Rhynchogale melleri **25**, 64, 196
Salanoia concolor **30**, 74, 199
Salanoia durrelli 9, 74
Serval **6**, 26, 190, 220
Speothos venaticus **53**, 120, 207, 227
Spilogale angustifrons **66**, 146
Spilogale gracilis **66**, 146, 211, 229
Spilogale putorius **66**, 146, 211, 229
Spilogale pygmaea **67**, 148, 211
Suricata suricatta **25**, 64, 196
Suricate **25**, 8, 64, 196
Tangalunga *voir* Civette malaise
Taxidea taxus **75**, 164, 214, 231
Tayra 77, 168, 214, 231
Télagon *voir* Blaireau de Java
Tigre **14**, 12, 13, 42, 193, 221
Tremarctos ornatus **55**, 124, 208
Urocyon cinereoargenteus **50**, 114, 206, 227
Urocyon littoralis **50**, 114, 206
Ursidae 6, 10-11, 122-133, 208, 227-228
Ursus americanus **57**, 128, 208, 228
Ursus arctos **58**, 130, 208, 228
Ursus maritimus **59**, 132, 208, 228
Ursus thibetanus **55**, 124, 208, 227
Vison d'Amérique **83**, 180, 216, 233
Vison d'Europe **83**, 180, 216, 233
Vison de mer 13, 180
Vison de Sibérie *voir* Putois de Sibérie
Viverra civettina **35**, 84, 201
Viverra megaspila **35**, 84, 201
Viverra tainguensis voir Grande civette de l'Inde
Viverra tangalunga **35**, 84, 201
Viverra zibetha **35**, 84, 201, 225
Viverricula indica **36**, 86, 202, 225
Viverridae 6, 9, 76-95, 200-203, 225
Vormela peregusna **79**, 172, 215, 232
Vulpes bengalensis **47**, 108, 205
Vulpes cana **48**, 110, 206
Vulpes chama **49**, 112, 206, 227
Vulpes corsac **47**, 108, 205
Vulpes ferrilata **48**, 110, 206
Vulpes macrotis **47**, 108, 205
Vulpes pallida **48**, 110, 206
Vulpes ruepellii **48**, 110, 206
Vulpes velox **47**, 108, 205, 226
Vulpes vulpes **46**, 106, 205, 226
Vulpes zerda **49**, 112, 206
Zalophus japonicus 13
Zibeline **81**, 176, 216
Zorille à nuque blanche **78**, 12, 170, 215
Zorille commune **78**, 12, 170, 215
Zorille de Libye **78**, 12, 170, 215
Zorro *voir* Renard à petites oreilles